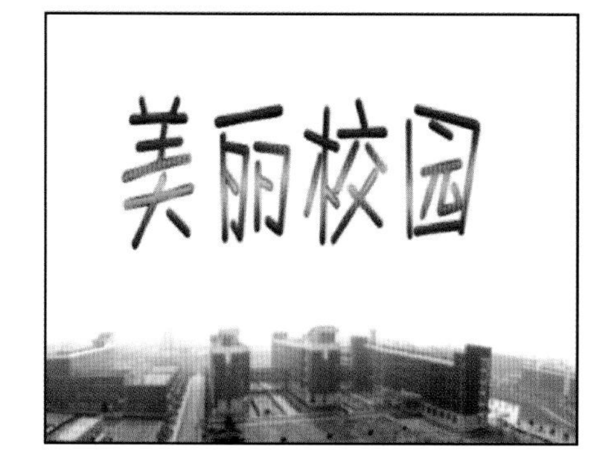

美丽校园

可爱宝贝

局部遮挡

游动的鸭子

飘落的枫叶

歌曲 MV 效果

卡拉 OK 制作

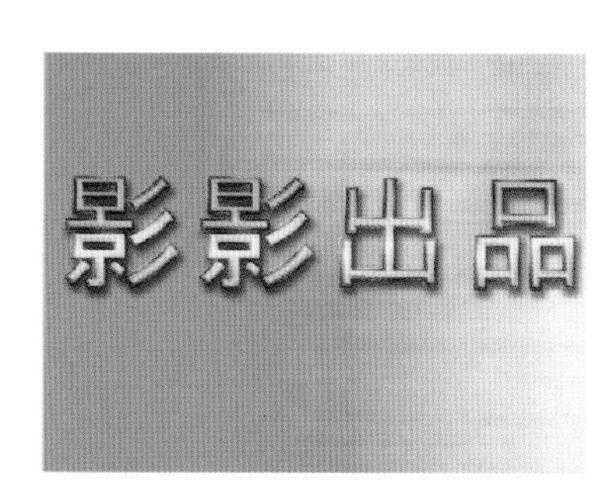

预告片

宣传片

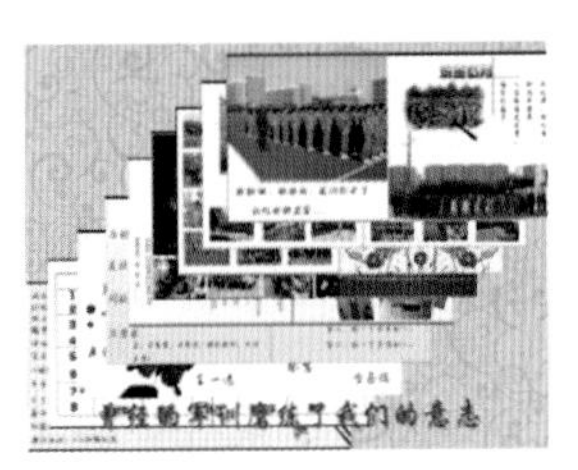

校园生活

高职高专信息技术类专业项目驱动模式规划教材

数字媒体非线性编辑项目教程

岳 超 成 威 主 编
李京泽 周晓红 岳 勇 副主编

清华大学出版社
北 京

内 容 简 介

本书遵循非线性编辑的工作流程，通过大量的精彩实例介绍 Adobe Premiere 的基本操作方法与技巧。本书由预备知识和 5 个实践项目组成，实践项目分别是音乐电子相册、影片编辑、MV 和卡拉 OK 制作、预告片和宣传片制作、专题片创作。本书以最易接受的项目作为开篇，使学生对音/视频流媒体编辑有系统的认识，逐步培养学生非线性编辑思维及非线性编辑人员的专业素质，然后逐步培养学生的总结、剪辑等综合能力，使学生能够独立完成一部影片的后期处理，熟悉非线性编辑工作岗位流程，胜任非线性编辑相关工作。

本书可作为高职高专相关专业的教材，也可作为各类相关培训班的案例辅导教材，以及 DV 制作爱好者和有一定 Premiere 使用经验的读者的参考书。本书相关素材可以从清华大学出版社网站(http://www.tup.com.cn)上下载使用。

图书在版编目(CIP)数据

数字媒体非线性编辑项目教程/岳超，成威主编.--北京：清华大学出版社，2013
高职高专信息技术类专业项目驱动模式规划教材
ISBN 978-7-302-32709-7

Ⅰ.①数…　Ⅱ.①岳…　②成…　Ⅲ.①视频编辑软件—非线性编辑—高等职业教育—教材
Ⅳ.①TP391.41

中国版本图书馆 CIP 数据核字(2013)第 125530 号

责任编辑：孟毅新
封面设计：傅瑞学
责任校对：袁　芳
责任印制：宋　林

出版发行：清华大学出版社
网　　址：http://www.tup.com.cn，http://www.wqbook.com
地　　址：北京清华大学学研大厦 A 座　　**邮　　编**：100084
社 总 机：010-62770175　　**邮　　购**：010-62786544
投稿与读者服务：010-62776969，c-service@tup.tsinghua.edu.cn
质量反馈：010-62772015，zhiliang@tup.tsinghua.edu.cn
课件下载：http://www.tup.com.cn,010-62795764
印 刷 者：北京富博印刷有限公司
装 订 者：北京市密云县京文制本装订厂
经　　销：全国新华书店
开　　本：185mm×260mm　　**印　张**：18.25　　**插　页**：2　　**字　　数**：422 千字
版　　次：2013 年 11 月第 1 版　　**印　　次**：2013 年 11 月第 1 次印刷
印　　数：1～3000
定　　价：39.00 元

产品编号：049400-01

前言

Premiere是由Adobe公司开发的一款专业的、实时的视频处理非线性编辑软件，具有极好的兼容性，并且可以与Adobe公司推出的其他软件相互协作。它作为功能强大的多媒体视频、音频编辑软件，以其编辑方式简便实用、对素材格式支持广泛等优势，吸引了众多影视设计工作者和爱好者的青睐，其应用范围不胜枚举，制作效果美不胜收。本书通过大量的精彩实例对软件操作与技巧进行介绍。每个实例都遵循非线性编辑的工作流程，为初学者的入门学习提供了保障。

本书特色

(1) 理论与实践并重的原则：本书以案例带动知识点的讲解、知识面的延续推动案例的拓展为原则，真正做到知识来源于实践，而实践离不开扎实的基本功。

(2) 项目安排循序渐进的原则：考虑到初学者对软件的兴趣、进展的速度、学习的收获、思维的拓展等方面因素，我们安排项目中实例的顺序是循序渐进的，从知识要求上由浅到深，从技能要求上由易到难，从素质要求上由低到高，使初学者不知不觉从入门阶段渐进到精通阶段。

(3) 实例选取实用的原则：随着Premiere的功能越来越强大，应用的领域也就越来越广泛。对初学者来说，明确发展的方向是首要目的之一。所以，实例的选取是从当今非线性编辑工作领域里最实用的案例中精心挑选出来的，具有一定的代表性与方向性。以非线性编辑的职业岗位工作流程为导向，引领初学者一步步完成项目的设计与制作，为将来从事影视工作奠定扎实的基础。

适用范围

适合Premiere初学者、DV制作爱好者和有一定Premiere使用经验的读者进一步提高学习使用，也适合各中、高职学校学生使用，还可作为相关人员的教学参考用书或培训班的案例辅导教材。

内容结构

本书分为预备知识和5个项目的实践。

预备知识部分介绍了与视频、音频相关的知识，流媒体发展与应用，影视创作的基础知识，包括线性编辑与非线性编辑、景别、镜头、蒙太奇、素材剪辑技巧，最后介绍Premiere Pro CS4的工作环境与基本操作。

项目一　音乐电子相册。本项目作为数字影视非线性编辑的开篇实践，首先使读者从整体上加深理解Premiere的强大功能，能够独立创建项目并设置相关环境参数，导入不同类型的素材，实现素材简单的设置，全面掌握转场技术的应用。

项目二　影片编辑。通过本项目的学习，读者首先从系统上对 Premiere 的性能及特效有一个新的认识，了解"运动"属性、视频特效等；其次通过案例的操作，可以检验对知识的掌握能力；最后通过拓展练习来逐步开拓思路、提高创新能力。

项目三　MV 和卡拉 OK 制作。本项目主要是让读者掌握 MV 歌曲的制作方法与手段、卡拉 OK 歌词字幕的设计与制作方法，培养审美能力与音乐鉴赏能力，并对字幕、视频、音频等素材进行不同风格的设计，提高综合制作能力。

项目四　预告片、宣传片制作。本项目是让读者对影片的总结、把握、剪辑、表达等能力的综合检验。让读者可根据不同影片与素材，提炼与创作出不同效果的预告片、宣传片，让预告片、宣传片发挥出强烈的吸引作用。

项目五　专题片创作。本项目是培养、锻炼读者对影片的策划能力、知识综合运用能力。使读者能够独立完成影视专题片的前期策划，包括创意设计、分镜脚本、策划方案；中期准备，包括拍摄、解说词的撰写与录制、片头设计；后期合成，包括素材剪辑、字幕设计、影片合成等。

本书是集体创作的结晶。主编是岳超、成威，副主编是李京泽、周晓红、岳勇，参与编写的有夏琰、王明月、陈慧颖、张永华、徐琨、王蕾、吴文丽、王勉。

由于时间仓促，加之编者水平有限，书中难免出现不妥或值得商榷之处，恳请广大读者多提宝贵意见。我们会改进不足之处，以期待与大家共同提高。

编　者

2013 年 10 月

目录

预备知识

阅读提示

Premiere 是由 Adobe 公司开发的一款专业的、实时的视频处理非线性编辑软件，具有极好的兼容性，可以与 Adobe 公司推出的其他软件相互协作。它作为功能强大的多媒体视频、音频编辑软件，以其编辑方式简便实用、对素材格式支持广泛等优势，受到了众多影视设计工作者和爱好者的青睐，应用范围不胜枚举，制作效果美不胜收。本书通过大量的精彩实例对软件的操作与技巧进行了介绍，每个实例都遵循着非线性编辑的工作流程，为初学者的入门学习提供了保障。

本项目介绍了与视频、音频相关的知识，流媒体的发展与应用，影视创作的基础知识，包括线性编辑与非线性编辑、景别、镜头、蒙太奇、素材剪辑技巧，最后介绍了 Premiere Pro CS 4 的工作环境与基本操作。

主要内容

- 视频简介
- 音频简介
- 流媒体技术
- 影视创作基础知识
- Premiere Pro CS 4 简介

重点与难点

- 视频制式
- 蒙太奇
- 工作界面功能的介绍
- 影视剪辑技术

0.1 视频简介

在人类接收的信息中，有 70%来自视觉，其中视频是最直观、最具体、信息量最丰富的。我们在日常生活中看到的电视、电影、VCD、DVD 以及用摄像机、手机等拍摄的活动图像等，都属于视频的范畴。

0.1.1 什么是视频

视频(Video)就其本质而言,是内容随时间变化的一组动态图像(25 帧/秒或 30 帧/秒),所以视频又叫作运动图像或活动图像。一帧就是一幅静态画面。快速连续地显示帧,便能形成运动的图像。每秒钟显示的帧数越多,即帧频越高,所显示的动作就会越流畅。人眼在观察景物时,光信号传入大脑神经,需经过一段短暂的时间,光的作用结束后,视觉形象并不立即消失,这种残留的视觉称"后像"。视觉的这一现象,则被称为"视觉暂留现象"。此原理的具体应用,是电影的拍摄和放映。根据实验人们发现,要想看到连续不闪烁的画面,帧与帧之间的时间间隔最少要达到 1/24 秒。

图像与视频是两个既有联系又有区别的概念:静止的图片称为图像(Image),运动的图像称为视频(Video)。图像与视频两者的信源方式不同:图像的输入靠扫描仪、数码照相机等设备;视频的输入是电视接收机、摄像机、录像机、影碟机以及可以输出连续图像信号的设备。

按照处理方式的不同,视频分为模拟视频和数字视频。

1. 模拟视频

模拟视频是用于传输图像和声音的、随时间连续变化的电信号。早期视频的记录、存储和传输都采用模拟方式,如在电视上所见到的视频图像是以一种模拟电信号的形式来记录的,并依靠模拟调幅的手段在空间传播,再用盒式磁带录像机将其作为模拟信号存放在磁带上。

模拟视频的特点如下。

(1) 以模拟电信号的形式来记录。

(2) 依靠模拟调幅的手段在空间传播。

(3) 使用磁带录像机将视频作为模拟信号存放在磁带上。

(4) 传统视频信号以模拟方式进行存储和传送。

然而模拟视频不适合网络传输,在传输效率方面先天不足,而且图像随时间和频道的衰减较大,不便于分类、检索和编辑。

2. 数字视频

要使计算机能对视频进行处理,必须把视频源(即来自于电视机、模拟摄像机、录像机、影碟机等设备)的模拟视频信号转换成计算机要求的数字视频形式,这个过程称为视频的数字化过程。数字视频可大大降低视频的传输和存储费用,增强交互性,并且能带来精确稳定的图像。如今,数字视频的应用已非常广泛,包括直接广播卫星(DBS)、有线电视、数字电视在内的多种通信应用,都需要采用数字视频。

数字化视频的优点如下。

(1) 适合于网络应用。在网络环境中,视频信息可方便地实现资源共享,便于长距离传输。

(2) 再现性好。模拟信号由于是连续变化的,所以不管复制时精确度多高,失真不可避免,经多次复制后,误差就很大;数字视频可不失真地进行无限次复制,其抗干扰能力是模拟图像无法比拟的,它不会因存储、传输和复制而产生图像质量的退化,能准确再现图像。

(3) 便于计算机编辑处理。模拟信号只能简单地调整亮度、对比度和颜色等,限制了处理手段和应用范围;而数字视频信号可以传送到计算机内进行存储、处理,很容易进行创造性的编辑与合成,并进行交互。

数字视频的缺陷是处理速度慢,数据存储空间大,数字图像处理成本高。通过对数字视频的压缩,可以节省大量存储空间,光盘技术的应用也使得大量视频信息的存储成为可能。

0.1.2 帧及帧速率

像电影一样,视频是由一系列单独图像(称之为帧)组成的,并放映到观众面前的屏幕上。每秒钟放映若干张图像,会产生动态的画面效果,因为人脑可以暂时保留单独的图像,典型的帧速率范围是 24～30 帧/秒,这样才会产生平滑和连续的效果。在正常情况下,一个或者多个音频的轨迹与视频同步,并为影片提供声音。

帧速率是帧/秒(frames per second,fps)的缩写,用于保存、显示动态视频的信息数量。每一帧都是静止的图像,快速连续地显示帧便形成了运动的假象。每秒钟帧数(fps)愈多,所显示的动作就会愈流畅。帧速率可理解为 1 秒钟时间里刷新的图片的帧数,也可以理解为图形处理器每秒钟能够刷新几次,也就是指每秒钟能够播放(或者录制)多少格画面。帧速率也是描述视频信号的一个重要概念。对每秒钟扫描多少帧有一定的要求,这就是帧速率。对于 PAL 制式电视系统,帧速率为 25fps;而对于 NTSC 制式电视系统,帧速率为 30fps。虽然这些帧速率足以提供平滑的运动,但它们还没有高到足以使视频显示避免闪烁的程度。根据实验,人的眼睛可觉察到以低于 1/50 秒速度刷新图像中的闪烁。然而,要求帧速率提高到这种程度,就要求显著增加系统的频带宽度,这是相当困难的。为了避免这样的情况,电视系统都采用了隔行扫描方法。

0.1.3 视频制式

1. 电视制式

(1) NTSC 制式。NTSC 是英文 National Television System Committee(美国国家电视系统委员会)的缩写,是由美国在 1953 年制定的彩色电视广播标准。它对应的帧速率为 29.97 帧/秒。采用 NTSC 制式的国家,主要有美国、日本、韩国、加拿大和菲律宾。

(2) PAL 制式。PAL 是英文 Phase Alteration Line(逐行倒相)的缩写,是由德国在 1962 年制定的彩色电视广播标准。它对应的帧速率为 25 帧/秒。采用 PAL 制式的国家,主要有德国、中国、英国、澳大利亚和新加坡。

(3) SECAM 制式。SECAM 是法文 Sequentiel Couleur A Memoire(按照顺序传送色彩和存储)的缩写,是由法国在 1966 年制订的彩色电视广播标准。它对应的帧速率为 25 帧/秒。采用 SECAM 制式的国家,主要有法国、埃及和俄罗斯。

2. 视频分辨率

视频分辨率指的是视频的画面大小,常用图像的“水平像素×垂直像素”来表示。

(1) VCD 视频光盘的标准分辨率为 352×288(PAL)或 352×240(NTSC)。

(2) SVCD 视频光盘的标准分辨率为 480×576(PAL)或 480×480(NTSC)。

(3) DVD 视频光盘的标准分辨率为 720×576(PAL)或 720×480(NTSC)。

(4) 普通电视信号的分辨率为 640×480。

(5) 标清电视信号分辨率为 720×576。

(6) 高清电视(HDTV)分辨率可达 1920×1080。

0.1.4 常用的视频文件

1. AVI 格式

AVI(Audio Video Interleaved,音频视频交错)格式,是一种可以将视频和音频交织在一起进行同步播放的数字视频文件格式。AVI 格式由 Microsoft 公司于 1992 年推出,随 Windows 3.1 一起被人们所认识和熟知。它采用的压缩算法没有统一的标准,除 Microsoft 公司之外,其他公司也推出了自己的压缩算法,只要把该算法的驱动加到 Windows 系统中,就可以播放该算法压缩的 AVI 文件。AVI 格式的优点是图像质量好,可以跨多个平台使用,但是其缺点是文件大小过于庞大。其文件扩展名为.avi。

2. MPEG 格式

MPEG(Moving Pictures Experts Group,动态图像专家组)是 1988 年成立的一个专家组,其任务是负责制订有关运动图像和声音的压缩、解压缩、处理以及编码表示的国际标准。MPEG 格式采用了有损压缩方法,从而减少了运动图像中冗余信息的数字视频文件格式。目前 MPEG 格式有三个压缩标准,分别是 MPEG-1、MPEG-2 和 MPEG-4。

MPEG-1 制订于 1992 年,它是针对 1.5Mbps 以下数据传输率的数字存储媒体运动图像及其伴音编码而设计的国际标准。使用 MPEG-1 的压缩算法,可以把一部时长 120 分钟的电影(视频)压缩到 1.2GB 左右。这种数字视频格式的文件扩展名包括.mpg、.mlv、.mpe、.mpeg 以及 VCD 光盘中的.dat 等。

MPEG-2 制定于 1994 年,是为高级行业标准的图像质量以及更高的传输率而设计的。这种格式主要应用在 DVD 和 SVCD 的制作(压缩)方面,同时在一些 HDTV(高清晰电视广播)和一些高要求视频编辑、处理方面也有较广泛的应用。使用 MPEG-2 的压缩算法,可以把一部时长 120 分钟的电影(视频)压缩到 4~8GB。这种数字视频格式的文件扩展名包括.mpg、.mpe、.mpeg、.m2v 及 DVD 光盘中的.vob 等。

MPEG-4 制定于 1998 年，是为播放流式媒体的高质量视频而专门设计的。它可利用很窄的带宽，通过帧重建技术压缩和传输数据，以求使用最少的数据获得最佳的图像质量。MPEG-4 能够保存接近于 DVD 画质的小视频文件，还包括了以前 MPEG 压缩标准所不具备的比特率的可伸缩性、动画精灵、交互性，甚至版权保护等一些特殊功能。使用 MPEG-4 的压缩算法的 ASF 格式，可以把一部 120 分钟的电影（视频）压缩到 300MB 左右的视频流，可供在线观看。这种数字视频格式的文件扩展名包括. asf 和. mov。

3. RM 格式

RM(RealMedia)格式是 Networks 公司所制定的音频视频压缩规范。用户可以使用 RealPlayer 或 RealOnePlayer 对符合 RealMedia 技术规范的网络音频/视频资源进行实况转播，并且 RealMedia 还可以根据不同的网络传输速率制定出不同的压缩比率，从而实现在低速率的网络上进行影像数据实时传送和播放。这种数字视频格式的文件扩展名包括. rm、. ra 和. ram。

4. RMVB 格式

RMVB 格式是一种由 RM 视频格式升级延伸出的新视频格式。它的先进之处在于，RMVB 视频格式打破了原先 RM 格式那种平均压缩采样的方式，在保证平均压缩比的基础上合理利用比特率资源，也就是说，静止和动作场面少的画面场景采用较低的编码速率，这样可以留出更多的带宽空间，而这些带宽会在出现快速运动的画面场景时被利用。因而在保证了静止画面质量的前提下，大幅度提高了运动图像的画面质量，使图像质量和文件大小之间达到了微妙的平衡。这种数字视频格式的文件扩展名为. rmvb 和. rm。

5. WMV 格式

WMV(Windows MediaVideo)格式是 Microsoft 公司将其名下的 ASF(Advanced Stream Format)格式升级延伸得来的一种流媒体格式。WMV 格式的主要优点包括：本地或网络回放、可扩充的媒体类型、可伸缩的媒体类型、多语言支持、环境独立性、丰富的流间关系以及扩展性等。其文件扩展名为. wmv。

6. MOV 格式

MOV 格式是美国 Apple 公司开发的一种视频格式，默认的播放器是 Apple 公司的 QuickTime Player。MOV 格式不仅能支持 Mac OS，同样也能支持 Windows 系列计算机操作系统，有较高的压缩比率和较完美的视频清晰度。MOV 格式定义了存储数字媒体内容的标准方法。使用这种文件格式，不仅可以存储单个的媒体内容，如视频帧或音频采样数据，而且还能保存对该媒体作品的完整描述。因为这种文件格式能用来描述几乎所有的媒体结构，所以它是不同系统的应用程序间交换数据的理想格式。这种数字视频格式的文件扩展名包括. qt、. mov 等。

7. DivX 格式

DivX 格式是由 MPEG-4 衍生出的另一种视频编码(压缩)标准,即我们通常所说的 DVDrip 格式,它采用了 MPEG-4 的压缩算法,同时又综合了 MPEG-4 与 MP3 各方面的技术,即使用 DivX 压缩技术对 DVD 盘片的视频图像进行高质量压缩,同时用 MP3 或 AC3 对音频进行压缩,然后再将视频与音频合成并加上相应的外挂字幕文件而形成的视频格式。其画质直逼 DVD,但文件大小只有 DVD 的几分之一,并且对机器的要求也不高,因此 DivX 格式可以说是一种对 DVD 造成威胁最大的新生视频压缩格式。其文件扩展名为.avi。

8. FLV 格式

FLV(Flash Video)格式是随着 Flash MX 的推出发展而来的流媒体视频格式。它的出现有效地解决了视频文件导入 Flash 后,导出的 SWF 文件大小庞大而不能在网络上很好地传输等缺点。FLV 文件大小极小,1 分钟清晰的 FLV 视频大小在 1MB 左右,加上 CPU 占用率低、视频质量良好等特点,使其在网络上极为盛行。目前,网上多数视频网站使用的都是这种格式的视频。其文件扩展名为.flv。

9. 3GP 格式

3GP 格式是一种 3G 流媒体的视频编码格式,主要是为了配合 3G 网络的高传输速度而开发的一种媒体格式,具有很高的压缩比,特别适合在手机上观看电影。3GP 格式的视频文件小、移动性强,适合在手机、PSP 等移动设备上使用,其缺点是在 PC 机上兼容性差,支持软件少,且播放质量差,帧数低,较 AVI 等格式相差很多。其文件扩展名为.3gp。

10. MTS 格式

MTS 视频格式是一种新兴的高清视频格式,常见于 Sony 高清 DV 录制的视频,其视频编码通常采用 H264、音频编码采用 AC-3、分辨率为 1920×1080 或 1440×1080,是一种达到高清甚至全高清标准的格式,也是一种蓝光标准的格式。播放 MTS 视频格式不同于 AVI 等传统格式,所有电脑都能良好地兼容播放,但如果机器性能较弱,就有可能发生播放不流畅的情况。MTS 视频格式画质非常高,也就决定了它文件大小非常大,所以通过高清录像机录制的 MTS,常常需要进行转换,以减小视频的文件大小,另外,如果需要在影碟机上播放录制的视频,也需要转换成 DVD 格式。其文件扩展名为.mts。

11. F4V 格式

F4V 格式是 Adobe 公司为了迎接高清时代而推出的、继 FLV 格式后的、支持 H.264 的 F4V 流媒体格式。它和 FLV 主要的区别在于,FLV 格式采用的是 H.263 编码,而 F4V 则支持 H.264 编码的高清晰视频。使用最新的 Adobe Media Encoder CS4 软件即可编码 F4V 格式的视频文件。现在主流的视频网站(如土豆、酷 6、优酷)都开始用H.264 编码的 F4V 文件,在相同的文件大小情况下,清晰度明显比 H.263 编码的 FLV 要好。

0.2 音频简介

我们所处的世界是一个物质的世界，世间万物不仅以千姿百态的空间形态呈现在我们的面前，而且以其美妙的声音呈现着事物的特征。因此，长期以来，声音和图像一直是人们感知世界、认识世界的重要信息形态。音频编辑就是运用现代电子技术逼真地呈现事物的声音属性，拾音（采集）、记录、再现声音信号信息的处理技术。

0.2.1 什么是音频

一切声音都是由物体的振动产生的，振动发声的物体叫声源。由声源振动引起周围的媒质波动而传向四方，因此，声音的本质是一种波。声音在单位时间内波动的次数称为声音的频率。一般来说，音频低于400Hz的声音称为低音，音频介于400～4000Hz之间的称为中音，音频高于4000Hz的称为高音。

响度、音调和音色是声音的三要素。

响度：是人耳对音量大小的主观感受。音量大小对应声波就是声波的振幅，所以，响度取决于声波的振幅大小。录音时，在相同环境噪声的情况下，声音的响度越高，音频信号的噪声越小，对录音设备的灵敏度要求也就越低。

音调：音调是声源发生的振动频率作用于人耳时，人耳对声音频率的主观感受。在录音过程中，音调主要表现在音频电声信号的频率形态，电声设备的高频或低频指标不好，都会影响音调。

音色：是人耳对声源发声特色的感受。音色主要取决于声波中谐波成分的多少和强弱。

0.2.2 采样频率与采样精度

1. 采样频率

采样频率是指每秒钟需要采集多少个声音样本。目前通用的标准采样频率有：8kHz、11.025kHz、22.05kHz、16kHz、44.1kHz和48kHz等。

2. 采样精度

采样精度是指每个声音样本需要用多少位二进制数表示，它反映出度量声音波形幅度值的精确程度。样本位数的大小影响到声音的质量，位数越多，声音的质量越高。

采样样本大小是用每个声音样本的位数bit/s（即bps）表示的，它反映度量声音波形幅度的精度。例如，每个声音样本用16位（2字节）表示，测得的声音样本值是在0～65 535的范围内，它的精度就是输入信号的1/65 536。样本位数的大小影响到声音的质量，位数越多，声音的质量越高，而需要的存储空间也越大；位数越少，声音的质量越低，需要的存储空间越小。

3. 声道数

声道数是指所使用的声音通道的个数，它表明声音记录是产生一个波形(即单音或单声道)还是两个波形(即立体声或双声道)。

采样频率、采样精度和声道数对声音的音质和占用的存储空间起着决定性作用，如表0.1所示。

表0.1　音质比较

声音质量	采样频率/kHz	采样精度/bit	单声道/双声道	存储量/(Mb/min)
电话音质	8	8	1	0.46
AM音质	11.025	8	1	0.63
FM音质	22.05	16	2	5.05
CD音质	44.1	16	2	10.09
DAT音质	48	16	2	10.99

这个关系可用以下公式表示：

$$\text{存储容量}=\frac{\text{采样频率(Hz)}\times\text{采样精度(bit)}\times\text{通道数}}{8}$$

0.2.3　比特率

比特率也叫作比码率，表示经过编码(压缩)后的音频数据每秒钟需要用多少个比特(bit)来表示，而比特就是二进制里面最少的单位，要么是0，要么是1。比特率与音频压缩的关系，简单来说就是比特率越高，音质就越好，但编码后的文件也越大；如果比特率越低，则情况刚好相反。

0.2.4　音频格式

1. WAV格式

由Microsoft公司开发的一种WAV声音文件格式，是如今电脑上最为常见的声音文件格式，它符合RIFF(Resource Interchange File Format)文件规范，用于保存Windows平台的音频信息资源，被Windows平台及其应用程序所广泛支持。WAV格式支持多种音频位数、采样频率和声道，但其缺点是文件较大，所以不适合长时间记录。

2. MPEG格式

MPEG(Moving Picture Experts Group)，代表的是MPEG活动影音压缩标准，MPEG音频文件指的是MPEG标准中的声音部分，即MPEG音频层(MPEG Audio Layer)。

3. MP3 格式

目前 Internet 上的音乐格式以 MP3 最为常见。它问世不久,就凭着较高的压缩比(12:1)和较好的音质创造了一个全新的音乐领域。MP3 为降低声音失真采取了名为"感官编码技术"的编码算法,形成具有较高压缩比的 MP3 文件,并使压缩后的文件在回放时能够达到比较接近原音源的声音效果。虽然它是一种有损压缩,但是它的最大优势是以极小的声音失真换来了较高的压缩比。

然而,MP3 的开放性却最终不可避免地导致了版权之争。在这样的背景下,文件更小、音质更佳,同时还能有效保护版权的 MP4 就应运而生了。MP4 与 MP3 之间其实并没有必然的联系。MP3 是一种音频压缩的国际技术标准,而 MP4 却是一个商标的名称。

4. WMA

就是 Windows Media Audio 的缩写,是微软自己开发的 Windows Media Audio 技术。比起 MP3 的压缩技术,WMA 无论是在技术性能(支持音频流)还是在压缩率(比 MP3 高一倍)上,都远远把 MP3 抛在了后面。据微软声称,用它来制作接近 CD 品质的音频文件,其文件大小仅相当于 MP3 的 1/3。在 48Kbps 的传送速率下即可得到接近 CD 品质(Near-CD Quality)的音频数据流,在 64Kbps 的传送速率下可以得到与 CD 相同品质的音乐,而当连接速率超过 96Kbps 后则可以得到超过 CD 的品质。

5. MPC 格式

MusePaCk 原先被称为 MPEGPlus(.mp+),是由德国人 Andree Buschmann 开发的一种完全免费的高品质音频格式。在其问世之前,Lame MP3 是公认音质最好的有损压缩方案,追求音质的人对它趋之若鹜。但现在这个桂冠无疑该让给 MPC 了,在中高码率下,MPC 可以达到比 MP3 更好的音质。在高码率下,MPC 的高频要比 MP3 细腻不少,可以在节省大量空间的前提下获得最佳音质的音乐效果,是目前最适合用于音乐欣赏的有损编码。

6. Ogg 格式

Ogg Vorbis 是一种音频压缩格式,类似于 MP3 等现有的通过有损压缩算法进行音频压缩的音乐格式,但是却完全免费、开放源码且没有专利限制的。其特点是,在文件格式已经固定下来后,还能对音质进行明显的调节和新算法。现在创建的 OGG 文件,可以在未来的任何播放器上播放,因此,这种文件格式可以不断地进行大小和音质的改良,而不影响原有的编码器或播放器。

7. RealMedia(RA/RM/RAM)

RealMedia 属于流式音频,采用的是 RealNetworks 公司自己开发的 Real G2 Codec,它具有很多先进的设计。RealMedia 音频部分采用的是 RealAudio,它具有 21 种编码方式,可实现声音在单声道、立体声音乐不同速率下的压缩。

8. QuickTime(MOV)

QuickTimeApple 的 QuickTime 也属于流式音频,是最早的视频行业标准,在 1999 年发布的 QuickTime 4.0 版本后开始支持真正的实时播放,其格式为".mov"。音频部分 QuickTime 采用一种名为 QDesiglMusic 的技术,据说是一种比 MP3 更好的音频流技术。

9. AIFF(AIF/AIFF)

AIFF 是音频交换文件格式(Audio Interchange File Format)的英文缩写,是 Apple 公司开发的一种声音文件格式,被 Macintosh 平台及其应用程序所支持,Netscape Navigator 浏览器中的 LiveAudio 也支持 AIFF 格式,SGI 及其他专业音频软件包也同样支持 AIFF 格式。AIFF 支持 ACE2、ACE8、MAC3 和 MAC6 压缩,支持 16 位 44.1kHz 立体声。

10. Audio(AU)

Audio 文件是 Sun 微系统公司推出的一种经过压缩的数字声音格式。AU 文件原先是 UNIX 操作系统下的数字声音文件。由于早期 Internet 上的 Web 服务器主要是基于 UNIX 的,所以.AU 格式的文件在如今的 Internet 中也是常用的声音文件格式,Netscape Navigator 浏览器中的 LiveAudio 也支持 Audio 格式的声音文件。

11. Voice(VOC)

Voice 文件是新加坡著名的多媒体公司 Creative Labs 开发的声音文件格式,多用于保存 Creative Sound Blaster 系列声卡所采集的声音数据,被 Windows 平台和 DOS 平台所支持。在 DOS 程序和游戏中常会遇到这种文件,它是随声卡一起产生的数字声音文件,它与 WAV 文件的结构相似,可以通过一些工具软件方便地互相转换。

0.3 流媒体技术

随着现代网络技术的发展,网络开始带给人们形式多样的信息。从在网络上出现第一张图片,到现在各种形式的网络视频、三维动画,人们的视、听觉在网络上得到了很大的满足。但人们又面临着另外一种不可避免的尴尬:在网络上看到生动清晰的媒体演示的同时,不得不为等待传输文件而花费大量时间。为了解决这个矛盾,一种新的媒体技术应运而生,这就是流媒体技术。

0.3.1 流媒体技术简介

流媒体是指在网络中使用流式传输技术的连续时基媒体,如音频、视频或多媒体文件。而流式传输技术就是把连续的声音和图像信息经过压缩处理后放到网站服务器上,让用户一边下载一边收听观看,而不需要等待整个文件下载到自己的机器后才可以观看的网络传输技术。

目前，在网络上传输音、视频(A/V)等多媒体信息主要有下载和流式传输两种方案。一方面，由于音、视频文件一般都较大，所以需要的存储容量也较大；同时由于受网络带宽的限制，下载这样的文件常常需要几分钟甚至几小时，所以采用下载方法的时延也就很大。而采用流式传输时，声音、图像或动画等时基媒体由音、视频服务器向用户计算机连续、实时传送，用户只需经过几秒或数十秒的启动时延而不必等到整个文件全部下载完毕即可观看。当声音、图像等时基媒体在客户机上播放时，文件的剩余部分将在后台从服务器上继续下载。流式传输不仅使启动时延大大缩短，而且不需要太大的缓存容量。流式传输避免了用户必须等待整个文件全部下载完毕之后才能观看的缺点。

0.3.2 流媒体技术的应用

Internet 的迅猛发展和普及为流媒体业务发展提供了强大的市场动力，流媒体业务正变得日益流行。流媒体技术广泛用于多媒体新闻发布、在线直播、网络广告、电子商务、视频点播(VOD)、远程教育、远程医疗、网络电台、实时视频会议等互联网信息服务的方方面面。流媒体技术的应用将为网络信息交流带来革命性的变化，对人们的工作和生活产生深远的影响。下面介绍流媒体技术在视频点播、远程教育、视频会议、Internet 直播方面的应用。

1. 视频点播

最初的视频点播应用于卡拉 OK 点播。随着计算机技术的发展，VOD 技术逐渐应用于局域网及有线电视网，此时的 VOD 技术趋于完善，但音/视频文件的庞大仍然阻碍了 VOD 技术的进一步发展。由于服务器端不仅需要大容量的存储系统，同时还要承担大量数据的传输，因而服务器根本无法支持大规模的点播。此外，由于局域网中的视频点播覆盖范围小，用户也无法通过 Internet 等网络媒介收听或观看局域网中的节目。随着宽带网和信息家电的发展，流媒体技术会越来越广泛地应用于视频点播系统。目前，很多大型的新闻娱乐媒体，如中央电视台、北京电视台等，都在 Internet 上提供基于流媒体技术的节目。

2. 远程教育

电脑的普及、多媒体技术的发展以及 Internet 的迅速崛起，给远程教育带来了新的机遇。在远程教学过程中，最基本的要求就是将信息从教师端传到远程的学生端，需要传送的信息可能是多元的，如视频、音频、文本、图片等。

3. 视频会议

市场上的视频会议系统有很多，这些产品基本上都支持 TCP/IP 协议，但采用流媒体技术作为核心技术的系统并不占多数。虽然流媒体技术并不是视频会议的必须选择，但为视频会议的发展起了重要的推动作用。采用流媒体格式传送音视频文件，使用者不必等待整个影片传送完毕就可以实时、连续地观看，这样不但解决了观看前的等待问题，还达到了即时的效果。虽然在画面质量上有一些损失,但就一般的视频会议来讲,并不需要很高的图像质量。

4. Internet 直播

随着 Internet 技术的发展和普及,在 Internet 上直接收看体育赛事、重大庆典、商贸展览成为很多网民的愿望,而很多厂商希望借助网上直播的形式将自己的产品和活动传遍全世界。这些需求促成了 Internet 直播的形成,但是网络的带宽问题一直困扰着 Internet 直播的发展,不过随着宽带网的不断普及和流媒体技术的不断改进,Internet 直播已经从实验阶段走向实用,并能够提供较满意的音、视频效果。

0.3.3 流媒体技术的发展

流媒体技术是 Real Networks 公司首先推出的,现在许多厂商都有成熟的基于流的产品,如 Real Networks 公司的 Real System G2 和微软公司的 Windows Media Service。除了得到许多制造商的支持,基于流媒体的国际标准也已经提出。

由 WWW 联合会(W3C)提出的基于流的媒体语言——同步综合多媒体语言(Synchronized Multimedia Integration Language,SMIL)与超文本标记语言(HTML)类似。它可以描述演示的实时行为、屏幕上演示的版面以及协同媒体之间的超链接,可以演示流式视频、音频、图像、文本等多种类型媒体,允许在一个同步多媒体演示中集成一系列的独立多媒体对象。利用 SMIL 语言还可以方便地同步多个基于流的多媒体对象。

下面介绍代表流媒体技术最新发展的两个厂商的产品。

1. 微软公司的 Windows Media

最新的 Windows Media Encode 不仅压缩比率又有新的突破,而且可以支持更多不同的网络数据传输速率和压缩比率,如可以用 848Kbps 速率播放接近 CD 音质的音频数据流,用 64Kbps 速率播放 CD 音质的音频数据流;最新发布的视频编码则明显优化了动态效果的处理。

2. RealNetworks 公司的 Real

Real Audio Encode 8 大大增强了 Real 对音频的压缩处理能力(在低速率码流下的音频传输,Real 要比 Windows Media 强一些)。在服务器端,iPoint-Princeton VideoImager 为 RealSystem 8 提供了广告插播 PVI 技术,iPoint 可以在 RealSystem 8 中无缝插入预先定制的广告节目。

0.4 影视创作基础知识

在科学技术飞速发展的今天,越来越多的新生代技术冲击着人们的神经,就像大浪一样卷走了传统老旧的习惯,带来了新的科学技术改革。而数字化改革就是这其中的一朵奇葩，以强劲势头席卷了电影电视行业。在数字技术出现后，观众更多地体验到了数字贴近人类、信息结构化、时效性强、可参与性强等优点。高清晰的影视节目，其好莱坞大片似的惊心动魄的画面，无不让受众感受到了数字技术的强大吸引力。数字技术必将是时代的新宠，是人类社会技术的爆炸性飞跃。随着宽带建设和网络技术的发展，网络上的信息不再只是文本、图像或简单的声音文件，而且人们越来越希望宽带网络带来更直观、更丰富的、新一代的媒体信息表现，因此流媒体便应运而生。

0.4.1 线性编辑与非线性编辑

无论通过先期拍摄获得的还是未成型的素材，要想变成一部能展示给观众观赏的作品，还有许多工作要做，如：从重复的镜头中选择最好的，删掉一些不需要的，把一些分段拍摄的内容组接起来，让故事看起来具有连贯性，按照最初的思路整体布局故事的结构，为作品配音、配乐、配字幕等，这就是视、音频编辑。在影视作品创作的流程中，视、音频编辑属于后期的制作工作。后期制作编辑方式可以分为线性编辑和非线性编辑，这两种编辑方式的原理不同，使用的设备系统也不相同。

1. 线性编辑

线性编辑(Linear Editing)简称“线编”。简单来说，就是按序编辑，是传统的影像视频编辑方式。线性编辑处理的影像信息以磁带为载体，不论记录的信号是模拟的还是数字的，磁带记录系统本身都是线性的，这就决定了记录在磁带上的影像也只能使用线性编辑进行。由于记录在磁带上的影像不可能随意读取，只能按照顺序读取，因此如果想编辑3号镜头，不可能不经过1号镜头和2号镜头而直接到3号镜头。要想删除、缩短、加长中间的某一段就不可能了，除非将那一段以后的画面抹去重录，这是电视节目的传统编辑方式。

线性编辑在制作影视节目的过程中表现出的优点和不足如下。

(1) 线性编辑的技术比较成熟，操作相对于非线性编辑来讲比较简单。线性编辑是使用编放机、编录机，直接对录像带中的素材进行操作，操作直观、简洁。使用组合编辑或插入编辑，图像和声音可分别进行编辑，再配上字幕机、特技器、时基校正器等，就能满足制作需要。

(2) 线性编辑素材的搜索和录制都必须按时间顺序进行，节目制作相对麻烦。因为素材的搜索和录制都必须按时间顺序进行，在录制过程中就要反复地前卷、后卷寻找素材，这样不但浪费时间，而且对磁头、磁带也造成相应的磨损。编辑工作只能按顺序进行，先编前一段，再编下一段。这样，如果要在原来编辑好的节目中插入、修改、删除素材，就要严格受到预留时间、长度的限制，无形中给节目的编辑增加了许多麻烦，同时还会形成资金的浪费。如果不花很长的工作时间，则很难制作出艺术性强、加工精美的电视节目来。

(3) 线性编辑系统的连线比较多、投资较高、故障率较高。线性编辑系统主要包括编辑录像机、编辑放像机、遥控器、字幕机、特技台、时基校正器等设备。这一系统的投资比同功能的非线性设备高，且连接用的导线如视频线、音频线、控制线等较多，比较容易出现故障，维修量较大。

2. 非线性编辑

非线性编辑的概念是从电影剪辑中借用而来的，是传统设备同计算机技术结合的产物。它利用计算机以数字化的方式记录所有视频素材，并将它们存储在硬盘上。由于计算机与媒体的交互性，所以人们可以对存储的数字化文件反复更新和编辑视频节目。从本质上讲，这种技术提供了一种方便、快捷、高效的电视编辑方法，使得任何片段都可以立即观看并随时任意修改。

非线性编辑的特点及优势如下。

(1) 利用非线性编辑在素材采集时能获得高质量的信号。非线性编辑的素材是以数字信号的形式存入计算机硬盘中的，可以随调随用。采集的时候，一般用分量采入，或用SDI采入，信号基本上没有衰减。非线性编辑的素材采集采用的是数字压缩技术，采用不同的压缩比，可以得到相应不同质量的图像信号，即图像信号的质量是可以控制的。

(2) 非线性编辑具有的强大编辑功能是线性编辑所不可比拟的。一套完整的非线性编辑的功能往往有录制、编辑、特技、字幕、动画等多种功能，在编辑时工作流程比较灵活，可以不按照时间顺序编辑，它可以非常方便地对素材进行预览、查找、定位、设置出点入点；具有丰富的特技功能、字幕功能和音频处理功能，可以充分发挥编辑人员的创造力和想象力。编辑的同时还可以进行"预视"，即随时可以看到编辑的结果，预视是随时为编辑人员提供最终结果的工具。编辑节目的精度高，可以做到不失真，便于节目内容的交换与交流。同时，只要是存储在计算机里的其他影视素材，同样可以调出来使用，和传统的线性编辑相比较，这种编辑方式可以任意调整素材，而且还能直观地浏览所有画面编辑组合的效果，实现了资源共享且大大提高了工作效率。一般非线性编辑系统可以兼容各种视频、音频设备，也便于输出录制成各种格式的资料。

(3) 非线性编辑系统的投入资金比较少，设备维护、维修和工作运行成本费用大大降低。传统的一套线性编辑设备价格不菲，而非线性编辑系统只要一个能支持它运行的硬件平台(计算机)、一块视频卡和一个非线性编辑软件就行了，这些设备的费用相对于传统设备来讲是非常便宜的。如果传统设备出现了故障，只有专业维修人员才能解决。而非线性编辑的设备硬件方面，只要是懂得计算机基本维修的人员就可以进行维修，软件坏了可以及时重新安装，这就大大减少了维修费用和维修时间。

目前非线性编辑已经成为电视节目编辑的主要方式，由于其数字化的记录方式、强大的兼容性、相对较少的投资等特点，目前已被广泛应用，多用于大型文艺晚会、电视节目、电视/电视剧片头及宣传片的制作。

0.4.2 景别的分类

景别就是被摄对象在画框内的空间范围，是指由于摄影机与被摄体的距离不同，而造成被摄体在电影画面中所呈现出的范围大小的区别。景别的划分，一般可分为5种，由近至远，分别为特写（人体肩部以上）、近景（人体胸部以上）、中景（人体膝部以上）、全景（人体的全部和周围背景）、远景（被摄体所处环境）。在电影中，导演和摄影师利用复杂多变的场面调度和镜头调度，交替地使用各种不同的景别，可以使影片剧情的叙述、人物思想感情的表达更完美。

（1）远景：是用来表现最大的空间的，如拍摄人物全身或周围环境，自然景物及广大群众活动场面等，其目的在于交代环境、烘托气氛。有时，也用来刻画人物的心理活动。远景是一种视野开阔的画面，表现较大范围的空间、环境、自然景色或众多群众活动场面的电视画面。画面中没有明确的主体，包含的是背景信息。这种景别的画面透视感强，展现的内容丰富，是表现空间最大的一种景别，一般用来展示地理环境、交代事件发生的场所、渲染气氛、提供整体的视觉信息、塑造宏伟的视觉形象等，如图 0.1 所示。但是，远景中没有明确的主体内容，表现力弱，无法表现具体细节，不能向观众交代细致内容，所以给观众的印象并不深刻。

图 0.1　远景

（2）全景：用于拍摄人物及其周围环境或自然景色，专用于表现一定范围的情景和一个景物的全部。如，在表现群众场面、显示人物行为与精神气势、烘托气氛和意境方面，用全景有很好的艺术效果。相对远景来讲，全景有明确的主体，可以使观众看清人物的形体动作以及人物与环境的关系，如图 0.2 所示。全景也是场面较大的画面，为使观众看清画面，全景镜头的长度一般比中、近景镜头长。

图 0.2　全景

（3）中景：用来表现环境或人物的一部分。如果用它来表现人物膝部以上的活动情形，它能给人物表演以自由活动的空间。中景还经常用来表达平静、正常的情绪、气氛，展现人物之间的关系和感情交流。中景主要用来交代情节，可使观众看清人物的动作、姿态、手势和情绪交流，有利于交代人与人、人与物之间的关系，以主动的情节吸引观众，也常被用作叙事性的描写，如图 0.3 所示。中景，在一部电影中占的数量最大，起着不可忽视的作用。

图 0.3　中景

（4）近景：它是用来表现人物或环境较突出的部分，或者强调人物之间的关系，一般在画面中表现人物胸部以上的活动情形和面部表情。在这种画面中，主体占据画面的大部分，而背景只是很小的一部分，如图 0.4 所示。因此，近景中的主体具有很强的吸引力。近景主要用来表现人物的主要特征和神态，使观众容易产生感情的交流，具有很强的感染力。

图 0.4　近景

（5）特写和大特写：是指突出人物的头部，或突出要强调的“物”，让其占满整个银幕。它可以把演员的眼神、表情、动作最清楚、最突出地表现出来，以揭示人物的内心活动，从而给观众留下深刻的印象，如图 0.5 所示。特写镜头有较强的主观色彩和情绪色彩，具有很强的感染力和视觉冲击力。

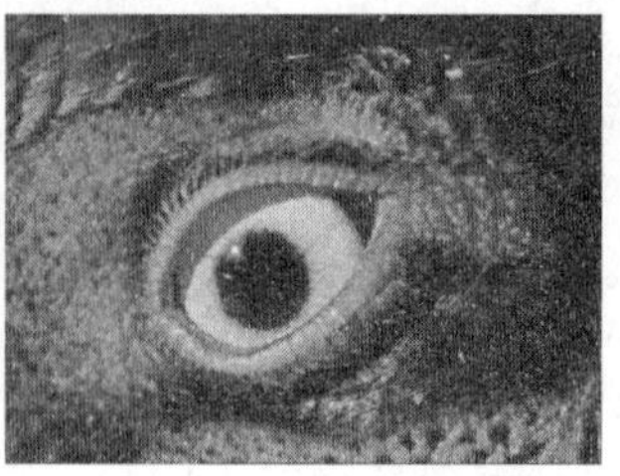

图 0.5　特写和大特写

电影的景别，从每个镜头来说，它给观众划定了一定的范围，使观众只能从一个特定的视点去观看，带有某种程度的强制性；但就整个影片来说，不同景别的运用，又可以使观众从多种多样的视点去欣赏，仿佛身临其境，感染力强。所以，景别之间的关系也同一切事物的关系一样，是对立的统一。只有正确地运用并把它们有机地结合起来，才能发挥出各自的性能，更好地表达主题思想。

0.4.3 镜头角度

镜头的角度是指摄像机与被摄主体所构成的几何角度，包括垂直平面角度和水平平面角度两个内容。从不同角度拍摄的画面，画面上形象主体轮廓和线形构架、画面的光影结构、位置关系和感情倾向是完全不同的。在编辑过程中，对不同角度画面的选择，融入了对画面形式的创造和想象，融入了对画面形象的情感和立意。

1. 摄像高度

在方向、距离不变的情况下，改变摄像机与被摄体之间的水平落差，就会出现三种不同的情况：摄像机与被摄主体高度持平时，称为平拍；当摄像机高于被摄主体向下拍摄时，称为俯拍；当摄像机低于被摄对象向上拍摄时，称为仰拍。以这三种摄像高度拍摄的画面，具有各自不同的造型效果和感情色彩。

(1) 俯拍

俯拍是一种自上往下、由高到低的俯视效果。这时摄像机处于被摄体水平线以上位置，高于被摄对象向下拍摄，如图 0.6(a)所示。俯拍有利于在画面上表现景物的层次，给人以深远、辽阔的感受；俯拍具有如实交代环境位置、数量分布、远近距离的特点，画面往往严谨实在。由于俯拍人物时对象显得萎缩、低矮，因此画面往往带有贬低、蔑视的意味。

(a)

(b)

(c)

图 0.6 俯拍、平拍、仰拍效果

(2) 平拍

平拍时由于镜头与被摄对象在同一水平线上，如图 0.6(b)所示，其视觉效果与日常生活中人们观察事物的正常情况相似，被摄对象不易变形，使人感到平等、客观、公正，但是画面效果容易流于平淡。

(3) 仰拍

仰拍是摄像机低于被摄主体的水平线向上进行拍摄。仰拍时由于镜头低于对象，会产生从下往上、由低向高的仰视效果，如图 0.6(c)所示。仰拍画面中形象主体显得高大、挺拔，具有权威性，视觉重量感比正常平视要大。因此画面带有赞颂、敬仰、自豪、骄傲等感情色彩，编辑中常选仰拍镜头来表现崇高、庄严、伟大的气概和情绪。

2. 摄像方向

摄像方向是指摄像机镜头与被摄主体在水平平面上的相对位置，即通常所说的正面、背面或侧面。如果摄像方向发生变化，主体与背景的关系都会在画面上发生显著的变化。

（1）正面方向

正面方向拍摄时，摄像机镜头在被摄主体正前方进行拍摄。正面方向拍摄的画面，有利于表现被摄对象的正面特征，容易显示出庄重稳定、严肃静穆的气氛；不利的是，正面拍摄的画面容易产生形象本身的横线条与画面边缘横线平行的现象，画面显得呆板，缺少立体感和空间感。

（2）正侧方向

正侧方向拍摄是摄像机与被摄体成90°角。通常情况下，人物和其他运动物体在运动中侧面线条变化最为丰富和多样，因此这个方向拍摄的画面最能反映其运动特点。在编辑人与人之间的对话和交流时，用正侧方向拍摄的画面可以显示双方的神情、彼此的位置，不致顾此失彼。正侧面拍摄的画面不足之处，同样是不利于展示立体空间。

（3）斜侧方向

斜侧方向是指摄像机在被摄对象正面、背面和正侧面以外的任意一个水平方向。斜侧面方向拍摄的画面可以使被摄体本身的横线，在画面上变为与边框相交的斜线，物体会产生明显的形体透视变化，使画面活泼生动，有利于表现物体的立体形态和空间深度。

（4）背面方向

背面方向拍摄是从被摄对象的背后即正后方进行拍摄。这个角度所拍摄的画面，在编辑中很容易被忽视。其实在一定情况下，编入这个特殊角度的画面，常常可以收到某种意想不到的效果。如果是拍人物，从这一角度拍摄的画面所表现的视向与被摄对象的视向一致，被摄人物所看到的空间和景物也是观众所看到的空间和景物，给人以强烈的主观参与感。许多新闻采用这个角度表现追踪式采访，具有很强的现场纪实效果。

0.4.4 蒙太奇

1. 蒙太奇的基本含义

蒙太奇源自法文，在法文中属于建筑学用语，指的是装配、组合的意思。最早将蒙太奇一词引入影视艺术领域的是苏联电影研究工作者，他们借用它的原意来喻指影视艺术创作所呈现的组织结构特点，即拼装、组接的特点。

（1）影视创作手法：最初的蒙太奇被看做一种影视创作的手段和方法。第一个自觉使用这种手法的是美国电影导演格里菲斯。今天我们在影视创作过程中依然沿用着这种手法，如拍摄前期的分镜头写作和拍摄后期的剪辑工作，都是蒙太奇手法运用的具体表现。

(2) 影视创作原理：苏联电影艺术家们在格里菲斯创造的蒙太奇手法基础上，将蒙太奇发展成为一种电影艺术的根本性原理，使蒙太奇成为统摄影视艺术的特殊思维方式，进而成为一种电影的观念。

2. 蒙太奇的类型及特征

蒙太奇可分为两大类，即叙事蒙太奇和表现蒙太奇。

(1) 叙事蒙太奇：叙事蒙太奇是以叙述事件、交代人物、展开情节为目的的。它按照情节发展的过程、事件、事物内在的因果关系来分切组合镜头、场面或段落，因此具有脉络清晰、逻辑性强且明白易懂的特点。如果仔细区分，叙事蒙太奇还包含着 4 种蒙太奇形式。

① 平行蒙太奇：是指将不同空间和不同(或相同)时间发生的两条或两条以上相对独立的情节线，置放在一个统一的叙事结构中，实施分头叙述、并列表现的蒙太奇形式。

② 交叉蒙太奇：指的是同一时间不同空间发生的、彼此密切关联的两条或两条以上情节线索频繁交替叙述的蒙太奇形式。

③ 重复蒙太奇：指的是相同或相似的镜头、场面在影视作品中反复出现的蒙太奇形式。

④ 连续蒙太奇：指的是按照事件发展的逻辑顺序、沿着主要事件线索进行连续叙事的蒙太奇形式。

(2) 表现蒙太奇：如果说叙事蒙太奇是以镜头的组接来达成叙事目的的，那么，表现蒙太奇则主要以镜头的并列为基础，通过并列镜头在内容和形式上的关联、对比，来激发观众思考和联想，达到抒发感情、传递思想的目的。表现蒙太奇也包括几种蒙太奇形式。

① 抒情蒙太奇：抒情蒙太奇是在叙事的基础上表现情感的。它通过借助空镜头或一系列不同角度拍摄的、内容相仿镜头的累积，进行渲染和抒情。

② 对比蒙太奇：顾名思义就是通过镜头并列构成镜头或场面之间的对比关系，借此来表现对抗、冲突等含义。

③ 心理蒙太奇：主要用于刻画人物复杂生动的心理世界。心理蒙太奇就是将体现人物心理的视觉形象和声音形象进行有机穿插、组接，比如闪回、梦境、幻觉、想象、回忆等。

④ 隐喻蒙太奇：着眼于通过镜头或场面的并列产生类比的效果，从而实现含蓄表达创作者寓意的目的。

⑤ 理性蒙太奇：主要通过镜头并列使貌似不相关联的镜头之间构成某种关系，从而产生某种抽象的思想含义。

0.4.5 素材剪辑的技巧

剪辑过程主要是完成两大任务。第一，确立影片的基本叙事结构，即影片是顺叙、插叙还是倒叙，结构是情节发展与内容呈现的基本逻辑，也就是我们常说的蒙太奇思维。第二，理顺影片的语言。画面和声音好比一部影片的基本词汇，剪辑就是要连词成句、组句成段、组段成篇。句与句、段与段之间怎么衔接、过渡、转换，涉及影片的画面组接、声画组接、镜头切换、节奏使用、艺术风格等诸多方面的处理技巧。

1. 画面组接原则

画面组接是为了让画面之间具有连续性和联系性。连续性体现在同一主体身上，是指同一主体在不同时空中的表现具有前后的延续性，可以用相连的两个或者两个以上的一系列镜头表现，称为连接组接。联系性体现为不同主体之间的关系，可以将表现不同主体的镜头在时间上依次组接，表现不同主体之间呼应、对比，或预示不同主体之间的某种关系，这种组接方式称为队列组接。

(1) 景别要变化有序

画面组接时，机位、主体、景别变化不大的画面不能组接。因为两个差别很小的镜头组接一起时，一种情况是造成同一镜头不停重复的感觉，另一种是画面中的变化会破坏画面的连续性，造成视觉上跳动、错位或断续感。不同景别的画面组接时，景别的变化不宜过大，要遵循“循序渐进”原则，否则会影响画面的顺畅感。景别组接有三种具体的方法。

① 前进式句型，即按照由远及近的顺序组接景别，由远景→全景→近景→特写逐步过渡。画面由整体到细节与局部，情绪由低沉到高昂，节奏感由缓到急。

② 后退式句型，与前进式句型正好相反，按照特写→近景→全景→远景由近到远的顺序组接景别。画面逐渐推远，表现的情绪由高昂到低沉。

③ 环行句型，将前两种句型结合起来，先由远至近再远，全景→中景→近景→特写→近景→中景→远景，或者由近至远，再逐步到近。

(2) 动作要衔接连贯

一般情况下，组接主体动作有变化的两个画面时，要遵循“动接动”、“静接静”的原则，以保证前后画面中动作的衔接连贯。“动接动”适用于两个画面中主体动作连贯的情况；如果两个画面中的主体运动不连贯或中间有停顿，组接时，则应用遵循“静接静”的原则，即必须以前一个画面的“落幅”接后一个画面的“起幅”。运动镜头和固定镜头的组接，也要遵循这一原则。如果一个固定镜头要接一个摇镜头，此摇镜头开始要有“起幅”；相反，一个摇镜头接一个固定镜头，那么摇镜头要有“落幅”，否则画面就会给人一种跳动的视觉感。有时为了追求特殊效果，可以打破一般的动作组接原则。

(3) 画面方向要统一

主体物在进出画面时，拍摄时需要注意拍摄的总方向，要从轴线一侧拍，否则两个画面接在一起主体物就要“撞车”。所谓的“轴线规律”是指拍摄的画面是否有“跳轴”现象。

在拍摄的时候，如果拍摄机的位置始终在主体运动轴线的同一侧，那么构成画面的运动方向、放置方向都是一致的，否则就是“跳轴”了。跳轴的画面，除了特殊的需要以外是无法组接的。

(4) 影调色彩要协调

影调是对黑的画面而言。黑的画面上的景物，不论原来是什么颜色，都是由许多深浅不同的黑白层次组成软硬不同的影调来表现的。对于彩色画面来说，除了一个影调问题，还有一个色彩问题。无论是黑白还是彩色画面组接，都应该保持影调色彩的一致性。如果把明暗或者色彩对比强烈的两个镜头组接在一起(除了特殊的需要外)，就会使人感到生硬和不连贯，影响内容的通畅表达。

2. 组接的时间与节奏

画面的组接不仅要考虑内容的逻辑与连续，也要考虑节奏。每个镜头的停滞时间长短，首先是根据要表达的内容难易程度、观众的接受能力来决定的，其次还要考虑到画面构图等因素，如由于画面选择的景物不同，包含在画面的内容也不同。远景、中景等镜头大的画面包含的内容较多，观众需要看清楚这些画面上的内容，所需要的时间就相对长些，而对于近景、特写等镜头小的画面，所包含的内容较少，观众只需要短时间即可看清，所以画面停留时间可短些。另外，一幅或者一组画面中的其他因素，也对画面长短起到制约作用，如同一个画面亮度大的部分比亮度暗的部分能引起人们的注意。因此，如果该幅画面要表现亮的部分时，长度应该短些，如果要表现暗部分的时候，则长度应该长一些。在同一幅画面中，动的部分比静的部分先引起人们的视觉注意。因此如果重点要表现动的部分时，画面要短些；表现静的部分时，则画面持续长度应该稍微长一些。

3. 镜头的组接方法

镜头画面的组接，除了采用光学原理的手段以外，还可以通过衔接规律，使镜头之间直接切换，使情节更加自然顺畅。以下我们介绍几种有效的组接方法。

(1) 连接组接：相连的两个或者两个以上的一系列镜头表现同一主体的动作。

(2) 队列组接：相连镜头但不是同一主体的组接，由于主体的变化，下一个镜头主体的出现，观众会联想到上下画面的关系，起到呼应、对比、隐喻、烘托的作用，往往能够创造性地揭示出一种新的含义。

(3) 黑白格组接：为造成一种特殊的视觉效果，如闪电、爆炸、照相馆中的闪光灯效果等。组接的时候，我们可以将所需要的闪亮部分用白色画格代替，在表现各种车辆相接的瞬间组接若干黑色画格，或者在合适的时候采用黑白相间画格交叉，有助于加强影片的节奏、渲染气氛、增强悬念。

(4) 两级镜头组接：是特写镜头直接跳切到全景镜头或者从全景镜头直接切换到特写镜头的组接方式。这种方法能使情节的发展在动中转静或者在静中变动，给观众的直观感极强，节奏上形成突如其来的变化，产生特殊的视觉和心理效果。

(5) 闪回镜头组接：用闪回镜头，如插入人物回想往事的镜头，这种组接技巧可以用来揭示人物的内心变化。

（6）同镜头分析：将同一个镜头分别在几个地方使用。运用该种组接技巧的时候，往往是出于这样的考虑：或者是因为所需要的画面素材不够；或者是有意重复某一镜头，用来表现某一人物的情思和追忆；或者是为了强调某一画面所特有的象征性的含义以引发观众的思考；或者还是为了造成首尾相互接应，从而达到艺术结构上给观众完整而严谨的感觉。

（7）拼接：有些时候，虽然我们在户外拍摄多次，拍摄的时间也相当长，但可以用的镜头却很短，达不到我们所需要的长度和节奏。在这种情况下，如果有同样或相似内容的镜头的话，我们就可以把它们当中可用的部分组接，以达到节目画面必需的长度。

（8）插入镜头组接：在一个镜头中间切换，插入另一个表现不同主体的镜头。如一个人正在马路上走着或者坐在汽车里向外看，突然插入一个代表人物主观视线的镜头（主观镜头），以表现该人物意外地看到了什么和直观感想或引起联想。

（9）动作组接：借助人物、动物、交通工具等动作的可衔接性以及动作的连贯性、相似性，作为镜头的转换手段。

（10）特写镜头组接：上个镜头以某一人物的某一局部（头或眼睛）或某个物件的特写画面结束，然后从这一特写画面开始，逐渐扩大视野，以展示另一情节的环境。其目的是为了在观众注意力集中在某一个人的表情或者某一事物的时候，在不知不觉中就转换了场景和叙述内容，而不使人产生陡然跳动的不适之感。

（11）景物镜头组接：在两个镜头之间借助景物镜头作为过渡。其中，有以景为主、物为陪衬的镜头，可以展示不同的地理环境和景物风貌，既表示时间和季节的变换，又是以景抒情的表现手法。在另一方面，有以物为主、景为陪衬的镜头，这种镜头往往作为镜头转换的手段。

（12）声音转场：用解说词转场，这个技巧一般在科教片中比较常见。用画外音和画内音互相交替转场，像一些电话场景的表现。此外，还有利用歌唱来实现转场的效果，并且利用各种内容换景。

（13）多屏画面转场：这种技巧有多画屏、多画面、多画格和多银幕等多种叫法，是近代影片影视艺术的新手法。把银幕或者屏幕一分为多，可以使双重或多重的情节齐头并进，大大地压缩了时间。如在电话场景中，打电话时，两边的人都有了，打完电话，打电话的人戏没有了，但接电话人的戏开始了。

镜头的组接技法多种多样，应按照创作者的意图，根据情节的内容和需要而创造，也没有具体的规定和限制。我们在具体的后期编辑中，可以尽量地根据情况发挥，但不要脱离实际的情况和需要。

4. 声音的剪辑

在影视节目中，声音可分为语言、音响和音乐三大类型。剪辑时要处理好三者之间的关系：对白和音响不能互相干扰，各条声音的剪辑要清楚，前后的层次要分明；对白、音乐、音响要互相照顾，按照剧情的规定有机组接。对话的画面剪辑时要注意声音与口型、动作、情绪的匹配与协调。按照录制的时间，声音可以分为先期录音、同期录音和后期配音。录制方式不同，剪辑方法也不同。先期录音大都是比较完整的乐段或唱段，剪辑是在影像拍摄完毕之后按照音乐的长短来剪辑。同期录音时，声音与影像是一致的，剪辑时声音与影像也应一起剪辑。后期配音一般在影像剪辑完毕后进行，声音的剪辑与画面对应即可。

不同的声音组合可以产生不同的效果。影视中的声音组合方式，按照声音出现的时间可以分为并列和交替两种。

(1) 声音的并列

声音的并列是指使几种声音同时出现，产生一种混合效果，用来表现某个场景，如表现大街繁华时的车声以及人声，等等。但并列的声音应该有主次之分的，要根据画面适度调节，把最有表现力的作为主旋律。

(2) 声音的对比

声音的对比是指将含义不同的声音按照需要同时安排出现，使它们在鲜明的对比中产生反衬效应。

(3) 声音的遮罩

声音的遮罩是指在同一场面中，并列出现多种同类的声音，有一种声音突出于其他声音之上，引起人们对某种发生体的注意。

(4) 接应式声音交替

接应式声音交替是指同一声音此起彼伏、前后相继，为同一动作或事物进行渲染。这种有规律节奏的接应式声音交替，经常用来渲染某一场景的气氛。

(5) 转换式声音交替

转换式声音交替是指利用声音在音调或节奏上的相近，实现声音之间的转换。如果转化为节奏上近似的音乐，既能在观众的印象中保持音响效果所造成的环境真实性，又能发挥音乐的感染作用，充分表达一定的内在情绪。同时由于节奏上的近似，在转换过程中给人以一气呵成的感觉，这种转化效果有一种韵律感，容易记忆。

(6) 声音与“静默”交替

“无声”是一种具有积极意义的表现手法，在影视片中通常作为恐惧、不安、孤独、寂静以及人物内心空白等气氛和心情的烘托。

“无声”可以与有声在情绪上和节奏上形成鲜明的对比，具有强烈的艺术感染力。如在暴风雨后的寂静无声，会使人感到时间的停顿、生命的静止，给人以强烈的感情冲击。但这种无声的场景在影片中不能太多，否则会降低节奏，失去感染力，产生烦躁的主观情绪。

5. 影视节目中的声音艺术处理

在上面的内容中，我们介绍了影视节目中声音的类别以及处理方法。声音除了与画面的关系外，声音与声音之间的关系，也必然成为不可避免的经常存在的问题。因此，画面只有在解说、音响、音乐的密切配合下，才能取得完美的艺术效果。如果我们孤立地去处理解说、音乐效果，那就很容易使得影片杂乱无章。这样的话，不仅不能反映现实，反而造成不真实的感受。事实上，我们经常在观看某种东西时，都去侧耳倾听一个来自别处的声音,或者由于我们被某种事物所吸引,以至于不能听到冲向我们耳朵的其他声音。基于这些理由,在影片中,声音必须像画面一样经过选择,多种声音必须进行统一的考虑和安排。

在考虑如何使用各种声音在影片中得到统一的时候,我们必须认识到:影片中尽管可以容纳多种声音,但在同一时间内,只能突出一种声音。因此统一各种声音,最主要的一点就是要尽可能地不在同一时间使用各种声音,而要设法使它们在影片中交错开来。

总而言之,在影片中的各种声音,要有目标、有变化、有重点的运用,应当避免声音运用的盲目、单调和重复。当我们运用一种声音时,必须首先确定用这声音来表现什么,必须了解这种声音表现力的范围,必须考虑声音的背景,必须消除声音的苍白无力、堆砌和不自然的转换,让声音和画面密切结合,发挥声画结合的表现力。

0.5 Premiere Pro CS4 简介

Premiere Pro CS4 是 Adobe 公司推出的基于非线性编辑设备的音频、视频编辑软件。使用该软件,可以对平时使用数码设备拍摄的视频、照片进行剪辑处理,添加各种特效,配合适当的音乐或音效,最后输出流媒体格式,上传至互联网,与更多朋友一起分享制作、编辑影片的乐趣。该软件已被广泛应用于电视节目制作、广告制作、电影剪辑等领域。

0.5.1 工作界面

启动 Premiere Pro CS4 后,第一次进入会出现"欢迎使用 Adobe Premiere Pro"的界面,如图 0.7 所示。通过"新建项目"创建一个新的项目后,进入 Adobe Premiere Pro CS4 的工作环境,如图 0.8 所示。

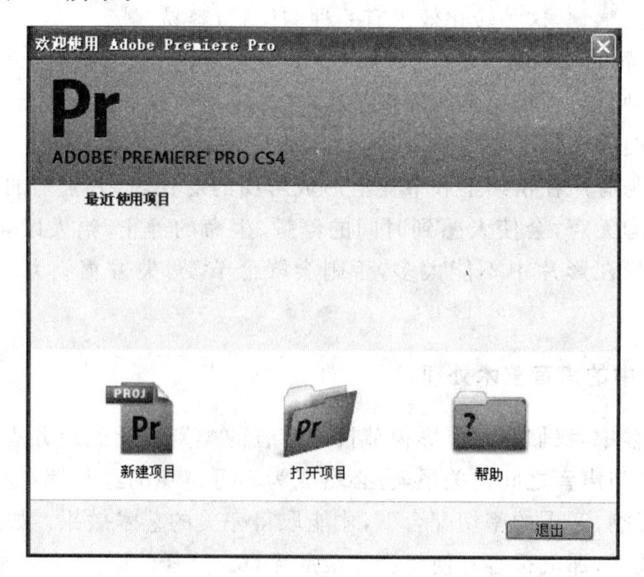

图 0.7 "欢迎使用 Adobe Premiere Pro"的界面

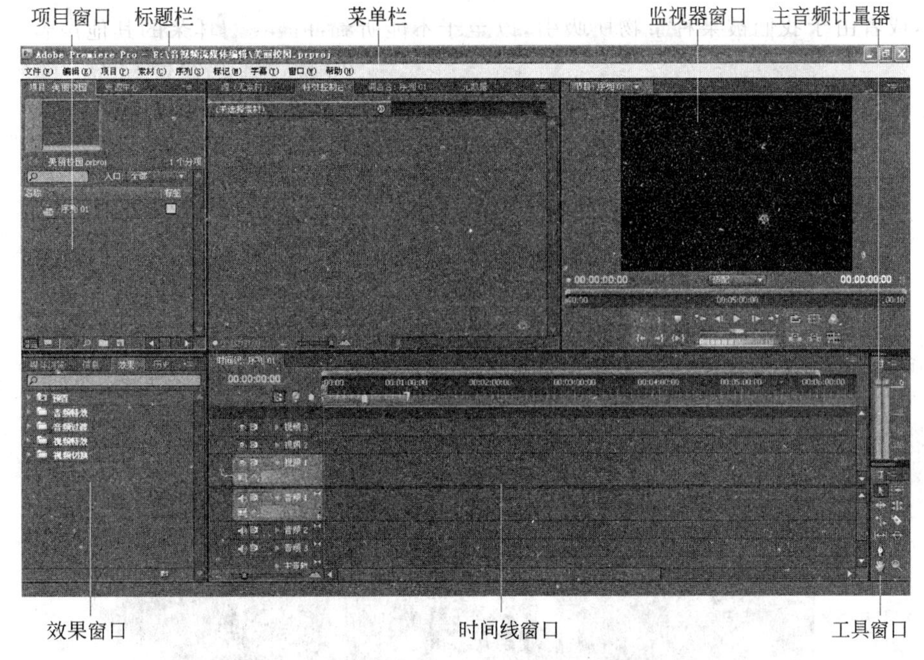

图 0.8　Adobe Premiere Pro CS4 的工作环境

为了满足不同工作和项目的需求，Premiere Pro CS4 主要包含 5 种工作模式，可以通过“窗口”|“工作区”子菜单中的选项进行选择，如图 0.9 所示。系统默认的工作模式是“编辑”模式，工作环境如图 0.8 所示，另外 4 种模式工作环境分别如图 0.10(a)、(b)、(c)、(d)所示。

窗口(W)
工作区(W)

元数据记录	Alt+Shift+1
效果	Alt+Shift+2
✔ 编辑	Alt+Shift+3
色彩校正	Alt+Shift+4
音频	Alt+Shift+5

图 0.9　工作区菜单选项

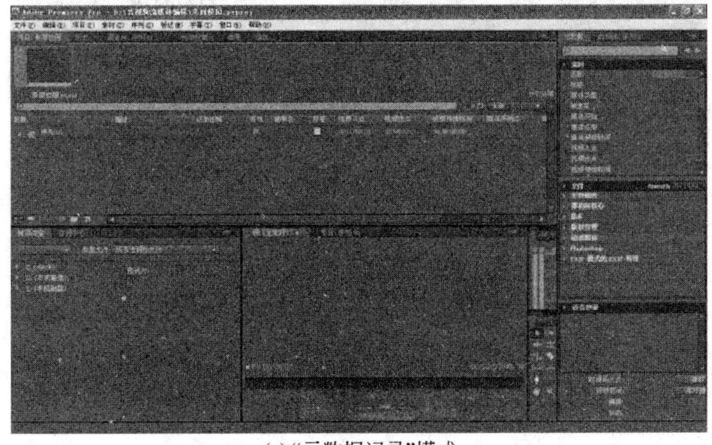

(a)“元数据记录”模式

图 0.10　Premiere Pro CS4 其他 4 种工作模式

(b)“效果”模式

(c)“色彩校正”模式

(d)“音频”模式

图 0.10（续）

0.5.2 工作界面的功能介绍

了解了 Premiere Pro CS4 的工作界面后，我们虽然初识了软件，但并没有掌握各部分的具体功能。下面我们将简述功能，为以后项目的开展演练打下扎实的基础。

1. 标题栏

显示当前应用程序名、文件名、存储路径等，标题栏也包含程序图标、“最小化”、“最大化”、“还原”和“关闭”等按钮。

2. 菜单栏

显示 Premiere Pro CS4 的 9 项菜单内容，分别如下。

(1) 文件——主要用于新建、打开、保存、导入、导出等项目设置、采集视频、采集音频、观看影片属性等，菜单选项如图 0.11 所示。

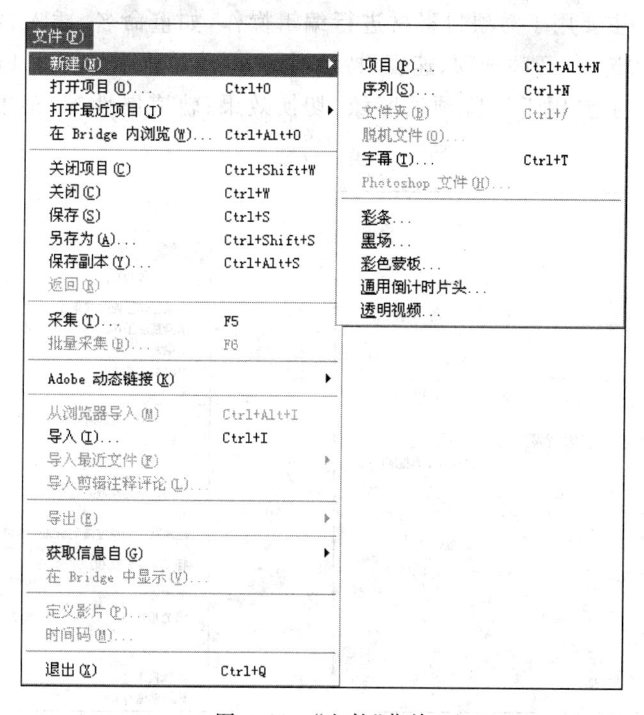

图 0.11 “文件”菜单

(2) 编辑——主要包括常用的编辑命令，还有一些特殊的编辑功能和软件的首选项设置命令，菜单选项如图 0.12 所示。

(3) 项目——主要用于对项目素材进行管理，如项目设置、链接媒体、自动匹配到序列、批处理列表、项目管理等编辑操作，菜单选项如图 0.13 所示。

图 0.12 “编辑”菜单

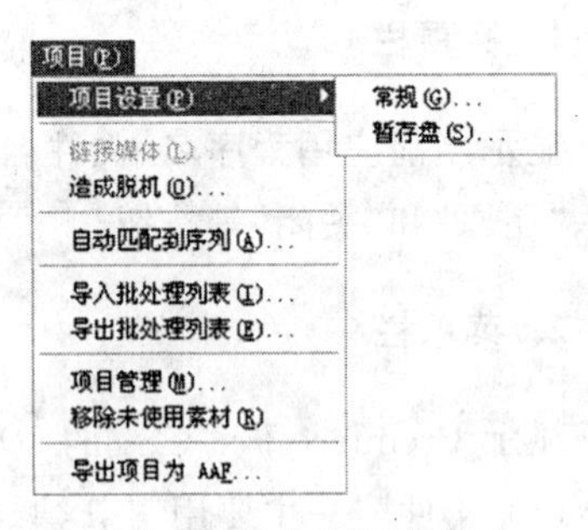

图 0.13 “项目”菜单

(4) 素材——主要用于对项目素材进行编辑操作，如重命名、插入、覆盖、替换、链接视音频、编组、视频选项、音频选项、速度/持续时间等，菜单选项如图 0.14 所示。

(5) 序列——主要用于设置预演区域、切换效果、轨道属性等，菜单选项如图 0.15 所示。

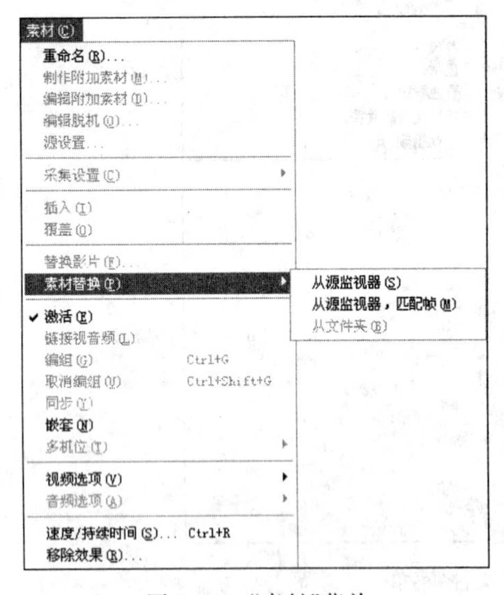

图 0.14 “素材”菜单

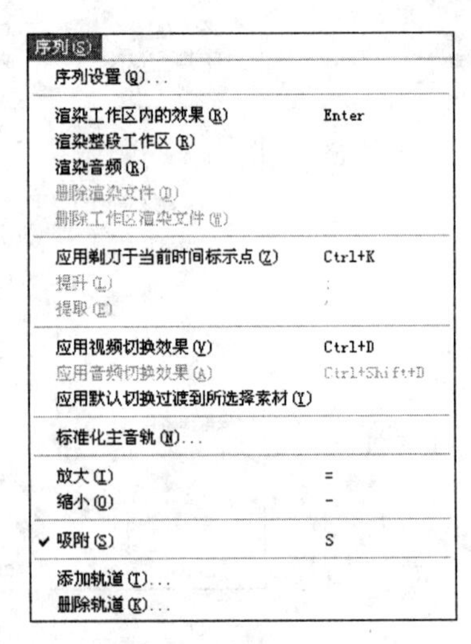

图 0.15 “序列”菜单

(6) 标记——主要用于对时间线窗口中的素材标记和监视器中的素材标记进行编辑处理，菜单选项如图 0.16 所示。

(7) 字幕——主要用于字幕的编辑，如新建字幕、字幕属性、字幕的运动等，菜单选项如图 0.17 所示。

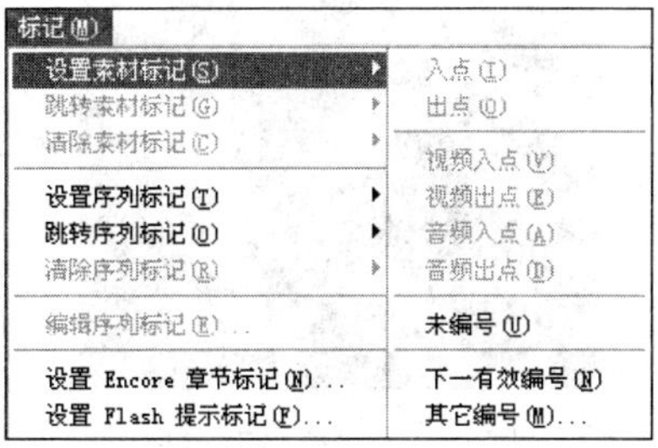

图 0.16 “标记”菜单

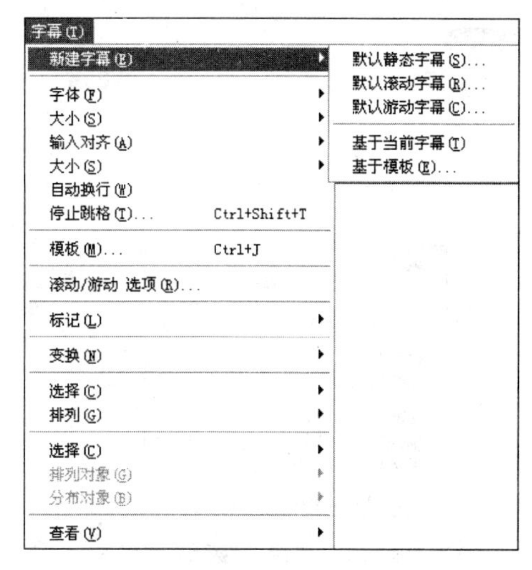

图 0.17 “字幕”菜单

(8) 窗口——主要用于管理工作区域的各个窗口,菜单选项如图 0.18 所示。

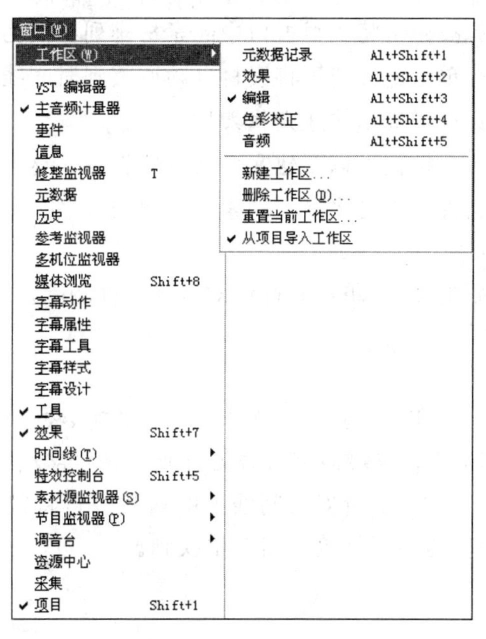

图 0.18 “窗口”菜单

(9) 帮助——主要用于帮助用户解决遇到的问题,菜单选项如图 0.19 所示。

3. 项目窗口

主要用于组织和管理视频、音频、其他作品元素的素材。进行编辑操作之前,先将需要的素材导入“项目”窗口中。将素材成功导入后,将会在其中显示文件的详细信息,如名称、属性、大小、持续时间、文件路径以及备注等,如图 0.20 所示。

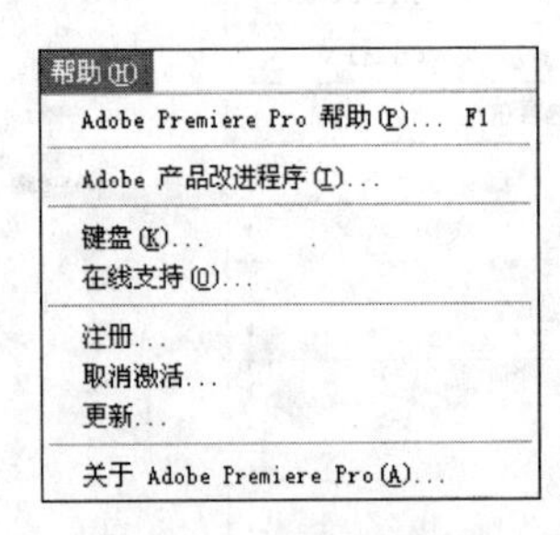

图 0.19 “帮助”菜单

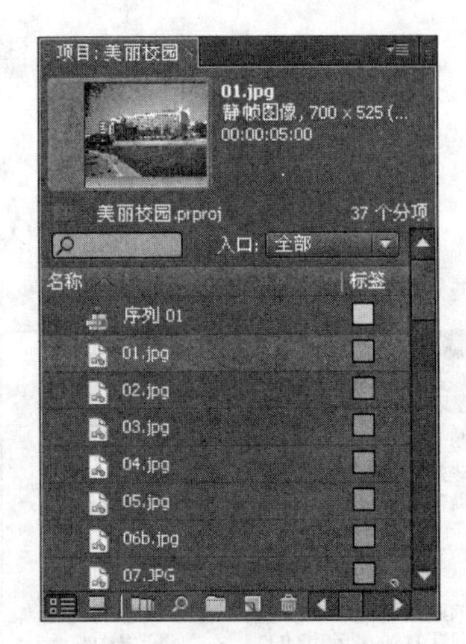

图 0.20 “项目”窗口

在窗口最下端的按钮功能如下。

列表视图：单击此按钮可将素材窗口中的素材排列更换为列表形式显示。

图标视图：单击此按钮可将素材窗口中的素材排列更换为图标形式显示。

自动匹配到序列：单击此按钮可将素材自动调整到时间线上。

查找：单击此按钮可按提示快速查找素材。

新建文件夹：单击此按钮可以新建文件夹以便管理素材。

新建分项：分类文件中包含多项不同素材的名称文件，单击此按钮可以为素材分门别类，更有序地进行管理。

清除：选中不需要的文件，单击此按钮即可将文件删除。

4. 效果窗口

主要用于存放 Premiere Pro CS4 自带的各种音、视频特效和切换特效，如图 0.21 所示，按照功能可分为 5 类：预置、音频特效、音频过渡、视频特效、视频切换，这些效果是对素材进行编辑的重要部分，主要是针对时间线上的素材进行特效处理。如果另外安装了其他特效插件的转换插件，也可以在这个窗口中找到。

5. 监视器窗口

监视器窗口主要用于创建作品时对它进行预览。这里介绍 3 种监视器窗口，分别为素材源监视器、节目监视器、修整监视器这 3 个窗口。

在“素材源”监视器窗口中每次只能显示一个单独的素材，如图 0.22 所示，通过窗口左上角的 素材源:01.jpg 按钮，可以选择要显示的素材，窗口下端的按钮是用来编辑素材的，各功能如下。

00:00:00:00 时间码：显示当前滑块所在的时间位置，显示格式为“时:分:秒:帧”。

适配 视图缩放级别：用于显示视图的显示比例。

图 0.21 “效果”窗口

图 0.22 “素材源”监视器窗口

00:00:05:00 当前素材时间：用于显示当前素材的时间长度。

时间滑块：用于显示当前素材指示在时间轴上的位置。

设置入点：设置当前时间滑块位置为素材入点。

设置出点：设置当前时间滑块位置为素材出点。

设置未编号标记：设置没有序号的标记点。

跳转到入点：时间滑块将直接跳转到该素材的入点位置。

跳转到出点：时间滑块将直接跳转到该素材的出点位置。

播放入点到出点：只播放从入点到出点之间的素材内容。

跳转到前一标记：调整时间滑块，移动到当前位置的前一个标记处。

步退：对素材进行逐帧倒播的控制按钮，每单击 1 次该按钮，播放就会后退 1 帧，按住 Shift 键的同时单击此按钮，每次可后退 5 帧。

播放：从当前帧开始播放素材。

停止：从当前帧停止播放素材。

步进：对素材进行逐帧播放的控制按钮，每单击 1 次该按钮，播放就会前进 1 帧，按住 Shift 键的同时单击此按钮，每次可前进 5 帧。

跳转到下一标记：调整时间滑块，移动到当前位置的下一个标记处。

飞梭：在播放素材时，拖动中间的滑块，可以改变影片播放速度。向左拖动将倒播素材，向右拖动将正播素材。按钮离中心点越近，播放速度越慢，反之则越快。

微调：将光标移动到它的上面，并左右拖动，可以逐帧浏览素材。

循环：可设置监视窗口素材循环播放。

安全框：为影片设置并显示安全边界线，避免素材画面太大，播放时画面不全，再次单击该按钮可以取消安全框的显示。

输出：在弹出的菜单中，对导出的形式和导出的质量进行设置。

插入：将素材插入到时间线当前选中轨道的时间滑块处，重叠素材自动后移。

覆盖：将素材覆盖到时间线当前选中轨道的时间滑块处，重叠素材自动覆盖替换。

“节目”监视器窗口是视频素材效果的预览区，如图 0.23 所示，是在进行节目安排时最重要的窗口，在“时间线”窗口的视频序列中组装的素材、图形、特效和切换效果的最终体现，在该窗口中可以预览到编辑过程中每一帧的效果。

图 0.23 “节目”监视器窗口

“节目”监视器窗口中各部分功能与“素材源”监视器窗口相似，区别有以下几个按钮。

跳转到前一个编辑点：调整“时间线”窗口中的时间滑块，移动到同一轨道上剪辑前的一个编辑点上。

跳转到下一个编辑点：调整“时间线”窗口中的时间滑块，移动到同一轨道上剪辑后的一个编辑点上。

提升：用来删除“时间线”窗口中选中的轨道上节目入点、出点之间的剪辑，删除后该剪辑前后的剪辑位置保持不变。

提取：用来删除“时间线”窗口中选中的轨道上节目入点、出点之间的剪辑，删除后该剪辑后面的剪辑自动前移，补充删掉的剪辑位置。

修整：单击该按钮，弹出“修整”监视器窗口，可在其中修整每一帧的影视画面效果。

“修整”监视器窗口是从“时间线”窗口中分离出来的一个单独窗口，利用它可以准确地对剪辑进行裁剪，可通过单击“节目”监视器窗口中的按钮将其打开，如图 0.24 所示。位于窗口最下端的按钮功能介绍如下。

显示当前编辑的影片名称。

出点移动 00:00:00:00 表示影片出点的裁剪量，可以用拖动或者导入数值的方法来改变出点的位置。导入正数时，出点右移；导入负数时，出点左移。

入点移动 00:00:00:00 表示影片入点的裁剪量，可以用拖动或者导入数值的方法来改变出点

图 0.24 “修整”监视器菜单

的位置。导入正数时，入点右移；导入负数时，入点左移。

播放编辑：可对裁剪的影片进行播放。

向后较大偏移修整：表示每单击 1 次，入点或出点会向左移 5 帧。

向后修整一帧：表示每单击 1 次，入点或出点会向左移 1 帧。

滚动编辑进入端或输出端：两个剪辑总的时间长度不变，当一个剪辑缩短时，则与它相邻的另一个剪辑相应增长。

向前修整一帧：表示每单击 1 次，入点或出点会向右移 1 帧。

向前较大偏移修整：表示每单击 1 次，入点或出点会向右移 5 帧。

6. 时间线窗口

“时间线”窗口是视频作品的基础。它提供了组成项目的视频序列、特效、字幕和切换效果的临时图形预览。时间线并不是仅仅用来观看，它也是可交互的，可轻松地实现对素材的剪辑、插入、复制、粘贴和修整等操作，如图 0.25 所示。

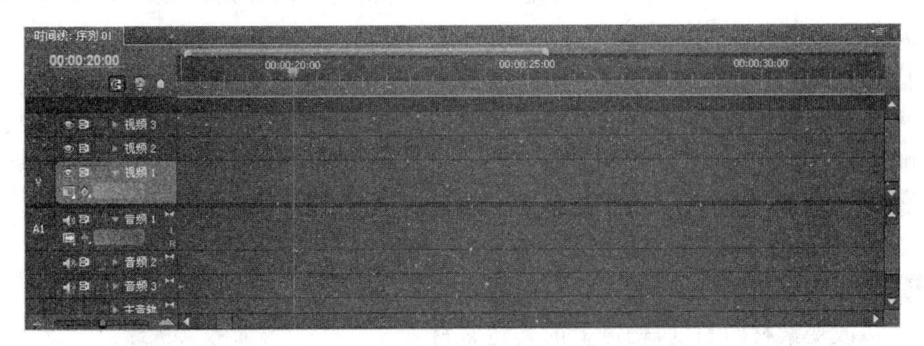

图 0.25 “时间线”窗口

在“时间线”窗口中的各按钮功能介绍如下。

吸附：单击此按钮可以启动吸附功能，在“时间线”窗口中拖动素材，素材将自动黏合到邻近素材的边缘。

设置 Encore 章节标记：用于设定章节标记。

设置未编辑标记：单击此按钮，可在当前时间滑块处添加标记。

切换轨道输出：激活此按钮，可以决定是否在“监视器”窗口显示该影片。

切换轨道输出：激活此按钮，可以决定是否听取声音。

切换同步锁定：当按钮变成状态时，当前轨道被锁定，处于不可编辑状态，再次单击该按钮，可以取消锁定状态，恢复可编辑操作。

折叠—展开轨道：折叠或者展开“视频轨道”卷展栏或“音频轨道”卷展栏。

设置显示样式：单击此按钮，将弹出显示视频素材方式的下拉列表，分别为“显示头和尾”、“仅显示开头”、“显示每帧”和“仅显示名称”四种。

显示关键帧(视频轨道)：单击此按钮，将弹出显示视频素材关键帧方式的下拉列表，分别为“显示关键帧”、“显示透明控制”和“隐藏关键帧”这 3 种。

设置显示样式：单击此按钮，将弹出显示音频素材方式的下拉列表，分别为“显示波形”和“仅显示名称”2 种。

显示关键帧(音频轨道)：单击此按钮，将弹出显示音频素材关键帧方式的下拉列表，分别为“显示素材关键帧”、“显示素材音量”、“显示轨道关键帧”、“显示轨道音量”和“隐藏关键帧”5 种。

转到前一关键帧：单击此按钮，设置时间滑块定位在被选素材轨道上的上一个关键帧上。

转到后一关键帧：单击此按钮，设置时间滑块定位在被选素材轨道上的下一个关键帧上。

添加—移除关键帧：单击此按钮，将在时间滑块的位置上，设置轨道上被选素材当前位置的关键帧。

7. 工具窗口

“工具”窗口如图 0.26 所示，主要用来对“时间”窗口中的音频、视频等轨道中的内容进行编辑。

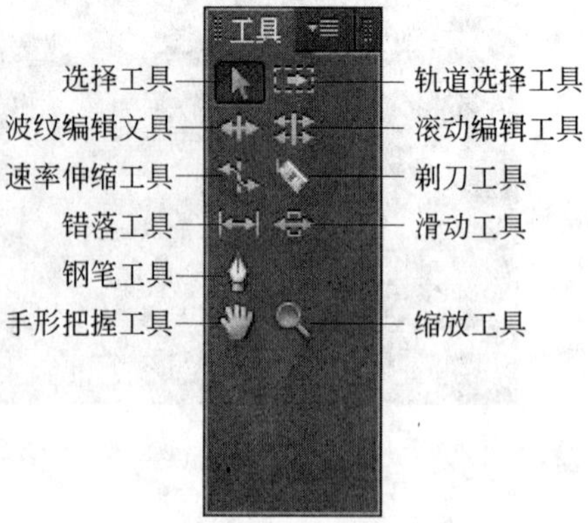

选择工具(V)：用于选择素材、移动素材、调节素材关键帧、拉伸素材以及设置素材的入点和出点。

轨道选择工具(A)：用于选择某一轨道上当前选择素材以及被选素材之后的所有素材。

波纹编辑工具(B)：拖动素材的入点或出点，可以改变素材的长度，轨道上的其他素材长度不受影响。

滚动编辑工具(N)：主要用于调整两个相邻素材的长度，调整后的总长度不变，当其中一个素材长度发生变化时，另一个也相应地发生变化。

图 0.26 “工具”窗口

速率伸缩工具(X)：用于对素材速度进行调整，缩短素材长度则速度加快，拉长素材长度则速度减慢。

剃刀工具(C)：主要用于对素材进行剪切，单击该按钮的同时按住 Shift 键可以剪切多条轨道。

错落工具(Y)：可以在保持素材长度不变并且不影响相邻素材的前提下，改变一段素材的入点和出点。

滑动工具(U)：对两个相邻素材的出点和入点有改变，前一素材的出点和后一素材的入点改变，并且保持要剪辑的前一素材的入点和后一素材的出点不发生变化。

钢笔工具(P)：用于调整素材的关键帧。

手形把握工具(H)：用于移动“时间线”窗口中的可视区域，以便更好地编辑素材。

缩放工具(Z)：用来调整“时间线”窗口的显示比例，按住 Alt 键，可实现放大模式和缩小模式的切换。

8. 特效控制台窗口

“特效控制台”窗口主要用于控制对象的运动、透明度、特效、音量等效果，如图 0.27 所示。当为某一段素材添加了音频、视频或特效后，就需要在该窗口中进行相应的参数设置和添加关键帧，画面的运动特效也是在该窗口中进行设置，该窗口会根据素材和特效的不同显示不同的内容。

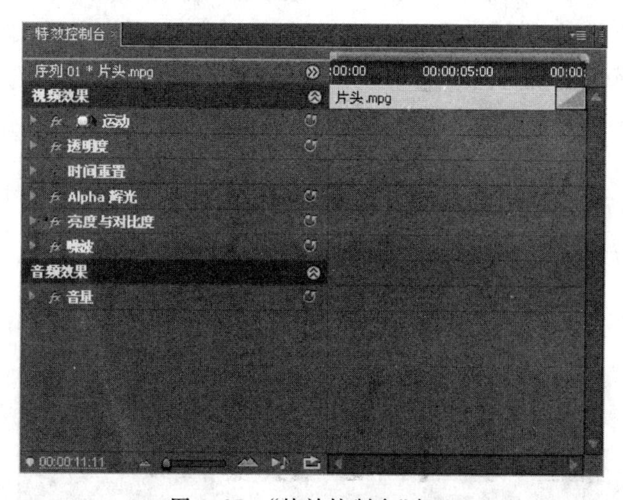

图 0.27 “特效控制台”窗口

9. 调音台窗口

使用“调音台”窗口可以混合不同的音效频道、创建音频特效，还可以录制素材。调音台实时工作的能力，使它在查看伴随视频的同时混合音频轨道并应用音频特效。拖动音量增减控制器可以提高或者降低轨道的音频级别，如图 0.28 所示。

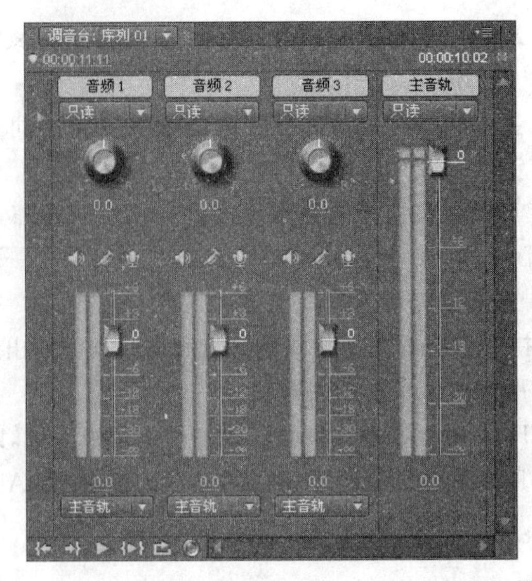

图 0.28 “调音台”窗口

0.5.3 工作流程

使用 Premiere Pro CS4 制作自己理想的数字影视非线性编辑作品，制作过程大致会遵循一个相似的流程，包括创建项目、导入素材、编辑素材、添加字幕、添加转场和特效、混合音频、导出影片这 7 个部分。

1. 创建项目

要进行影片编辑，启动 Premiere Pro CS4 后，新建项目或打开一个现有的项目。如果是新建项目，会打开“新建项目”对话框，如图 0.29 所示。

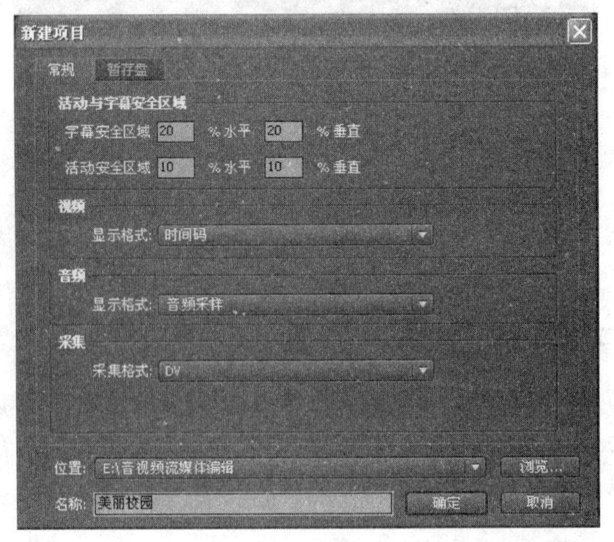

图 0.29 “新建项目”对话框

选择“常规”选项卡，设置“视频”、“音频”的显示格式、采集格式，在“位置”右侧的“浏览”按钮中选择项目存放的位置，在“名称”后面的文本框中输入项目名称，单击“确定”按钮后进入“新建序列”对话框中，如图 0.30 所示。

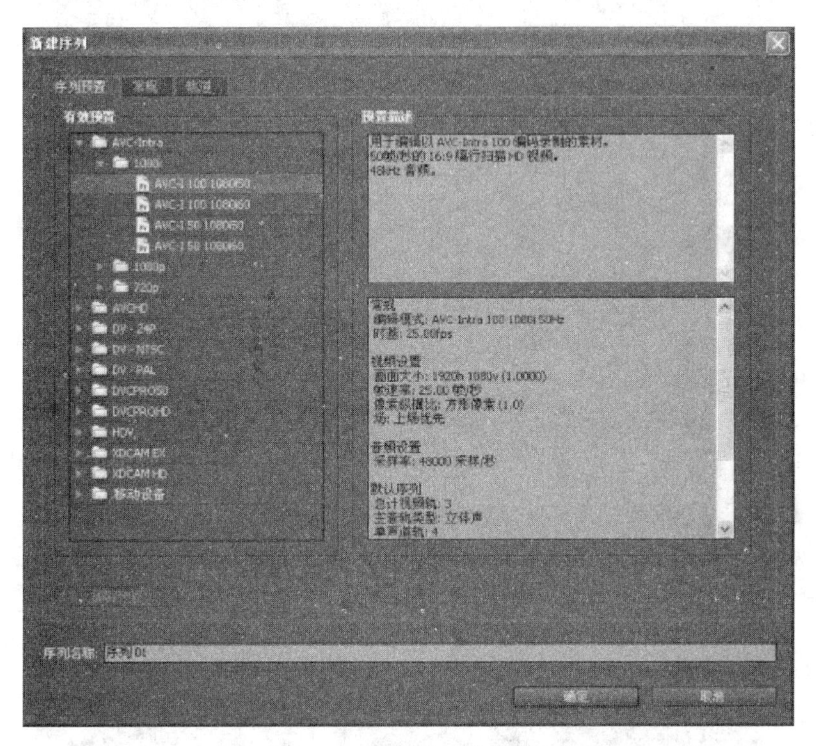

图 0.30 “新建序列”对话框

在“新建序列”对话框中包括三个选项卡：“序列预置”、“常规”、“轨道”。在“序列预置”选项卡中选择一种合适的预置项目设置，然后在其右侧的“预设描述”栏中会显示预置设置的相关信息，如图 0.30 所示。在“常规”选项卡中，可以对视频、音频和视频预览等基本参数进行设置，如图 0.31 所示。在“轨道”选项卡中，可以对视频轨道和音频轨道进行设置，如图 0.32 所示。完成设置后，单击“确定”按钮即可进入 Premiere Pro CS4 的工作界面。

2. 导入素材

使用“项目”窗口可以导入多种数字媒体，包括视频、音频和静态图片。Premiere Pro CS4 支持导入 Illustrator 生成的矢量格式图形或者 Photoshop 格式的图像，并且可以对 After Effects 的项目文件进行无损转换，还可以创建一些常用的简易元素，如彩条、彩色蒙板、通用倒计时片头等。

选择“文件”|“导入”命令，或者双击“项目”窗口下面的空白处，即可打开“导入”对话框，可以选择素材文件，如图 0.33 所示，单击“打开”按钮，把所选素材导入到“项目”窗口中，如图 0.34 所示。

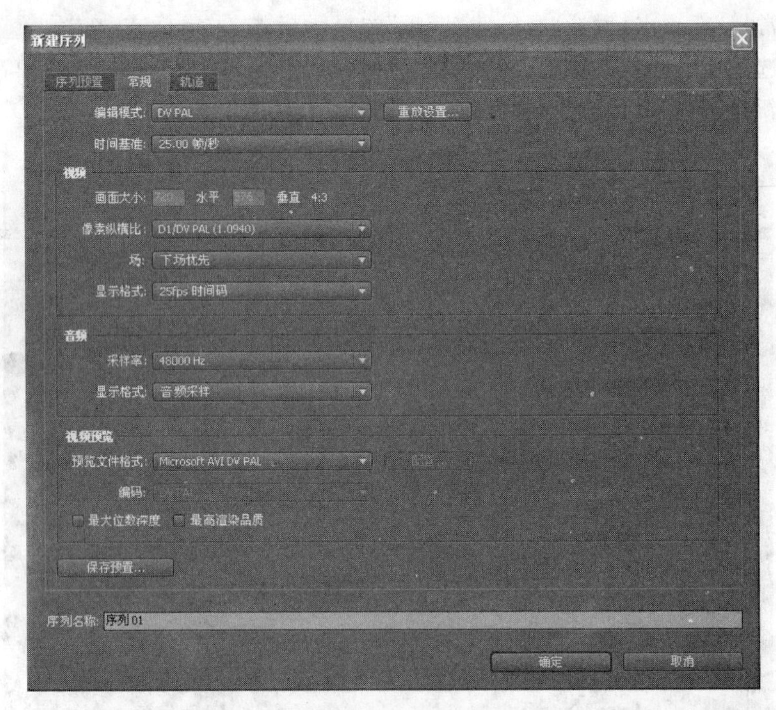

图 0.31 “常规”选项卡

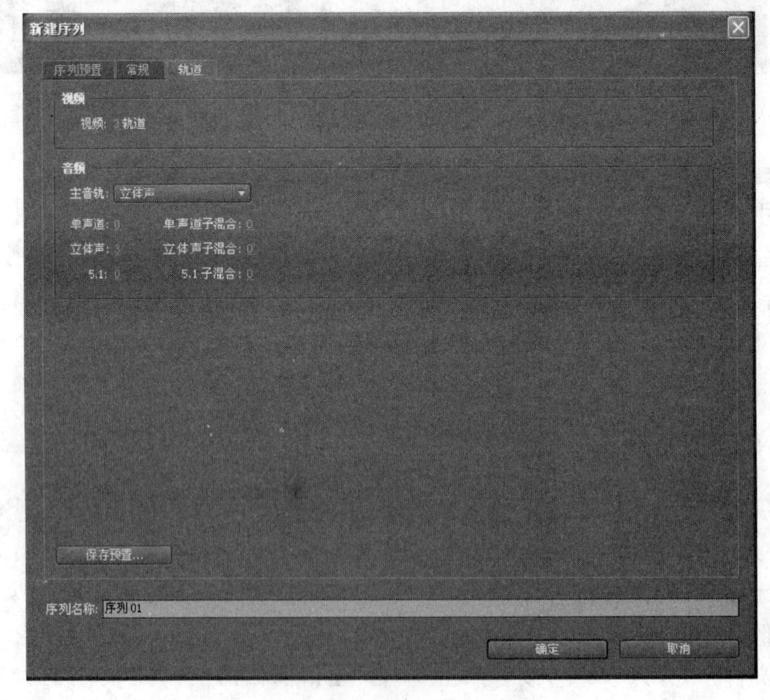

图 0.32 “轨道”选项卡

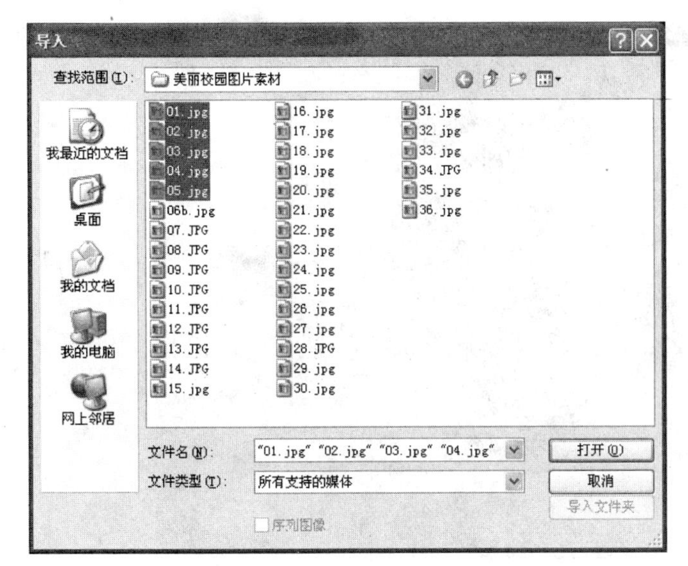

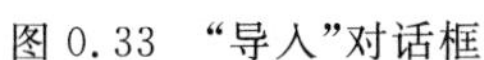
图 0.33 “导入”对话框

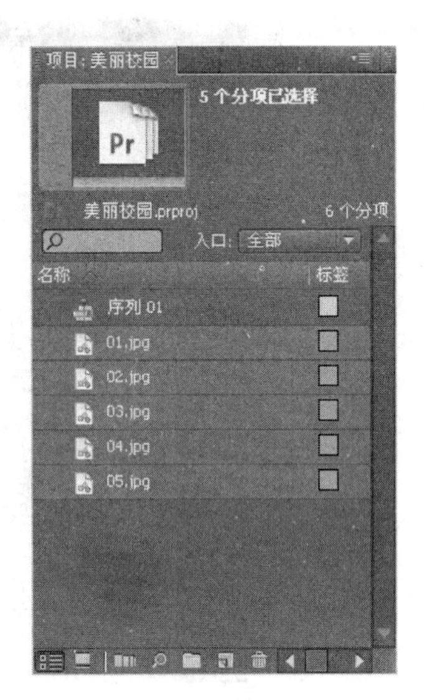

图 0.34 “项目”窗口

3. 编辑素材

使用“素材源”监视器可以预览素材、设置编辑点，在添加到序列中之前，还可以对其他重要的帧进行标记。使用拖曳的方式或者“素材源”监视器的控制按钮，可以将素材添加到“时间线”窗口的序列中；使用各种编辑工具，可以对素材进行细致编辑，如使用“剃刀”工具裁剪视频素材，为素材添加足够的轨道，在“特效控制台”窗口中更改素材的透明度，编辑关键帧等。

4. 添加字幕

字幕是影片中表达信息的重要元素。Premiere Pro CS4 可以简单地为视频创建不同风格的字幕或者滚动字幕，如图 0.35 所示。其中还提供了大量的字幕模板，可以随意进行修改并使用。对于字幕，可以像编辑其他素材片段一样，为其添加视频特效、切换效果、添加动画等操作。

5. 添加转场和特效

“效果”窗口中包含了大量的转场和特效，可以使用拖曳等方式为序列中的素材添加转场和特效。在“特效控制台”窗口或“时间线”窗口中，可以对效果进行控制，并创建动画，如图 0.36 所示，还可以对转场的具体参数进行设置，如图 0.37 所示。

6. 混合音频

Premiere Pro CS4 基于轨道音频编辑，其中的音频混合器功能齐全，可实现各种音频编辑，如为音频添加一定特殊效果、音频之间切换效果等，另外还支持实时音频编辑，使用合适的声卡，通过麦克风进行录音并实时编辑。

图 0.35 “字幕”窗口

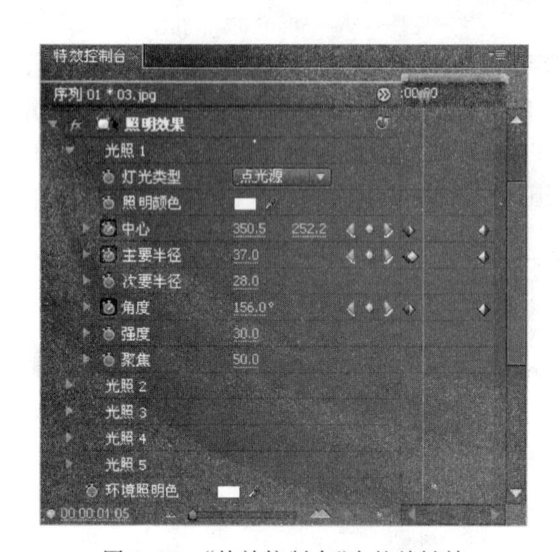

图 0.36 “特效控制台”中的关键帧

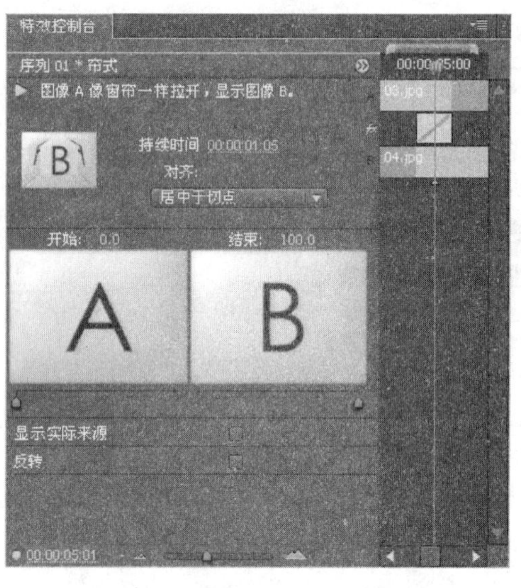

图 0.37 “特效控制台”中的转场特效

7. 导出影片

影片编辑完成后，将其导出为流媒体格式，传送到互联网上。这样，大家就可以通过解压设备对这些数据进行解压，影片就会像发送前那样显示出来。

选择“文件”|“导出”|“媒体”选项，或者按 Ctrl+M 键，会打开“导出设置”对话框，如图 0.38 所示。

在“导出设置”对话框中，设置导出文件的格式、路径、名称、视频设置、音频设置等参数，然后单击“确定”按钮，即可打开 Adobe Media Encoder CS4 的欢迎界面，如图 0.39 所示。

图 0.38 “导出设置”对话框

图 0.39 Encoder 欢迎界面

Adobe Media Encoder CS4 的欢迎界面后，会出现 Adobe Media Encoder 工作环境，如图 0.40 所示，待参数设置确认无误后，单击“开始队列”按钮，开始导出文件。导出进度显示在窗口最下端，包括“已用时间”和“估计剩余时间”等信息，如图 0.41 所示。待整个进度条填充完成后，文件导出也就结束。

0.5.4 影视剪辑技术

1. 将素材添加到时间线上

在 Premiere Pro CS4 中，只有将“项目”窗口中的素材添加到“时间线”窗口的轨道上，进行有序的编辑处理，才能创建出一个完美的作品。其操作方法有以下 3 种。

(1) 使用鼠标拖动

这个方法最简单，也最常用。在“项目”窗口中选中素材，可以是一个，也可以是多个，之后按住鼠标左键不放，将素材拖曳至“时间线”窗口的相应轨道中，然后释放鼠标即可，

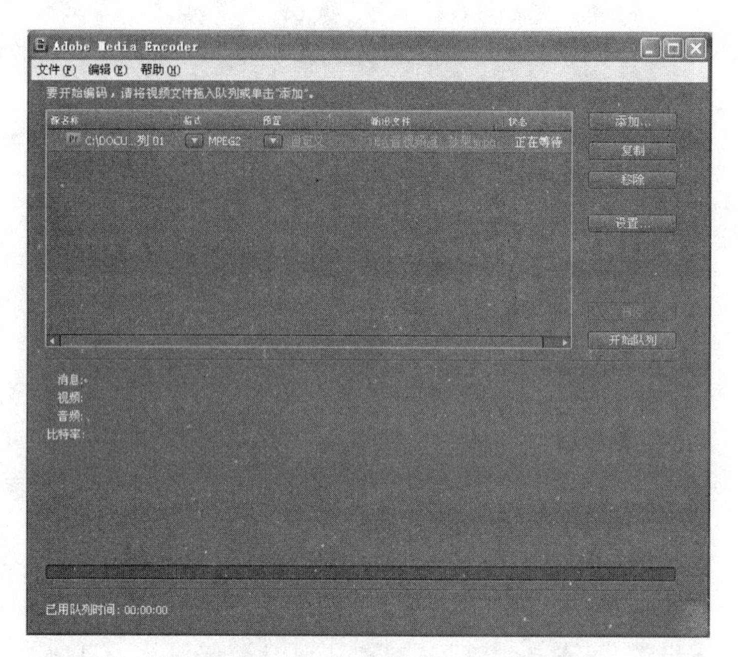

图 0.40　Adobe Media Encoder 工作环境

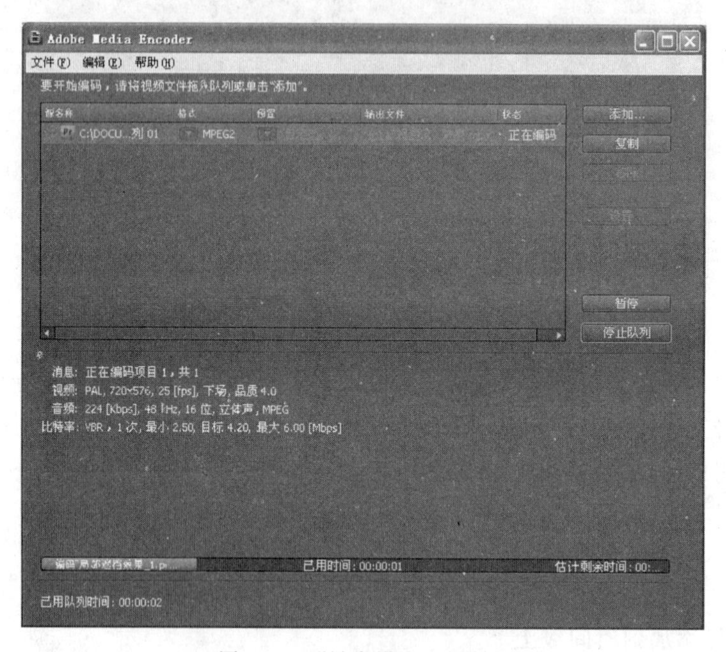

图 0.41　“导出设置”对话框

如图 0.42 所示。

(2) 使用“素材源”监视器窗口

将“项目”窗口中的素材双击或者拖放至“素材源”监视器窗口中，设置好出点和入点后，确定“时间线”窗口中的时间指示器，然后单击“素材源”监视器窗口中的按钮或者

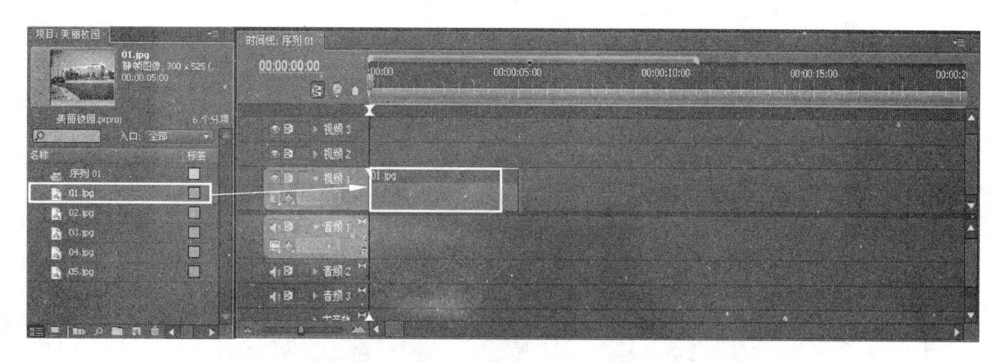

图 0.42　将素材拖曳至“时间线”窗口

按钮，即可将素材添加至“时间线”窗口的相应轨道中，如图 0.43 所示。

图 0.43　“插入”或“覆盖”

(3) 使用菜单命令

选中“项目”窗口中的素材，然后选择“项目”|“自动匹配到序列”选项，打开如图 0.44 所示的对话框，设置好参数后单击“确定”按钮，即可将素材添加至“时间线”窗口的相应轨道中。

2. 设置素材的持续时间

在 Premiere Pro CS4 中，静态素材导入至“时间线”窗口中默认的播放时间为 150 帧。在不同的制作效果中，对静态素材的播放时间要求也不同，这就要对导入的素材文件默认的播放时间进行统一设置。选择“编辑”|“参数”|“常规”选项，打开如图 0.45 所示的对话框，修改“静帧图像默认持续时间”，然后将素材导入“项目”窗口，这时，静帧图像再导入“时间线”窗口后，播放时间就会显示为刚刚设定的帧数。

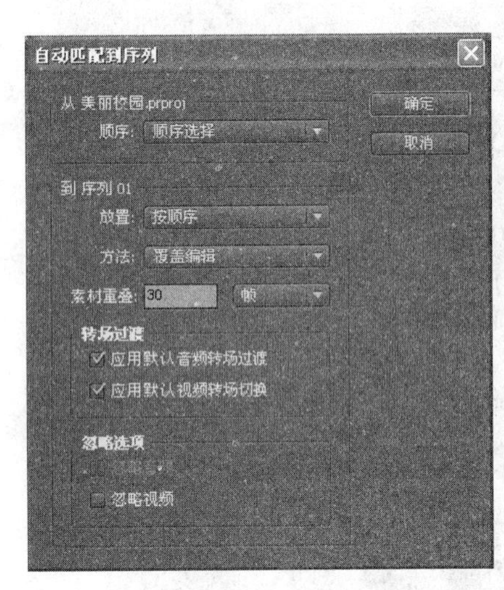

图 0.44 自动匹配到序列

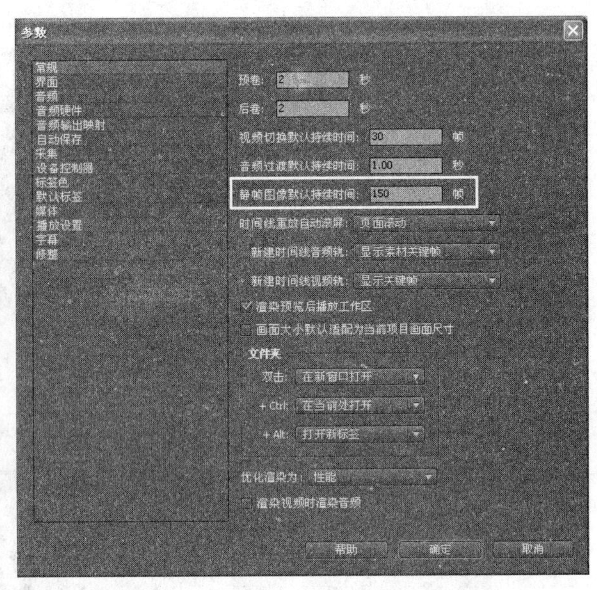

图 0.45 “常规”选项

对动态素材来说,适当的修改播放速度,可以使影片产生不凡的效果。在“时间线”窗口中选中素材,右击,在弹出的快捷菜单中选择“速度/持续时间”选项,或者选择“素材”|“速度/持续时间”选项,或者按 Ctrl+R 键,都可打开如图 0.46 所示的对话框,可以修改“速度”或者“持续时间”等选项,设置欲达到的效果。

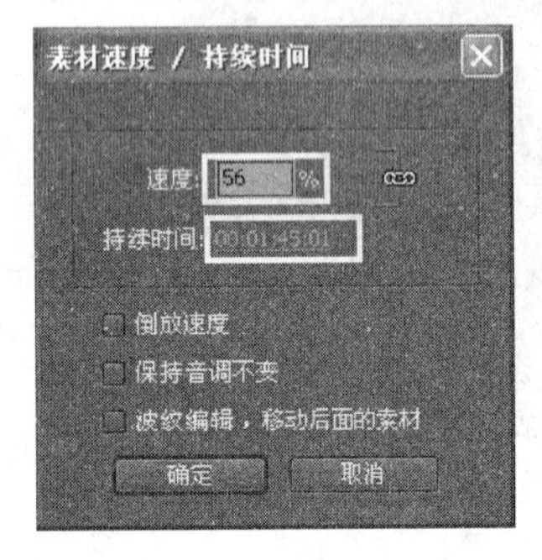

图 0.46 “素材速度/持续时间”对话框

“素材速度/持续时间”对话框中的选项介绍如下:

(1)“速度”:相对于正常播放速度的百分比。

(2)“持续时间”:即素材的持续时间,可以通过链接按钮控制是否与速度有关联。

(3)“倒放速度”:选中此复选框,素材可以反向播放,即从原素材的结束点开始播放。

(4)“保持音调不变”:选中此复选框,将保持音频信号的音调。

(5)“波纹编辑,移动后面的素材”:选中此复选框,会根据当前素材播放时间来调整与其相邻的后面素材。如果时间变短,会自动删除相邻素材之间的空白,将后面相邻的素材向前调整;如果时间变长,会自动后移后面相邻的素材。

3. 编辑标记

(1) 设置标记

设置标记的目的是为了帮助快速定位和切换素材的时间点,以及对齐素材时间点等。对每一段素材,可以为其设置 999 个无编号标记和 100 个编号标记。设置标记可以在“监视器”窗口和“时间线”窗口中进行。下面以“素材源”监视器窗口为例介绍设置标记的方法。

在“素材源”监视器窗口中选择好素材，使用各种搜索工具定位到设置标记的时间点，单击▾按钮，或者选择“标记”|“设置素材标记”|“无编号”选项该处设置一个无编号标记。要是设置有编号标记，方法相似。定位好时间点后，可以单击时间滑块右键，或者选择“标记”|“设置素材标记”|“下一个有效编号”选项，直接插入一个编号标记，它的号码是前一个编号标记的下一个号码，或者选择“标记”|“设置素材标记”|“其他编辑”选项，弹出“设置已编号标记”对话框，如图 0.47 所示，在文本框中输入标记的编号，单击“确定”按钮即可。

图 0.47 “设置已编号标记”对话框

(2) 使用标记

选中“时间线”窗口，单击时间滑块右键，或者选择“标记”|“跳转序列标记”|“前一个”/“下一个”选项，跳转到前一个或者下一个标记处。如果要单独定位已编号标记，单击时间滑块右键，或者选择“标记”|“跳转序列标记”|“编号”选项，从弹出的对话框的列表中选中某个标记，如图 0.48 所示，单击“确定”按钮即可。

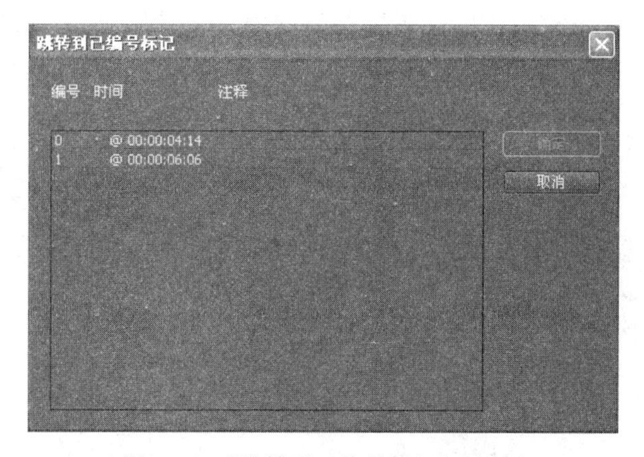

图 0.48 “跳转到已编号标记”对话框

也可以通过标记对齐到时间指示器或素材。在“时间线”窗口中将标记拖动到时间指示器附近，就会出现一个黑色的竖直参考线，放开鼠标将自动对齐到时间指示器的时间点处，如图 0.49 所示。

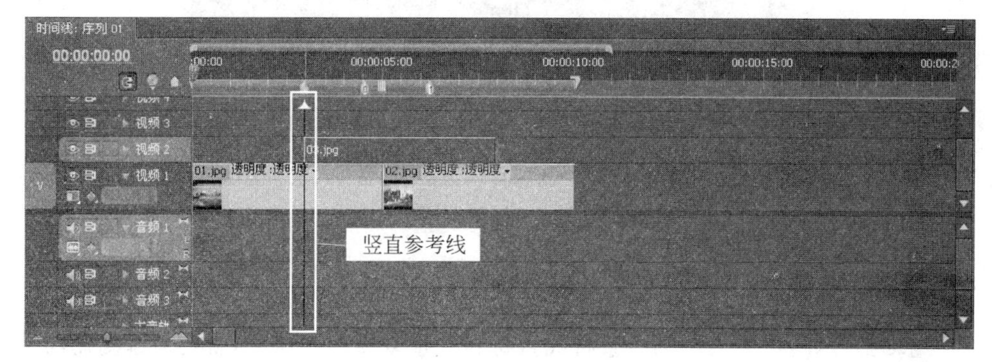

图 0.49 黑色竖直参考线

（3）删除标记

设置标记后，可根据需要删除不需要的标记。可以使用鼠标操作：在标记上按住鼠标，在水平方向上向左或者向右拖动，直至拖出时间标尺即可。另外也可使用菜单选项：如果要删除某个标记，需要将时间指示器定位到该标记处，选择“标记”|“清除素材/序列标记”|“当前标记”选项；如果要删除某个标记，可以选择“标记”|“清除素材/序列标记”|“编号”选项，从弹出对话框列表中选择后单击“确定”按钮；如果要删除全部标记，可以选择“标记”|“清除素材/序列标记”|“全部标记”选项，即可删除所有标记。

4. 设置入点、出点

在编辑影片时，我们将素材导入到“项目”窗口中，但素材并不一定完全被利用。这时，我们将所需要的部分保留在影片中，设置入点和出点可以帮我们很方便地解决这个问题，而且不影响素材的再次使用。

将时间滑块放置在需要保留素材的起始位置，单击 按钮，或者按字母I键，确定素材的入点。同理，将时间滑块放置在需要保留素材的结束位置，单击 按钮，或者按O键，确定素材的出点。在“素材源”监视器窗口的时间条上，可以看到设置后的入点和出点效果，如图0.50所示。

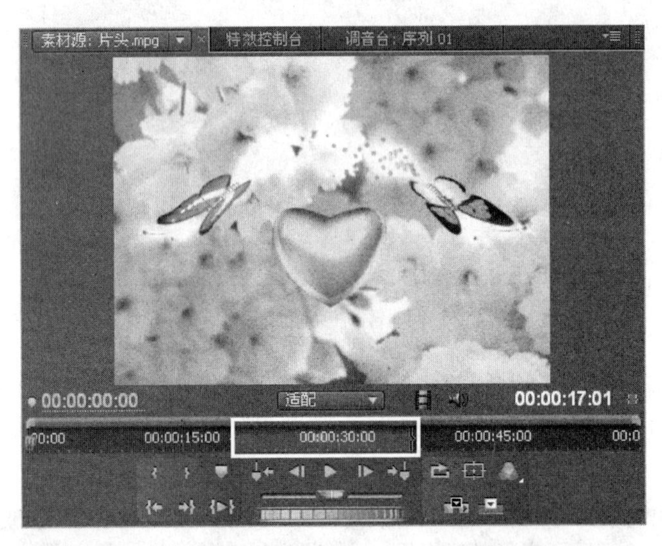

图0.50 “素材源”监视器窗口中的出点、入点

如果素材不需要入点和出点，想要删除的话，可以选择“标记”|“清除素材/序列标记”或者在时间条上单击鼠标右键，选择“入点”、“出点”或者“入点和出点”选项，即可删除。另外，通过在按住Alt键的同时，单击 按钮或者 按钮，也可删除入点或者出点。

5. 复制与粘贴

在编辑影片时，可能会对某一素材或素材属性重复使用。这时，就要考虑复制与粘贴功能，如此可以轻松帮我们实现，以避免大量的相同操作。

(1) 复制素材

在“时间线”窗口中选择要复制的素材,选择“编辑”|“复制”选项,或者按 Ctrl+C 键,然后激活要粘贴素材的轨道,确定时间指示器位置后,选择“编辑”|“粘贴”选项,或者按 Ctrl+V 键,即可把选中的素材粘贴到选定位置。在粘贴时,可以选择“编辑”|“粘贴插入”选项,将复制素材插入目标轨道时间线的当前位置,并且把插入前时间指示器所在位置的素材自动剪切为前、后两段,其功能与“素材源”监视器窗口中的“插入”按钮相同。

(2) 复制素材属性

当某一素材中的多个特效及特效参数被重复使用时,可以将这些属性也进行复制。复制“时间线”窗口中的素材,然后选择要粘贴特效的素材,选择“编辑”|“粘贴属性”选项,即可把所有已编辑好的属性粘贴到另一素材上,非常方便。

课后练习

一、选择题

1. “素材源”监视器窗口上的时间码用于指示或者修改当前帧的时间,其显示方式为(　　)。

A. 帧时分秒　　B. 分秒时帧　　C. 秒时分帧　　D. 时分秒帧

2. (　　)按钮以时间线中播放头的位置为起点,将当前修改后的素材覆盖在时间线的素材上。

A.　　B.　　C.　　D.

3. 用于调节素材的播放速度,同时更改持续时间,即实现快动作和慢动作的特效,是(　　)。

A. 波形编辑工具　　B. 旋转编辑工具　　C. 比例缩放工具　　D. 滑行工具

4. (　　)可以进行音频编辑,可以在其中设置音频素材的入点和出点,以便对音频素材进行剪辑。

A. “项目”窗口　　B. “时间线”窗口

C. 调音台　　D. “素材源”监视器窗口

5. 以下属于数字视频文件格式的有(　　)。

A. AVI　　B. MP3　　C. MOV　　D. WMV

6. 以下不属于 Premiere Pro CS4 主界面中的窗口是(　　)。

A. 项目窗口　　B. 监视器窗口　　C. 时间线窗口　　D. 属性窗口

7. Premiere Pro CS4 提供的导出视频类型有(　　)。

A. MP3　　B. DV　　C. AVI　　D. GIF

8. Premiere Pro CS4 项目文件的扩展名是(　　)。

A. .prproj　　B. .premiere　　C. .pro　　D. .proj

9. 以下属于运动中进行拍摄的方式有(　　)。

A. 推拉镜头　　B. 摇镜头　　C. 移镜头　　D. 跟镜头

10. 我国普遍采用的视频制式是(　　)。

A. PAL 制　　B. NTSC 制　　C. SECAM 制　　D. 其他制式

二、填空题

1. 我国普遍采用的视频制式是________。

2. 默认状态下,Premiere Pro CS4 提供了________个音频编辑时间线,每一个都由一个喇叭来标志。

3. 构成动画的最小单位是________。

4. PAL 制影片的帧速率是________帧/秒。

5. 使用"缩放工具"时按________键,可以缩小显示。

三、简答题

1. 音频的组成是什么?

2. 请简要描述使用 Premiere Pro CS4 的制作流程。

3. 简述线性编辑和非线性编辑的区别。

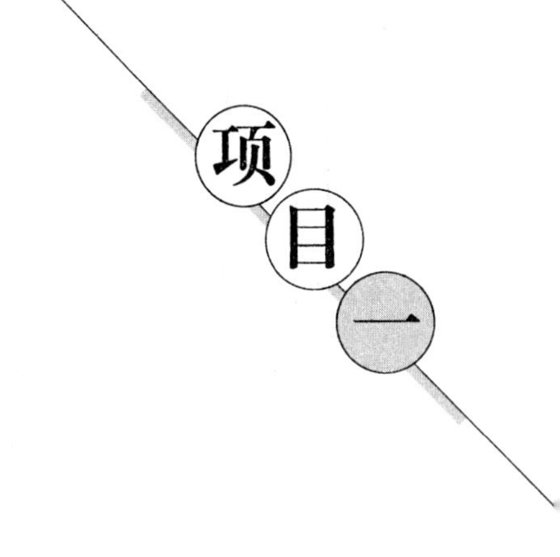

音乐电子相册

阅读提示

照片记录着一个个难忘的瞬间，如何珍藏这些美好的记忆呢？随着时间的流逝，照片会发黄、会变成褐色，甚至会发霉；保存不当，还有可能会丢失。这时，我们不妨考虑一下伴有动听旋律的电子相册吧！

音乐电子相册就是把由扫描仪输入电脑的相片或数码相片，通过电脑合成，配上音乐、背景、字幕以及神奇的转换效果，做成可以在 VCD、DVD 或电脑里播放的动态相册。无论何时，精美的音乐电子相册，都会将您瞬间定格的幸福、快乐、温馨、浪漫升华为动态的永恒，串起你人生旅途中五彩斑斓的贝壳，留住那如诗如画、胜诗胜画的年华。

本项目作为数字影视非线性编辑的开篇实践，首先让读者从整体上加深理解 Premiere 的强大功能，能够独立创建项目并设置相关环境参数，导入不同类型的素材，实现素材的简单设置，全面掌握转场技术的应用。

主要内容

- 添加与删除视频切换效果
- 编辑视频切换效果
- 特效控制台
- 关键帧动画
- 导出影片
- 编辑轨道

重点与难点

- 编辑视频切换效果
- 特效控制台
- 关键帧动画

案例任务

- 美丽校园
- 可爱宝贝

1.1 任务一　美丽校园

当微风轻轻地吹拂着我们的脸颊时，当和煦的阳光抚摸着参天大树时，当美丽的荷花亭亭玉立于湖心时，当皑皑白雪铺满整个校园时，我们正幸福地享受着烂漫的青春。美丽的校园，伴随着我们走过成长的时空，引领我们进入智慧的殿堂，也看着我们走向成熟。让我们用校园的风光为主题，配以青春、充满活力的校园歌曲，沉浸在最美好的回忆中。

本次任务就是要在优美的音乐中浏览校园照片，运用各种各样的转场效果，使照片拥有一种变幻无穷的感觉，如图1.1所示。

图1.1　美丽校园预览图

- 添加视频切换效果
- 编辑切换效果
- 切换效果的分类
- 对切换效果的把握
- 制作流程

1.1.1 准备知识——视频切换效果

在创作影片时，相邻素材间会有一刻是要过渡的。如果不添加任何效果让其生硬过渡，也许在视觉中会让人感觉跳跃性太大，并不适合所有素材，但如果能使相邻素材较为平滑、自然地连接起来，更鲜明地表现影片的层次感与空间感，突出作品的感染力，那又会给我们留下怎么样的视觉享受呢？

在完成本任务前，我们需要系统掌握一下视频切换效果。

1. 添加视频切换效果

视频切换效果可以添加在两段视频素材或图像素材之间，也可以添加在一个素材的开始或结尾处。

在“效果”窗口中，选择“视频切换”文件前面的三角号，将其展开，随意选择一个效果，如“伸展”文件夹前面的三角号，选择“交叉伸展”，然后选中并拖动至“时间线”窗口两个素材的相邻处或者一个素材的边缘，待光标形状发生变化后释放鼠标，即可为素材添加视频切换效果，如图 1.2 所示。

图 1.2　为素材添加“交叉伸展”切换效果

在“时间线”窗口中，将时间指示器定位在两个素材衔接处，然后选择“序列”|“应用视频切换效果”选项，或者按 Ctrl+D 键，为指定素材添加默认切换效果；如果选中多个素材，选择“序列”|“应用默认切换过渡到所选素材”选项，为多个素材添加默认切换效果。默认切换效果可以随意更改，只要选择好其他切换效果，右击，在弹出的快捷菜单中选择“设置所选为默认切换效果”选项即可。

2. 视频切换效果编辑

切换效果自身带有参数设置，通过改变设置就可以实现切换效果的变化。打开“特效控制台”窗口，选择已经应用的切换效果，相关的参数就会显示，或者在“时间线”窗口中直接双击某个切换效果，也会直接打开“特效控制台”窗口，如图 1.3 所示。

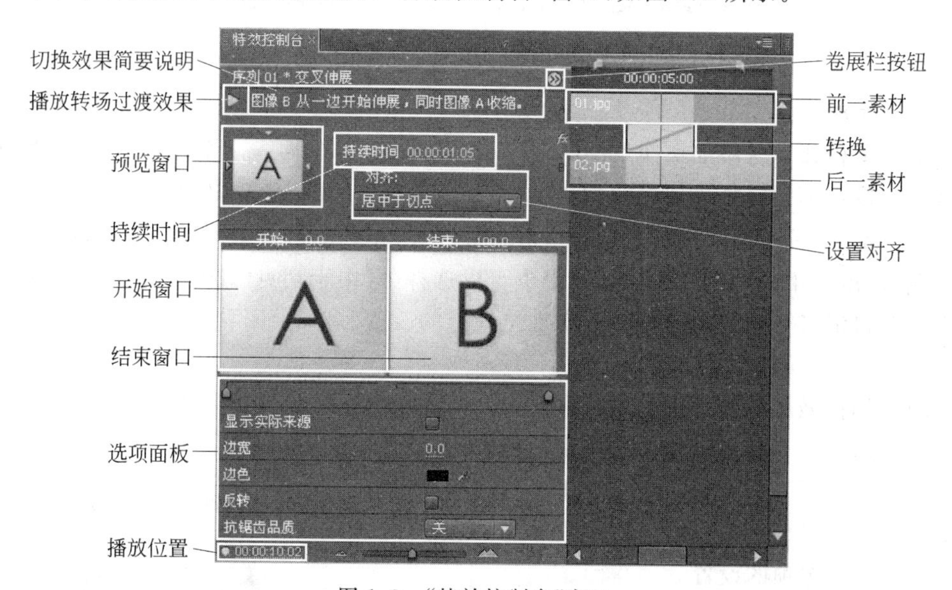

图 1.3　“特效控制台”窗口

(1) 修改持续时间

可通过拖动 00:00:01:05 滑块向左或向右来缩短或延长切换效果持续时间，也可以直接

输入精确时间，即可完成持续时间的修改。另外，也可以将鼠标放到滑块两端，或“时间线”窗口中的交叉伸展切换滑块两端，当鼠标指针形状变化至可编辑状态时，拖动鼠标也可以修改切换效果的持续时间。系统默认的切换效果持续时间为 30 帧，但是，如果要想把每一个切换效果的持续时间都统一延长或缩短，用以上三种方法效率不高。通过“编辑”|“参数”|“常规”选项，打开如图 1.4 所示“参数”窗口，我们可以更改“视频切换默认持续时间”，这样，以后再添加的所有切换效果就都会发生变化。很方便吧?!

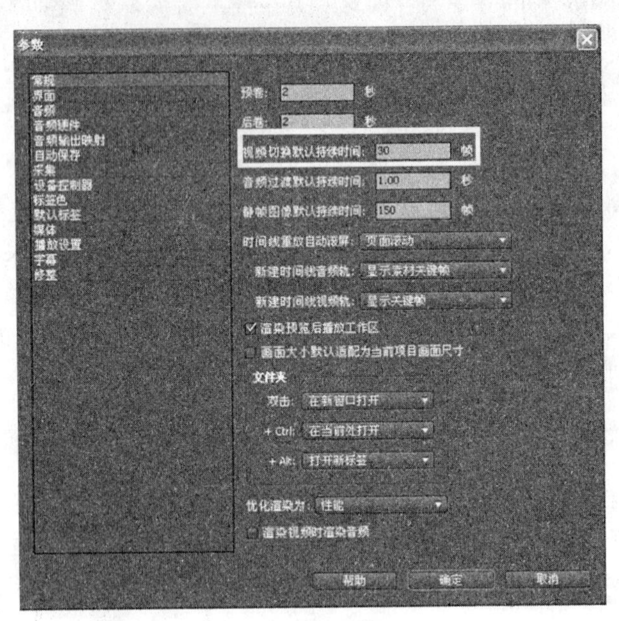

图 1.4 “参数”窗口

(2) 对齐方式

为两个相邻素材添加切换效果时，默认情况下，是居中插入两个素材的切点处，但有时这样的位置不一定是最理想的，要想调整插入的位置，可以拖动“特效控制台”窗口中的滑块或“时间线”窗口中的交叉伸展切换滑块，向左或向右移动即可。除此以外，在“特效控制台”窗口中的“对齐”下拉列表中也可以选择“居中于切点”、“开始于切点”、“结束于切点”和“自定义开始”四个选项，以实现位置上的改变。

(3) 调整转场中心点的位置

有些切换效果的切换中心可以调整，如“圆划像”效果。在“特效控制台”窗口中的“开始窗口”内，有一个代表转场中心点标记的圆圈，要调整中心点位置，按住鼠标左键并拖动至合适的位置后释放鼠标左键，即可改变转场开始的中心点位置，如图 1.5 所示。

(4) 切换选项的设置

① “显示实际来源”：选中该选项，可以在开始和结束窗口中显示实际的素材效果，如图 1.6 所示。

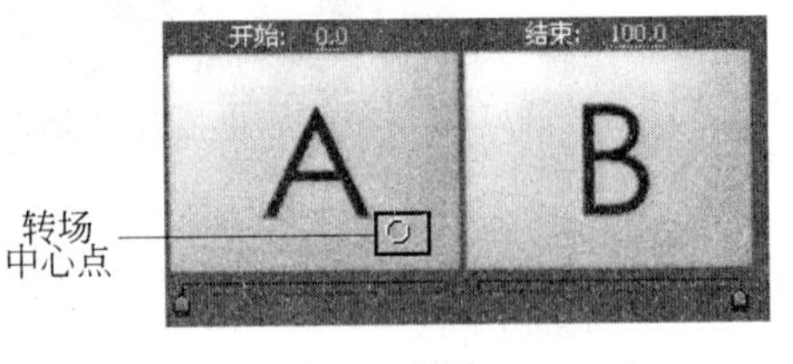

图 1.5 调整转场中心点的位置

② “边宽”：该选项用来设置切换效果时，为素材自动添加指定宽度的外框，如图 1.7 所示。

图 1.6　选中“显示实际来源”选项的效果

图 1.7　指定“边宽”的效果

③ “边色”：该选项用来给边宽指定颜色，如图 1.8 所示。

④ “反转”：选中该选项后，使转换效果运动的方向相反。例如，“卷页”效果原来是将前一素材慢慢卷起，以显示出下一素材，反转后，是将下一素材从卷起状态慢慢展开，覆盖前一素材。

⑤ “自定义”：该选项是根据不同切换效果设置不同参数，以达到变化多样的特殊效果，所设置的参数都是有限制范围的。

图 1.8　指定“边色”的效果

3. 视频切换效果的分类

在 Premiere Pro CS4 中，系统提供了几十种不同的视频切换效果。这些切换效果被划分为 11 大类，放在对应的文件夹里。有效地运用这些切换效果，会使剪辑的素材平滑地、自然地过渡，让我们的作品锦上添花。

(1) 3D 运动

3D 运动类的转场效果主要是将两个素材进行分层处理，以体现场景的层次感，从而给观众带来从二维空间到三维空间的视觉效果。其中包括 10 种效果，现分别介绍如下。

① 向上折叠：将前一素材的场景像折纸似的，越折越小，从而显示出后一素材的场景，效果如图 1.9 所示。

图 1.9　向上折叠的转场效果

② 帘式：将前一素材的场景从中心分割，像是拉开窗帘一样，逐渐显示出后一素材的场景，效果如图 1.10 所示。

  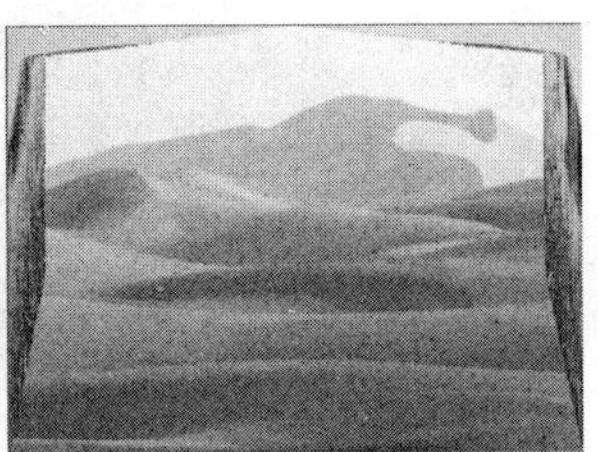

图 1.10 帘式的转场效果

③ 摆入：后一素材以屏幕的一边为旋转轴，并从后方出现，逐渐遮盖前一素材，如图 1.11 所示。

图 1.11 摆入的转场效果

④ 摆出：后一素材以屏幕的一边为旋转轴，并从前方出现，逐渐遮盖前一素材，如图 1.12 所示。

图 1.12 摆出的转场效果

⑤ 旋转：后一素材以屏幕中心为轴进行旋转，将前一素材逐渐遮盖，如图 1.13 所示。

 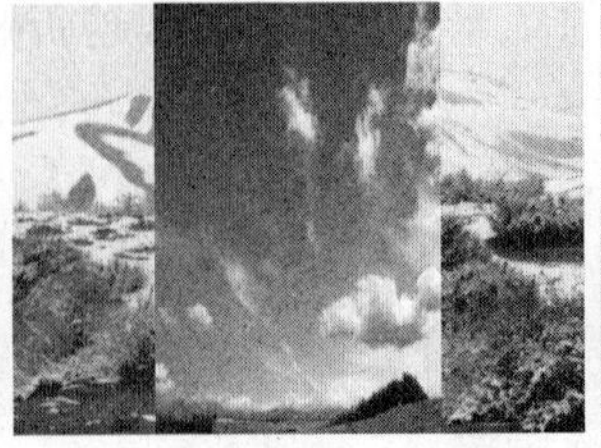 

图 1.13 旋转的转场效果

⑥ 旋转离开：以后一素材的中心轴为旋转轴旋转 90°，将前一素材逐渐覆盖，效果如

图 1.14 所示。

 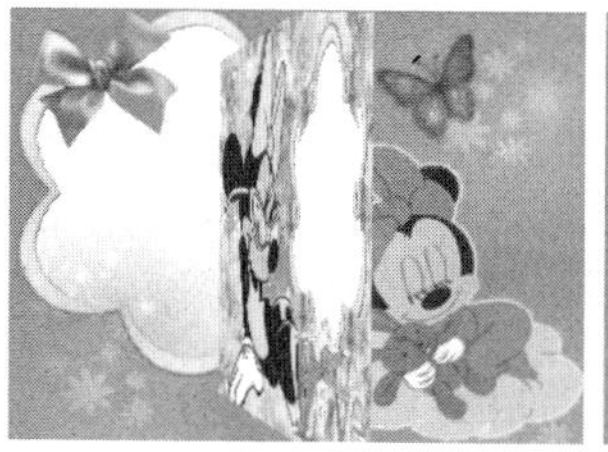 

图 1.14　旋转离开的转场效果

⑦ 立方体旋转：将前后两个素材作为立方体的两个相邻面，以旋转方式过渡，如图 1.15 所示。

图 1.15　立方体旋转的转场效果

⑧ 筋斗过渡：以前一素材的中心轴为旋转轴进行 360°旋转，同时逐渐缩小，最终消失，逐渐显示后一素材，效果如图 1.16 所示。

图 1.16　筋斗过渡的转场效果

⑨ 翻转：将两个素材作为一页纸的正反两面，正面旋转 90°，逐渐消失后显示反面，反面再旋转 90°逐渐显示，效果如图 1.17 所示。

 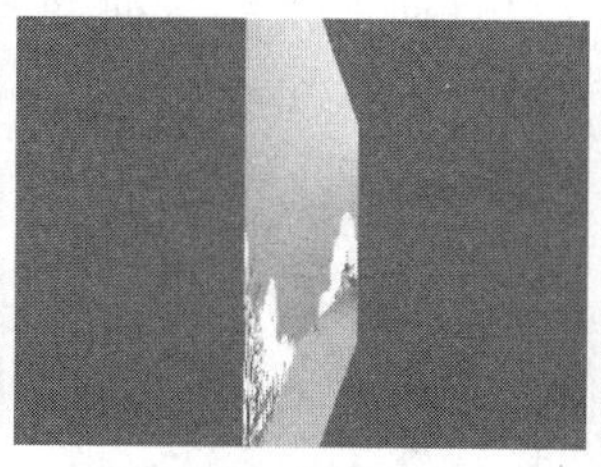 

图 1.17　翻转的转场效果

⑩ 门：将后一素材以关门的方式逐渐显示，覆盖前一素材，效果如图 1.18 所示。

图 1.18　门的转场效果

(2) GPU 过渡

GPU 过渡类的转场效果主要是一些特定的切换过渡效果，其中包括 5 种效果，现分别介绍如下。

① 中心剥落：前一素材从正中心分为四块，同时向外剥落卷起，逐渐显示另一素材，效果如图 1.19 所示。

  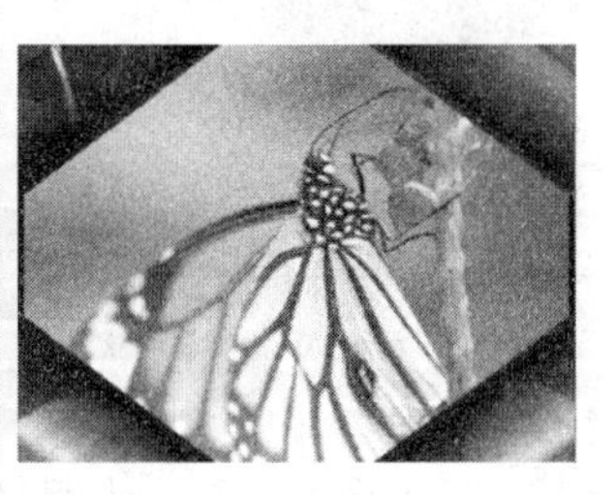

图 1.19　中心剥落的转场效果

② 卡片翻转：前一素材分割成若干个矩形，然后矩形按一定时针方向依次翻转，逐渐显示后一素材，效果如图 1.20 所示。

图 1.20　卡片翻转的转场效果

③ 卷页：将前一素材从一个角点向对角线方向卷起，逐渐显示后一素材，效果如图 1.21 所示。

图 1.21　卷页的转场效果

④ 球体：将前一素材变成一个圆球，逐渐缩小并向上移动退出，显示后一素材，效果如图 1.22 所示。

图 1.22　球体的转场效果

⑤ 中心滚动：将前一素材从左向右卷起，逐渐显示后一素材，效果如图 1.23 所示。

图 1.23　中心滚动的转场效果

(3) 伸展

伸展类的转场效果主要是将后一素材以伸展缩放的形式覆盖前一素材，其中包括 4 种效果，现分别介绍如下。

① 交叉伸展：前一素材逐渐被后一素材挤压替代，效果如图 1.24 所示。

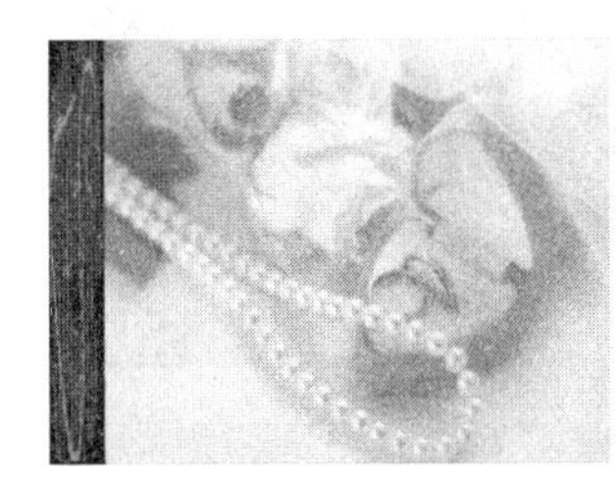 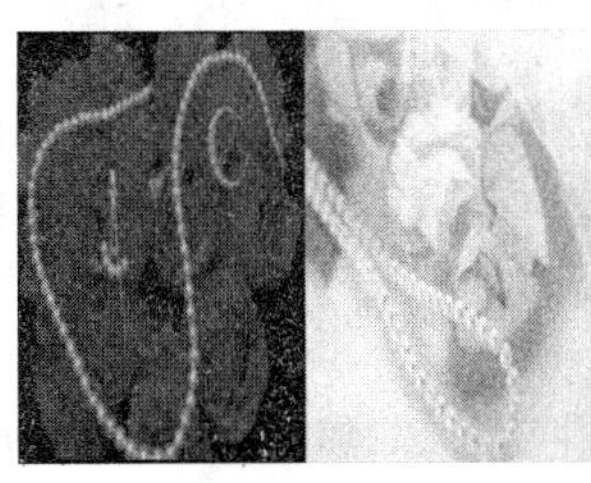 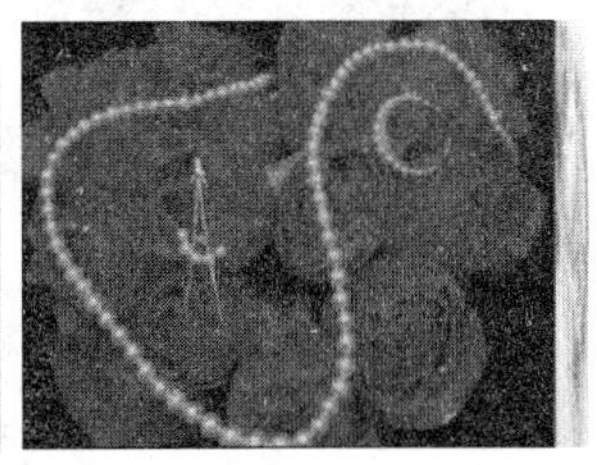

图 1.24　交叉伸展的转场效果

② 伸展：前一素材不变，被逐渐挤压伸展的后一素材覆盖，效果如图 1.25 所示。

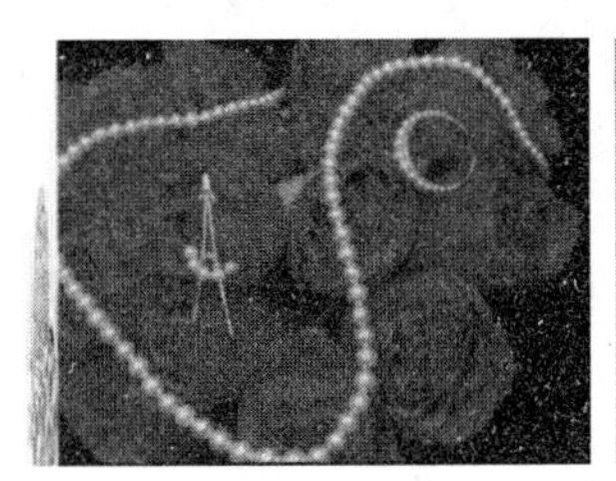 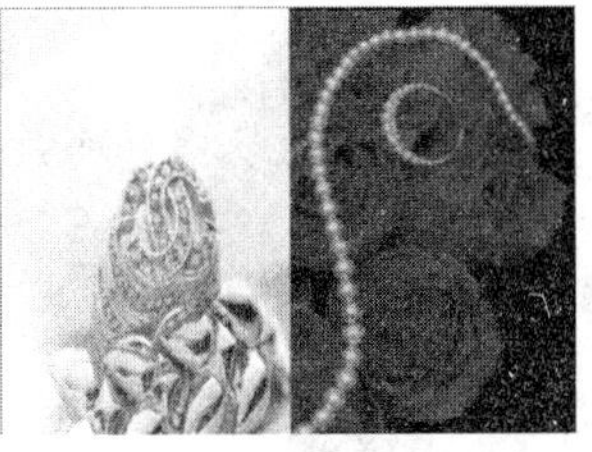 

图 1.25　伸展的转场效果

③ 伸展覆盖：将后一素材的纵向逐渐拉伸，覆盖前一素材，效果如图 1.26 所示。

图 1.26　伸展覆盖的转场效果

④ 伸展进入：将后一素材在前一素材的中心横向伸展，效果如图 1.27 所示。

 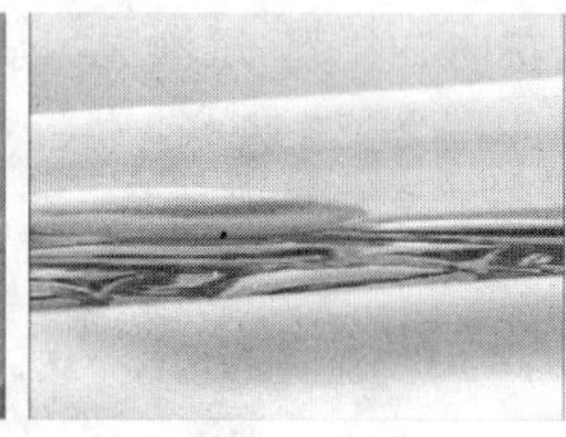 

图 1.27　伸展进入的转场效果

(4) 划像

划像类的转场效果主要是将两个素材直接交替转换，即前一个素材逐渐消失过程中，后一个素材逐渐显示出来，当前一个素材完全消失的时候，后一个素材就彻底显现，其中包括 7 种效果，现分别介绍如下。

① 划像交叉：将后一素材呈十字形逐渐展开，效果如图 1.28 所示。

图 1.28　划像交叉的转场效果

② 划像形状：将后一素材以菱形图案逐渐展开(还可以在"特效控制台"中单击"自定义"选项，选择其他形状、矩形或者椭圆形，同时也可以控制形状的数量)，覆盖前一素材，效果如图 1.29 所示。

图 1.29　划像形状的转场效果

③ 圆划像：将后一素材以圆形在前一素材的正中心逐渐展开并覆盖，效果如图 1.30 所示。

  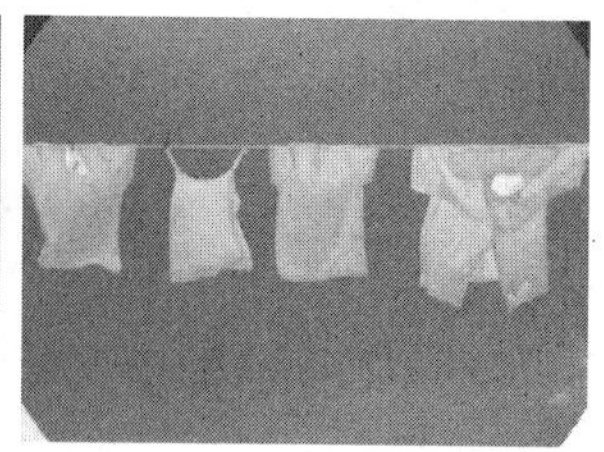

图 1.30 圆划像的转场效果

④ 星形划像：将后一素材以星形在前一素材的正中心逐渐展开并覆盖，效果如图 1.31 所示。

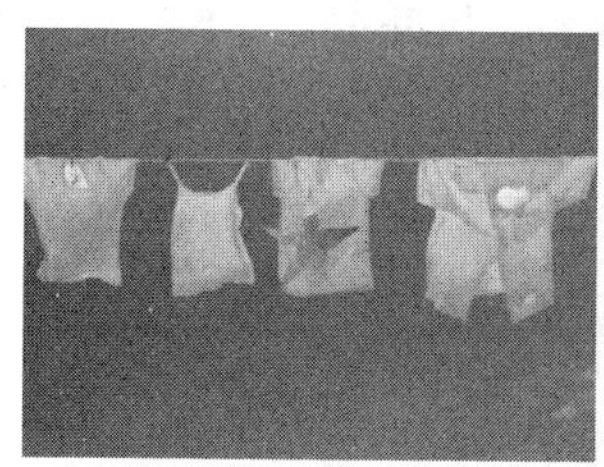  

图 1.31 星形划像的转场效果

⑤ 点划像：将后一素材以斜十字形从前一素材中逐渐展开，效果如图 1.32 所示。

  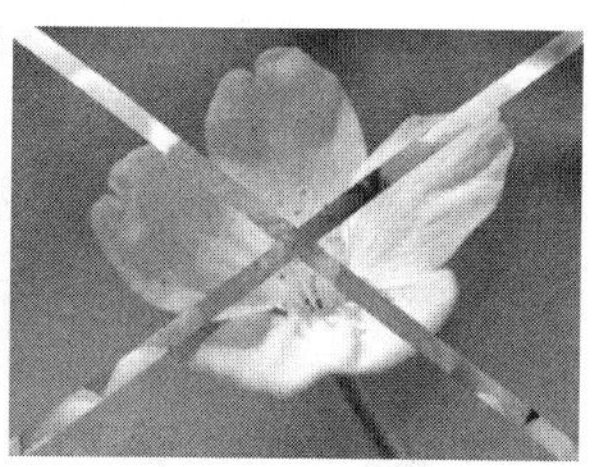

图 1.32 点划像的转场效果

⑥ 盒形划像：将后一素材以矩形在前一素材的正中心逐渐展开并覆盖，效果如图 1.33 所示。

图 1.33 盒形划像的转场效果

⑦ 菱形划像：将后一素材以菱形在前一素材的正中心逐渐展开并覆盖，效果如图 1.34

图 1.34　菱形划像的转场效果

所示。

(5) 卷页

卷页类的转场效果是在前一素材结束时,通过剥落或者翻转等效果,来显示后一素材,其中包括 5 种效果,现分别介绍如下。

① 中心剥落:将前一素材从正中心分为 4 块,分别向 4 个角卷起,显示后一素材,效果如图 1.35 所示。

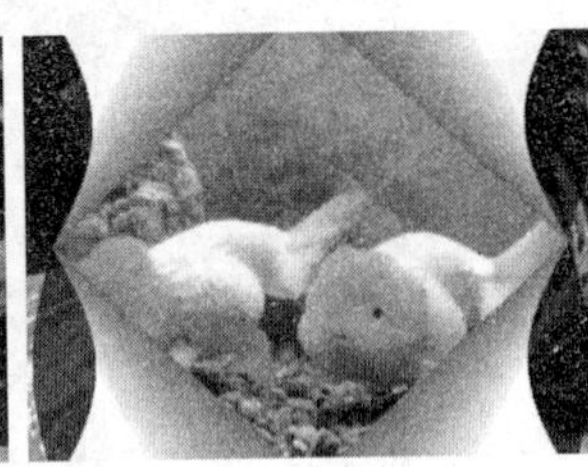

图 1.35　中心剥落的转场效果

② 剥开背面:将前一素材平均分为 4 块,依次从左上角开始按顺时针方向,从素材的中心开始卷起,逐渐显示后一素材,效果如图 1.36 所示。

图 1.36　剥开背面的转场效果

③ 卷走:将前一素材从左向右逐渐滚动卷起,显示后一素材,效果如图 1.37 所示。

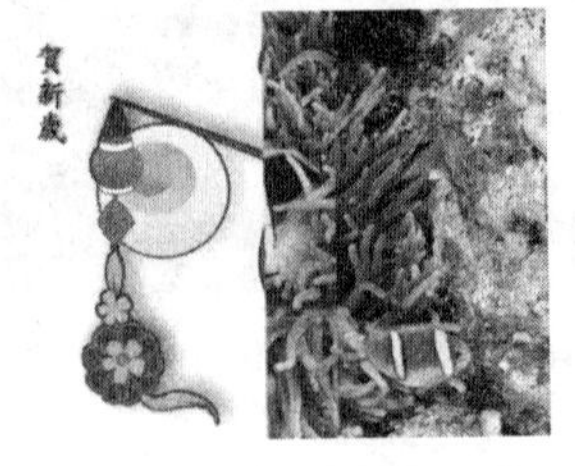

图 1.37　卷走的转场效果

④ 翻页：将前一素材以翻页的形式从某一角点开始，向对角线方向卷起，逐渐显示后一素材，效果如图 1.38 所示。

图 1.38 翻页的转场效果

⑤ 页面剥落：将前一素材像纸张一样从反面卷起，逐渐显示后一素材，效果如图 1.39 所示。

图 1.39 页面剥落的转场效果

(6) 叠化

叠化类的转场效果常用来分割段落，表现的节奏较为缓慢，其中包括 7 种效果，现分别介绍如下。

① 交叉叠化(标准)：默认的视频切换效果，前一素材逐渐淡出，后一素材逐渐淡入，效果如图 1.40 所示。

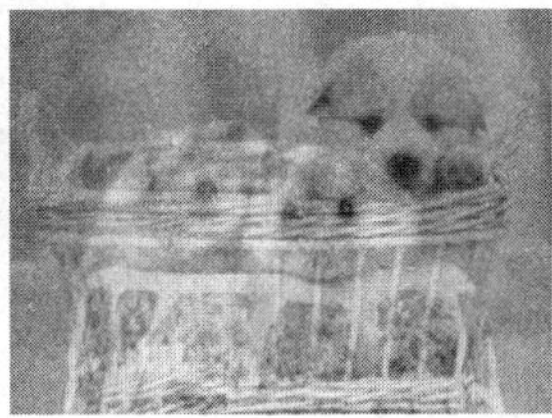

图 1.40 交叉叠化的转场效果

② 抖动叠化：将后一素材以点的方式逐渐出现，效果如图 1.41 所示。

图 1.41 抖动叠化的转场效果

③ 白场过渡：将前一素材以加强亮度模式，逐渐淡化显现后一素材，效果如图 1.42 所示。

图 1.42 白场过渡的转场效果

④ 附加叠化：将前一素材以加强亮度的模式逐渐淡化，以显示后一素材，效果如图 1.43 所示。

图 1.43 附加叠化的转场效果

⑤ 随机反相：将前一素材逐渐反色显示，按随机块的形式显示后一素材，效果如图 1.44 所示。

图 1.44 随机反相的转场效果

⑥ 非附加叠化：将前后两个素材的亮度叠加，逐渐显示后一素材，效果如图 1.45 所示。

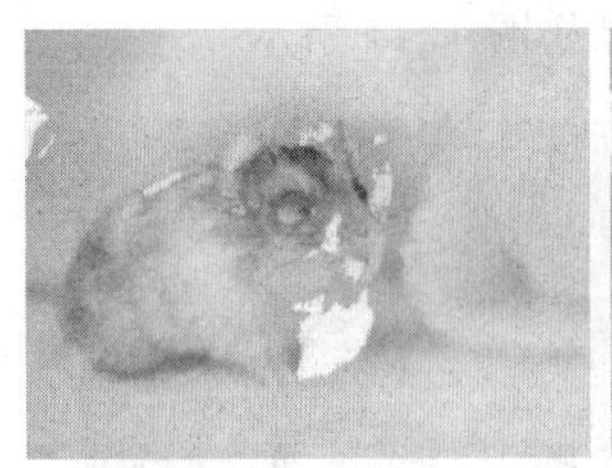  

图 1.45 非附加叠化的转场效果

⑦ 黑场过渡：将前一素材以变暗模式，逐渐淡化以显现后一素材，效果如图 1.46 所示。

图 1.46　黑场过渡的转场效果

(7) 擦除

擦除类的转场效果主要是后一素材以不同形状的形式，将前一素材慢慢擦除后显示出来，其中包括 17 种效果，现分别介绍如下。

① 双侧平推门：将前一素材从中间开启，向两侧擦除，显示后一素材，效果如图 1.47 所示。

 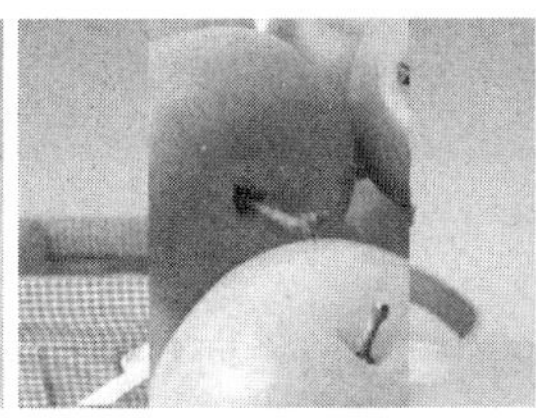 

图 1.47　双侧平推门的转场效果

② 带状擦除：将后一素材以水平、垂直或对角线方向，呈条形交叉进入，逐渐覆盖前一素材，效果如图 1.48 所示。

 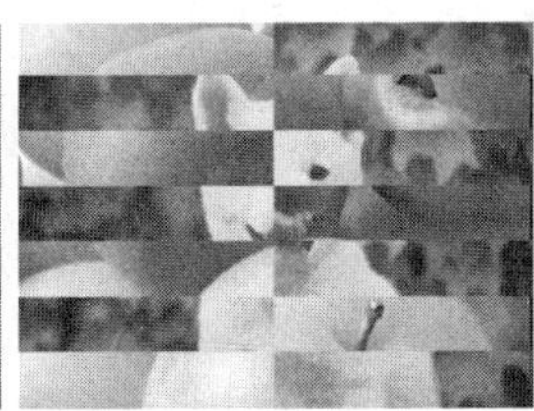 

图 1.48　带状擦除的转场效果

③ 径向划变：以前一素材的某个角点作为圆心，径向扫描，逐渐显示后一素材，效果如图 1.49 所示。

图 1.49　径向划变的转场效果

④ 插入：将后一素材从某个角点斜插进入，逐渐覆盖前一素材，效果如图 1.50 所示。

  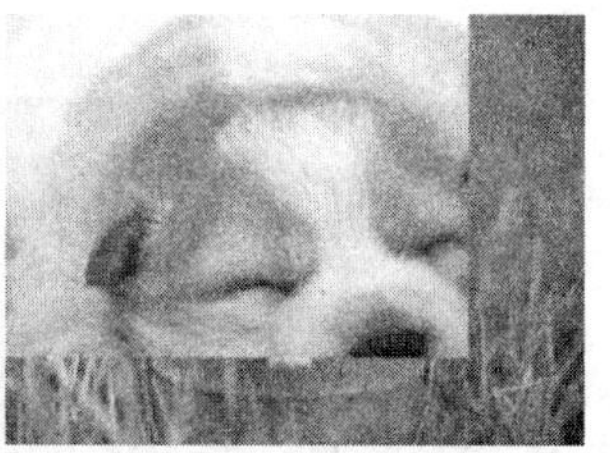

图 1.50 插入的转场效果

⑤ 擦除：将后一素材从水平、垂直或对角线方向进入，逐渐覆盖前一素材，效果如图 1.51 所示。

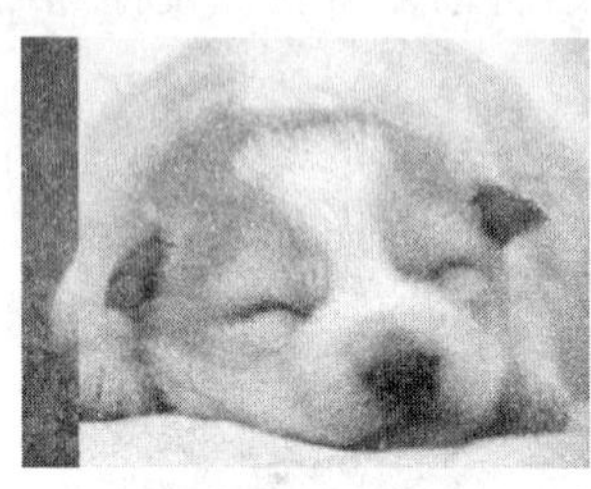  

图 1.51 擦除的转场效果

⑥ 时钟式划变：从前一素材的中心，做径向擦除，像时钟旋转一样，逐渐显示后一素材，效果如图 1.52 所示。

图 1.52 时钟式划变的转场效果

⑦ 棋盘：将前一素材以棋盘消失的方式过渡到后一素材，效果如图 1.53 所示。

 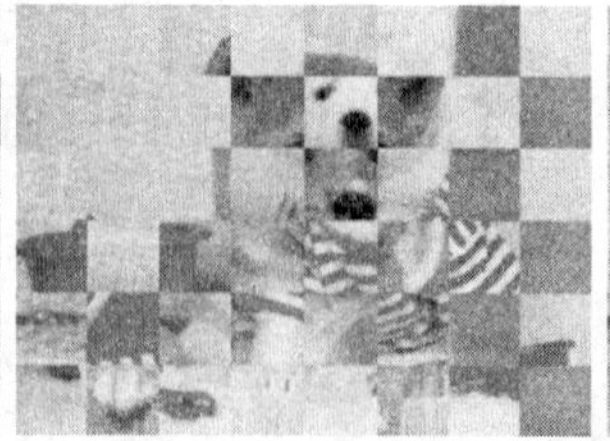 

图 1.53 棋盘的转场效果

⑧ 棋盘划变：将后一素材以方格形逐行显示，覆盖前一素材，效果如图 1.54 所示。

⑨ 楔形划变：从前一素材的中心，以扇形逐渐打开的方式覆盖前一素材，效果如

图 1.55 所示。

⑩ 水波块：将后一素材以 Z 字形交错擦除，显示前一素材，效果如图 1.56 所示。

⑪ 油漆飞溅：将后一素材以油漆点形状，逐渐覆盖前一素材，效果如图 1.57 所示。

图 1.54　棋盘划变的转场效果

图 1.55　楔形划变的转场效果

图 1.56　水波块的转场效果

图 1.57　油漆飞溅的转场效果

⑫ 渐变擦除：将后一素材从左上角至右下角做渐变式擦除，逐渐覆盖前一素材，效果如图 1.58 所示，当将此转场效果拖放至时间线后，会弹出“渐变擦除设置”对话框，可以对擦除效果进行修改，如图 1.59 所示。

⑬ 百叶窗：将后一素材以平行条的形式，逐渐加粗，以覆盖前一素材，类似于百叶窗，效果如图 1.60 所示。

图 1.58 渐变擦除的转场效果

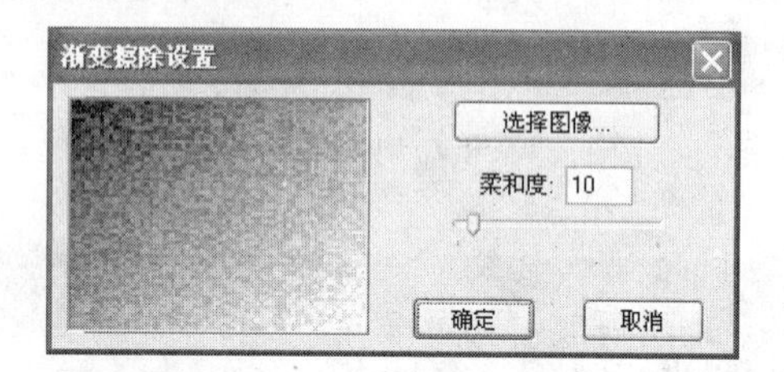

图 1.59 “渐变擦除设置”对话框

图 1.60 百叶窗的转场效果

⑭ 旋转框：将前一素材以螺旋框形状划出，以显示后一素材，效果如图 1.61 所示。

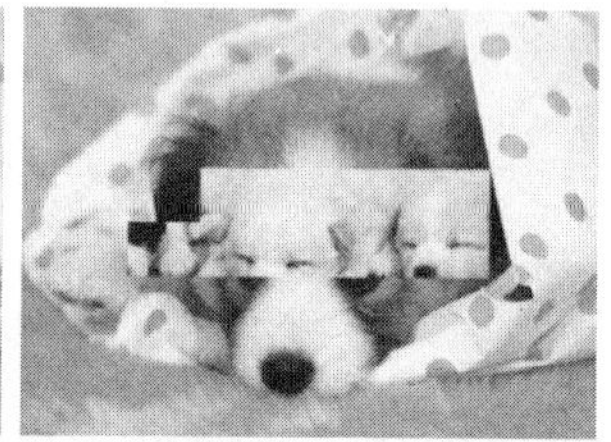

图 1.61 旋转框的转场效果

⑮ 随机块：将后一素材以随机出现的方块逐渐覆盖前一素材，效果如图 1.62 所示。

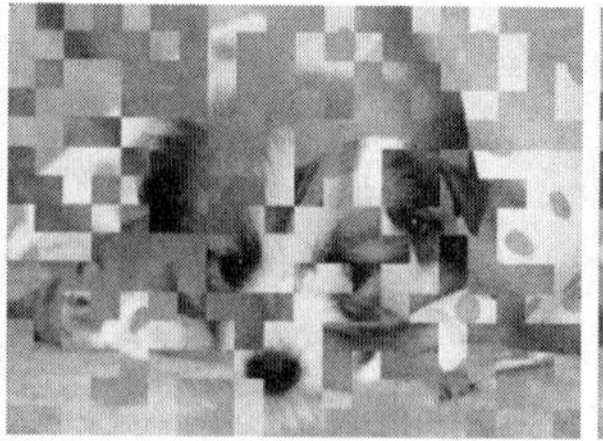

图 1.62 随机块的转场效果

⑯ 随机擦除：用随机边缘对前一素材进行移动划出，以显示出后一素材，效果如图 1.63 所示。

图 1.63　随机擦除的转场效果

⑰ 风车：从前一素材的中心进行多次扫掠划出，以显示后一素材，像风车旋转似的，效果如图 1.64 所示。

图 1.64　风车的转场效果

(8) 映射

映射类的转场效果主要是将前一素材通过通道映射或者明亮度映射的方式过渡到后一素材，其中包括两种效果，现分别介绍如下。

① 明亮度映射：将前一素材的明亮度映射到后一素材中，使两者产生融合，效果如图 1.65 所示。

图 1.65　明亮度映射的转场效果

② 通道映射：从前后两个素材中的选定通道将被映射到输出，效果如图 1.66 所示。当将此转场效果拖放至时间线时，会弹出“通道映射设置”对话框，如图 1.67 所示，可以选择要输出的素材通道。

(9) 滑动

滑动类的转场效果以画面滑动的方式进行两个素材的转换，其中包括 12 种效果，现分别介绍如下。

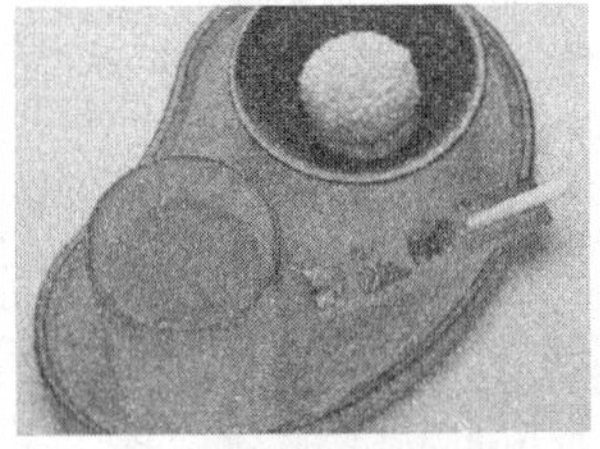
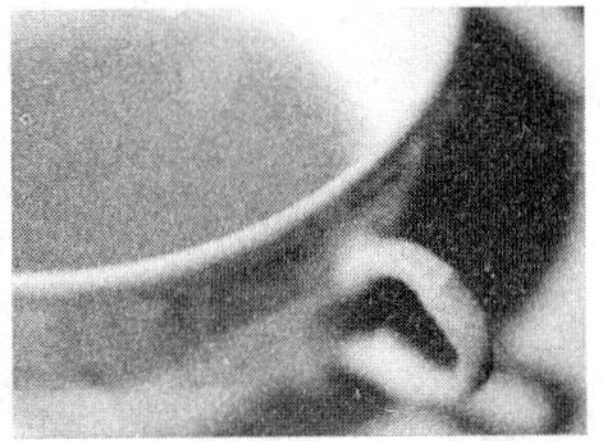

图 1.66　通道映射的转场效果

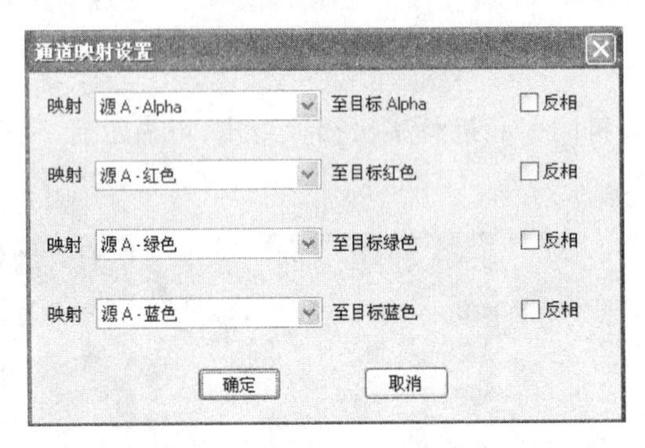

图 1.67　“通道映射设置”对话框

① 中心合并：将前一素材分成 4 部分，同时滑动到中心，以显示后一素材，效果如图 1.68 所示。

图 1.68　中心合并的转场效果

② 中心拆分：将前一素材分成 4 部分，同时滑动到 4 个角落，以显示后一素材，效果如图 1.69 所示。

图 1.69　中心拆分的转场效果

③ 互换：将后一素材从前一素材后方抽出，逐渐覆盖前一素材，效果如图 1.70 所示。

图 1.70　互换的转场效果

④ 多旋转：将后一素材以多个矩形的方式出现，逐渐旋转覆盖前一素材，效果如图 1.71 所示。

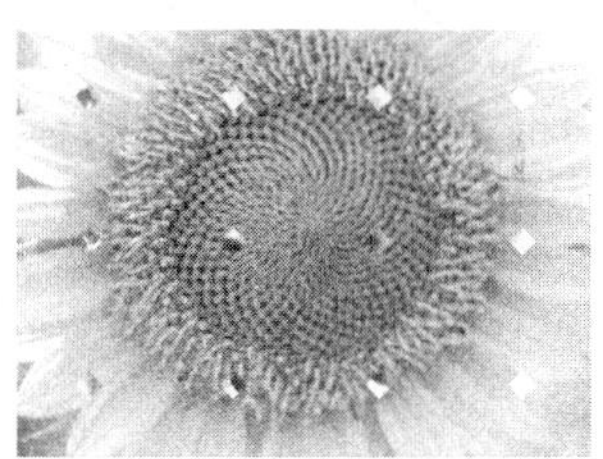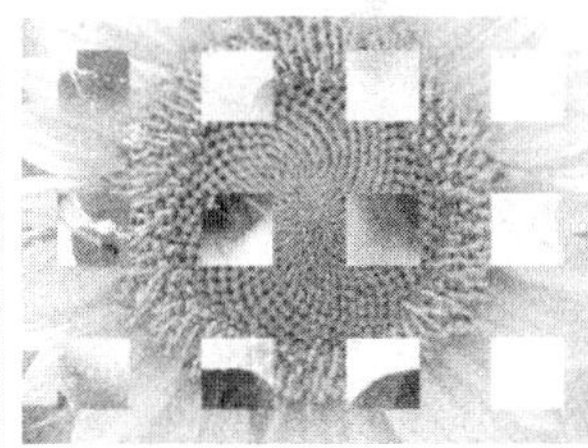

图 1.71　多旋转的转场效果

⑤ 带状滑动：将后一素材在水平、垂直或对角线方向上以条形滑入的方式，逐渐覆盖前一素材，效果如图 1.72 所示。

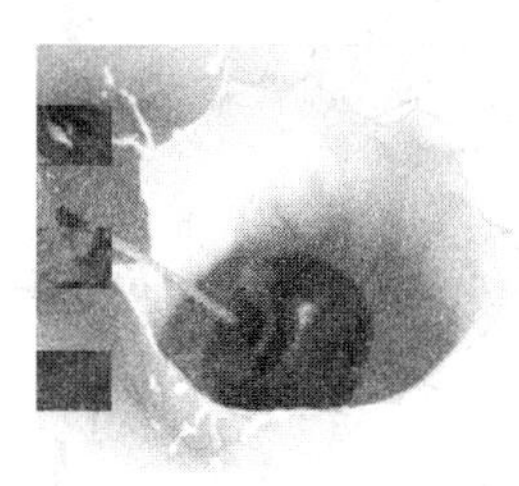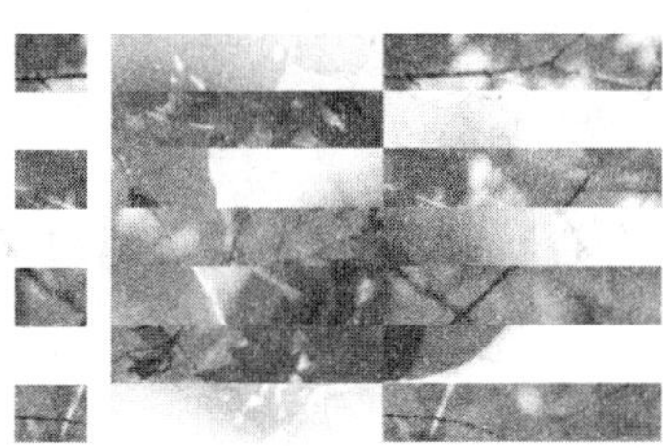

图 1.72　带状滑动的转场效果

⑥ 拆分：将前一素材从中心拆分滑动到两侧，逐渐显示后一素材，效果如图 1.73 所示。

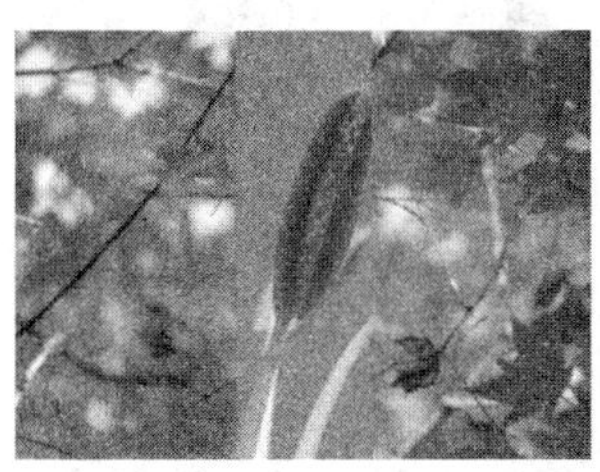

图 1.73　拆分的转场效果

⑦ 推：后一素材把前一素材推动到一边，效果如图 1.74 所示。

⑧ 斜线滑动：后一素材被分割成多根线条滑向并覆盖前一素材，效果如图 1.75 所示。

图 1.74 推的转场效果

图 1.75 斜线滑动的转场效果

⑨ 滑动：后一素材从水平、垂直或者对角线方向滑入，逐渐覆盖前一素材，效果如图 1.76 所示。

图 1.76 滑动的转场效果

⑩ 滑动带：通过水平或垂直条带，将后一素材从前一素材下面逐渐显示出来，效果如图 1.77 所示。

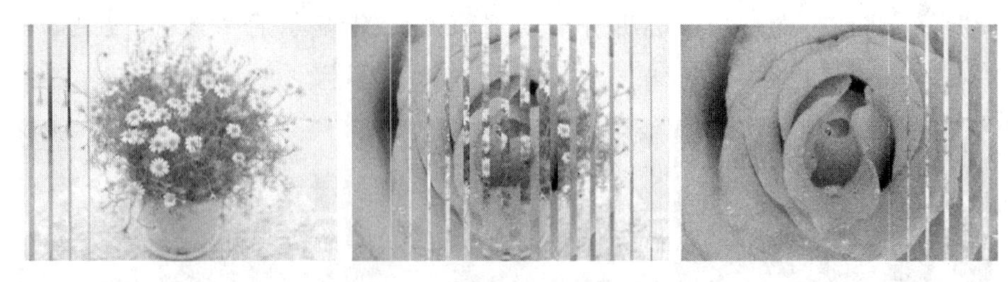

图 1.77 滑动带的转场效果

⑪ 滑动框：以条带移动的方式，将后一素材滑动到前一素材上面，效果如图 1.78 所示。

⑫ 漩涡：将后一素材分割成若干矩形，从前一素材的中心旋转出现，效果如图 1.79 所示。

图 1.78　滑动框的转场效果

图 1.79　漩涡的转场效果

(10) 特殊效果

特殊类的转场效果主要用于制作一些特殊效果的转场方式，其中包括 3 种效果，现分别介绍如下。

① 映射红蓝通道：将前一素材的红、蓝通道映射到后一素材中，效果如图 1.80 所示。

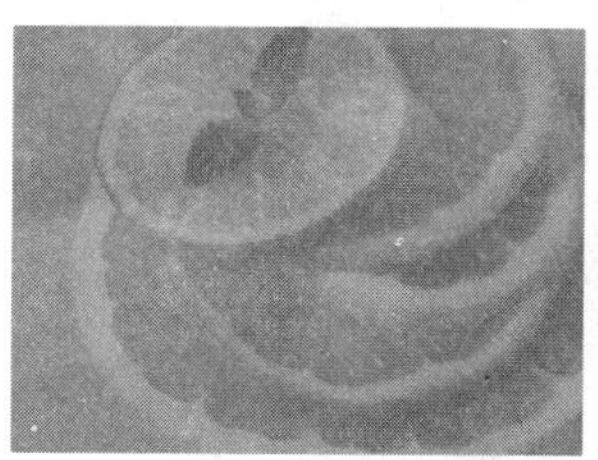

图 1.80　映射红蓝通道的转场效果

② 纹理：将前一素材作为纹理图与后一素材进行颜色混合过渡，效果如图 1.81 所示。

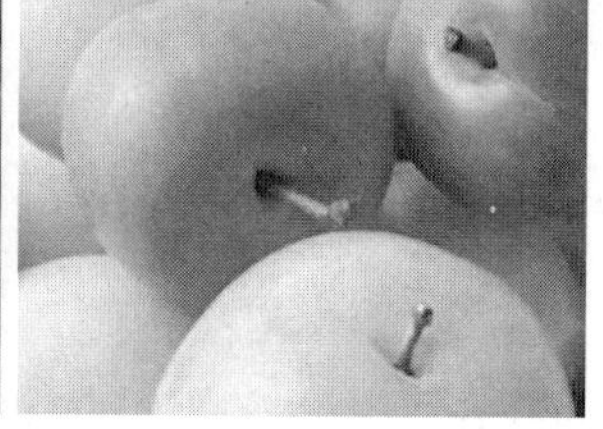

图 1.81　纹理的转场效果

③ 置换：用前一素材的 RGB 通道置换后一素材的像素，效果如图 1.82 所示。

(11) 缩放

缩放类的转场效果主要是将一个素材以放大、缩小或交替的形式，实现推拉拖尾等转

图 1.82 置换的转场效果

场效果，其中包括 4 种效果，现分别介绍如下。

① 交叉缩放：前一素材放大离开，后一素材缩小进入，效果如图 1.83 所示，同时可在"特效控制台"中，随时调整放大和缩小的中心点。

 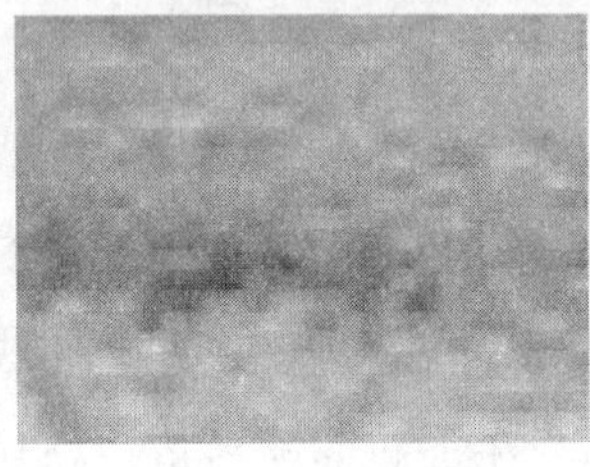 

图 1.83 交叉缩放的转场效果

② 缩放：后一素材逐渐放大，覆盖前一素材，效果如图 1.84 所示。

图 1.84 缩放的转场效果

③ 缩放拖尾：前一素材逐渐缩小，拖尾消失，以显示后一素材，效果如图 1.85 所示。

图 1.85 缩放拖尾的转场效果

④ 缩放框：后一素材分成若干个矩形，逐渐放大以覆盖前一素材，效果如图 1.86 所示。

现在我们开始制作"美丽校园"音乐电子相册，时间控制在 2 分钟左右。特别说明一

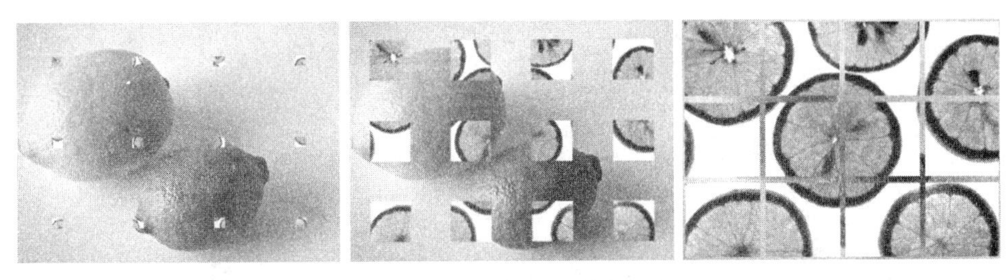

图 1.86 缩放框的转场效果

点，本章节制作的项目结构较为简单，有些制作流程会合并讲解。

1.1.2 创建项目

要使用 Premiere Pro CS4 开始我们的音乐电子相册创作，首先需要创建一个项目文件。

(1) 启动 Premiere Pro CS4，进入“欢迎使用 Adobe Premiere Pro”界面，我们单击“新建项目”按钮，如图 1.87 所示，进入“新建项目”对话框，如图 1.88 所示。我们在“常规”选项卡界面的下端单击“浏览”按钮，选择项目需要存放的路径，在名称对应的文本框中输入本项目的名称“美丽校园”，其他参数使用系统默认设置即可，单击“确定”按钮，进入“新建序列”对话框。

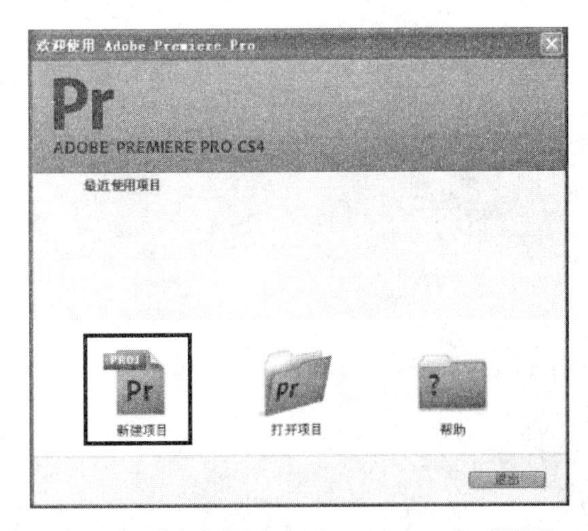

图 1.87 “欢迎使用 Adobe Premiere Pro”界面

(2) 在“新建序列”对话框中包括三个选项卡，分别是“序列预置”、“常规”和“轨道”。在“序列预置”选项卡中，选择我国标准 PAL 制视频、48 000Hz，如图 1.89 所示。在“常规”选项卡(如图 1.90 所示)和“轨道”选项卡(如图 1.91 所示)，序列名称可不做更改，其他参数使用系统默认值即可，单击“确定”按钮，进入 Premiere Pro CS4 工作界面。

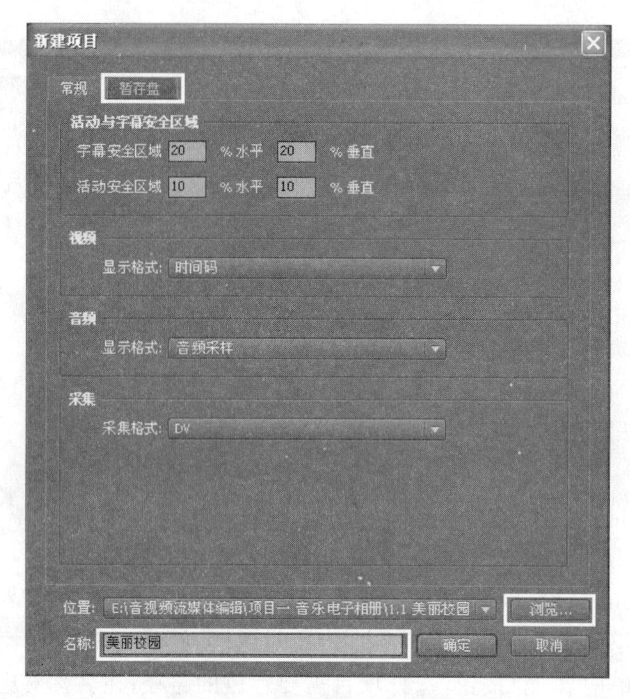

图 1.88 “新建项目”对话框

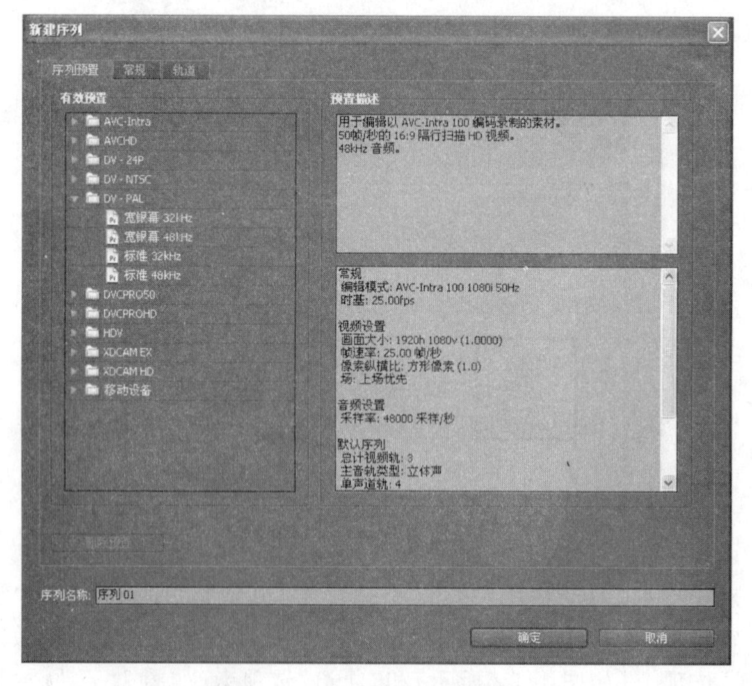

图 1.89 “序列预置”选项卡

新建序列

序列预置　常规　轨道

编辑模式: DV PAL　重放设置...

时间基准: 25.00 帧/秒

视频

画面大小: 720 水平 576 垂直 4:3

像素纵横比: D1/DV PAL (1.0940)

场: 下场优先

显示格式: 25fps 时间码

音频

采样率: 48000 Hz

显示格式: 音频采样

视频预览

预览文件格式: Microsoft AVI DV PAL

编码: DV PAL

最大位数深度　最高渲染品质

保存预置...

序列名称: 序列 01

确定　取消

图 1.90　“常规”选项卡

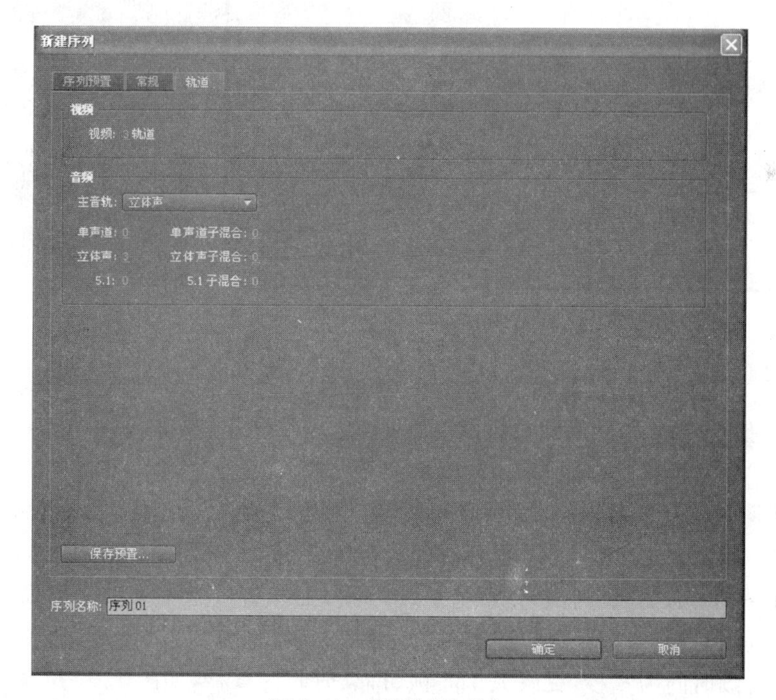

图 1.91　“轨道”选项卡

1.1.3 导入并编辑素材

项目创建完成后，我们可以导入素材，并做简单的编辑操作。

(1) 导入素材的方法有三种：第一种是通过菜单来实现，选择“文件”|“导入”选项即可打开“导入”对话框；第二种方法是按 Ctrl+I 键，也可打开“导入”对话框；第三种方法是在“项目”窗口“序列 1”下面的空白处，双击鼠标或右击，之后选择“导入”，也可打开“导入”对话框。

(2) 在“导入”对话框中，选择素材“项目一 音乐电子相册\1.1 美丽校园\图片素材”文件夹，然后单击“导入文件夹”按钮，如图 1.92 所示，即可将文件夹中所有素材导入到“项目”窗口中，如图 1.93 所示。

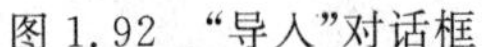
图 1.92 “导入”对话框

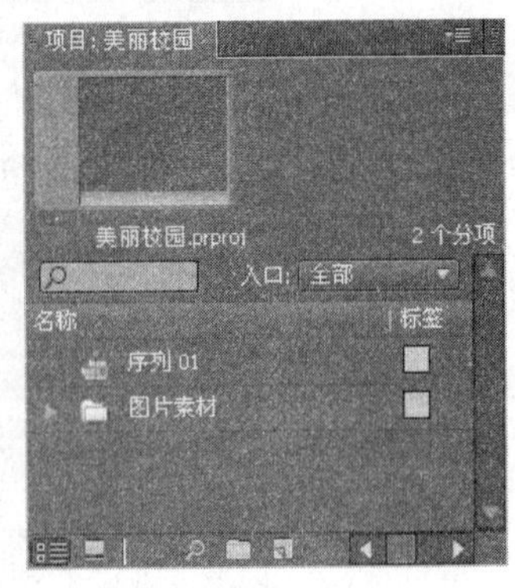

图 1.93 “项目”窗口

(3) 再一次打开“导入”对话框，选择素材“项目一 音乐电子相册\1.1 美丽校园\音乐\我们都是好孩子.mp3”，然后双击素材文件或者单击“打开”按钮，如图 1.94 所示，即可将素材导入到“项目”窗口中，如图 1.95 所示。

(4) 将图片素材文件夹拖动至“时间线”窗口的“视频 1”轨道中，所有素材图片显示效果如图 1.96 所示。这时会发现，影片时间长度为 2 分 26 秒 4 帧，与我们预想的 2 分钟左右的时间有些出入，如果一张一张素材更改时间，工作量可是不小的。前面我们介绍过，静态图像默认的持续时间是可以更改的。选择“编辑”|“参数”|“常规”选项，将原来的默认 150 帧、持续时间为 6 秒，更改成 125 帧、持续时间为 5 秒，如图 1.97 所示。

(5) 我们将“项目”窗口中的文件夹重新拖放至“时间线”窗口中，发现时间长度与原来没有区别。问题是文件夹被导入时，所有图片的持续时间已经按系统默认时间 150 帧

图 1.94　“导入”对话框

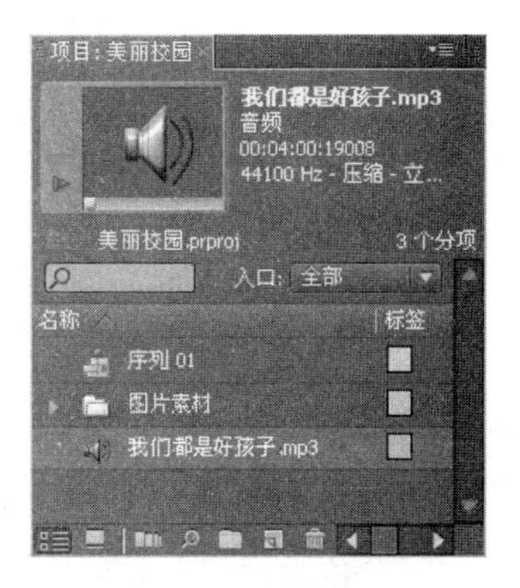

图 1.95　“项目”窗口

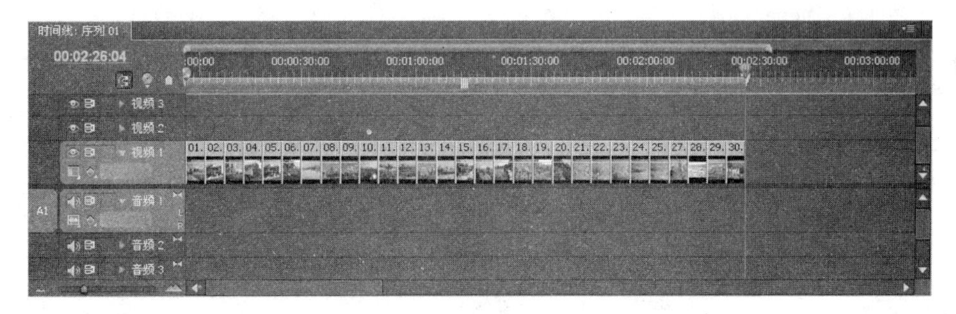

图 1.96　“时间线”窗口

图 1.97　“参数”对话框

记录着，要想按照新设定的 125 帧显示，我们必须重新导入“图片素材”文件夹才可。新导入的图片再次放在“时间线”窗口，影片的时间长度变化至 2 分 1 秒 20 帧。

(6) 我们单击空格键或节目监视器窗口中的“播放”按钮，可以简单浏览图片效果。又发现问题了，由于图片大小不同，在监视器窗口中显示的大小就不理想了。这时，我们需要对图片的显示比例进行调整。

(7) 图片 02.jpg 至图片 07.jpg 的大小为 700×525 像素，而我们采用的 DV-PAL 的视频编辑尺寸为 720×576 像素，所以在播放时，由于图片大小不够，导致窗口四周留下一圈黑边。解决办法是，选中图片 02.jpg，激活“特效控制台”窗口，将图片的“缩放比例”修改至 115，如图 1.98 所示。

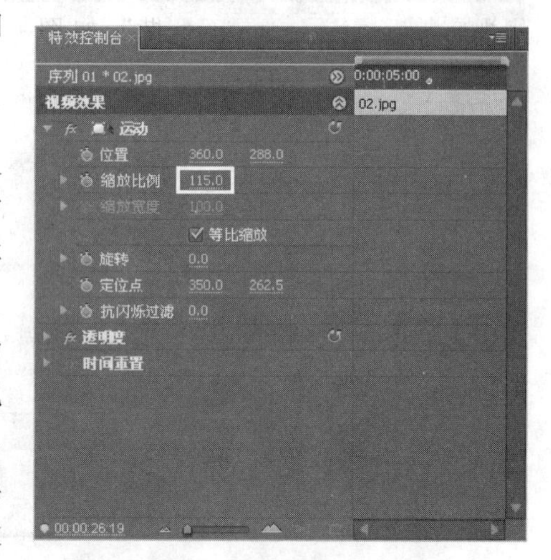

图 1.98 “特效控制台”窗口

(8) 在“时间线”窗口中选择图片 02.jpg 进行复制，再选择图片 03.jpg 至 07.jpg，右击，在弹出的快捷菜单中选择“粘贴属性”选项，这时，图片 02.jpg 至 07.jpg 都可在监视器中最大化显示。

(9) 同理，修改图片 08.jpg 至 15.jpg，缩放比例为 30；修改图片 16.jpg 至 21.jpg，缩放比例为 40；修改图片 22.jpg 至 29.jpg，缩放比例为 133；修改图片 30.jpg，缩放比例为 46。

1.1.4 添加字幕

现在要为影片剪辑添加片头字幕和片尾字幕，为了直接观察到字幕位置是否合适，要将时间指示器定位在字幕要显示的图片上。

(1) 创建字幕的方法也有三种，与导入相似。第一种是通过菜单来实现，选择“字幕”|“新建字幕”|“默认静态字幕”选项，即可打开“新建字幕”对话框；第二种方法是按 Ctrl+T 键，也可打开“新建字幕”对话框；第三种方法是单击“项目”窗口“序列 1”下面的“新建分项”按钮或右击再选择“新建分项”，选择“字幕”都可打开“新建字幕”对话框。

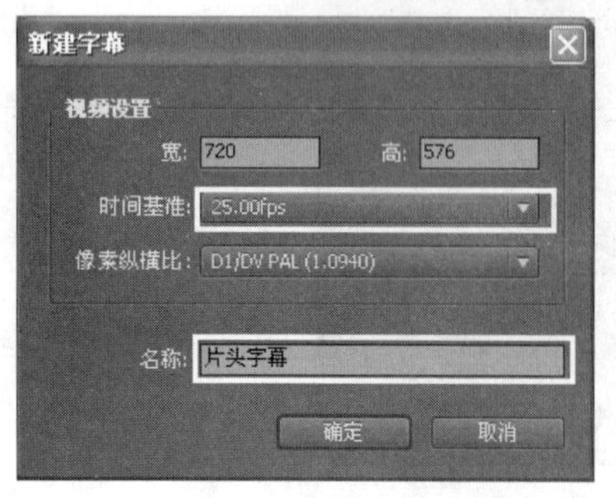

图 1.99 “新建字幕”对话框

(2) 在打开的“新建字幕”对话框中，在“时间基准”后面的下拉列表中选择 25.00fps，在“名称”后面的文本框中输入文字“片头字幕”字样，如图 1.99 所示，单击“确定”按钮，进入“新建字幕”窗口。

(3) 选择“文字”工具，输入“美丽校园”，发现文字不能正常显示，如图 1.100 所示，原因在于字体不匹配，修改字体就会解决。另外，可适度调整文字的大小和位置。为方便起见，这里选用现在的字幕样式“方正行楷”，如图 1.101 所示，完成后单击窗口右上角的“关闭”按钮。

图 1.100　字体不匹配导致文字不能正常显示

图 1.101　更改字体后文字显示正常

(4) 这时会发现这个文字被自动添加到“项目”窗口中,如图 1.102 所示。

(5) 同样道理,可以再创建一个片尾字幕,如图 1.103 所示。

图 1.102 文字被自动加入“项目”窗口

图 1.103 片尾字幕

(6) 激活“视频 2”轨道,将片头文字和片尾字幕分别拖放至第一张素材和最后一张素材上。

1.1.5 添加视频切换

影片剪辑完成后,要添加视频切换效果,这样,会使浏览效果更自然、轻松。

(1) 首先在片头字幕的开始和结束处添加“交叉叠化(标准)”切换效果。在“效果”窗口中选择“视频切换”文件夹,展开后选择“叠化”文件夹中的第一项“交叉叠化(标准)”切换效果,将其拖动至“时间线”窗口“视频 2”轨道中的“片头字幕”开始处;再操作一次,拖放至“片头字幕”的结尾处。效果如图 1.104 所示。同理,也为“片尾字幕”添加同样效果。

图 1.104 “时间线”窗口

(2) 有时为了统一风格,可以为所有剪辑添加同一视频切换效果。

(3) 先选择一个切换效果,右击,将其设置为默认切换效果,如图 1.105 所示。

(4) 使用“轨道选择工具”或单击字母键 A,选择“视频 1”轨道上的所有素材后,再选择菜单栏“序列”|“应用默认切换过渡到所选素材”选项,即为所有已选择的剪辑添加了默认的视频切换效果。

(5) 也可以为每次转换添加不同的切换效果。例如,在 03.jpg 和 04.jpg 的转换处加入“斜线滑动”切换效果。

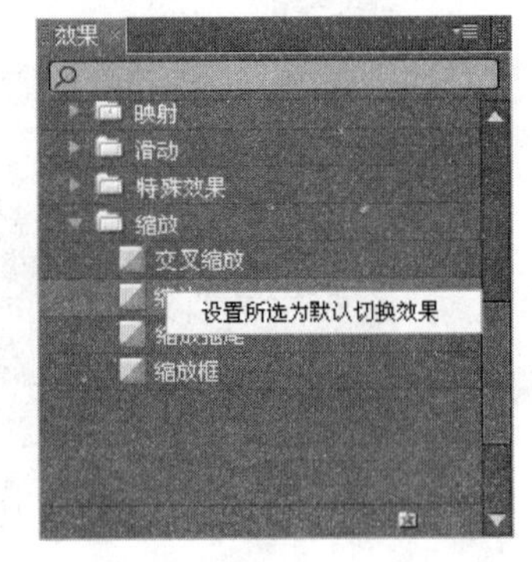

图 1.105 设置默认切换效果

打开"特效控制台"窗口，可以单击"自定义"按钮，如图 1.106所示，打开"斜线滑动设置"对话框，如图 1.107 所示，对切片数量进行调整。切片数量的取值范围在 3～50，可根据不同需求设置相应的数值。

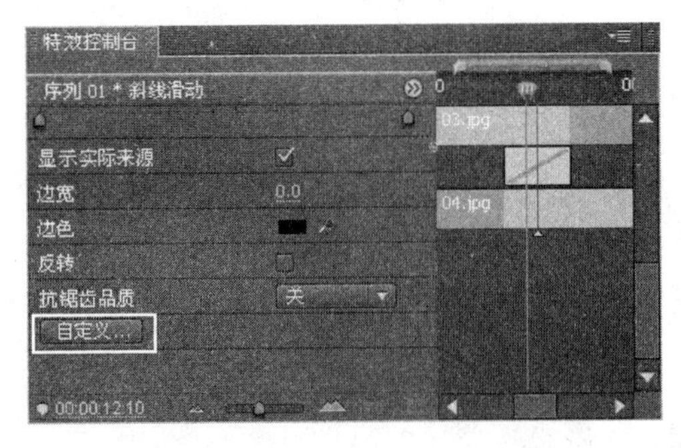

图 1.106 单击"自定义"按钮

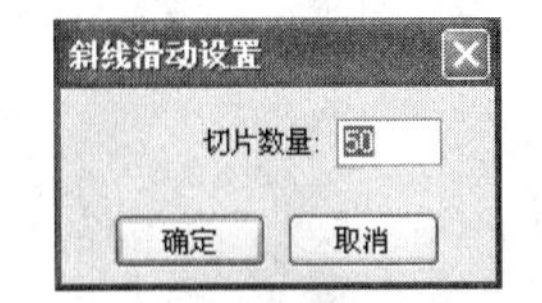

图 1.107 "斜线滑动设置"对话框

(6) 其他处的切换效果，大家可以按照前面"1.1.1 准备知识——视频切换效果"小节中介绍的内容自行设计，这里不再赘述。

1.1.6 添加音效

至此，视频部分已经制作完成，下面开始为电子相册配上音乐。

(1) 将"项目"窗口中的"我们都是好孩子.mp3"双击后，在"素材源"监视器窗口，时间长度为 00:04:00:13，不符合时间要求，需要截取。

(2) 截取第一段音频。在"素材源"监视器窗口中，将时间指示器定位在 00:01:15:29 处，单击按钮或者字母键 O，我们截取 00:00:00:00 至 00:01:15:29 之间的音频，添加到"时间线"窗口中的"音频 1"轨道起始位置，效果如图 1.108 所示。

(3) 截取第二段音频。在"素材源"监视器窗口中，将时间指示器定位在"00:03:07:15"处，单击按钮或者字母键 I，我们截取至结束的音频，继续添加到"时间线"窗口中的"音频 1"轨道上，效果如图 1.109 所示。

(4) 现在的时间长度为 00:02:08:23，仍然不符合要求，继续截取。将"时间线"窗口中的时间指示器定位在视频结束帧，然后使用"剃刀工具"或字母键 C，将时间指示器后面的音频删除，现在音频与视频同步结束。

1.1.7 导出影片

影片已经制作完成，但只能在 Premiere Pro CS4 中播放观赏。如果换一台没有安装此软件的机器，就无法观看，所以需要将影片导出观赏，或者生成流媒体格式文件，上传至互联网，让更多人一同分享。

(1) 单击"节目"监视器窗口中的按钮或者按空格键，播放影片，确定不再修改。

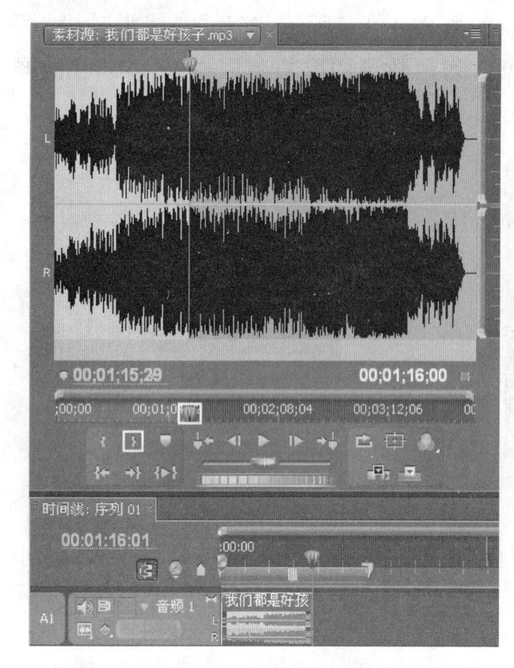

图 1.108　设置出点

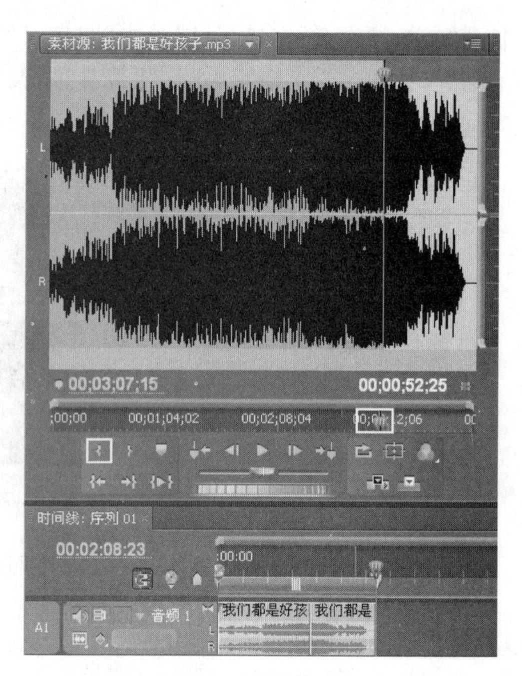

图 1.109　设置入点

(2) 渲染影片。选择“序列”|“渲染工作区内的效果”选项，或者按 Enter 键，会打开“正在渲染”对话框，如图 1.110 所示。

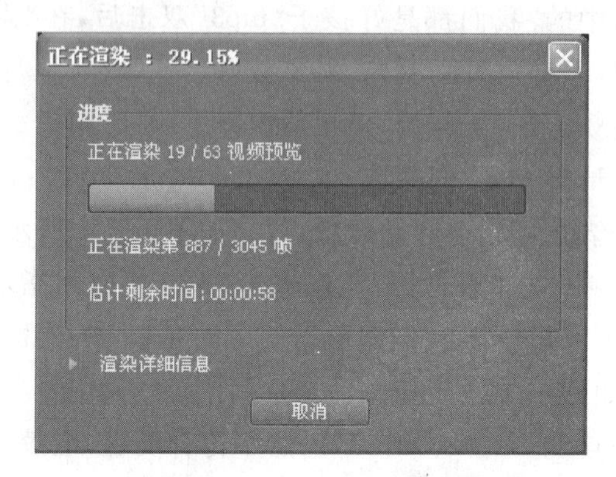

图 1.110　“正在渲染”对话框

(3) 渲染结束后可再次浏览影片，此时看到的效果与最终导出效果一致。

(4) 导出影片。选择“文件”|“导出”|“媒体”选项，打开如图 1.111 所示的“导出设置”对话框，在“格式”后面的下拉列表中选择导出格式，在“输出名称”后面单击文字，设置导出文件所存放的位置及文件名称，其他参数默认即可，单击“确定”按钮。

(5) 在打开的 Adobe Media Encoder 窗口中，确认无误后，单击“开始队列”按钮，即可导出影片，可通过单击“暂停”或者“停止队列”来控制导出过程。

(6) 使用暴风影音等播放器播放影片。

至此，“美丽校园”音乐电子相册的制作就完成了。

图 1.111　“导出设置”对话框

1.2　任务二　可爱宝贝

孩子那可爱的模样、天真的想法、活泼的动作、怪异的表情，总会让大人们捉摸不透、哭笑不得。这样的成长，会随着孩子慢慢长大，渐渐远去。当我们打开记录孩子成长的音乐相册，又会勾起无限美好的回忆，仿佛一下子又回到记忆深处。

本任务是利用孩子们喜欢的卡通图案作为背景，将孩子们一张张稚嫩的模样呈现其中，让照片随着音乐动起来，形成一部动静结合的音乐电子相册，如图 1.112 所示。

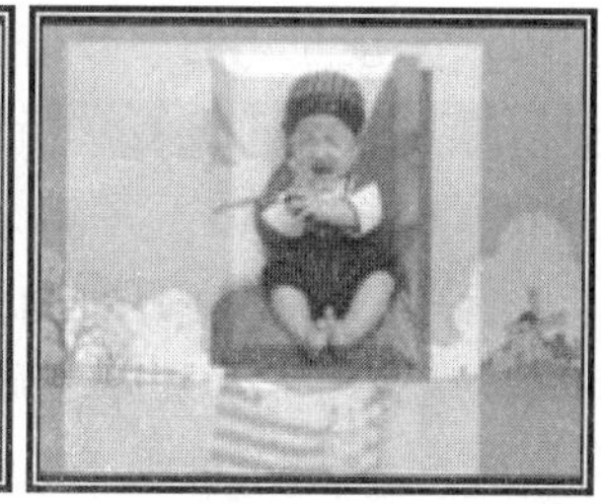

图 1.112　可爱宝贝的效果图

1.2.1　准备知识——特效控制台

1. “特效控制台”窗口介绍

选中“时间线”窗口中的素材，选择“窗口”|“特效控制台”选项，或者按 Shift＋5 键，

打开“特效控制台”窗口，显示“运动”、“透明度”和“时间重置”3个选项组，如图1.113所示，现将各部分功能介绍如下。

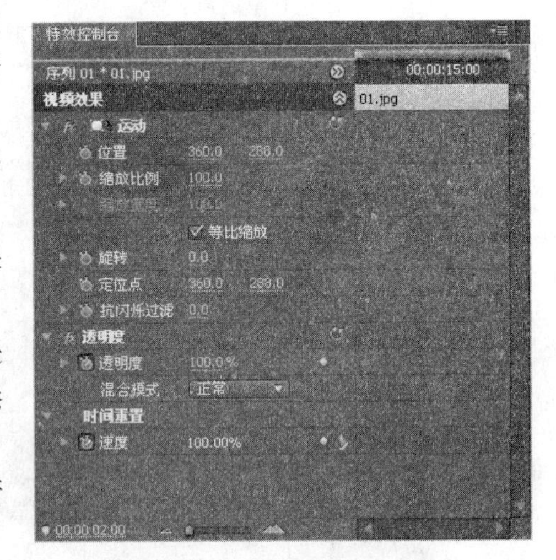

图1.113 “特效控制台”窗口

显示/隐藏时间线视图：用于控制是否显示右侧的时间线视图。

显示/隐藏视频效果：用于控制是否展开显示视频效果的各选项。

切换效果开关：用于表现当前效果是否显示，再单击此按钮关闭当前效果。在添加视频特效时经常应用此功能。

重置：单击此按钮，当前效果中的所有参数设置值恢复默认。

/切换动画：单击此按钮，用于创建/删除关键帧。

/添加/移除关键帧：可以为素材添加一个关键帧，或者将现有关键帧移除。

跳转到前一关键帧：将时间指示器定位在素材的前一个关键帧位置上。

跳转到下一关键帧：将时间指示器定位在素材的下一个关键帧位置上。

位置 360.0 288.0 位置：可以设置素材在“节目”监视器窗口中的位置坐标。

缩放比例 100.0 缩放比例：可以对素材进行放大或缩小处理，比例范围限制在0～600。

等比缩放 等比缩放复选框：选中此复选框，可以将素材的宽度和高度按等比进行放大或缩小，反之，取消选择复选框，可以对素材的宽度和高度单独进行放大或缩小。

旋转 0.0° 旋转：用于设置素材在“节目”监视器窗口中的旋转角度，正值表示顺时针方向旋转，负值表示逆时针方向旋转。－360°～360°之间的度数可正常显示，超出这个范围以外，按360°的整数倍×余数，例如500°则表示为1×140°。

定位点 360.0 288.0 定位点：用于设置素材旋转时的中心点，位置可在素材之上，也可在素材之外。

抗闪烁过滤 0.0 抗闪烁过滤：对很细的线、锐利的边缘、平行线或旋转等高频细节，在运动时出现的闪烁效果进行调节。

透明度 100.0% 透明度：用于设置素材在“节目”监视器窗口中的透明程度，数值越大，透明性越差，素材显示越清晰；反之，数值越小，透明性越好，素材显示越不清晰。

混合模式 正常 混合模式：用于设置素材透明时与其他素材混合时的显示模式。

速度 100.00% 速度：用于显示素材的播放速度。

2. 创建关键帧

在浏览影片的时候，有变化的动作会给我们留下更深的印象。例如，静态的图像在位置上的缓缓移动、显示比例逐渐改变等，会让我们感觉更亲和。下面我们就介绍一下创建关键帧的方法，来实现素材的属性变化。

(1) 在“时间线”窗口中选择好素材。

(2) 确定好时间指示器的位置，调节好要创建关键帧的选项参数，如图 1.114 所示。

(3) 单击前面的“切换动画”按钮，即可创建好一个关键帧，效果如图 1.115 所示。

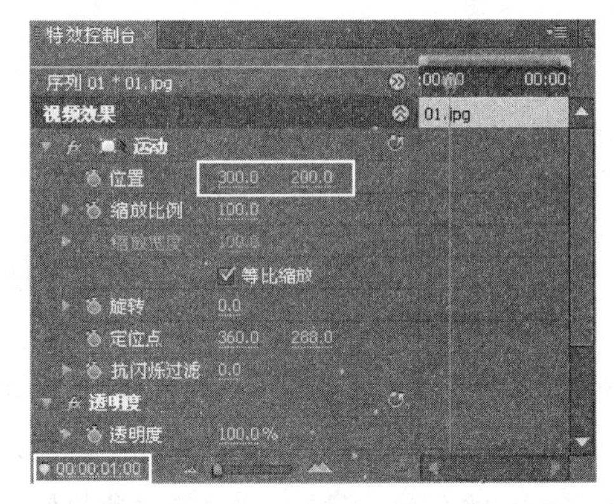

图 1.114　设置关键帧的选项参数

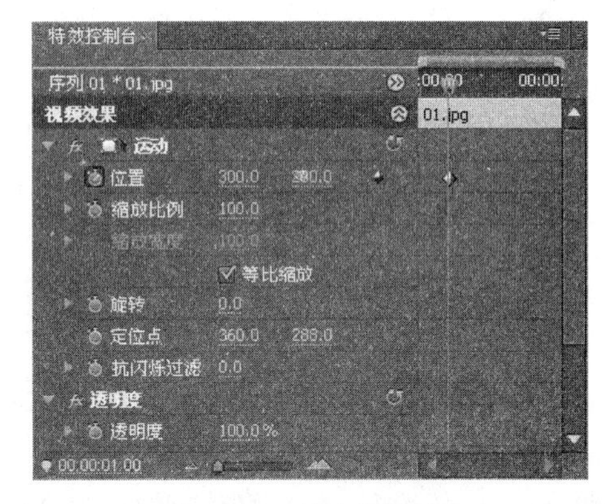

图 1.115　创建的关键帧

(4) 如果需要继续为同一素材的同一选项添加关键帧，可重复步骤(2)。

(5) 单击该选项后面对应的“添加/移除关键帧”按钮即可。

3. 删除关键帧

对创建好的多余关键帧、不理想的关键帧、不小心添加的关键帧，可以将其删除；当素材某个效果不再需要关键帧动画时，也可以删除所有关键帧。下面介绍删除关键帧的方法。

(1) 删除一个关键帧

某个效果中的参数有多个关键帧，如果要删除其中的一个，可以使用“跳转到前一关键帧”按钮或“跳转到下一关键帧”按钮选择，然后单击“添加/移除关键帧”按钮即可。

(2) 删除一个或多个关键帧

选择“特效控制台”右侧“时间线视图”中的关键帧，可以是一个，也可以是多个。之后右击，在弹出的快捷菜单中选择“清除”选项，或者直接按 Delete 键，再或者通过选择“编辑”|“清除”选项即可删除所选关键帧。

(3) 删除所有关键帧

删除某一选项中的所有关键帧，可以单击“切换动画”按钮，会弹出如图 1.116 所示的“警告”窗口，确认后选择“确定”按钮即可。

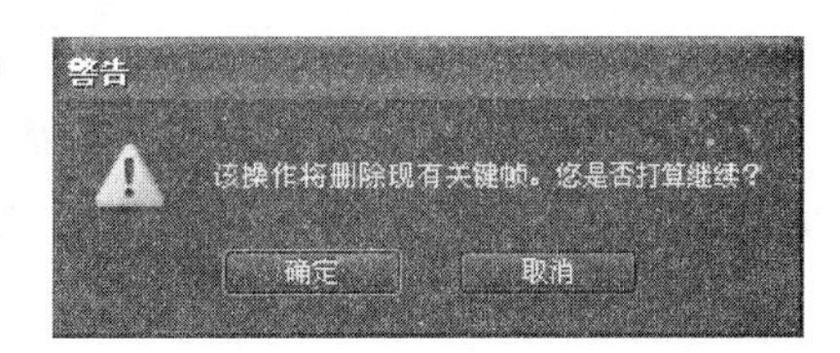

图 1.116　“警告”对话框

4. 移动关键帧

创建好的一个或者多个关键帧，位置可以移

动。只要选择好需要移动的关键帧,按住鼠标左键,拖曳至其他位置释放鼠标即可。

5. 复制关键帧

对创建好的关键帧,需要多次使用时,可以将其复制。方法介绍如下。

(1) 选择好要复制的一个或多个关键帧,按住 Alt 键的同时将其拖曳至需要的位置,释放鼠标即可。

(2) 选择好要复制的一个或多个关键帧,可以通过选择"编辑"|"复制"选项或者右击,在弹出的快捷菜单中选择"复制"选项,再或者按 Ctrl+C 键进行复制,将时间指示器定位到需要粘贴关键帧的位置,再进行"粘贴"即可。

1.2.2 创建项目并导入音频素材

(1) 启动 Premiere Pro CS4,进入"欢迎使用 Adobe Premiere Pro"界面,选择"新建项目"按钮,进入"新建项目"对话框。在"常规"选项卡界面的下端单击"浏览"按钮,选择项目需要存放的路径,在名称对应的文本框中输入本项目的名称"可爱宝贝",其他参数使用系统默认设置即可。之后单击"确定"按钮,进入"新建序列"选项窗口。

(2) 在"新建序列"选项窗口中的"序列预置"选项卡中,选择我国标准 PAL 制视频,48 000Hz,序列名称可不做更改,其他参数使用系统默认值即可,单击"确定"按钮,进入 Premiere Pro CS4 工作界面。

(3) 在"项目"窗口"序列 1"下面的空白处,双击打开"导入"对话框,选择"音乐素材"文件夹,导入到"项目"窗口中。

1.2.3 添加音效

我们要根据音乐节奏编辑图像,所以这次先添加音效。

(1) 单击"音乐素材"文件夹前面的▶按钮,打开文件夹,将"娃哈哈.mp3"拖曳至"素材源"监视器窗口进行编辑。

(2) 音乐素材时间长度为 00:02:13:06,需要简单截取一下。

(3) 将"素材源"监视器窗口中的时间指示器定位在 00:00:35:20 位置,单击字母键 O,确定出点。只激活"时间线"窗口中的"音频 1",将时间指示器定位在 00:00:00:00 位置,然后单击"素材源"监视器窗口中的"插入"按钮,此时,第一段音频被添加成功,如图 1.117 所示。

(4) 将"素材源"监视器窗口中的时间指示器定位在 00:00:01:01 位置,单击字母键 I,确定入点;时间指示器定位在 00:00:08:00 位置,单击字母键 O,确定出点,然后单击"素材源"监视器窗口中的"插入"按钮,此时,第二段音频被添加成功。

(5) 将"素材源"监视器窗口中的时间指示器定位在 00:01:24:13 位置,单击 I 键,确定入点,时间指示器定位在 00:02:07:19 位置,单击字母键 O,确定出点,然后单击

图 1.117　“插入”音频

“素材源”监视器窗口中的“插入”按钮，此时，第三段音频添加成功。

(6) 此时，音乐时间长度 00:01:12:00，如图 1.118 所示，再次试听音乐，确定无误即可。

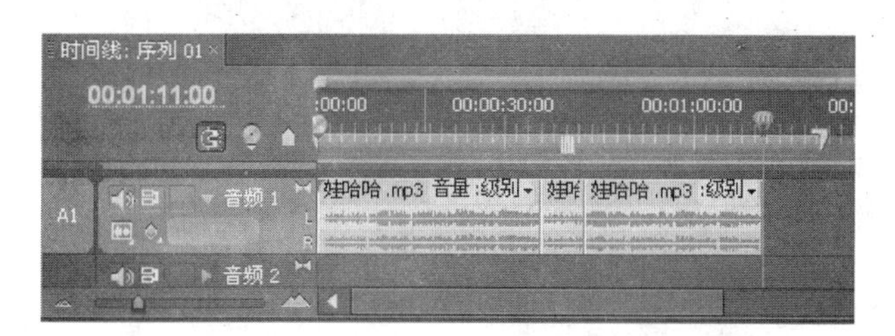

图 1.118　音效添加完成

1.2.4　导入并编辑视频素材

(1) 根据音乐素材的节奏，每张图片的持续时间大约为 3 秒 12 帧，在 PAL 制中转换为 87 帧，所以将“静态图片默认持续时间”设置为 87 帧，另外，将“视频切换默认持续时间”设置为 20 帧，如图 1.119 所示。

(2) 在“项目”窗口“序列 1”下面的空白处双击鼠标，以打开“导入”对话框，选择“图片素材”文件夹，将整个文件夹导入到“项目”窗口后，会弹出如图 1.120 所示的对话框，确定将导入的素材所有图层合并，单击“确定”按钮即可。

(3) 将“图片素材”文件夹中的 bg.jpg 拖曳至“时间线”窗口中“视频 1”轨道的起始处。根据音频节奏，将持续时间改为 8 秒钟，如图 1.121 所示。

(4) 将“图片素材”文件夹中的 01.jpg 至 18.jpg 拖曳至“时间线”窗口中“视频 1”轨

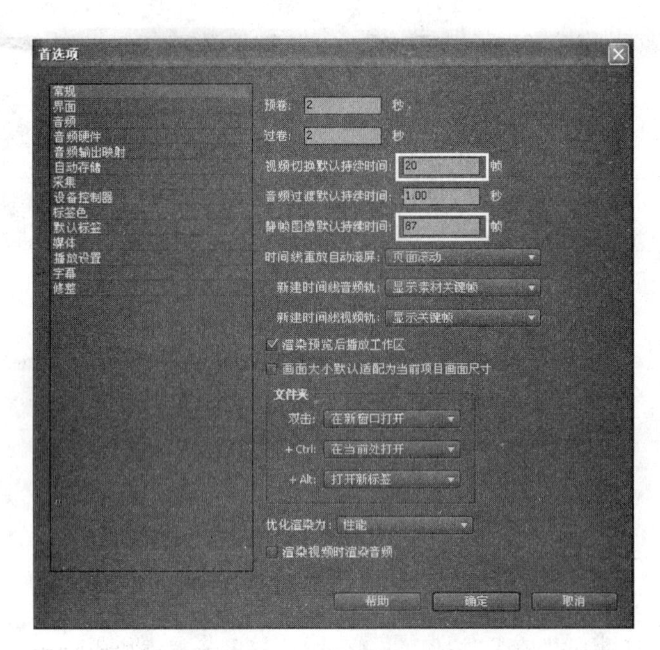

图 1.119 “首选项”窗口

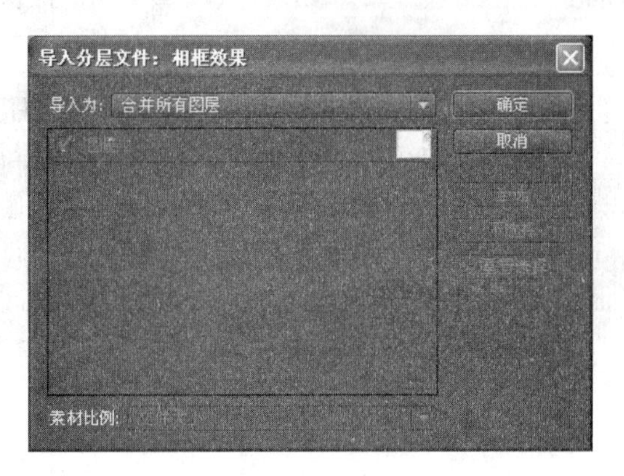

图 1.120 “导入分层文件”对话框

图 1.121 导入素材

道的 bg.jpg 结束位置,如图 1.122 所示。

(5) 将“图片素材”文件夹中的“胶片效果.psd”拖曳至“时间线”窗口中“视频 2”轨道的起始处,持续时间改为 8 秒钟,如图 1.123 所示。

图 1.122　导入其他素材

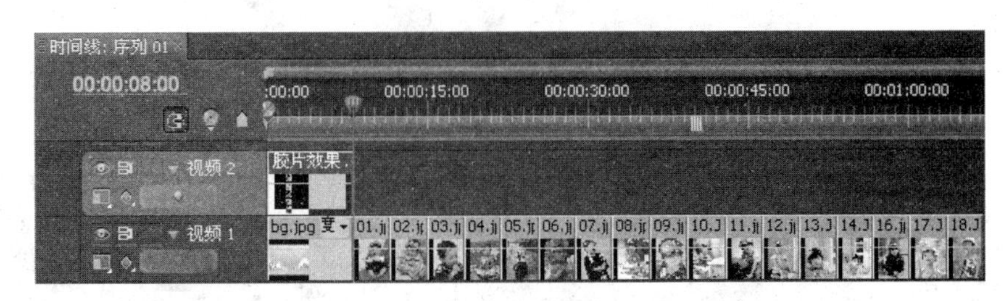

图 1.123　导入.psd 格式素材

(6) 将“图片素材”文件夹中的“相框效果.psd”拖曳至“时间线”窗口中“视频 2”轨道的“胶片效果.psd”结束位置，播放时间与“视频 1”相同，如图 1.124 所示。

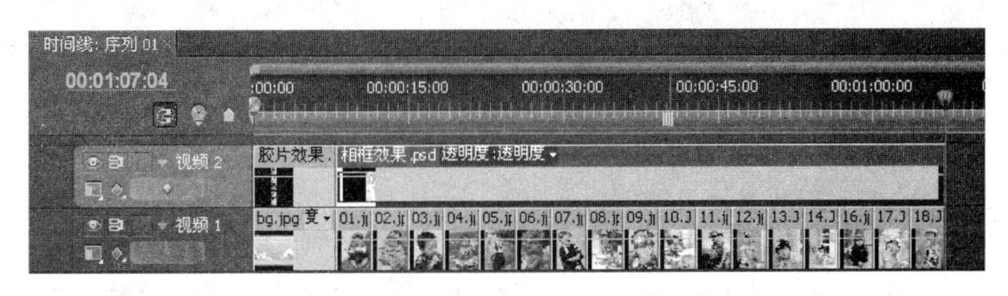

图 1.124　导入.psd 格式素材并延长至结尾处

(7) 调整素材位置，并创建关键帧。选择“视频 1”轨道上的 bg.jpg，激活“特效控制台”窗口，将缩放比例修改为 50，如图 1.125 所示。

(8) 选择“视频 2”轨道中的“胶片效果.psd”，将时间指示器定位在素材的起始位置，“位置”对应参数设置为(96,478)处，单击“位置”前面的“创建动画”按钮，创建一个关键帧，如图 1.126 所示；在素材的结束位置，“位置”设置为(96,128)，单击“添加/移除关键帧”按钮，再创建一个关键帧，如图 1.127 所示。

(9) 浏览该关键帧内的动画效果，胶片素材从下向上运动。

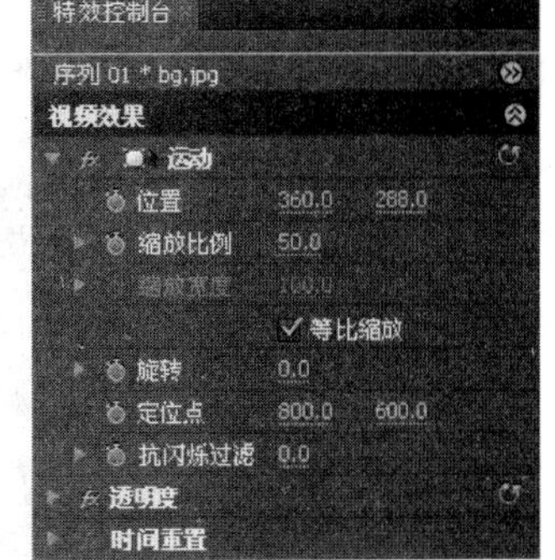

图 1.125　设置缩放比例

(10) 选择“视频 2”轨道中的“相框效果.psd”，激活“特效控制台”窗口，修改缩放比例，单击“等比缩放”复选框，单独将“缩放宽度”修改为 110，而“缩放高度”保持不变，如图 1.128 所示。

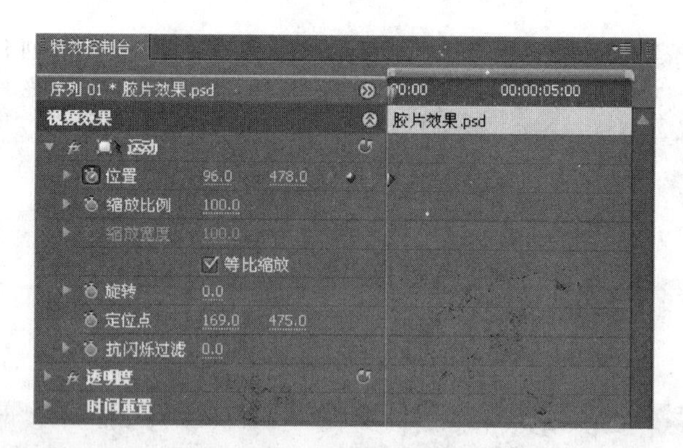

图 1.126 创建第 1 个关键帧

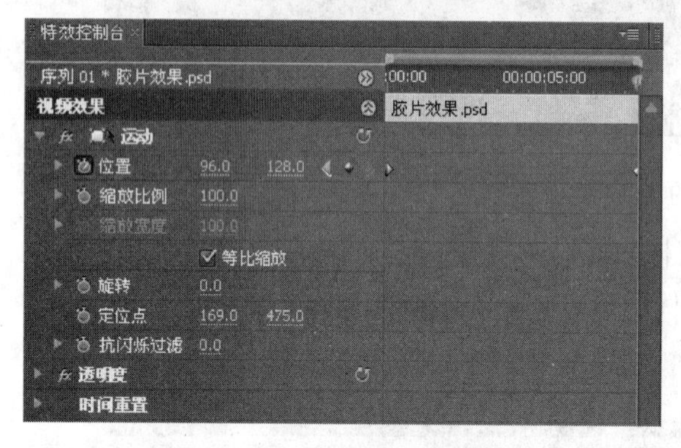

图 1.127 创建第 2 个关键帧

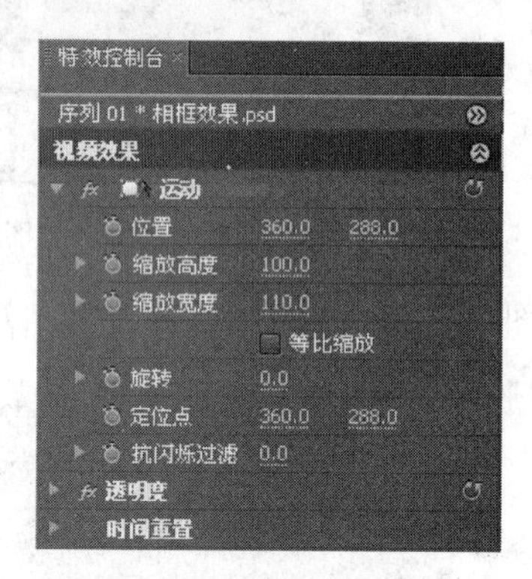

图 1.128 设置相框缩放比例

(11) 接下来，为照片添加关键帧动画效果。选择“视频 1”轨道上的素材 01.jpg，激活“特效控制台”窗口，将时间指示器定位在素材的起始位置后 10 帧（以后的每张同类照片设置都如此），即 00:00:08:10，“位置”对应参数设置为(296.6,398.3)。单击“位置”前面的“创建动画”按钮，创建一个关键帧，“缩放比例”的对应参数设置为 100，单击“缩放比例”前面的“创建动画”按钮，创建一个关键帧，如图 1.129 所示。在素材的结束位置前 10 帧（以后的每张同类照片设置都如此），即 00:00:11:02，“位置”设置为(276.1,547.4)，单击“位置”前面的“添加/移除关键帧”按钮，再创建一个关键帧，将缩放比例修改为

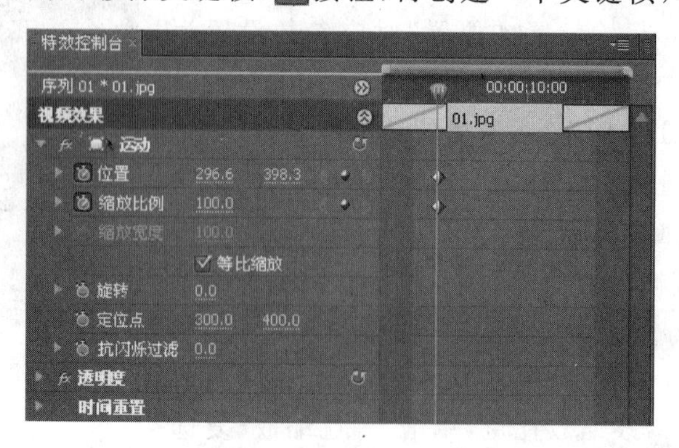

图 1.129 照片 01.jpg 的参数设置

140，单击“缩放比例”前面的“添加/移除关键帧”按钮，也再创建一个关键帧，如图 1.130 所示。

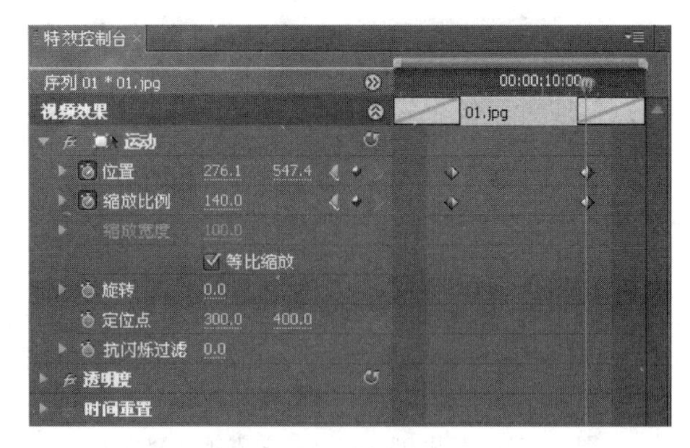

图 1.130　素材 01.jpg 结束位置前 10 帧特效设置

(12) 照片 02.jpg～18.jpg 的制作步骤与第(11)步相似，下面将简单介绍。

(13) 照片 02.jpg 的前一关键帧的参数设置如图 1.131 所示，后一关键帧的参数设置如图 1.132 所示。

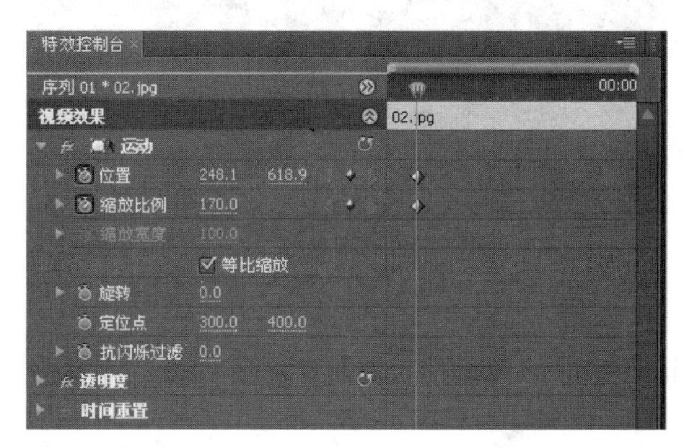

图 1.131　照片 02.jpg 前一关键帧参数设置

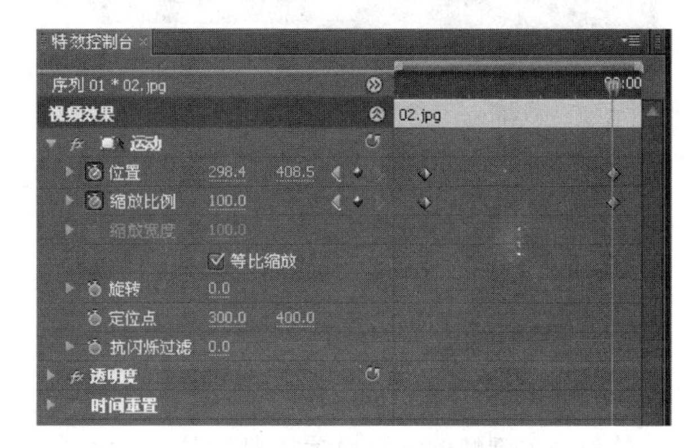

图 1.132　照片 02.jpg 后一关键帧参数设置

(14) 照片03.jpg的前一关键帧的参数设置如图1.133所示,后一关键帧的参数设置如图1.134所示。

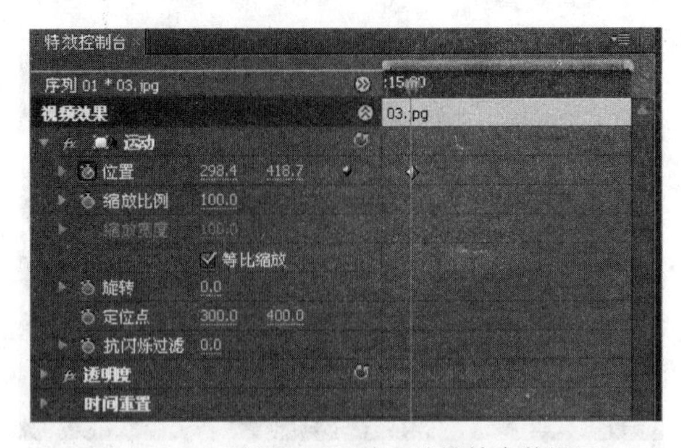

图1.133　照片03.jpg前一关键帧参数设置

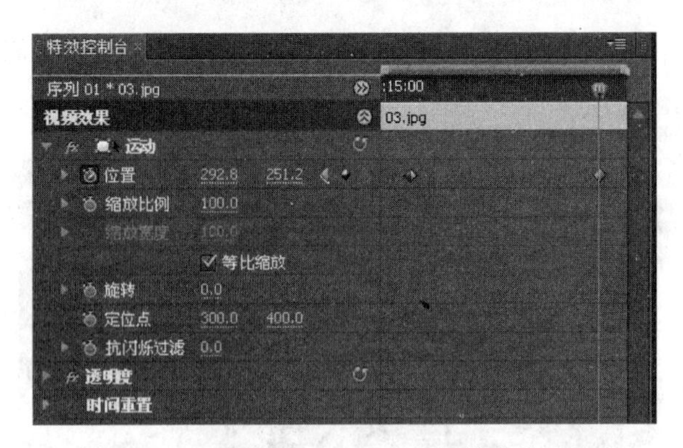

图1.134　照片03.jpg后一关键帧参数设置

(15) 照片04.jpg的前一关键帧的参数设置如图1.135所示,后一关键帧的参数设置如图1.136所示。

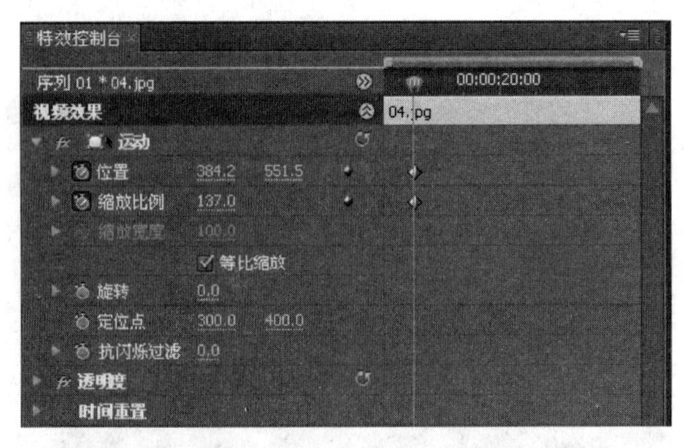

图1.135　照片04.jpg前一关键帧参数设置

(16) 照片05.jpg的前一关键帧的参数设置如图1.137所示,后一关键帧的参数设置如图1.138所示。

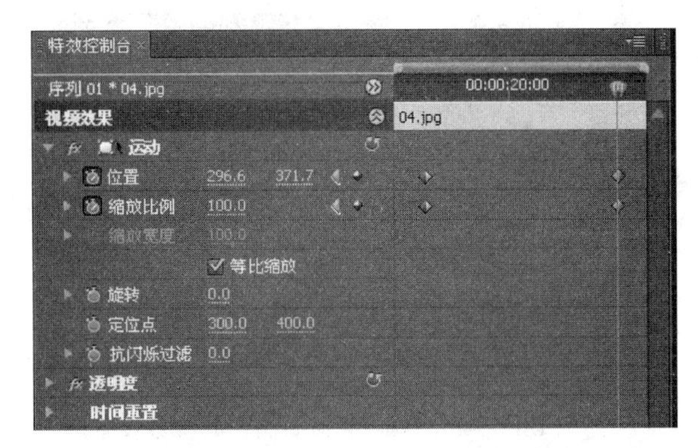

图 1.136　照片 04.jpg 后一关键帧参数设置

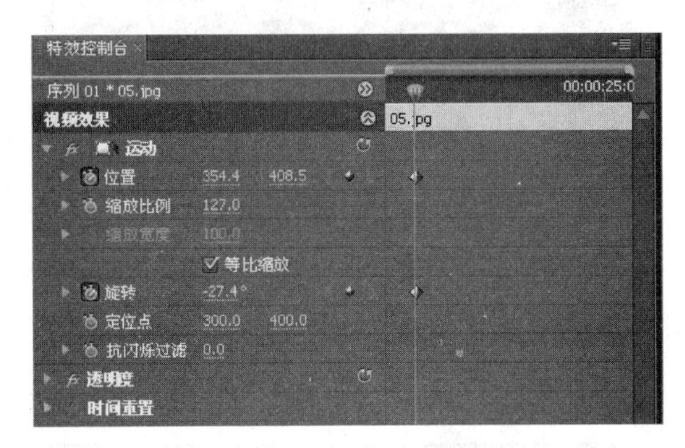

图 1.137　照片 05.jpg 前一关键帧参数设置

图 1.138　照片 05.jpg 后一关键帧参数设置

(17) 照片 06.jpg 的前一关键帧的参数设置如图 1.139 所示，后一关键帧的参数设置如图 1.140 所示。

(18) 照片 07.jpg 的前一关键帧的参数设置如图 1.141 所示，后一关键帧的参数设置如图 1.142 所示。

(19) 照片 08.jpg 的前一关键帧的参数设置如图 1.143 所示，后一关键帧的参数设置如图 1.144 所示。

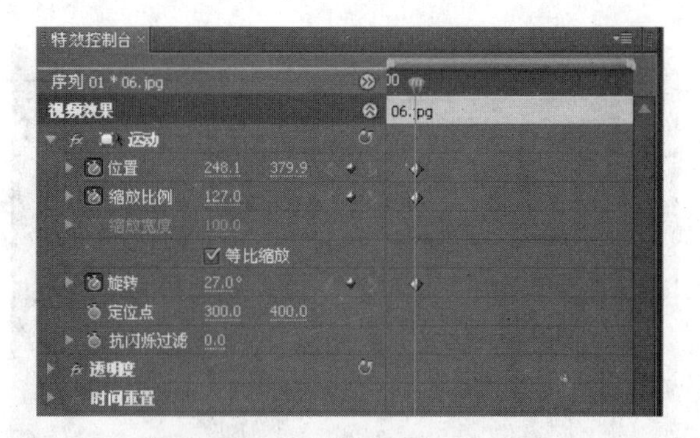

图 1.139　照片 06.jpg 前一关键帧参数设置

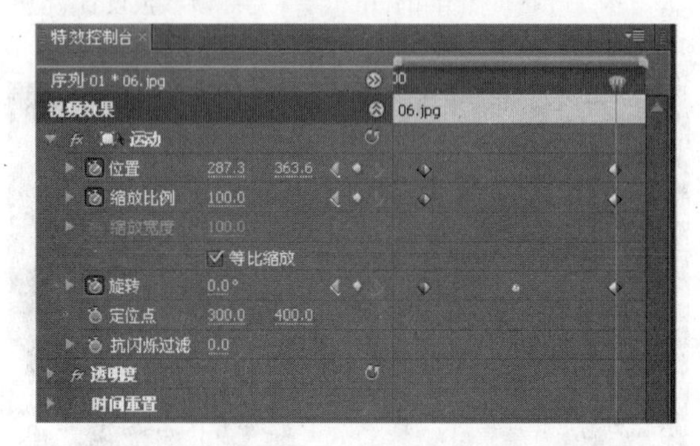

图 1.140　照片 06.jpg 后一关键帧参数设置

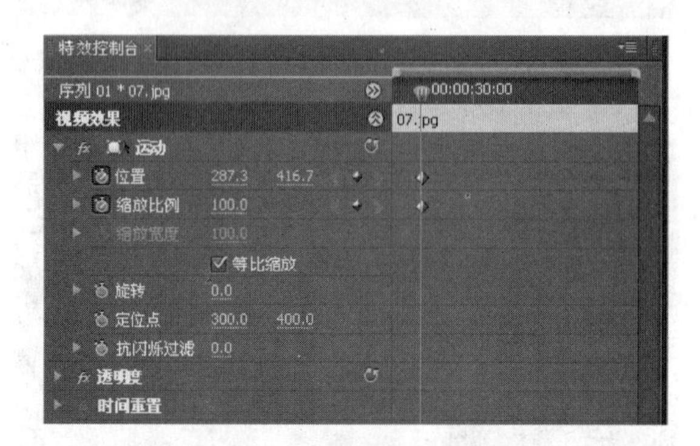

图 1.141　照片 07.jpg 前一关键帧参数设置

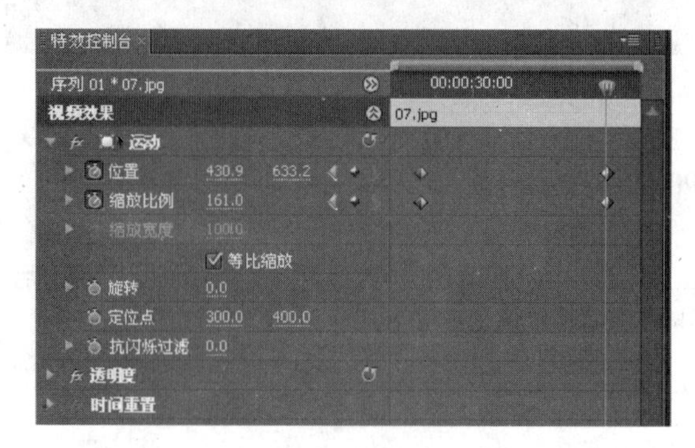

图 1.142　照片 07.jpg 后一关键帧参数设置

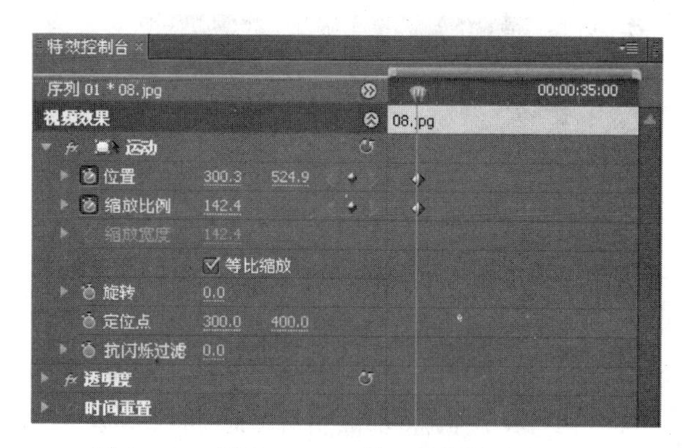

图 1.143　照片 08.jpg 前一关键帧参数设置

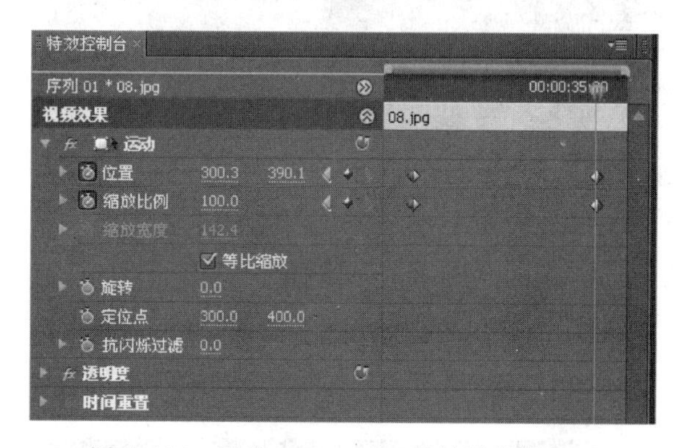

图 1.144　照片 08.jpg 后一关键帧参数设置

(20) 照片 09.jpg 的前一关键帧的参数设置如图 1.145 所示，后一关键帧的参数设置如图 1.146 所示。

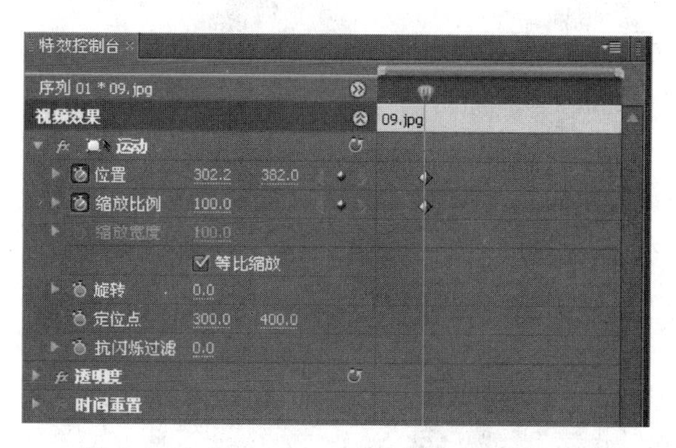

图 1.145　照片 09.jpg 前一关键帧参数设置

(21) 照片 10.jpg 的前一关键帧的参数设置如图 1.147 所示，后一关键帧的参数设置如图 1.148 所示。

(22) 照片 11.jpg 的前一关键帧的参数设置如图 1.149 所示，后一关键帧的参数设置如图 1.150 所示。

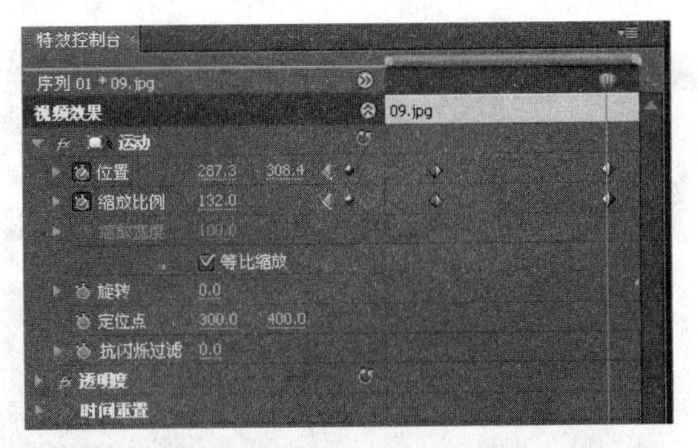

图 1.146 照片 09.jpg 后一关键帧参数设置

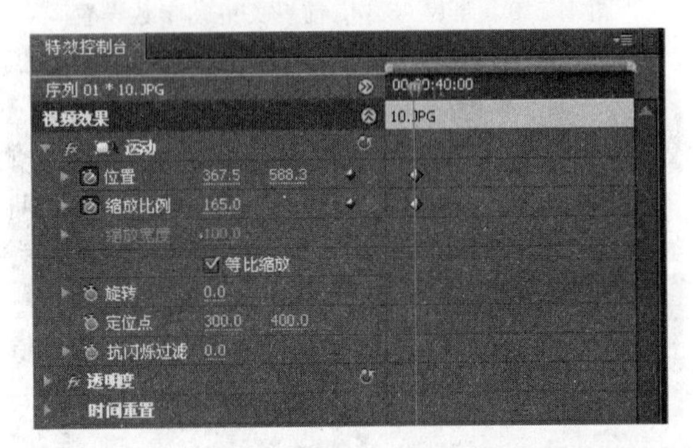

图 1.147 照片 10.jpg 前一关键帧参数设置

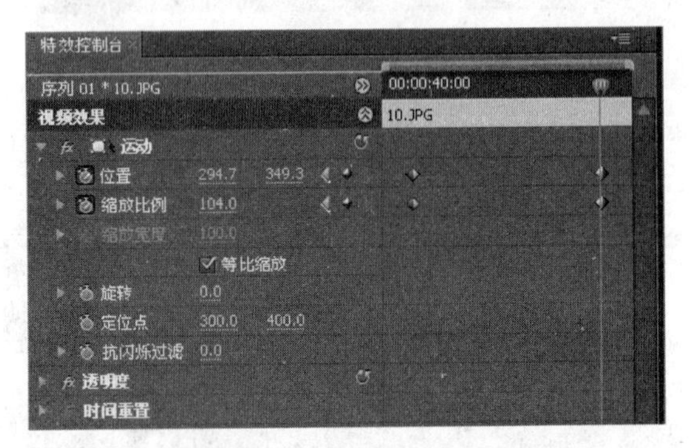

图 1.148 照片 10.jpg 后一关键帧参数设置

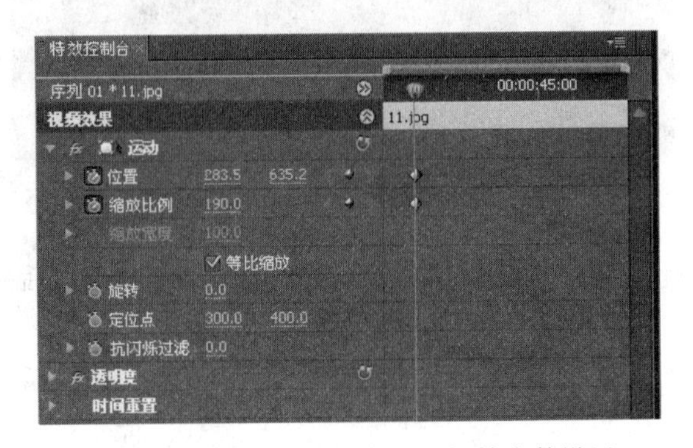

图 1.149 照片 11.jpg 前一关键帧参数设置

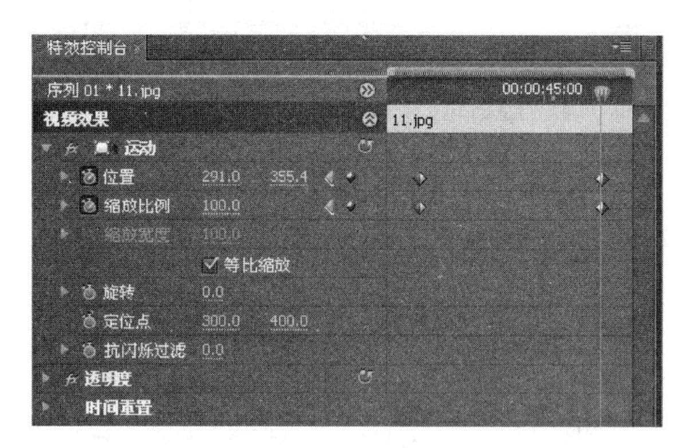

图 1.150　照片 11.jpg 后一关键帧参数设置

(23) 照片 12.jpg 的前一关键帧的参数设置如图 1.151 所示，后一关键帧的参数设置如图 1.152 所示。

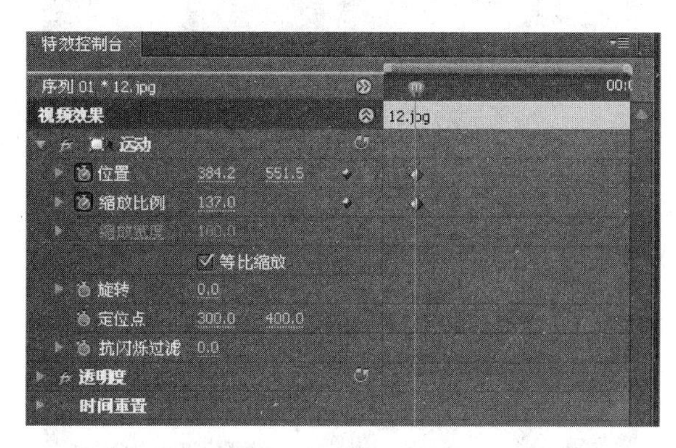

图 1.151　照片 12.jpg 前一关键帧参数设置

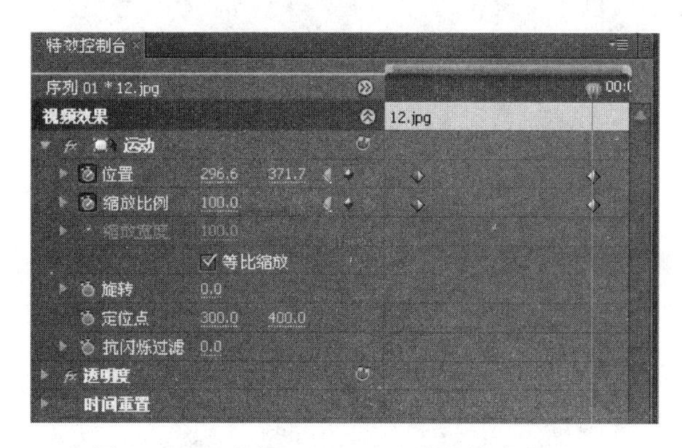

图 1.152　照片 12.jpg 后一关键帧参数设置

(24) 照片 13.jpg 的前一关键帧的参数设置如图 1.153 所示，后一关键帧的参数设置如图 1.154 所示。

(25) 照片 14.jpg 的前一关键帧的参数设置如图 1.155 所示，后一关键帧的参数设置如图 1.156 所示。

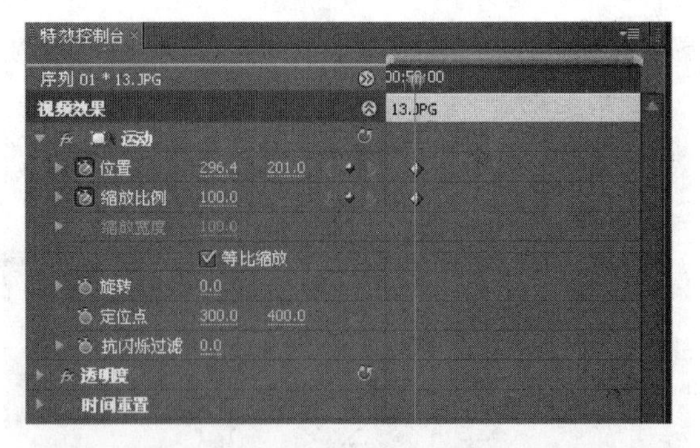

图 1.153　照片 13.jpg 前一关键帧参数设置

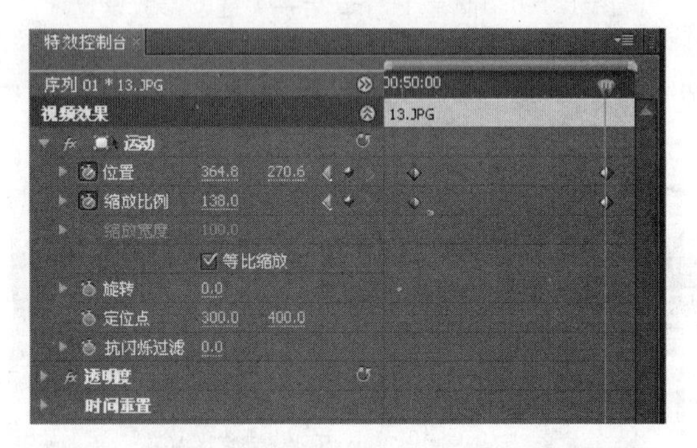

图 1.154　照片 13.jpg 后一关键帧参数设置

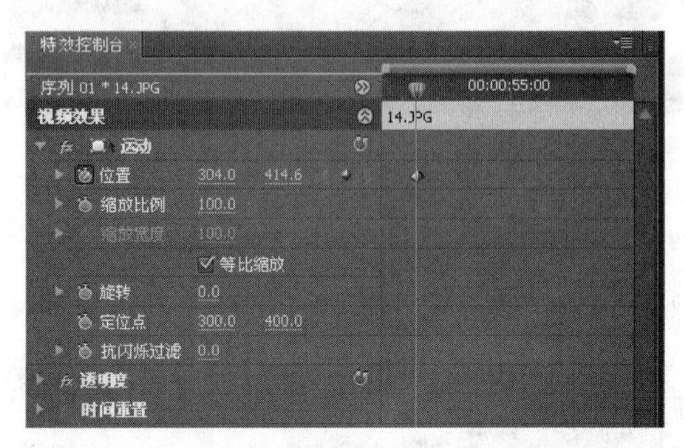

图 1.155　照片 14.jpg 前一关键帧参数设置

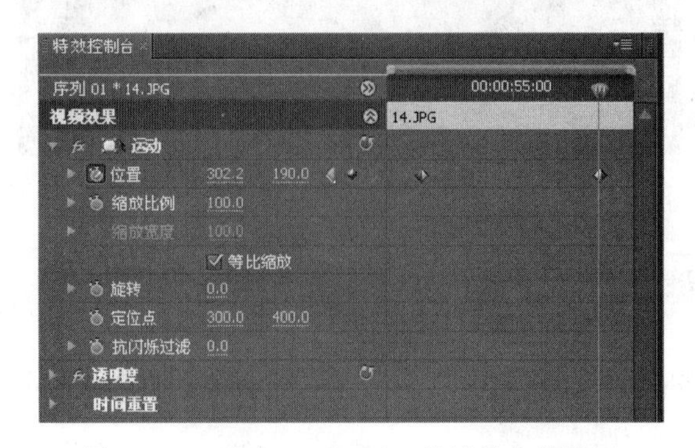

图 1.156　照片 14.jpg 后一关键帧参数设置

(26) 照片 15.jpg 的前一关键帧的参数设置如图 1.157 所示,后一关键帧的参数设置如图 1.158 所示。

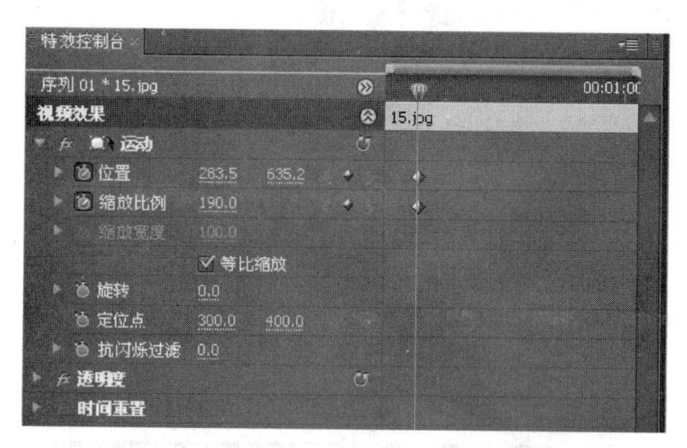

图 1.157 照片 15.jpg 前一关键帧参数设置

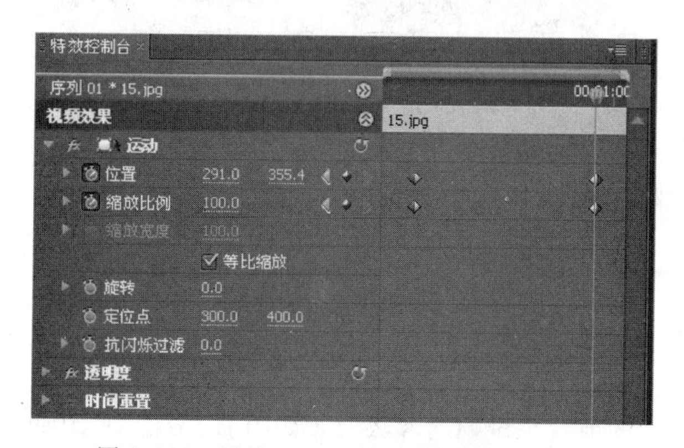

图 1.158 照片 15.jpg 后一关键帧参数设置

(27) 照片 16.jpg 的前一关键帧的参数设置如图 1.159 所示,中间关键帧的参数设置如图 1.160 所示,后一关键帧的参数设置如图 1.161 所示。

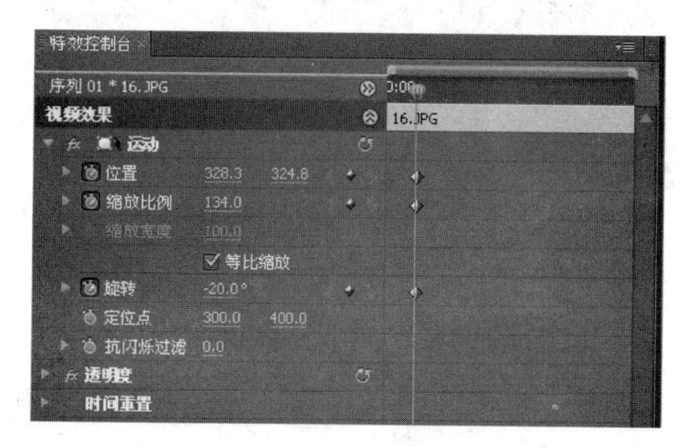

图 1.159 照片 16.jpg 前一关键帧参数设置

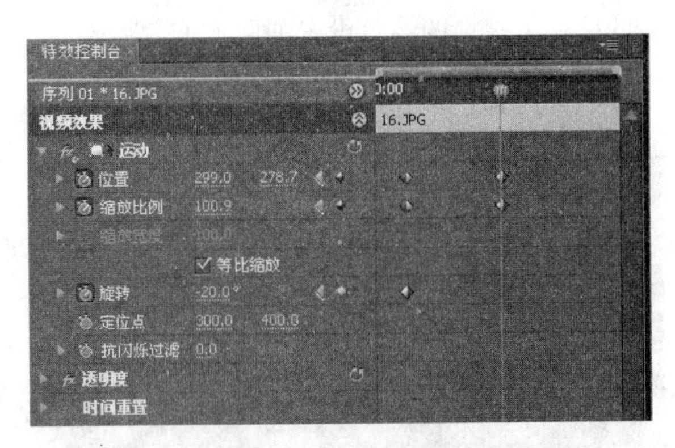

图 1.160　照片 16.jpg 中间关键帧参数设置

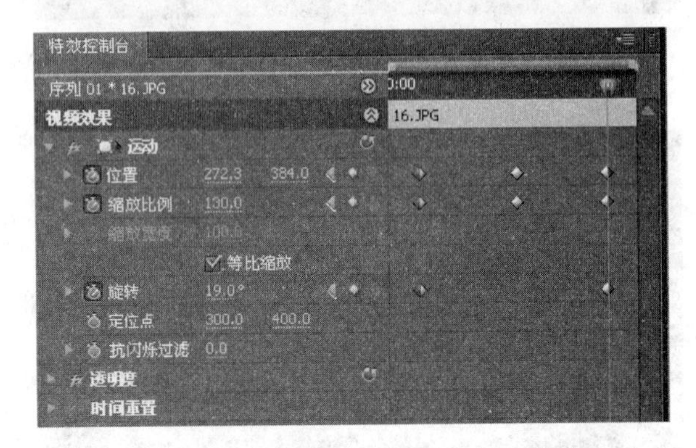

图 1.161　照片 16.jpg 后一关键帧参数设置

(28) 照片 17.jpg 的前一关键帧的参数设置如图 1.162 所示，中间关键帧的参数设置如图 1.163 所示，后一关键帧的参数设置如图 1.164 所示。

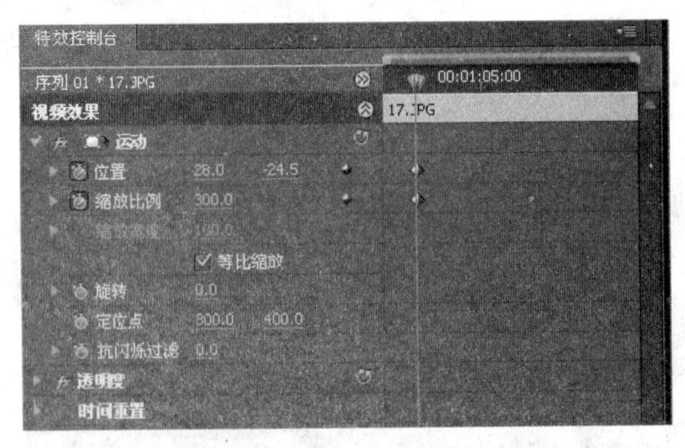

图 1.162　照片 17.jpg 前一关键帧参数设置

(29) 选择“项目”窗口中的 bg.jpg，再一次拖曳至“视频 1”的结尾处，并修改持续时间，如图 1.165 所示。

(30) 将素材 01.jpg～17.jpg 再一次拖曳至“视频 2”的结尾处，并将每一素材的持续时间修改为 5 帧。选择所有素材，右击，在弹出的快捷菜单中选择“速度/持续时间”选项，打开

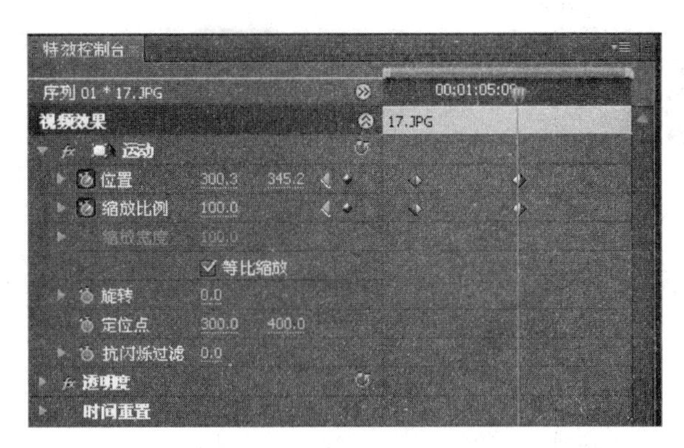

图 1.163　照片 17.jpg 中间关键帧参数设置

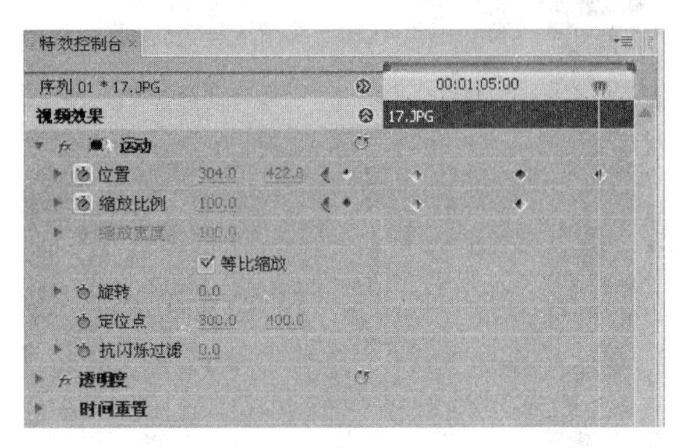

图 1.164　照片 17.jpg 后一关键帧参数设置

如图 1.166 所示的对话框，将素材的持续时间修改为“00:00:00:05”，并勾选“波纹编辑，移动后面的素材”复选框，可以删除素材间的空白处，最终效果如图 1.167 所示。

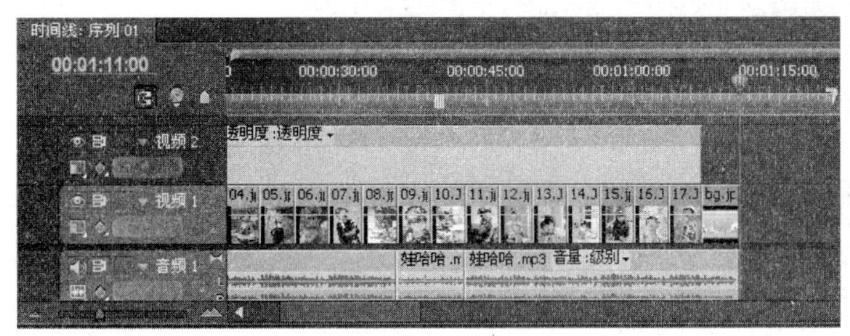

图 1.165　添加 bg.jpg

图 1.166　“素材速度/持续时间”对话框

(31) 选择素材 01.jpg，为其添加两个视频特效。选择“效果”窗口中的“视频特效”文件夹中的“透视”，如图 1.168 所示，分别将“斜角边”和“阴影(投影)”拖曳至“时间线”窗口“视频 2”上的素材 01.jpg。

(32) 激活“特效控制台”窗口，调整参数，如图 1.169 所示。

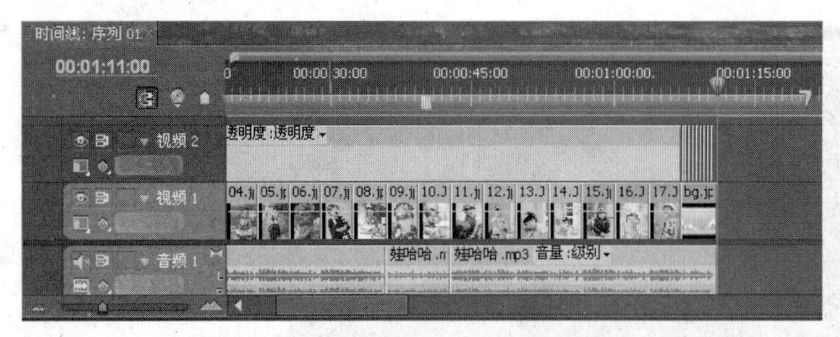

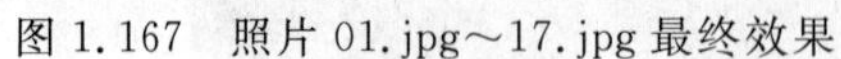
图 1.167　照片 01.jpg～17.jpg 最终效果

图 1.168　为 01.jpg 添加特效

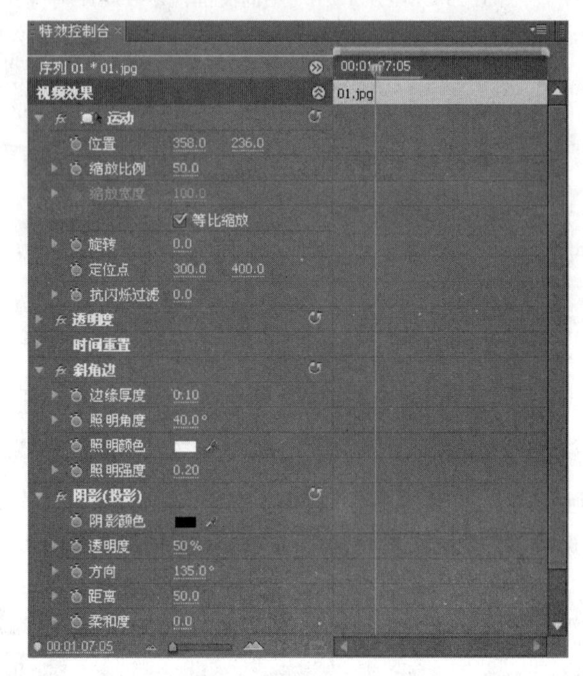

图 1.169　调整 01.jpg 特效

1.2.5　添加文字

(1) 创建片头字幕,方法与前一实例相同。文字内容为“可爱宝贝”,大小为“100”,字体为“迷你简丫丫”,样式为“汉仪海韵”。

(2) 创建片尾字幕,文字内容为“再见”,其他与片头字幕相同。

(3) 将片头字幕拖放至“视频 3”轨道的起始位置,持续时间为 8 秒。

(4) 片头字幕也设置关键帧动画,让文字透明程度越来越清晰,从小到大旋转出现,然后再放大缩小一次。要想旋转时按文字的中心转动,需要将“定位点”调整一下,参数设置为(404,239),四处关键帧的设置参数分别如图 1.170(a)～图 1.170(d)所示。

(5) 将片尾字幕拖曳至“视频 2”的结尾处,并调整结束点位置,与音频文件相同。

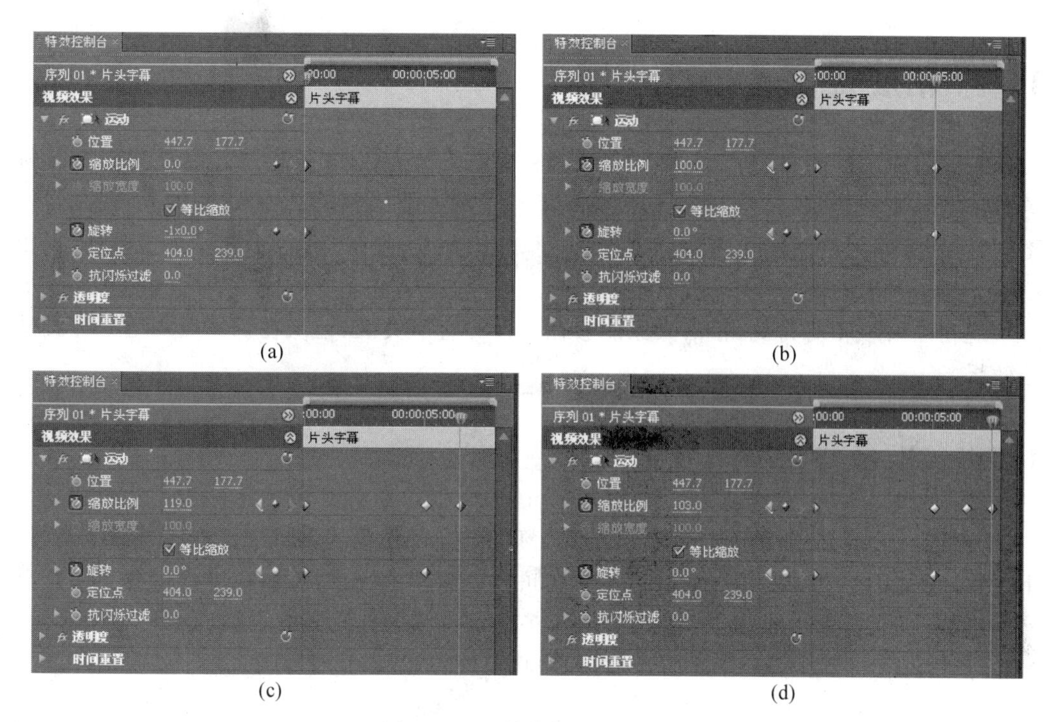

(a) (b) (c) (d)

图 1.170 “特效控制台”窗口

1.2.6 添加切换特效

素材编辑完成之后，现在需要为视频的切换添加特效。这里需要说明一点，我们已经把静态的图片创建为关键帧动画，画面处于运动状态，再添加过渡效果时，要考虑切换效果较为简单一些，让运动中的变化过渡自然一些，这里添加的是“交叉叠化(标准)”效果。

(1) 选中“视频 1”轨道中的 01.jpg～17.jpg，选择“序列”|“应用默认切换过渡到所选素材”选项，即为所有已选择的剪辑添加了默认的视频切换效果。

(2) 将时间指示器定位在文件结尾处，选中“视频 1”和“视频 2”轨道的最后素材，按 Ctrl＋D 键，为两个素材同时添加“交叉叠化(标准)”效果，并适当缩短切换效果的持续时间。

1.2.7 导出影片

(1) 渲染影片，查看效果。

(2) 按 Ctrl＋M 键，或者选择“文件”|“导出”|“媒体”选项，打开“导出设置”对话框，设置导出文件格式、路径、名称等选项后，单击“确定”按钮即可。

(3) 在打开的 Adobe Media Encoder 窗口中，确认无误后，单击“开始队列”按钮即可实现导出影片。

(4) 将导出的影片在“暴风影音”中进行播放。

1.3 拓展提高 婚纱相册

有了前面所学的知识，我们现在可以轻松制作一个音乐电子相册。由于我们对素材的“运动”属性、“透明”属性、视频切换效果等有了深入的了解，所以可以为家人、朋友制作不同效果、不同风格的电子相册，如婚纱相册、旅游相册、毕业相册、个人写真相册、生日相册等。相信大家一定会得心应手、不同凡响。

现在以婚纱相册为例，相信大家能够在设计中有所突破，让人在视觉上产生一种震撼的效果。

1.3.1 准备知识——轨道编辑

要编辑影片，必须将素材放到“时间线”窗口中进行相应的编辑工作。可是，默认情况下，Premiere Pro CS4 为我们提供了 3 个视频轨道和 3 个音频轨道，在进行多视频或音频同时播放的情况，就不能实现了。在 Premiere Pro CS4 中，最多可添加 99 条视频轨道和 99 条音频轨道。下面就介绍一下添加、删除轨道的方法。

1. 添加轨道

在轨道的名称区域上，即如图 1.171 所示的区域，右击，在弹出的快捷菜单中选择“添加轨道”选项，或者选择“序列”|“添加轨道”选项，都可以打开如图 1.172 所示的“添加视音轨”对话框。在该对话框中设置需要添加视频轨或音频轨的数量及位置。

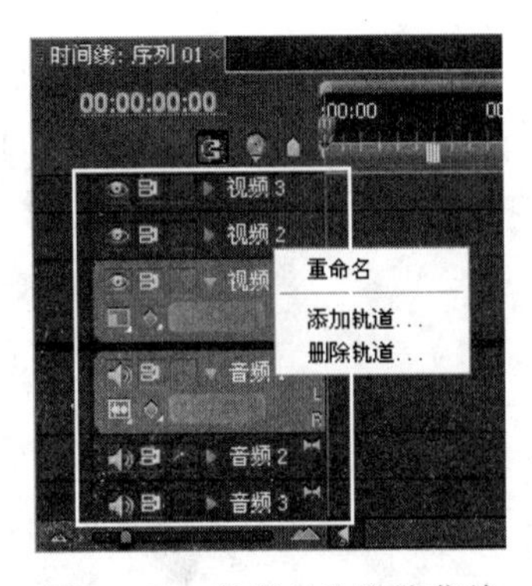

图 1.171 轨道名称快捷菜单

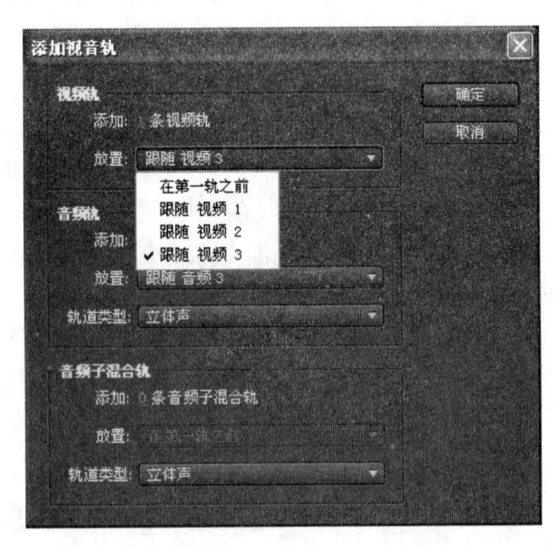

图 1.172 “添加视音轨”对话框

2. 删除轨道

在轨道的名称或按钮处，右击，在弹出的快捷菜单中选择“删除轨道”选项，或者选择“序列”|“删除轨道”选项，都可以打开如图 1.173 所示的“删除轨道”对话框。选择“删除视频轨”或“删除音频轨”前的复选框后，勾选需要删除的轨道即可。

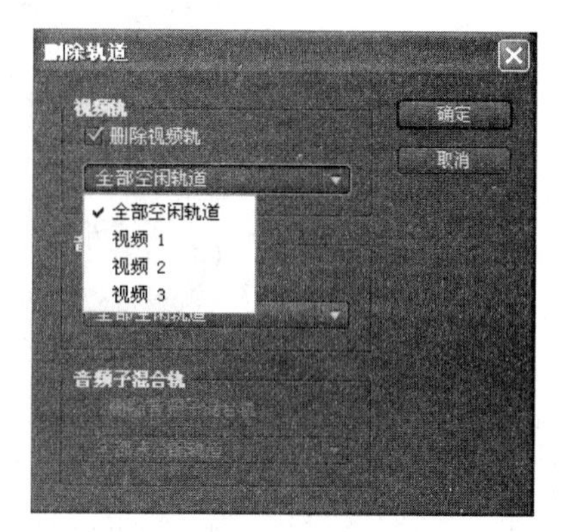

图 1.173　“删除轨道”对话框

3. 编辑线

当我们把素材导入“时间线”窗口中，会发现在素材上会出现一条编辑线，即黄色的直线，如图 1.174 所示。默认情况下，这条黄线表示素材的“透明度”。我们可以单击轨道中的“显示关键帧”按钮，创建关键帧，并按住鼠标左键拖动，简单调整关键帧参数，即如图 1.175 所示的三个关键帧，实现素材从无到有、又从有到无的过程。

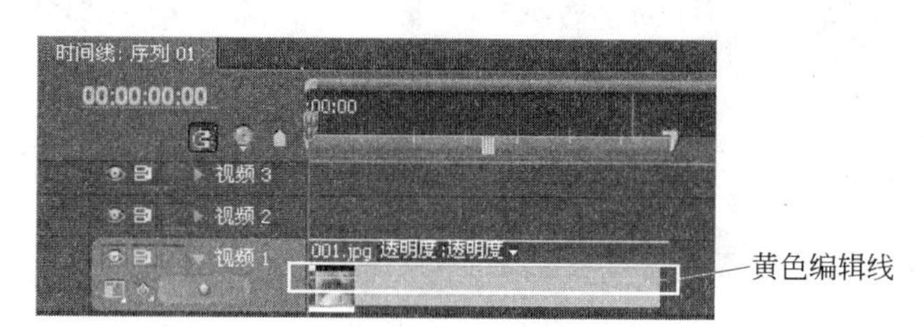

图 1.174　黄色编辑线

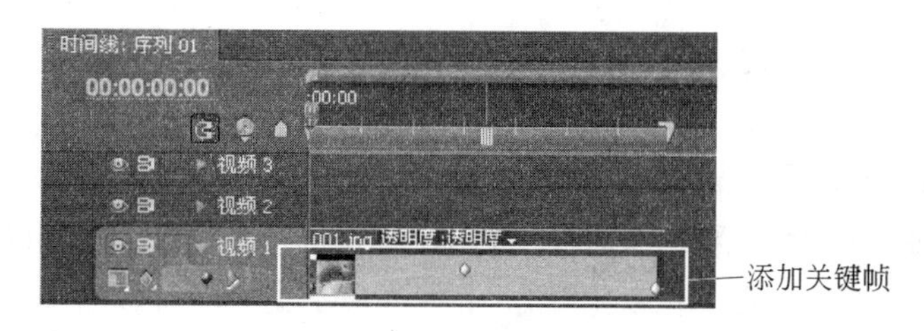

图 1.175　显示关键帧

这条编辑线也可以改变：单击素材名称后面的文字，之后右击，在弹出的快捷菜单中选择其他属性即可，如图 1.176 所示。

4. 嵌套序列

我们在制作不同影片时，需要的轨道也不同，有时轨道的数量可能会达到几十条，这样，无疑会给编辑工作带来很大的不便。我们也可以在序列中嵌套序列的方法，如此既节省寻找轨道所花费的时间，又可以有规律地编辑素材。

比如，设计好了片头的一部分在“序列 01”中，我们暂时将它存储起来，然后再创建一

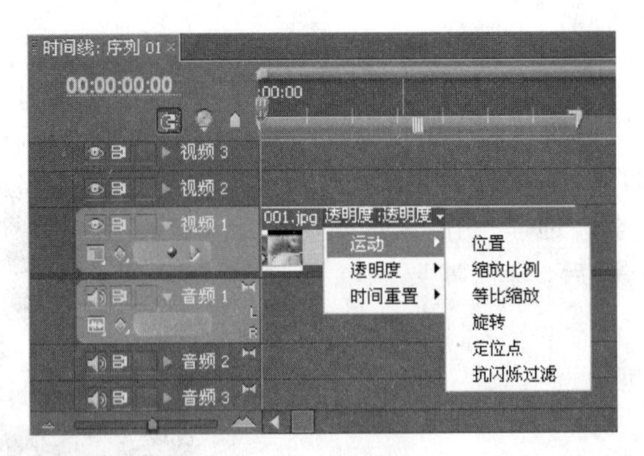

图 1.176　其他属性

个新的“序列 02”。在新序列中，如果需要用到原来序列的内容，我们可以把它当素材一样导入“时间线”窗口相应轨道上即可，如图 1.177 所示。

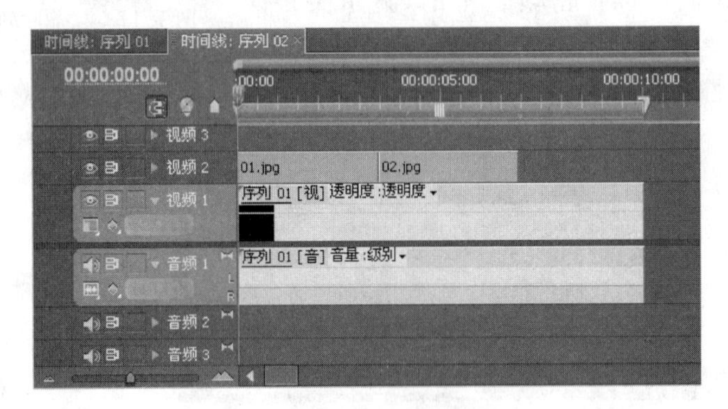

图 1.177　将序列导入“时间线”窗口

1.3.2　对婚纱相册的策划

婚纱相册的设计应该比较复杂一些。

首先，片头就应该内容完整一些，如用转动的钻石表示永恒之意，用花瓣表示浪漫气氛，用“囍”字、鞭炮表示喜庆，用“百年好合”等字样表示美好的祝福……

其次，婚纱相册在制作时，除了照片要动之外，还要不断地更换背景图片，照片与背景要有效地融合到一起，还要有飘动的彩带、飘落的花瓣等点缀。

最后，根据婚纱照片的风格配以相应的音效，以欢快、喜庆为主即可。

1.3.3　使用其他软件编辑素材

1. 在 Photoshop 中对婚纱照片进行必要的处理

Photoshop 是 Adobe 公司旗下最为出名的图像处理软件之一，主要处理以像素构成的数字图像。使用其众多的编修与绘图工具，可以更有效地进行图片编辑工作。该软件应用领域很广，在图像、图形、文字、视频、出版等各方面都有涉及。它可以对图像做各种变换，如放大、缩小、旋转、倾斜、镜像、透视等，也可进行复制、去除斑点、修补、修饰图像的残损等。这在婚纱摄影、人像处理制作中有非常大的用场，如去除人像上不满意的部分，进行美化加工，得到让人非常满意的效果。

2. 使用 3ds max 等软件编辑动画元素、制作文字效果

3D Studio Max，常简称为 3ds max，是 Autodesk 公司开发的、基于 PC 系统的三维动画渲染和制作软件。在应用范围方面，它广泛应用于广告、影视、工业设计、建筑设计、多媒体制作、游戏、辅助教学以及工程可视化等领域。它集造型、渲染和制作动画于一身，利用计算机进行动画的设计与创作，产生真实的立体场景与动画。

1.3.4 制作提示

(1) 收集与喜庆相关的素材与祝福语言。
(2) 使用其他软件创建新素材，并对已有素材进行加工、美化。
(3) 将素材与照片叠加，产生立体效果。
(4) 为素材添加关键帧动画，摆脱静止不动的陈列状态。
(5) 加入适当的转场过渡效果，改善硬过渡的突兀感。
(6) 配上带有祝福含义的歌曲作为背景音乐。
(7) 浏览修改，直至达到满意的效果。

课后练习

一、选择题

1. 默认情况下，为素材设置入点、出点的快捷键是(　　)。
A. I 和 O　　B. R 和 C　　C. ＜和＞　　D. ＋和－
2. 设置默认的视频切换效果的快捷键为(　　)。
A. Ctrl＋I　　B. Ctrl＋T　　C. Ctrl＋D　　D. Ctrl＋K
3. 系统默认的切换效果持续时间为(　　)帧。
A. 10　　B. 20　　C. 30　　D. 50
4. 下列不属于视频切换效果的对齐方式的是(　　)。
A. 开始于切点　　B. 结束于切点　　C. 居中于切点　　D. 两端对齐
5. (　　)视频切换效果可以实现将两个素材进行分层处理，体现场景的层次感，给观众带来从二维空间到三维的视觉效果。
A. 3D 运动　　B. GPU 过渡　　C. 伸展　　D. 滑动
6. 白场过渡属于(　　)视频切换效果类型。

A. 划像 B. 擦除 C. 叠化 D. 伸展

7. 默认的视频切换效果是(　　)。

A. 交叉叠化(标准) B. 抖动叠化 C. 附加叠化 D. 非附加叠化

8. 斜线滑动视频切换特效中,切片的数量是可以自行设定的,数量的上限规定为(　　)片。

A. 30 B. 50 C. 80 D. 100

9. "透明度"参数越高,则物体(　　)。

A. 越透明 B. 越不透明

C. 其透明程度与参数无关 D. 以上说法均不对

10. 滑动转场类型采用像(　　)转场常用的方式进行过渡。

A. 幻灯片 B. 十字形 C. 矩形 D. X形

二、填空题

1. ________是指前一个镜头的最后一个画面结束,后一个镜头的第一个画面开始的过程。

2. 在素材间添加默认转场,可以用快捷键________,这个默认的转场________;如果各段素材在同一轨道中,需将它们首尾相连;如果各段素材不在同一轨道,则需将它们部分重叠。

3. 用户如果要在 Premiere 中实现剪辑的运动效果,就必须给该剪辑制作一条________。

4. 将一个视频素材导入"时间线"窗口后,在"特效控制台"窗口中,将显示________、________和________3个选项组。

5. 复制"特效控制台"窗口中的关键帧时,选择好要复制的一个或多个关键帧,在按住________键的同时将其拖曳至需要的位置,释放鼠标即可。

三、简答题

1. 更改转场时间有哪几种方法?如何操作?
2. 如何添加视频轨道?最多可添加多少条?
3. 在运动设置中,如何将图片或视频从右向左移动?
4. 如何使视频素材变成半透明的?

四、操作题

1. 整理自己的照片,制作一个展示自我风采的音乐电子相册。
2. 收集校园活动的图片素材,设计一个展示校园生活丰富多彩的音乐电子相册。

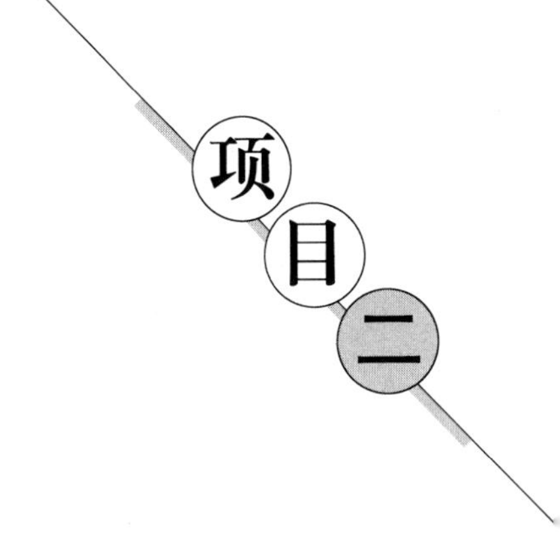

影片编辑

阅读提示

在影视作品创作时，常常感到现有的素材不理想，比如色彩不够鲜艳、亮度不够、画面只需局部显示、几个画面要同时显示等，太多太多的问题，使现有素材不能合理地表达主题思想。这时，我们就要学习利用新的知识——视频特效，以改进素材视频中的某些缺陷，并为其添加特殊的视频效果，让最美的画面给人内心深处留下永久的记忆。

通过本项目的学习，首先让读者从系统上对 Premiere 的性能及特效有一个新的认识，如"运动"属性、视频特效等；其次通过案例的操作，可以检验读者对知识的掌握能力；最后通过拓展练习来逐步开拓读者的思路，提高创新能力。

主要内容

- 视频特效的种类
- 编辑视频特效
- 抠像与叠加的技术
- 第三方插件的应用

重点与难点

- 编辑视频特效
- 抠像与叠加的技术

案例任务

- 局部遮挡效果
- 游动的鸭子
- 飘落的枫叶

2.1 任务一　局部遮挡效果

在综艺节目的预告片中，为了增加节目的神秘感，经常会把某些嘉宾遮挡起来；有些访谈节目，为了保护未成年人、当事人的权利，也需要局部遮挡面部。像这样的画面，我们经常看到，现在，我们也可以用 Premiere Pro CS4 这个软件轻松实现。

本任务主要是介绍在 Premiere Pro CS4 中添加、删除、编辑视频特效的方法，通过一个简单的实例——局部遮挡效果(影片效果截图如图 2.1 所示)，使大家对视频特效有一个初步的认识，能够熟练地添加视频特效，并根据不同的素材合理地编辑效果。主要知识点介绍如下。

- 添加视频特效
- 视频特效参数的编辑
- 删除视频特效的不同方法
- 选择视频特效
- 视频特效的种类

图 2.1 局部遮挡效果的预览图

2.1.1 准备知识——视频特效(一)

在完成本任务前，我们需要系统掌握一下添加、编辑、删除视频特效以及分类情况。

1. 添加视频特效

视频效果可添加在“时间线”窗口中的任一视频素材上，添加后，视频素材会有一条紫色的线。同一素材可添加多个视频特效。

在“效果”窗口中，选择“视频特效”文件前面的三角号，将其展开，随意选择一个效果，如“GPU 特效”文件夹前面的三角号，选择“卷页”，然后选中并拖动至“时间线”窗口中的素材，待光标形状发生变化后释放鼠标，即可为素材添加视频特效。如图 2.2 所示，1.jpg 素材上添加视频效果，在黄线上面多一条紫色的线，后面的素材没有添加，所以仍旧只有一条默认的黄色线。

图 2.2 为素材添加视频特效

2. 视频特效的编辑

素材添加视频特效后，可以对相应的参数进行编辑。打开“特效控制台”窗口，使用方法与项目一中介绍的“运动”、“透明度”等效果的使用方法相同，可修改参数、设置关键帧等，这里不再赘述。

同一素材可添加多个视频特效，这些特效会按照添加的先后顺序进行排列。但如果想更改视频特效的先后顺序，可以在“特效控制台”窗口中选择要移动的特效，按住鼠标左键后向上或向下拖动，移动到合适位置，待出现一条粗线后释放鼠标，即可实现特效位置的调整。

3. 删除视频特效

若已添加的视频特效没有再保留的价值，可以对其进行删除。

(1) 删除一个视频特效

选择“特效控制台”窗口中的某个特效，按 Delete 键，或者右击，在弹出的快捷菜单中选择“清除”选项。

(2) 删除所有视频特效

选择好要删除特效的素材，激活“特效控制台”窗口，单击窗口右上角的按钮，选择“移除效果”选项，打开如图 2.3 所示的对话框，只勾选“视频滤镜”复选框，之后单击“确定”按钮，即可将此素材上的所有视频特效全部删除。

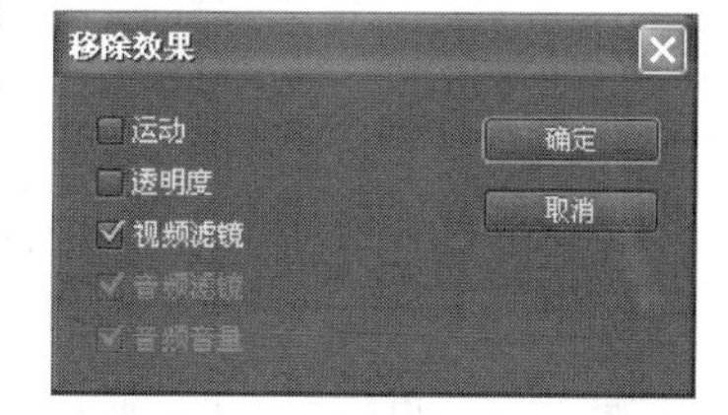

图 2.3　“移除效果”对话框

4. 视频特效分类

在 Premiere Pro CS4 中，系统提供了上百种不同的视频特效，这些效果被划分为 19 大类，放在对应的文件夹里。像在 Photoshop 中使用滤镜效果一样，我们可以利用这些特效随心所欲地创作出别具一格的影片效果，以弥补、修饰素材中的某些不足之处，让多姿多彩的作品永远留在美好的记忆深处。

(1) GPU 特效

GPU 特效类视频特效主要是用于制作卷页效果、水波及折射产生的变形效果，其中包括 3 种效果，现分别介绍如下。

① 卷页：为素材添加边角卷起效果，参数及效果如图 2.4 所示。

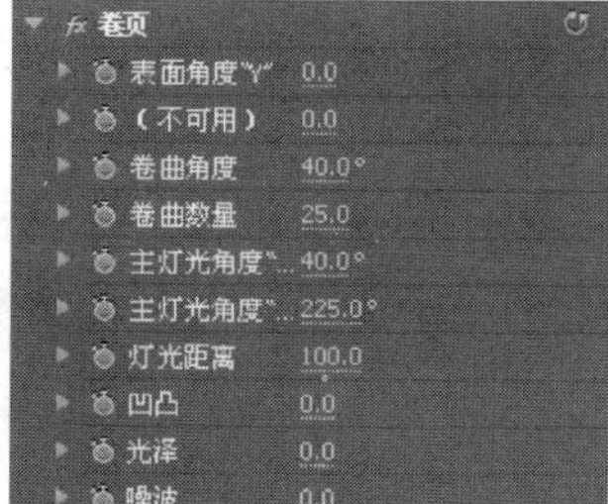

图 2.4　“卷页”参数及效果

② 折射：使素材画面产生折射后的不规则，参数及效果如图 2.5 所示。

图 2.5 “折射”参数及效果

③ 波纹(圆形)：使素材画面产生水波效果，参数及效果如图 2.6 所示。

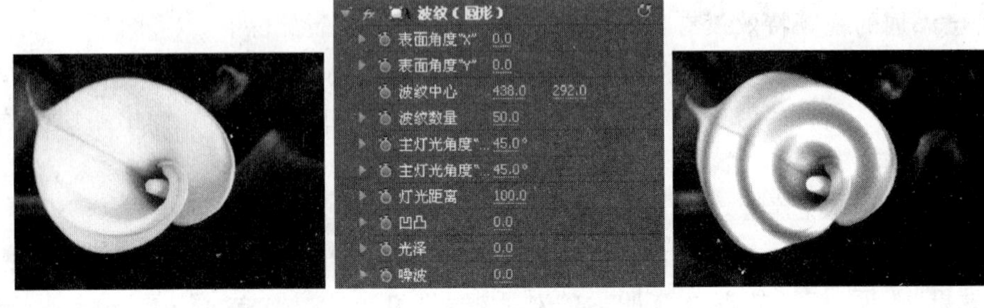

图 2.6 “波纹(圆形)”参数及效果

(2) 变换

变换类视频特效主要用于使素材的形状产生二维或者三维的变化效果，其中包括 8 种效果，现分别介绍如下。

① 垂直保持：可以将素材向上翻卷，效果如图 2.7 所示。

图 2.7 “垂直保持”特效

② 垂直翻转：将素材在垂直方向进行翻转，效果如图 2.8 所示。

图 2.8 “垂直翻转”特效

③ 摄像机视图：模仿摄像机原理，将素材在三维空间中进行旋转、缩放，参数及效果如图 2.9 所示。

图 2.9　“摄像机视图”参数及效果

④ 水平保持：将素材向左或向右倾斜，参数设置及效果如图 2.10 所示。

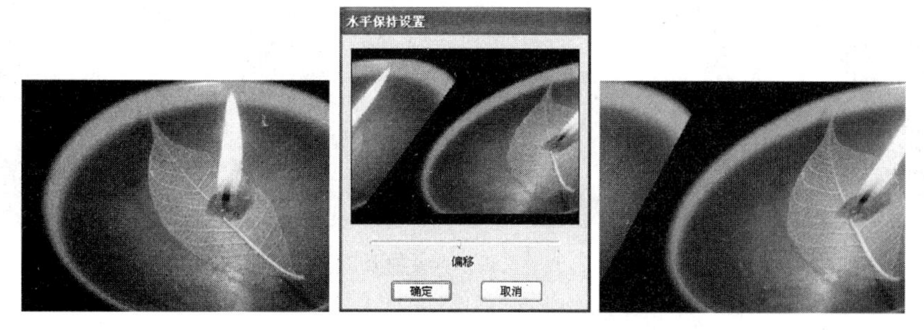

图 2.10　“水平保持”参数设置及效果

⑤ 水平翻转：将素材水平方向进行翻转，效果如图 2.11 所示。

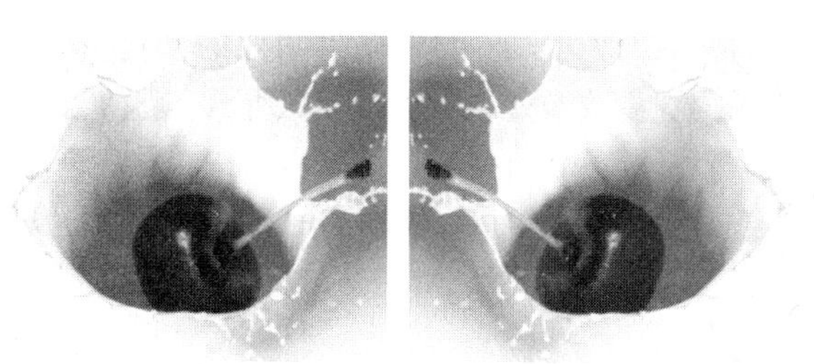

图 2.11　“水平翻转”特效

⑥ 滚动：将素材向上或向下、向左或向右做滚屏运动，参数及效果如图 2.12 所示。

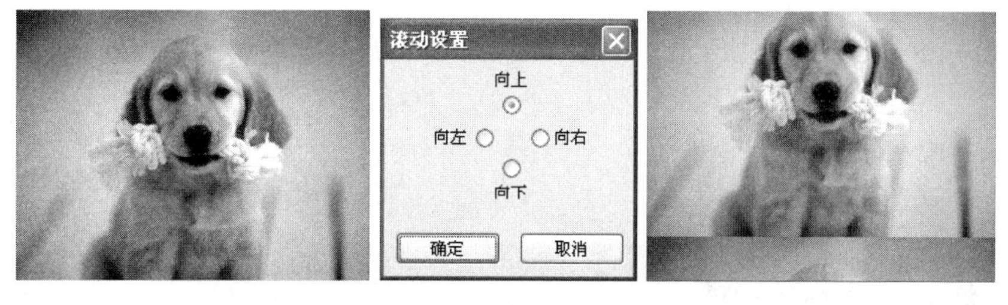

图 2.12　“滚动”参数及效果

⑦ 羽化边缘：对素材的四周进行羽化效果处理，参数及效果如图 2.13 所示。

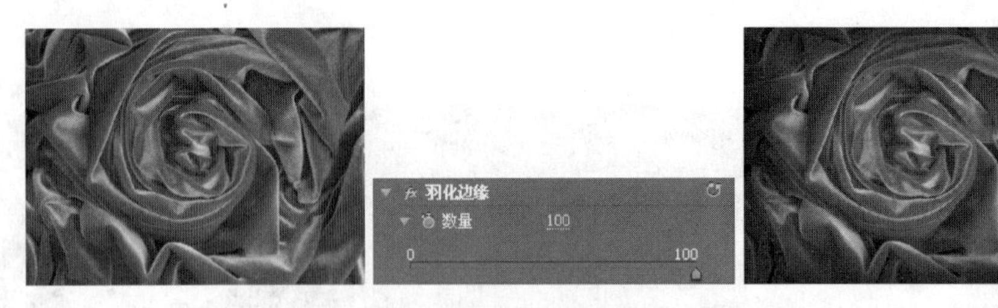

图 2.13 “羽化边缘”参数及效果

⑧ 裁剪：对素材的四周进行修剪，只保留需要的部分即可，参数及效果如图 2.14 所示。

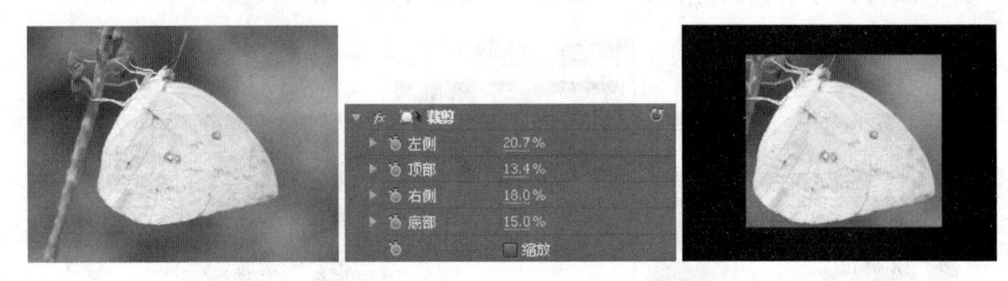

图 2.14 “裁剪”参数及效果

(3) 噪波与颗粒

噪波与颗粒类视频特效主要是用于去除素材画面中的擦痕及噪点，其中包括 6 种效果，现分别介绍如下。

① 中间值：通过混合图像像素的亮度来减少图像的杂色，并通过指定的半径值内图像的中性色彩替换其他色彩，参数及效果如图 2.15 所示。

图 2.15 “中间值”参数及效果

② 噪波：可以随机性地给素材添加杂点噪波，参数及效果如图 2.16 所示。

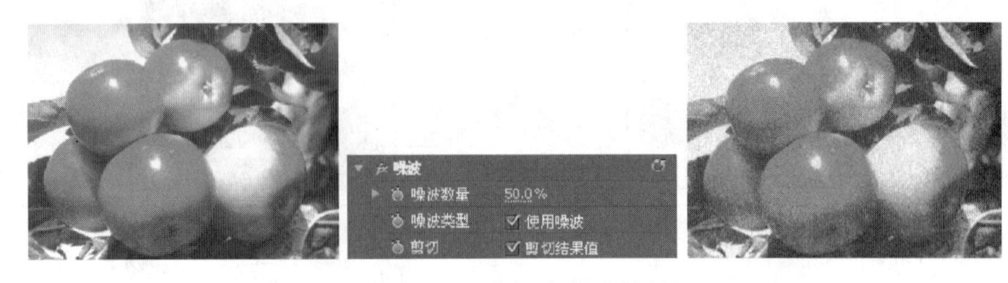

图 2.16 “噪波”参数及效果

③ 噪波 Alpha：在素材的 Alpha 通道中添加噪波效果，参数及效果如图 2.17 所示。

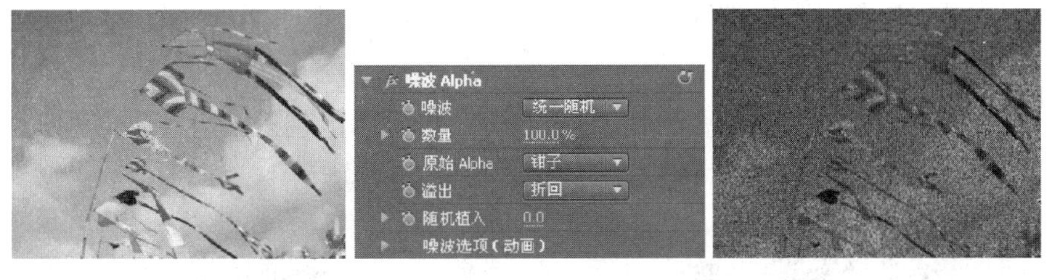

图 2.17　“噪波 Alpha”参数及效果

④ 噪波 HLS：可以通过调整色相、明度、饱和度来设置噪波的产生位置，参数及效果如图 2.18 所示。

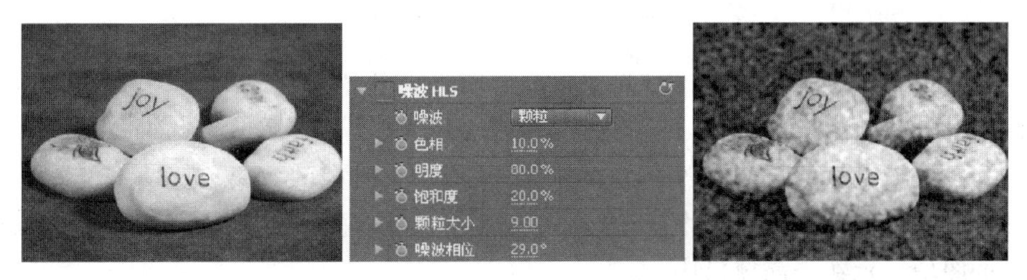

图 2.18　“噪波 HLS”参数及效果

⑤ 蒙尘与刮痕：可以通过改变不同像素间的过渡来减少素材中的噪点与刮痕，参数及效果如图 2.19 所示。

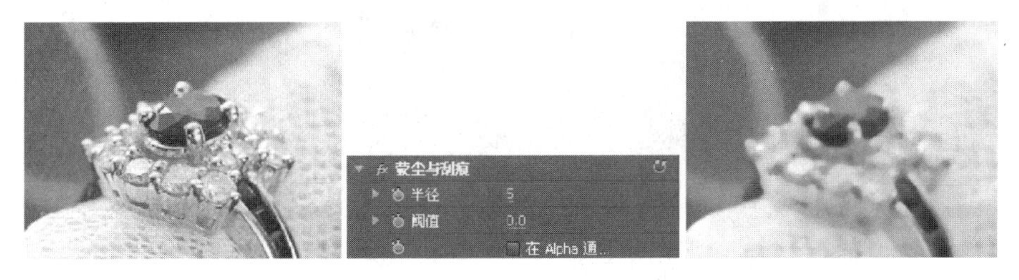

图 2.19　“蒙尘与刮痕”参数及效果

(4) 基本效果

基本效果类视频特效主要是模拟照相机的光线变化来实现对素材的调整，只有 1 种效果，即 EE 相机闪白，参数及效果如图 2.20 所示。

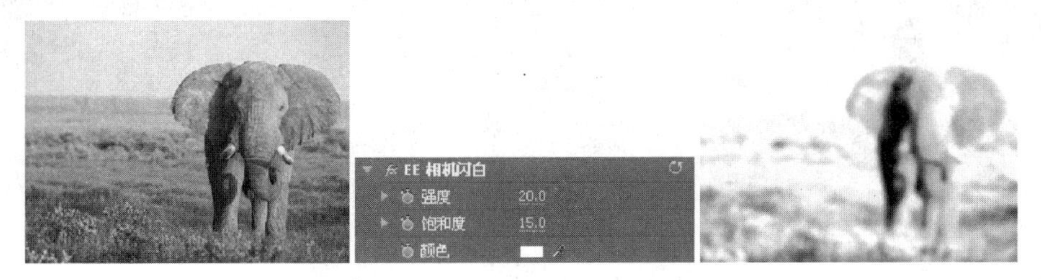

图 2.20　“EE 相机闪白”参数及效果

(5) 实用

实用类视频特效主要是通过调整画面的黑白斑来调整画面的整体效果，只有 1 种效果，即 Cineon 转换，参数及效果如图 2.21 所示。

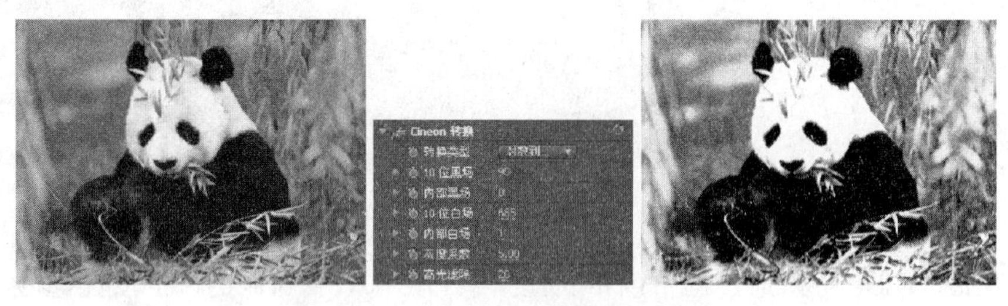

图 2.21 “Cineon 转换”参数及效果

(6) 时间

时间类视频特效主要是用于时间变化前后所带来的特殊视频效果，其中包括 3 种效果，现分别介绍如下。

① 抽帧：将素材锁定到一个指定的帧率，从而产生跳帧的效果。

② 时间偏差：可以基于素材运动、帧融合和所有帧进行时间画面变形，使前几帧或后几帧的图像显示在当前窗口中。

③ 重影：可以对图层的前后帧进行混合，产生拖影或运动模糊的效果，参数及效果如图 2.22 所示。

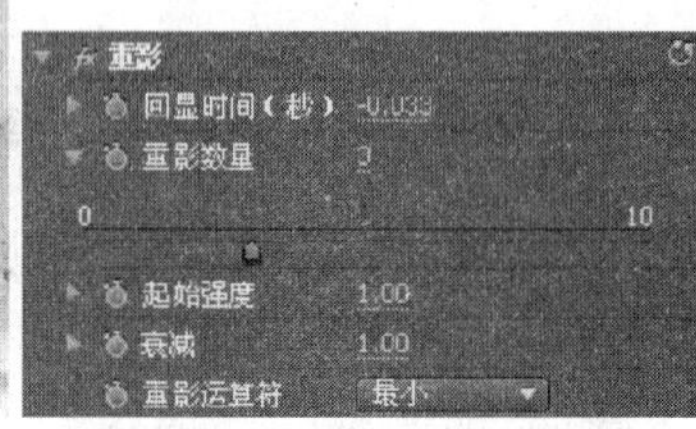

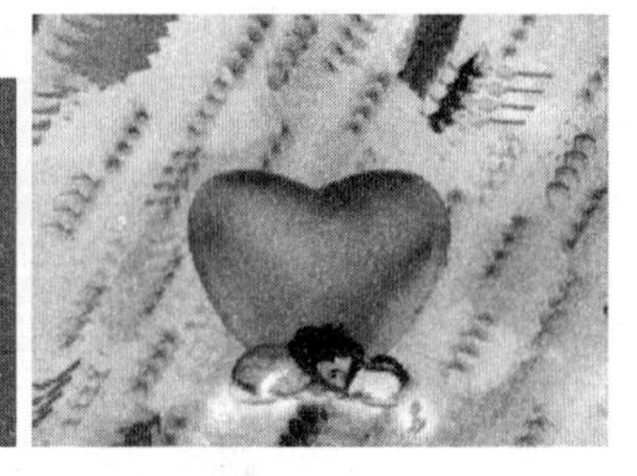

图 2.22 “重影”参数及效果

(7) 渲染

渲染类视频特效主要是用于对素材的重点位置突出显示，只有 1 种效果——椭圆形，即通过创建的椭圆对图像的重点位置进行突出显示，参数及效果如图 2.23 所示。

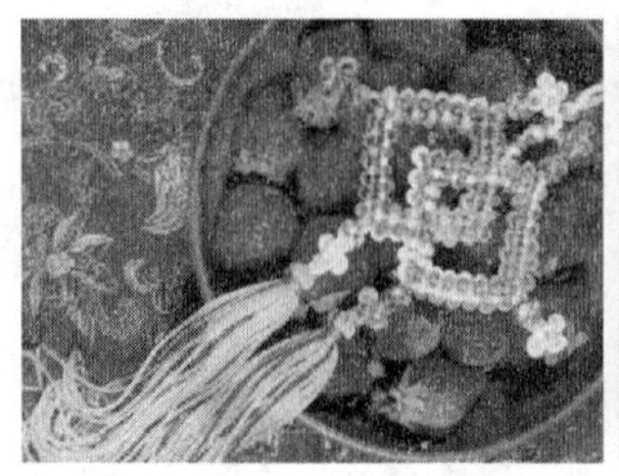

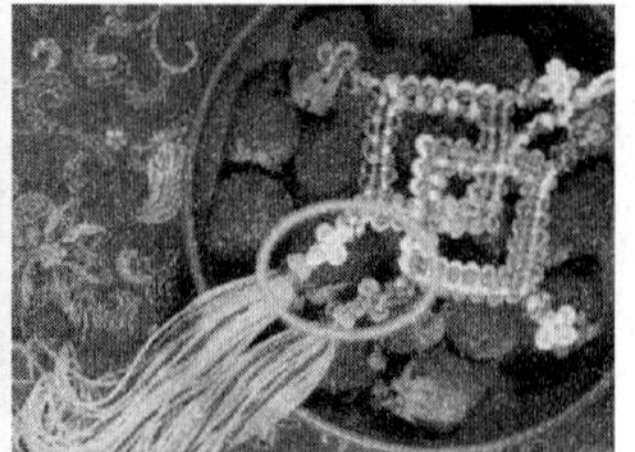

图 2.23 “椭圆形”参数及效果

(8) 视频

视频类视频特效主要是用于对时间码进行显示，只有 1 种效果，即时间码，用于显示影片的场次、时间、标注等信息，便于后期制作人员进行编辑操作，参数及效果如图 2.24 所示。

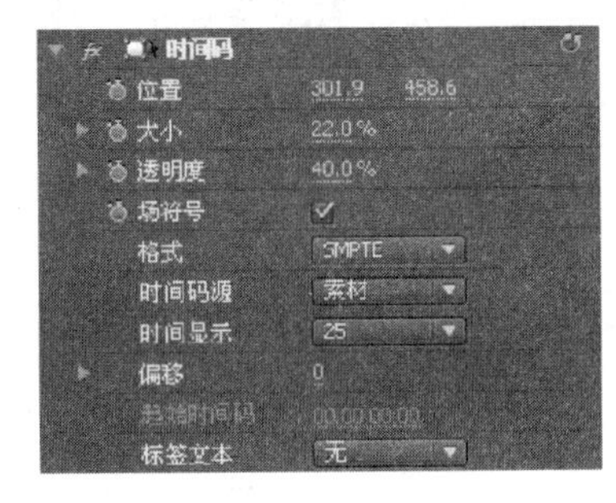

图 2.24 “时间码”参数及效果

(9) 调整

调整类视频特效主要是对素材的亮度、对比度和色彩等进行处理，其中包括 9 种效果，现分别介绍如下。

① 卷积内核：通过使用数学上的卷积原理来改变素材的亮度值，从而增加素材的清晰度或者增加图像的边缘，参数及效果如图 2.25 所示。

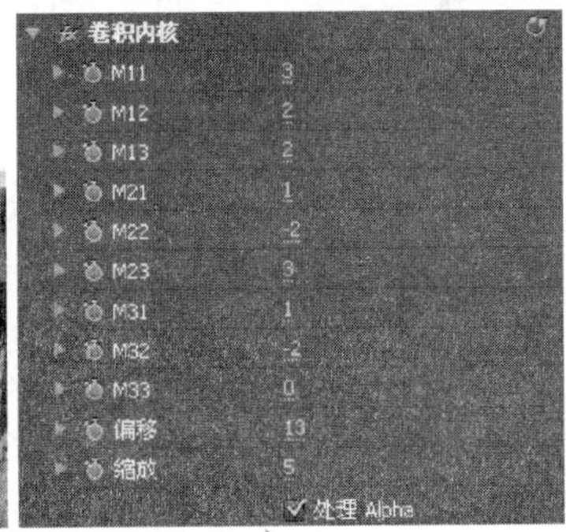

图 2.25 “卷积内核”参数及效果

② 基本信号控制：用于对素材图像的亮度、对比度、色相和饱和度进行综合调整，还可以分割屏幕来调整局部画面效果，参数及效果如图 2.26 所示。

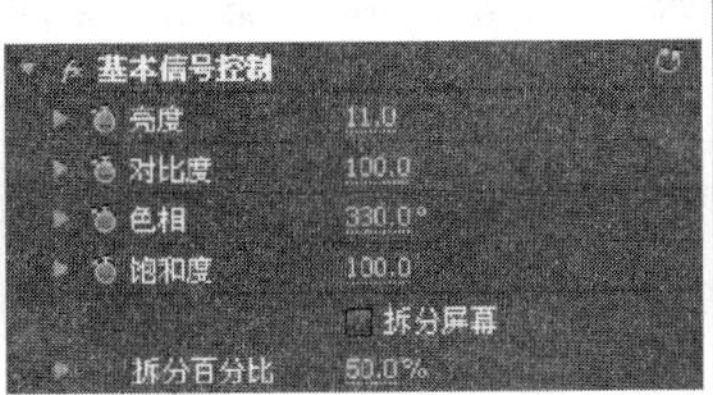

图 2.26 “基本信号控制”参数及效果

③ 提取：将素材画面转化为灰色级黑白效果，通过控制灰度来调整黑白比例，参数及效果如图 2.27 所示。

图 2.27 “提取”参数及效果

④ 照明效果：可以为素材添加 1～5 个不同的灯光效果，参数及效果如图 2.28 所示。

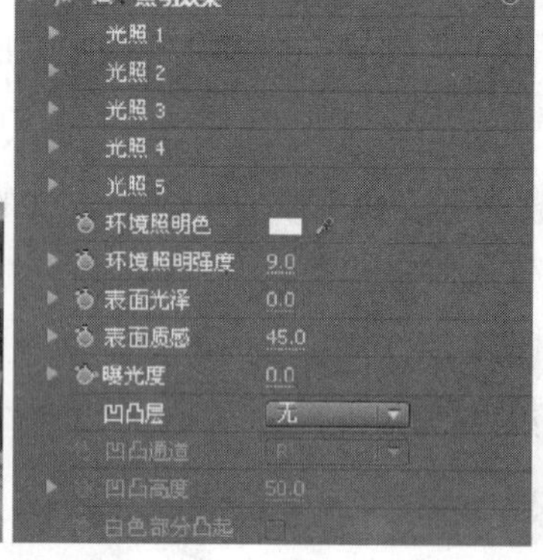

图 2.28 “照明效果”参数及效果

⑤ 自动对比度：能够自动分析对比度和混合的颜色，将最亮和最暗的像素映射到图像的白色和黑色中，明暗更明显，参数及效果如图 2.29 所示。

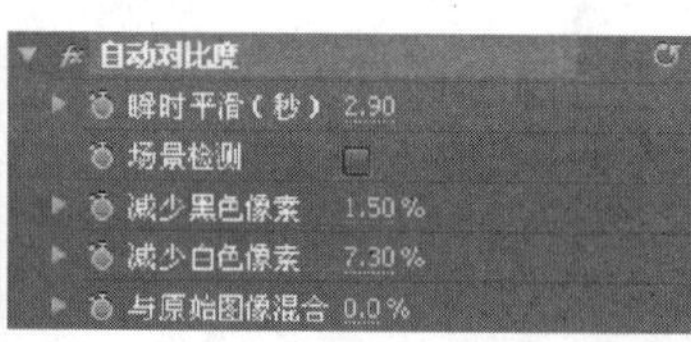

图 2.29 “自动对比度”参数及效果

⑥ 自动色阶：用于调整图像的暗部和高亮区，参数及效果如图 2.30 所示。

⑦ 自动颜色：根据图像高光、中间色和阴影色的值来调整原图像的对比度和色彩，参数及效果如图 2.31 所示。

⑧ 色阶：调整素材的亮度与对比度，参数及效果如图 2.32 所示。

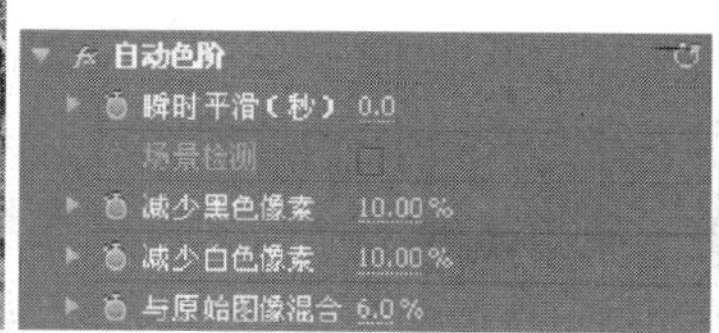

图 2.30 “自动色阶”参数及效果

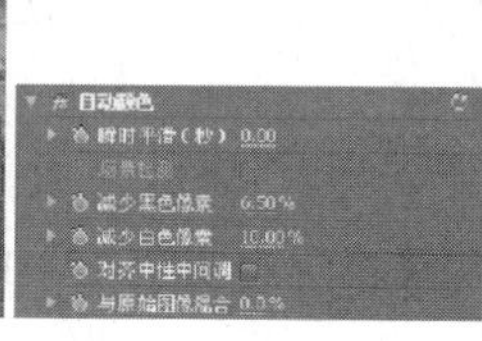

图 2.31 “自动颜色”参数及效果

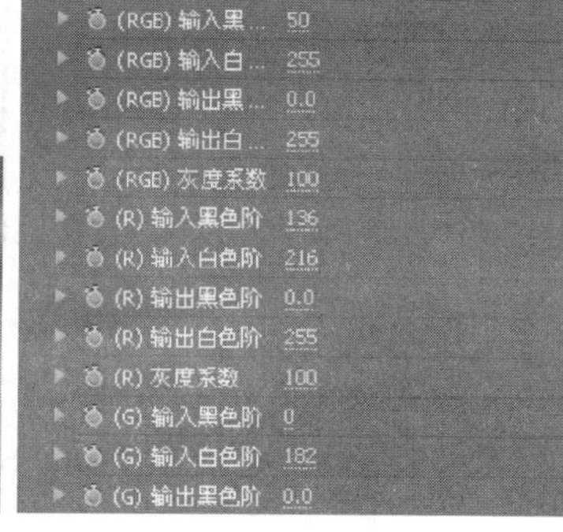

图 2.32 “色阶”参数及效果

⑨ 阴影/高光：用于对图像中的阴影和高光部分进行自动调整，参数及效果如图 2.33 所示。

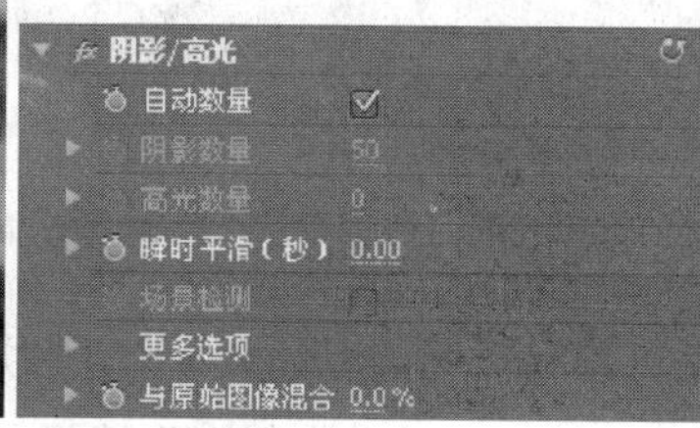

图 2.33 “阴影/高光”参数及效果

(10) 过渡

过渡类视频特效主要用于制作视频画面间的过渡效果，通过创建关键帧，实现不同的过渡显示。它与视频切换特效相似，包括 5 种效果，现分别介绍如下。

① 块溶解：可以使素材画面间产生块状溶解的效果，最后消失。

② 径向擦除：可以通过围绕任意设置的中心点来旋转画面，在逐渐消失中显示其他轨道中的画面。

③ 渐变擦除：根据指定参考轨道素材画面的亮度值来实现擦除效果，即下一轨道从擦除参考画面最暗的地方开始出现，逐渐向亮处扩散，直至全部显现。

④ 百叶窗：可以使素材画面间产生百叶窗过渡效果。

⑤ 线性擦除：可以根据任意角度直线，将画面逐渐擦除，直至显示其他素材画面。

(11) 透视

透视类视频特效主要是用于制作三维透视效果，使素材有一种立体感和空间感，其中包括 5 种效果，现分别介绍如下。

① 基本 3D：主要在虚拟的三维空间内，绕水平或垂直轴旋转素材，将素材以靠近或远离屏幕的方式移动，也能创建一个镜面的高亮区，产生一种光线从一个旋转表面反射离去的效果，参数及效果如图 2.34 所示。

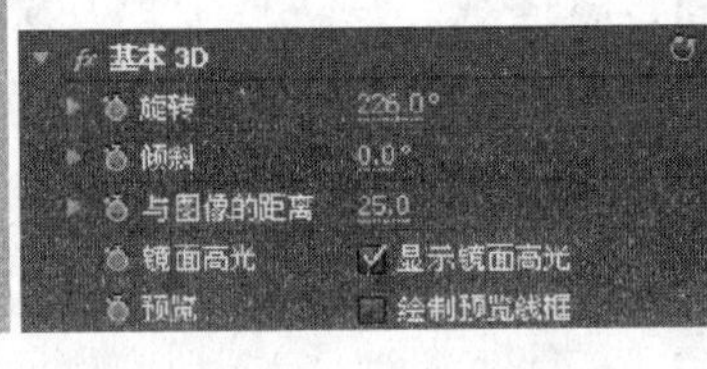

图 2.34 “基本 3D”参数及效果

② 径向放射阴影：主要是在素材的片段后添加一个阴影效果，在素材画面中模拟创建一个光源，阴影形状由素材的 Alpha 通道来决定，参数及效果如图 2.35 所示。

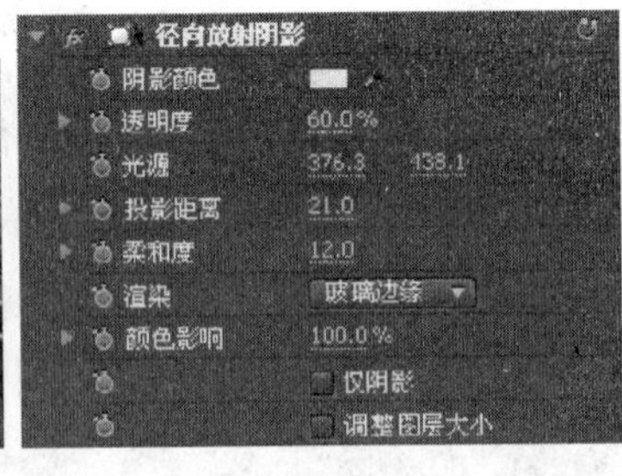

图 2.35 “径向放射阴影”参数及效果

③ 阴影(投影)：主要是在素材的片段后添加一个阴影效果，在片段的边界之外创建一个影像，其形状由素材的 Alpha 通道来决定，参数及效果如图 2.36 所示。

④ 斜角边：可以使素材边缘产生一种雕琢过的三维立体效果，边缘位置由 Alpha 通道决定，参数及效果如图 2.37 所示。

⑤ 斜边 Alpha：可以使素材的 Alpha 边界产生一种雕琢过的立体效果，也可以使二

维的物体产生三维的视觉特效，并且比“斜角边”效果更柔和一些，参数及效果如图 2.38 所示。

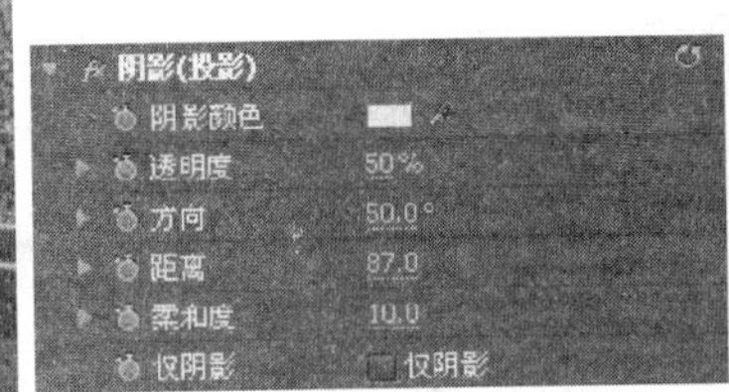

图 2.36 “阴影(投影)”参数及效果

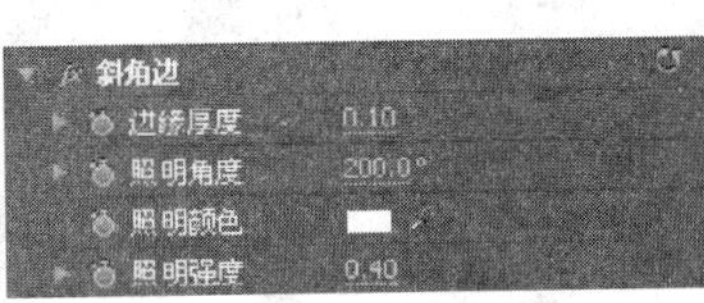

图 2.37 “斜角边”参数及效果

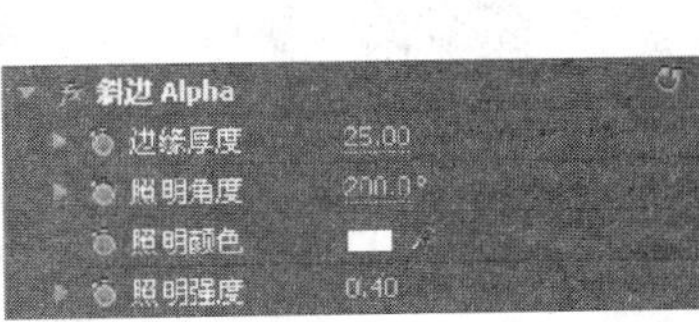

图 2.38 “斜边 Alpha”参数及效果

(12) 通道

通道类视频特效主要利用通道的转换和插入等方式改变素材的色彩，其中包括 7 种效果，现分别介绍如下。

① 反相：主要用于将图像的颜色进行反转显示，参数及效果如图 2.39 所示。

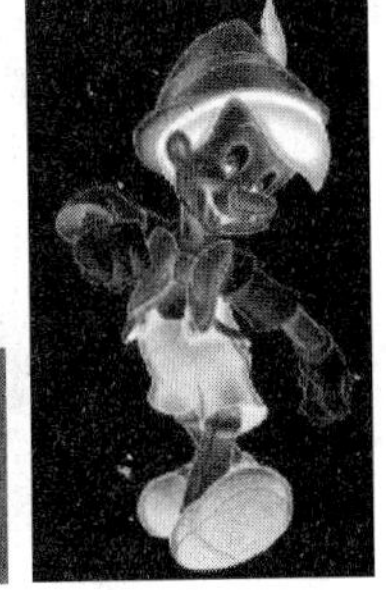

图 2.39 “反相”参数及效果

② 固态合成：为素材画面填充任意指定颜色进行覆盖，并通过调整混合模式合成显示，参数及效果如图 2.40 所示。

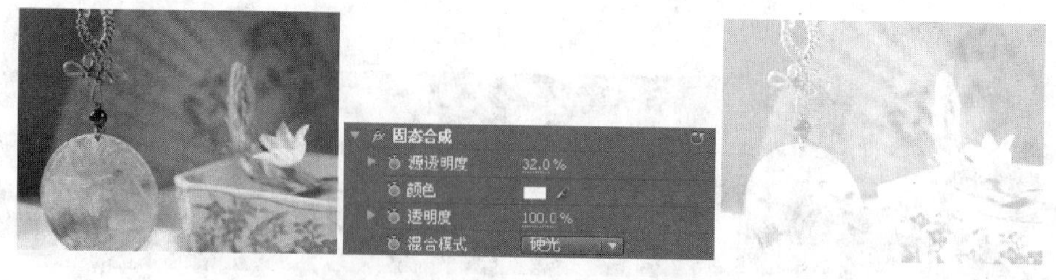

图 2.40 “固态合成”参数及效果

③ 复合运算：与“混合”特效相似，将两个重叠素材的颜色相互组合在一起显示，参数及效果如图 2.41 所示。

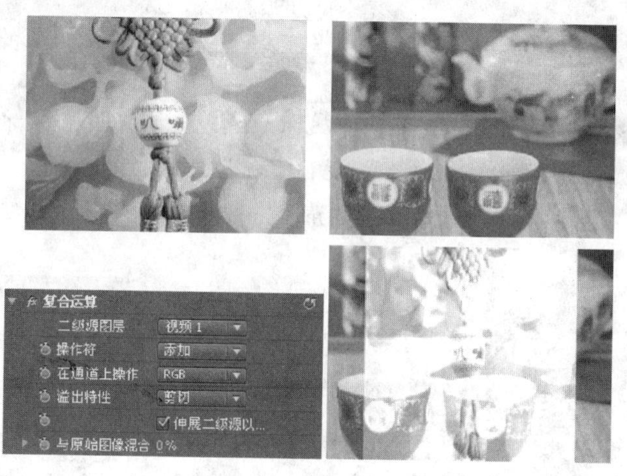

图 2.41 “复合运算”参数及效果

④ 混合：将两个通道中的图像按指定方式进行混合，从而达到改变图像色彩的效果，参数及效果如图 2.42 所示。

图 2.42 “混合”参数及效果

⑤ 算术：提供了各种用于图像通道的简单数学运算，参数及效果如图 2.43 所示。

图 2.43 “算术”参数及效果

⑥ 计算：通过通道混合进行颜色调整，参数及效果如图 2.44 所示。

图 2.44 “计算”参数及效果

⑦ 设置遮罩：通过指定一个层作为参考层，再将当前层中的某一通道取代参考层中的某一通道，使之产生运动屏蔽的遮罩效果，参数及效果如图 2.45 所示。

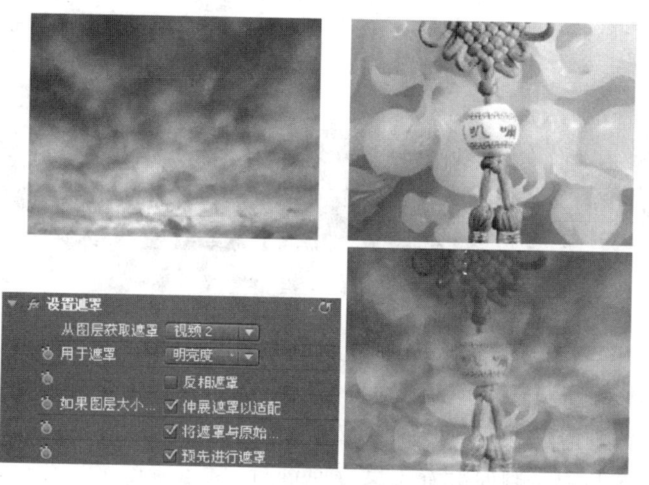

图 2.45 “设置遮罩”参数及效果

(13) 风格化

风格化类视频特效主要是模拟各种风格，使素材产生丰富的视觉效果，其中包括 13 种效果，现分别介绍如下。

① Alpha 辉光：本特效只对具有 Alpha 通道的片段起作用，而且只对第 1 个 Alpha 通道起作用。它可以在 Alpha 通道指定的区域边缘，产生一种颜色逐渐衰减或向另一种颜色过渡的效果，参数及效果如图 2.46 所示。

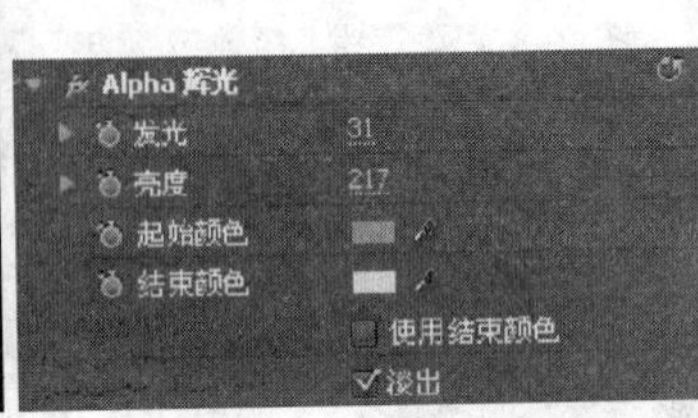

图 2.46 “Alpha 辉光”参数及效果

② 复制：可以将画面复制并缩放成多个同样的画面，画面最少为 4，最多可以达到 256，参数及效果如图 2.47 所示。

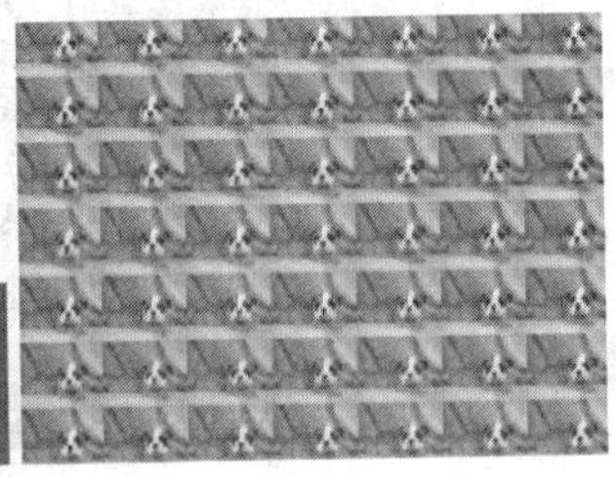

图 2.47 “复制”参数及效果

③ 彩色浮雕：可以通过锐化素材中物体的轮廓，使素材产生彩色的浮雕效果，参数及效果如图 2.48 所示。

图 2.48 “彩色浮雕”参数及效果

④ 招贴画：用于指定图像中每个通道的色调级别的数目，并将这些像素映射为最接近的匹配色调，颜色色谱转换为有限数目的颜色色谱，并且拓展片段像素的颜色，使其匹配有限数目的颜色色谱，参数及效果如图 2.49 所示。

⑤ 曝光过度：可以将画面沿着正反方向进行混色，通过调整滑块选择混色的颜色，参数及效果如图 2.50 所示。

图 2.49　“招贴画”参数及效果

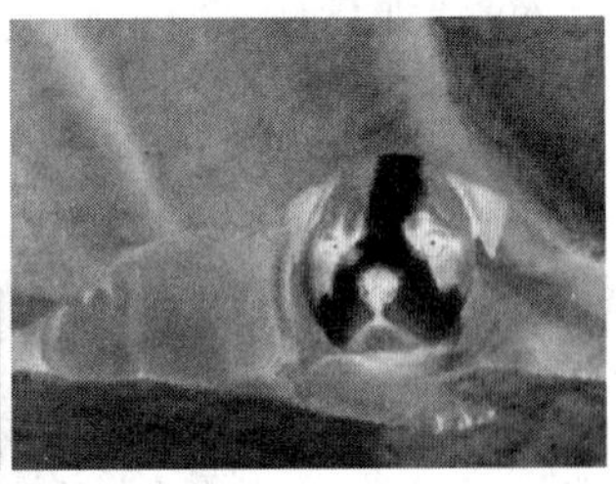

图 2.50　“曝光过度”参数及效果

⑥ 查找边缘：用于突出显示色彩变化明显的区域边缘，用彩色线条勾画，参数及效果如图 2.51 所示。

图 2.51　“查找边缘”参数及效果

⑦ 浮雕：通过勾画物体轮廓产生灰度级画面，形成浮雕效果，参数及效果如图 2.52 所示。

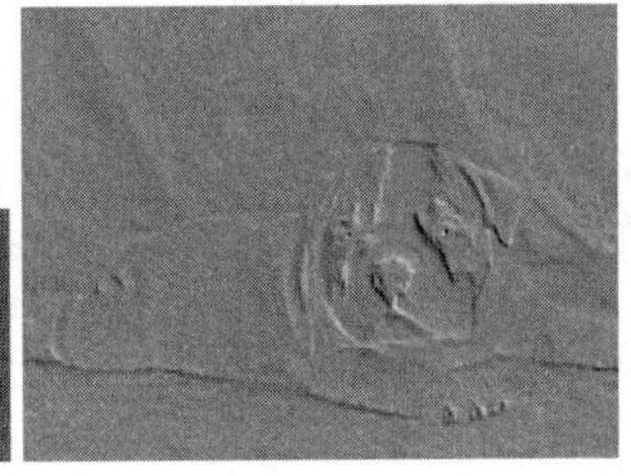

图 2.52　“浮雕”参数及效果

⑧ 画笔描绘：在素材画面效果中添加粗糙颗粒，产生一种水彩画的效果，参数及效果如图 2.53 所示。

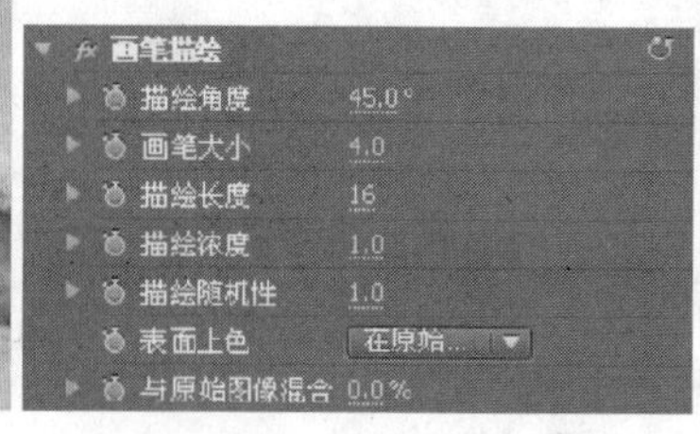

图 2.53 “画笔描绘”参数及效果

⑨ 纹理材质：通过轨道在原素材上显示另一素材的纹理，参数及效果如图 2.54 所示。

图 2.54 “纹理材质”参数及效果

⑩ 边缘粗糙：可以使素材的 Alpha 通道边缘粗糙化，从而使素材或者栅格化文本产生一种粗糙的自然外观，参数及效果如图 2.55 所示。

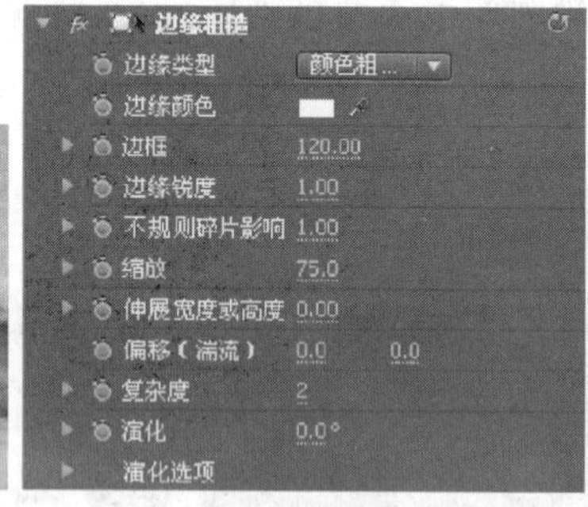

图 2.55 “边缘粗糙”参数及效果

⑪ 闪光灯：能够以一定的周期或者随机地对一个片段进行算术运算，可模拟照相机的瞬间强烈闪光效果，参数及效果如图 2.56 所示。

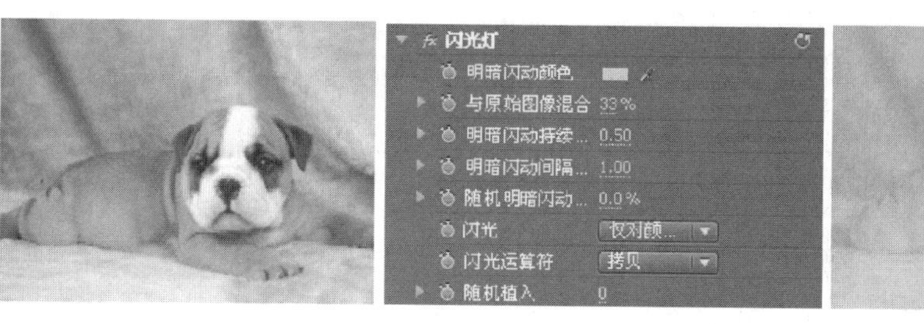

图 2.56　“闪光灯”参数及效果

⑫ 阈值：用于将素材画面转化为黑白二进制图像，参数及效果如图 2.57 所示。

图 2.57　“阈值”参数及效果

⑬ 马赛克：按照画面出现颜色层次，采用马赛克镶嵌图案代替源画面中的图像，参数及效果如图 2.58 所示。

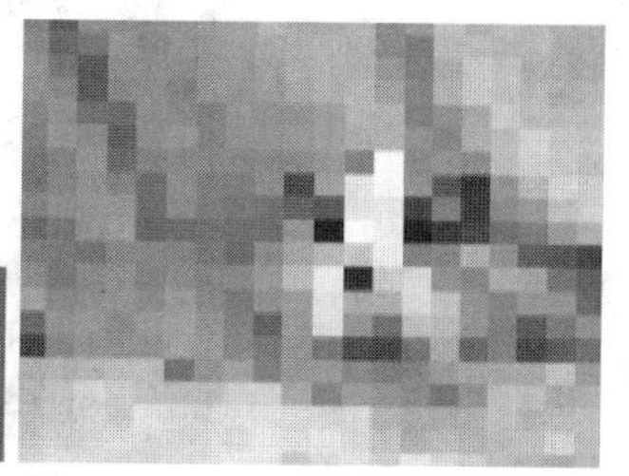

图 2.58　“马赛克”参数及效果

现在我们开始制作任务一“局部遮挡效果”，可以用马赛克效果实现，也可以用模糊效果实现。

2.1.2　创建项目

(1) 启动 Premiere Pro CS4，进入“欢迎使用 Adobe Premiere Pro”界面。单击“新建项目”按钮，如图 2.59 所示，进入“新建项目”对话框，如图 2.60 所示。我们在“常规”选项卡界面的下端单击“浏览”按钮，选择项目需要存放的路径，在“名称”对应的文本框中输入本项目的名称“局部遮挡效果”，其他参数使用系统默认设置即可，单击“确定”按钮，即进入“新建序列”选项窗口。

图 2.59 “欢迎使用 Adobe Premiere Pro”界面

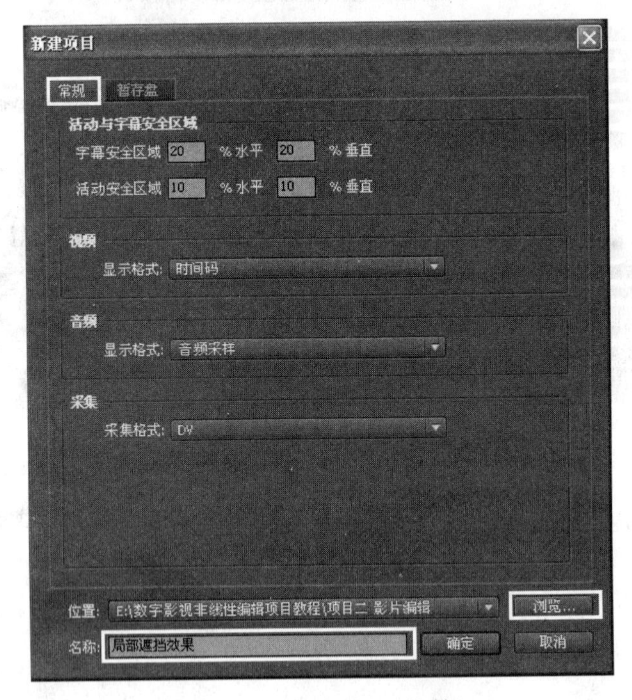

图 2.60 “新建项目”对话框

(2) 在打开的“新建序列”选项窗口中，激活“序列预置”选项卡，选择我国标准 PAL 制视频、48kHz，如图 2.61 所示。

(3) 为减少轨道所占的工作空间，将视频轨道和音频轨道数量进行设置。激活“轨道”选项卡，设置视频轨道数量为 2，音频立体声轨道数量为 1，其他参数使用系统默认值即可，如图 2.62 所示，单击“确定”按钮，进入 Premiere Pro CS4 工作界面。

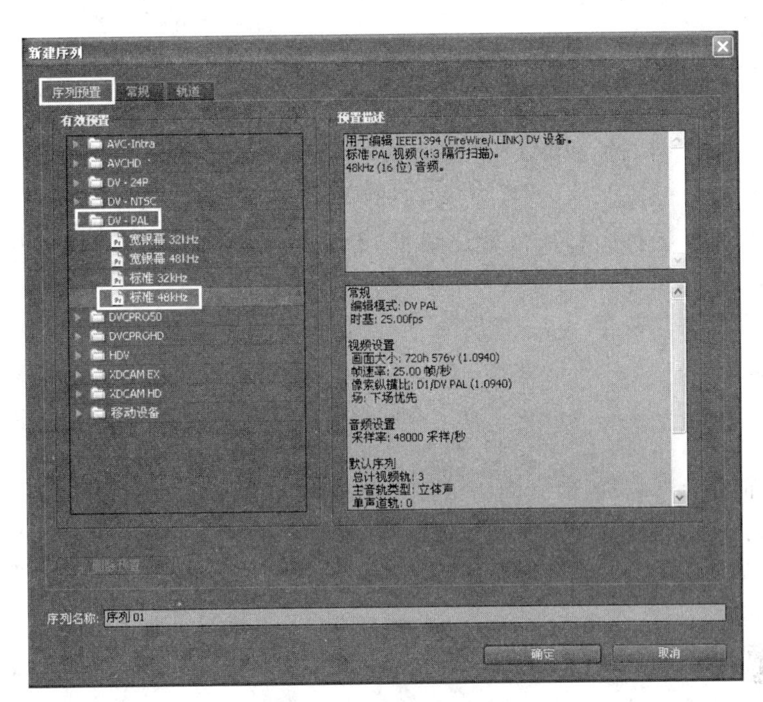

图 2.61　“序列预置”选项卡

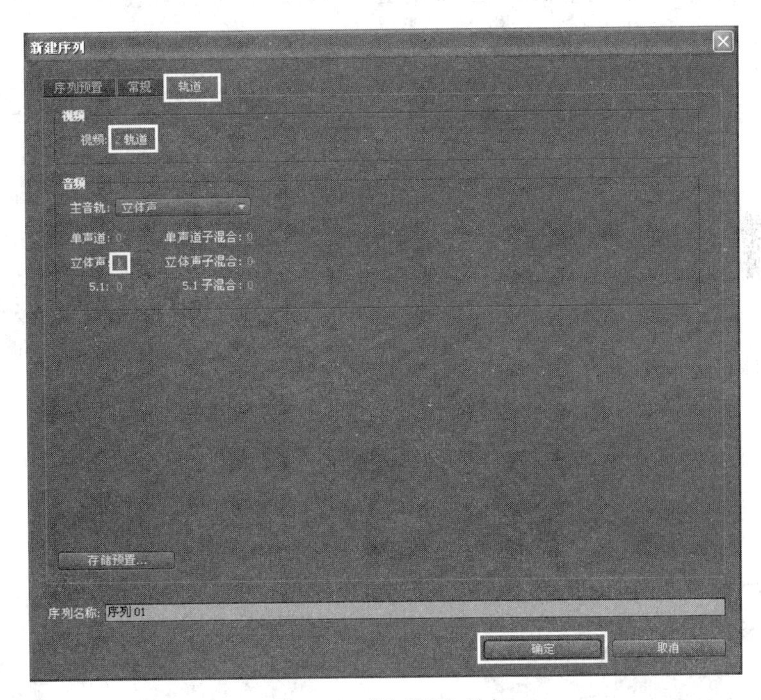

图 2.62　“轨道”选项卡

2.1.3 导入并编辑素材

(1) 按 Ctrl+I 键，打开“导入”对话框。选择素材“项目二 影片编辑\2.1 局部遮挡效果\视频素材\骑车.mpg”，单击“打开”按钮即可导入视频素材。

(2) 同理选择素材“项目二 影片编辑\2.1 局部遮挡效果\音频素材\背景音乐.mp3”，单击“打开”按钮，即可导入音频素材。

(3) 将视频素材“骑车.mpg”拖曳至“时间线”窗口。

(4) 浏览素材，观察人物的变化情况，并标记出需要进行遮挡的素材片段。

(5) 经反复观察，决定将后 4 秒钟的人物脸部进行遮挡，所以在 00:00:06:00 处设置入点，在结束点 00:00:10:00 处设置出点。

(6) 将“时间线”窗口中的时间指示器定位于 00:00:06:00 处，将“项目”窗口中的视频素材“骑车.mpg”再次拖曳至时间线窗口的“视频 2”轨道，这时发现视频素材只有刚刚设置的出、入点之间的片段。

2.1.4 添加并编辑视频效果

(1) 关闭“视频 1”轨道前面的“切换轨道输出”按钮，暂时将最下面的视频隐藏起来，以便于编辑“视频 2”中的素材。

(2) 在“效果”窗口中的搜索文本框中输入“裁剪”，此时就会将含有“裁剪”字样的所有效果显示出来，如图 2.63 所示。我们选择“视频特效”|“变换”|“裁剪”选项，拖曳至“视频 2”轨道素材中。

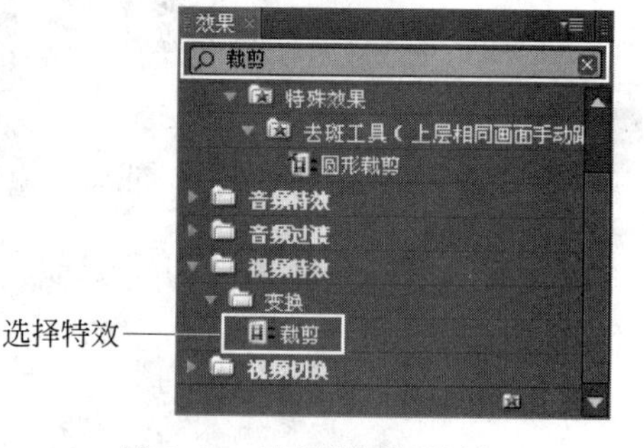

图 2.63 选择“裁剪”效果

(3) 选中“视频 2”轨道中的素材，激活“特效控制台”窗口，将“裁剪”特效卷展栏展开。

(4) 将时间指示器定位于 00:00:06:00 处，单击“左侧”、“顶部”、“右侧”、“底部”前面的“切换动画”按钮，分别创建关键帧动画，数值如图 2.64 所示。

(5) 继续浏览，时间指示器定位于 00:00:06:08 处，“左侧”、“右侧”、“底部”对应的百分比如图 2.65 所示。

图 2.64 00:00:06:00 处“裁剪”特效参数

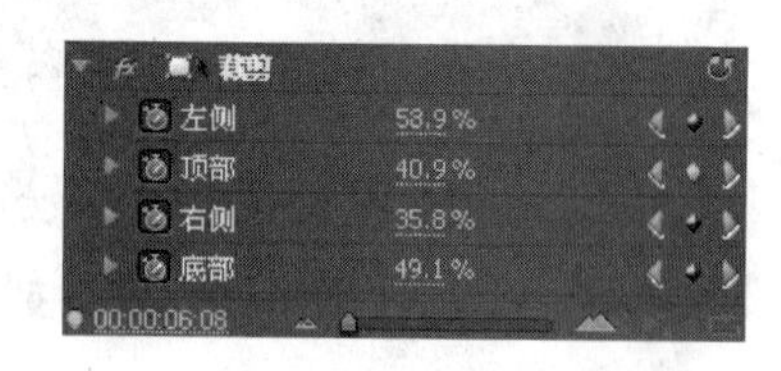

图 2.65 00:00:06:08 处“裁剪”特效参数

(6) 将时间指示器定位于 00:00:06:10 处,“左侧”、“右侧”对应百分比如图 2.66 所示。

(7) 将时间指示器定位于 00:00:06:14 处,“左侧”、“顶部”、“右侧”、“底部”对应百分比如图 2.67 所示。

图 2.66 00:00:06:10 处“裁剪”特效参数

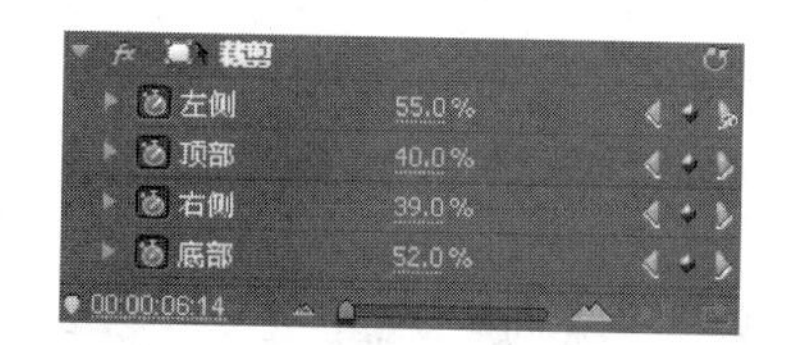

图 2.67 00:00:06:14 处“裁剪”特效参数

(8) 将时间指示器定位于 00:00:07:04 处,“左侧”、“顶部”、“右侧”、“底部”对应百分比如图 2.68 所示。

(9) 将时间指示器定位于 00:00:07:13 处,“左侧”、“右侧”、“底部”对应百分比如图 2.69 所示。

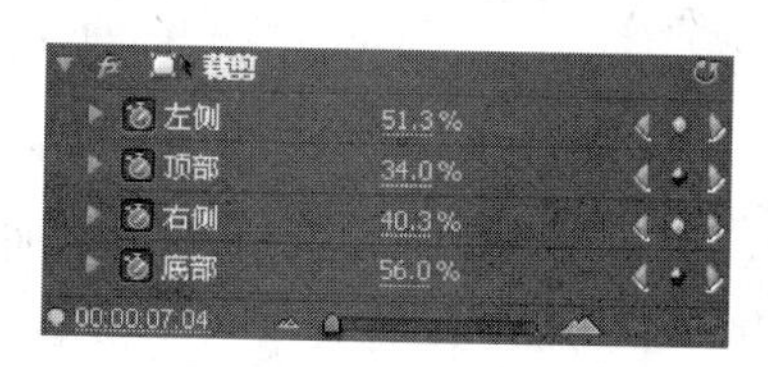

图 2.68 00:00:07:04 处“裁剪”特效参数

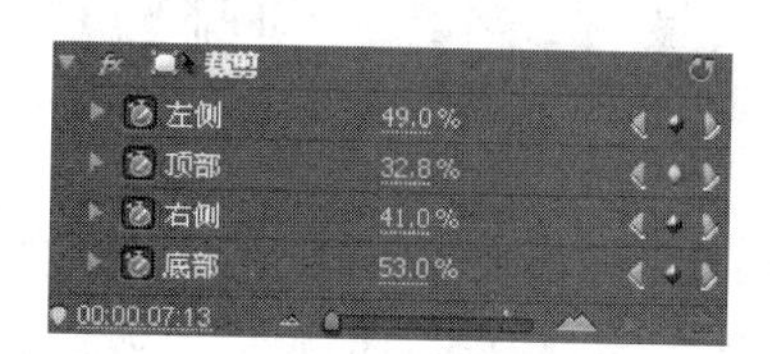

图 2.69 00:00:07:13 处“裁剪”特效参数

(10) 将时间指示器定位于 00:00:07:24 处,“左侧”、“右侧”对应百分比如图 2.70 所示。

(11) 将时间指示器定位于 00:00:08:08 处,“左侧”对应百分比如图 2.71 所示。

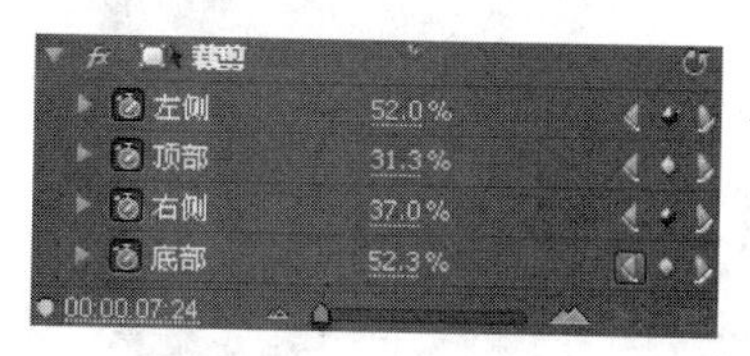

图 2.70 00:00:07:24 处“裁剪”特效参数

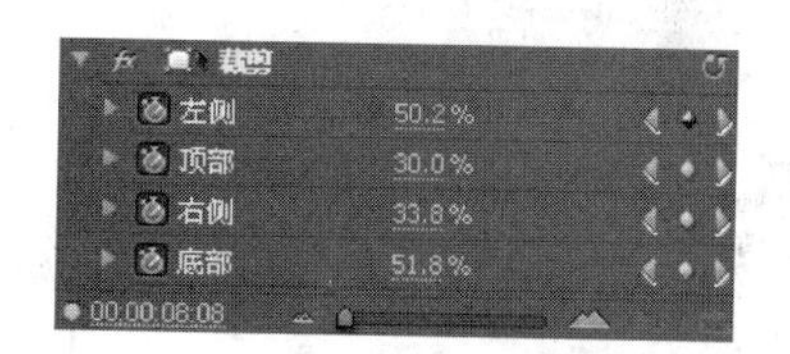

图 2.71 00:00:08:08 处“裁剪”特效参数

(12) 将时间指示器定位于 00:00:08:16 处,“左侧”、“右侧”、“底部”对应百分比如图 2.72 所示。

(13) 将时间指示器定位于 00:00:09:05 处,“左侧”、“顶部”、“右侧”、“底部”对应百分比如图 2.73 所示。

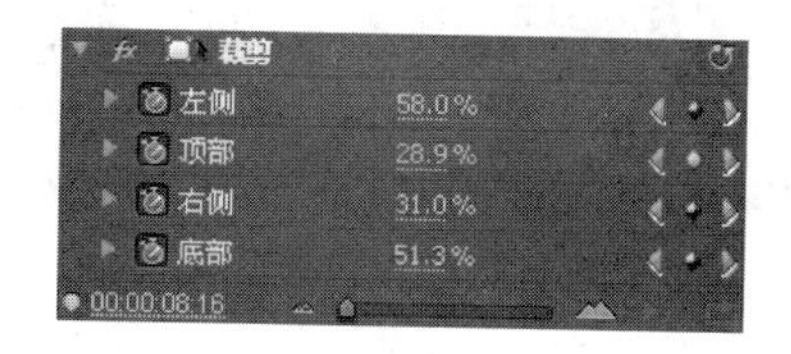

图 2.72 00:00:08:16 处“裁剪”特效参数

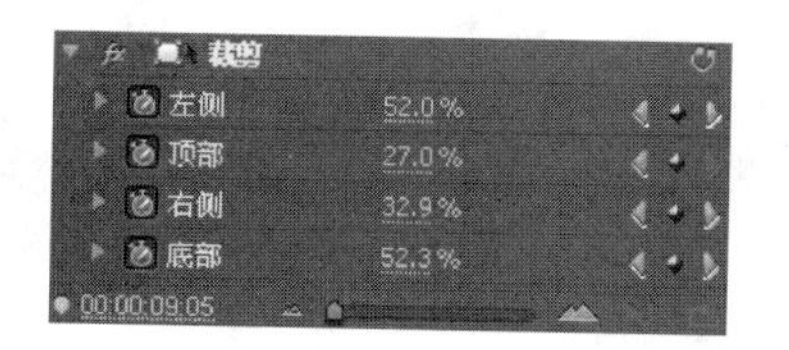

图 2.73 00:00:09:05 处“裁剪”特效参数

(14) 将时间指示器定位于 00:00:09:14 处,"左侧"、"顶部"、"右侧"、"底部"对应百分比如图 2.74 所示。

(15) 将时间指示器定位于 00:00:09:24 处,"左侧"、"顶部"、"右侧"、"底部"对应百分比如图 2.75 所示。

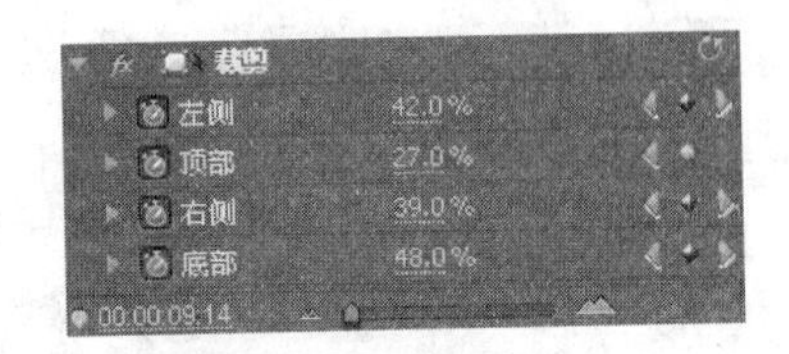

图 2.74 00:00:09:14 处"裁剪"特效参数

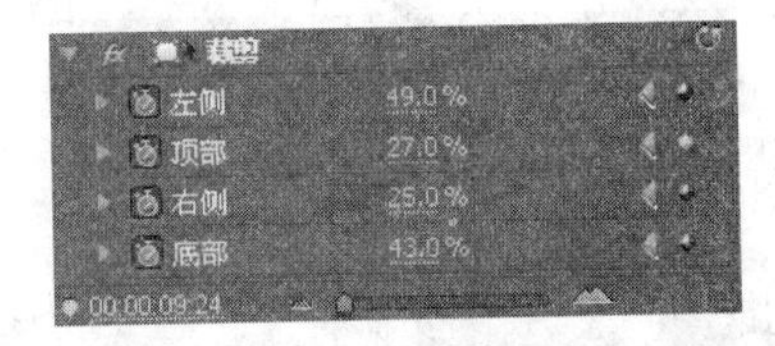

图 2.75 00:00:09:24 处"裁剪"特效参数

(16) 浏览"视频 2"轨道上的素材,观察人物的脸部是否被实时遮挡。

(17) 开启"视频 1"轨道前面的"切换轨道输出"按钮,恢复显示最下面的视频。

(18) 在"效果"窗口中的搜索文本框中输入"马赛克",此时就会将含有"马赛克"字样的所有效果显示出来。我们选择"视频特效"|"风格化"|"马赛克"选项,如图 2.76所示,拖曳至"视频 2"轨道素材中。

(19) "马赛克"视频参数及效果如图 2.77 所示。此时发现,马赛克遮挡效果非常不理想,我们刚刚做的局部遮挡区域没有发挥作用,需要重新调整"水平块"和"垂直块"参数。调整后的参数及效果如图 2.78 所示,可以真正实现遮挡目的。

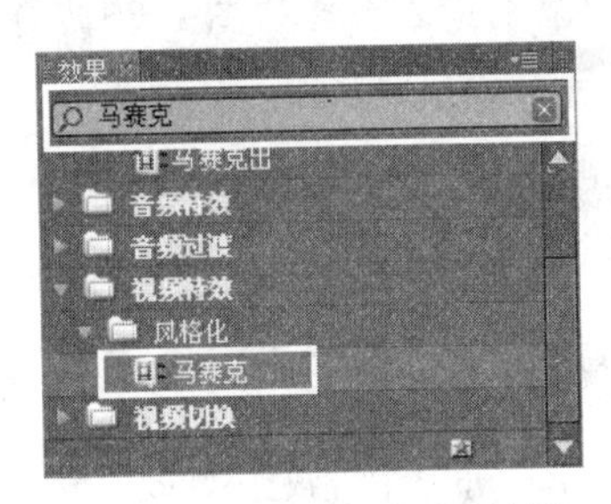

图 2.76 选择"马赛克"效果

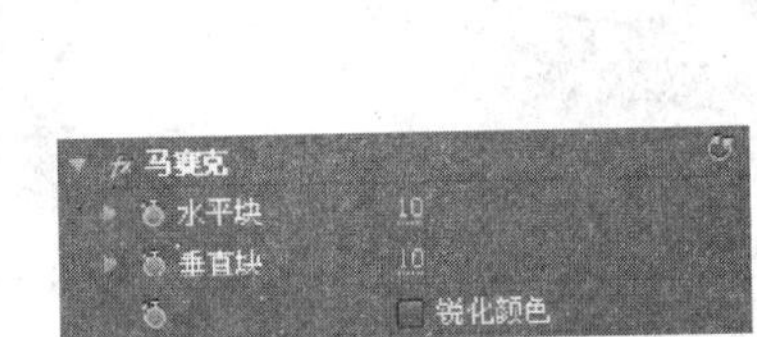

图 2.77 调整前的参数及效果

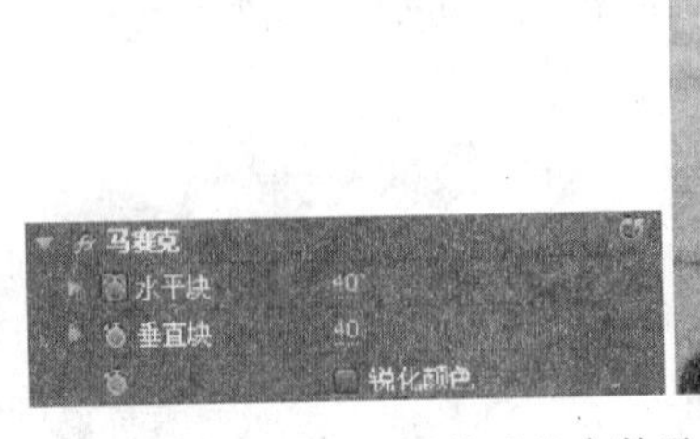

图 2.78 调整后的参数及效果

2.1.5　添加音效

(1) 将音频素材“背景音乐.mp3”拖曳至“时间线”窗口，如图 2.79 所示。

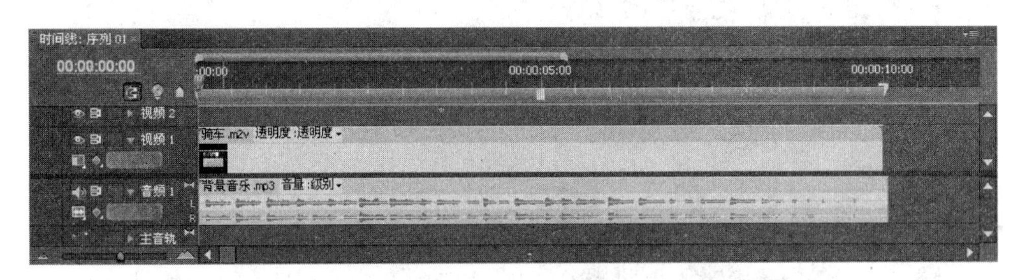

图 2.79　将“背景音乐.mp3”添加到“时间线”窗口

(2) 将音频素材中最后多余的两帧用剃刀工具剪掉后删除，使音频素材与视频素材长度相同。

(3) 为音乐制作淡入效果。在起始帧 00:00:00:00 处创建关键帧，将音量设置为最小值，如图 2.80 所示。

(4) 在 00:00:00:14 处创建关键帧，音量设置为 0，如图 2.81 所示。

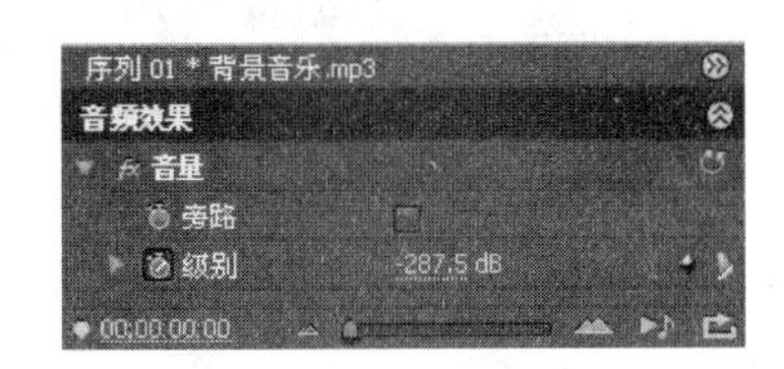

图 2.80　在起始帧 00:00:00:00 处创建关键帧

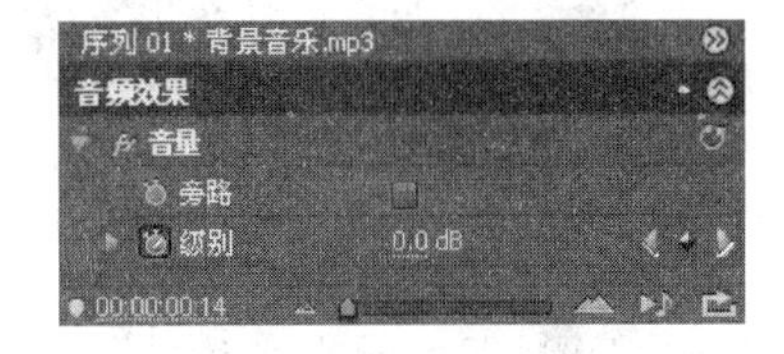

图 2.81　将音量设置为 0

(5) 试听音乐，检查制作效果。

2.1.6　添加视频切换

此次制作效果可以不添加视频切换效果，但如果想加淡入淡出的效果，应切记对视频轨道上的两个素材同时添加同一个视频切换效果，否则会出现穿帮镜头。

2.1.7　导出影片

(1) 选择“序列”|“渲染工作区内的效果”选项，或者直接按 Enter 键，渲染影片，会打开如图 2.82 所示的对话框。待渲染结束后会自动播放影片，观察效果是否还须修改调整。

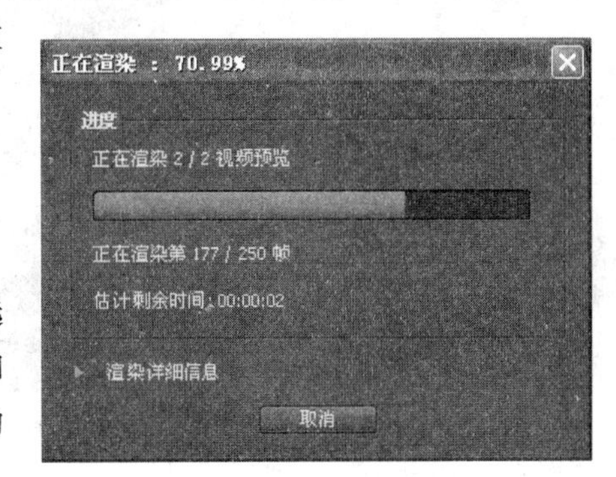

图 2.82　“正在渲染”对话框

(2) 按 Ctrl＋M 键，或者选择“文件”|“导

出”|“媒体”选项，打开“导出设置”对话框，如图 2.83 所示，设置导出文件格式为 MPEG-2，预置为“PAL DV 高品质”，选择存储路径，输入名称，选中“导出视频”复选框和“导出音频”复选框后，单击“确定”按钮，即可打开 Adobe Media Encoder，如图 2.84 所示。

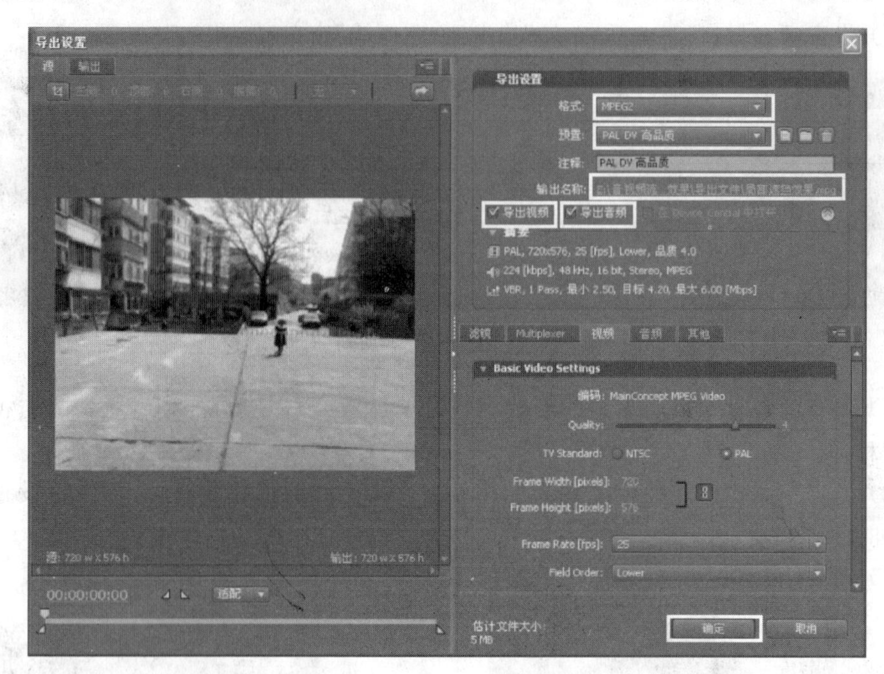

图 2.83 “导出设置”对话框

(3) 在打开的 Adobe Media Encoder 窗口中，确认无误后，单击“开始队列”按钮，如图 2.85 所示，即可导出影片，可通过单击“暂停”按钮或者“停止队列”按钮来控制导出过程，如图 2.86 所示。

图 2.84 启动 Adobe Media Encoder

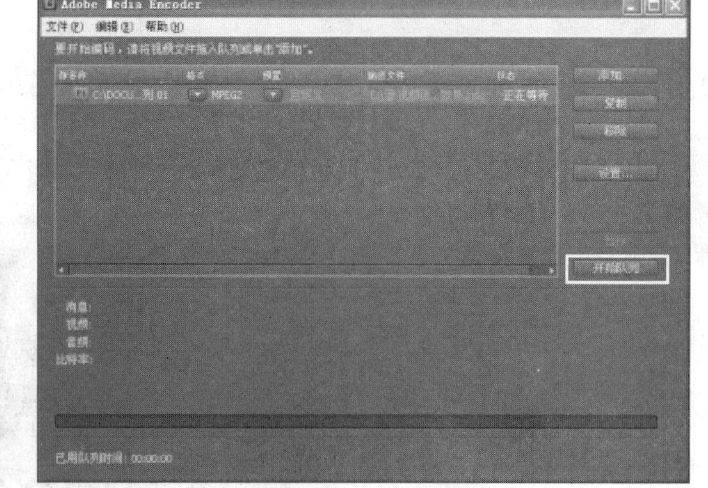

图 2.85 Adobe Media Encoder 窗口

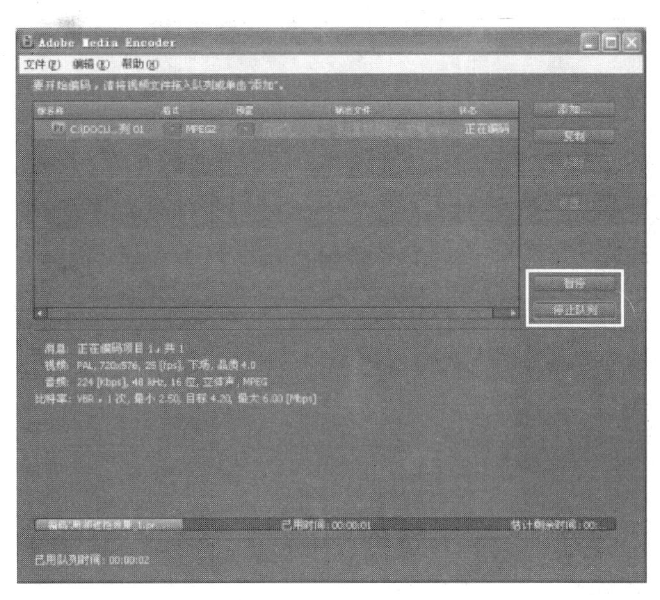

图 2.86 导出影片工作界面

(4) 将导出的影片在暴风影音中进行播放，效果如图 2.87 所示。

图 2.87 用“暴风影音”播放

至此利用马赛克效果制作的局部遮挡效果就完成了。大家也可以利用模糊效果替代马赛克效果，同样可以制作出完美的效果，不信就试试吧！

2.2 任务二 游动的鸭子

本任务主要是制作一个水面微微荡漾、几只可爱的小鸭子在上面游动的效果。使用素材简单，仅仅利用几张图片，添加相应的视频效果，就能打破图片的静态感，让人有一种心旷神怡的感觉，效果如图 2.88 所示。

图 2.88　游动的鸭子

- 素材的选取
- 视频特效的使用
- 关键帧的设置
- 合成效果的把握

2.2.1　准备知识——视频特效(二)

本小节介绍视频特效中的扭曲、模糊与锐化、生成以及色彩校正 4 大类。

1. 扭曲

扭曲类视频特效主要是通过对素材进行几何扭曲变形来实现对画面的各种变形效果，其中包括 11 种效果，现分别介绍如下。

(1) 偏移：可以对素材自身进行透明化的位移变化，参数及效果如图 2.89 所示。

图 2.89　“偏移”参数及效果

(2) 变换：可以对素材的大小、位置、角度、透明度以及倾斜度等进行调整，参数及效果如图 2.90 所示。

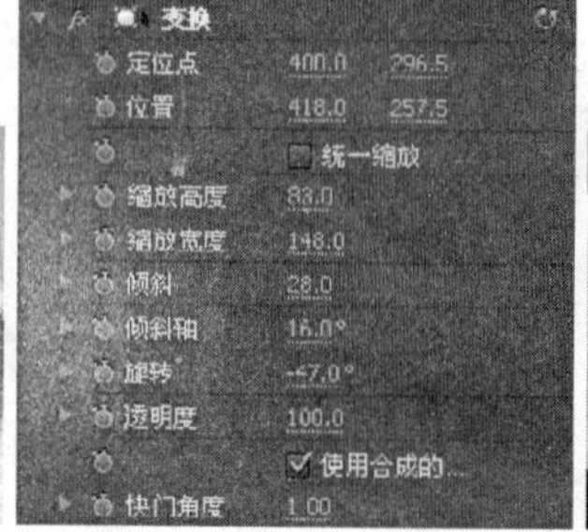

图 2.90　“变换”参数及效果

（3）弯曲：可以将素材按水平和垂直方向进行不同速率、不同范围的波浪形状弯曲变化，参数及效果如图 2.91 所示。

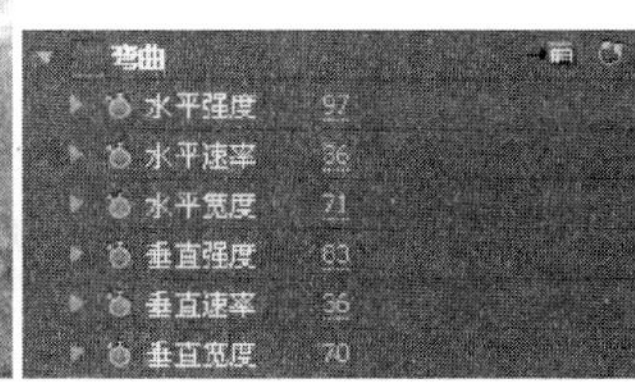

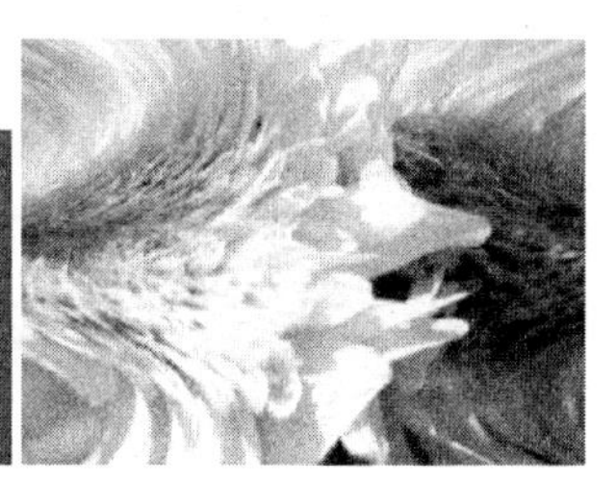

图 2.91　“弯曲”参数及效果

（4）放大：对素材的一部分进行圆形或方形的放大变化，并可同时调整透明度及羽化效果处理，参数及效果如图 2.92 所示。

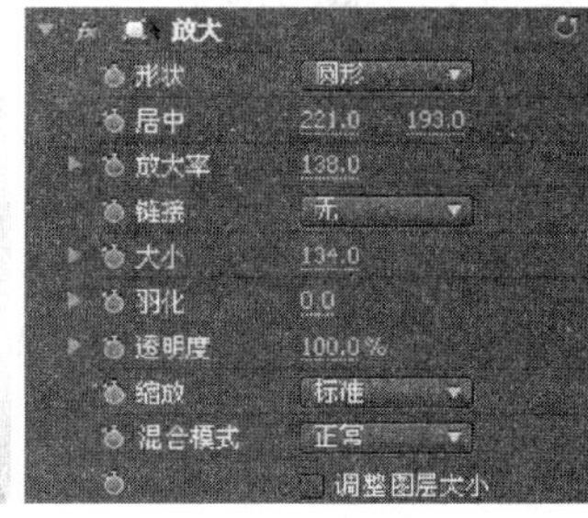

图 2.92　“放大”参数及效果

（5）旋转：可以对素材沿某一中心进行旋转变形处理，参数及效果如图 2.93 所示。

图 2.93　“旋转”参数及效果

（6）波形弯曲：可以对素材画面产生类似水波浪的扭曲效果，参数及效果如图 2.94 所示。

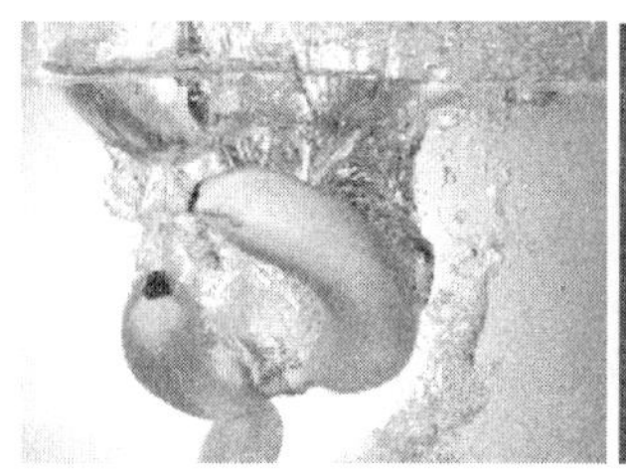
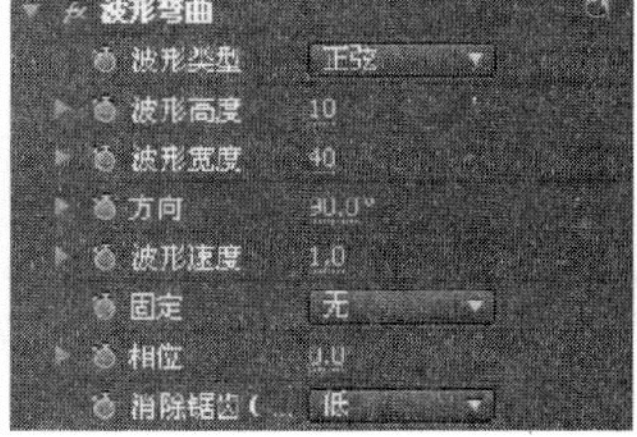

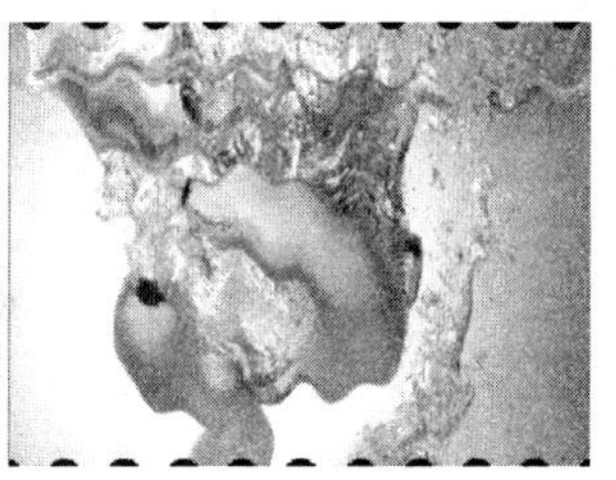

图 2.94　“波形弯曲”参数及效果

(7) 球面化：可以对素材画面产生球面化的效果，参数及效果如图 2.95 所示。

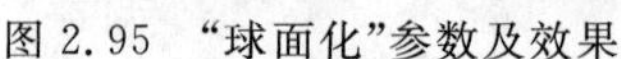

图 2.95 “球面化”参数及效果

(8) 紊乱置换：可以使素材画面产生各种凸起或者旋转等动荡的效果，参数及效果如图 2.96 所示。

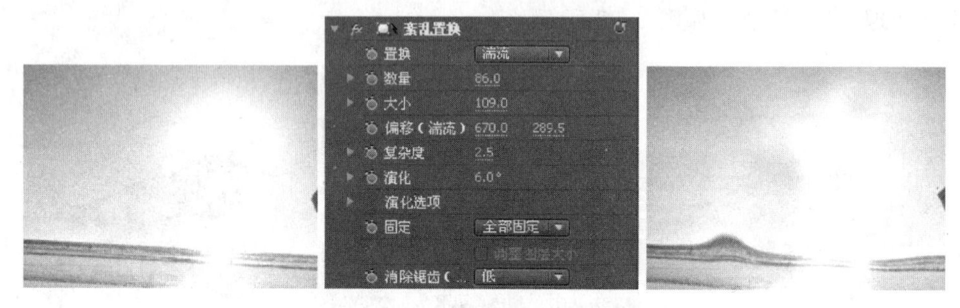

图 2.96 “紊乱置换”参数及效果

(9) 边角固定：可以通过任意调整素材的四个角点位置达到变形的效果，参数及效果如图 2.97 所示。

图 2.97 “边角固定”参数及效果

(10) 镜像：可以使素材沿某一直线进行镜像，使画面达到对称效果，参数及效果如图 2.98 所示。

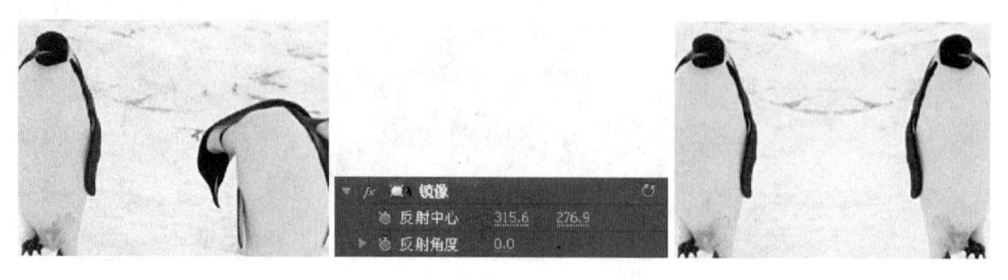

图 2.98 “镜像”参数及效果

(11) 镜头扭曲：模拟镜头效果原理，对素材进行变形处理，参数及效果如图 2.99 所示。

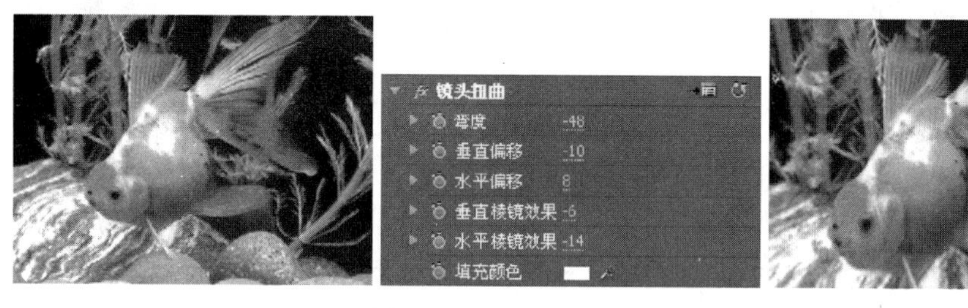

图 2.99　“镜头扭曲”参数及效果

2. 模糊与锐化

模糊与锐化类视频特效主要用于模糊或者锐化素材，以实现一定的艺术效果，其中包括 10 种效果，现分别介绍如下。

(1) 复合模糊：可以模糊自身素材，也可以将多个重叠对象进行混合模糊，参数及效果如图 2.100 所示。

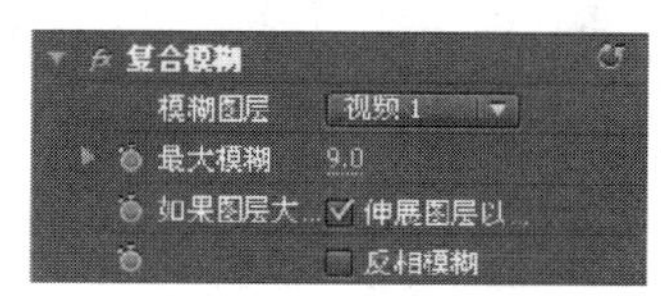

图 2.100　“复合模糊”参数及效果

(2) 定向模糊：可以将素材按照某一指定方向进行模糊效果处理，从而使其在模糊后具有一定的动感，参数及效果如图 2.101 所示。

图 2.101　“定向模糊”参数及效果

(3) 快速模糊：用于设置素材的模糊程度，效果与高斯模糊相似，但在大面积使用时速度要优于高斯模糊，参数及效果如图 2.102 所示。

(4) 摄像机模糊：可以模拟摄像机镜头变焦所产生的模糊处理，参数及效果如图 2.103 所示。

(5) 残像：将当前所播放的帧画面透明地覆盖到前一帧画面上，从而产生一种幽灵附体的效果，如图 2.104 所示。

图 2.102 “快速模糊”参数及效果

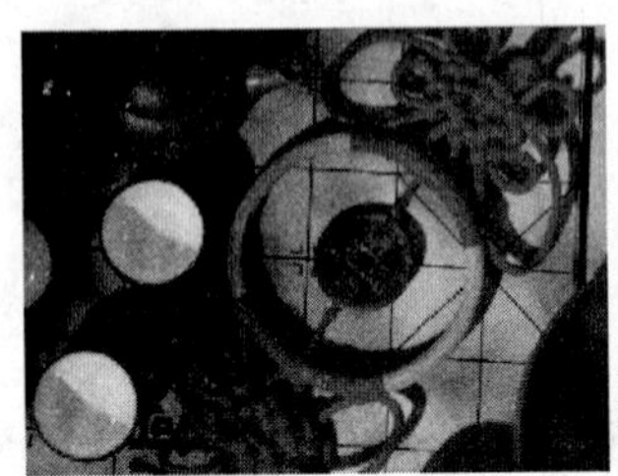

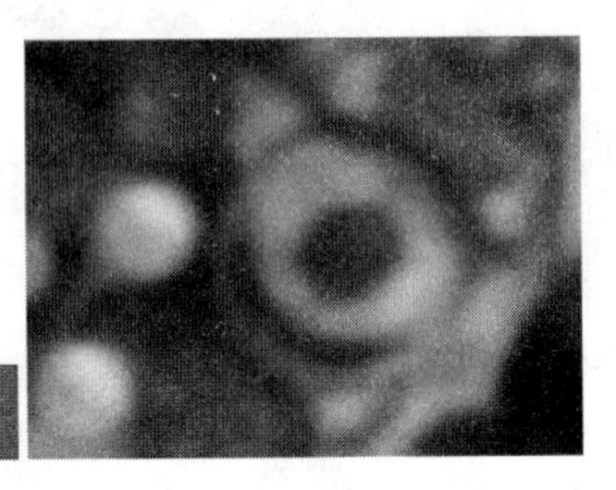

图 2.103 “摄像机模糊”参数及效果

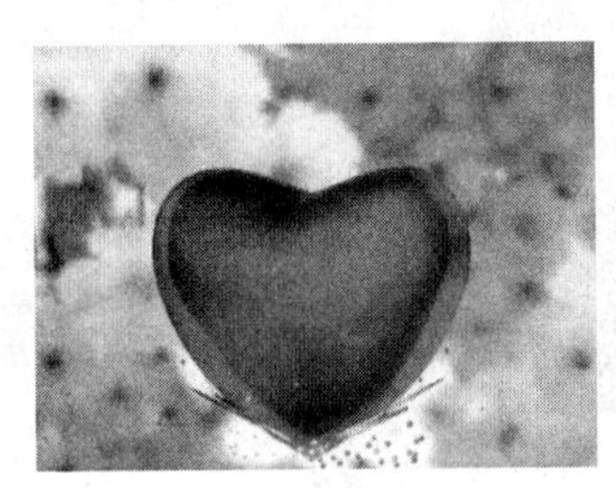
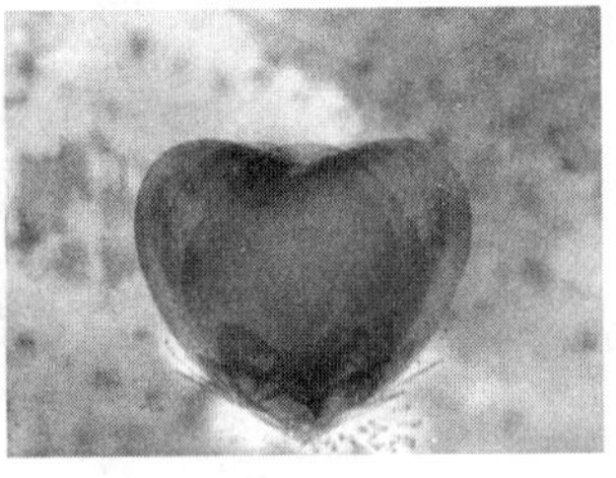

图 2.104 “残像”特效

(6) 消除锯齿：对素材中色彩变化明显的部分进行平均，使画面柔和化。在从暗到明的过渡区域加上适当的色彩，使该区域图像变得模糊，如图 2.105 所示。

图 2.105 “消除锯齿”特效

(7) 通道模糊：可以对素材的红、绿、蓝和 Alpha 通道分别进行模糊处理，可以创建辉光效果或控制一个图层的边缘附近变得不透明，参数及效果如图 2.106 所示。

(8) 锐化：可以提高素材图像颜色边缘的对比度，参数及效果如图 2.107 所示。

(9) 非锐化遮罩：可以将图像中颜色边缘类别设置得更明显，参数及效果如图 2.108 所示。

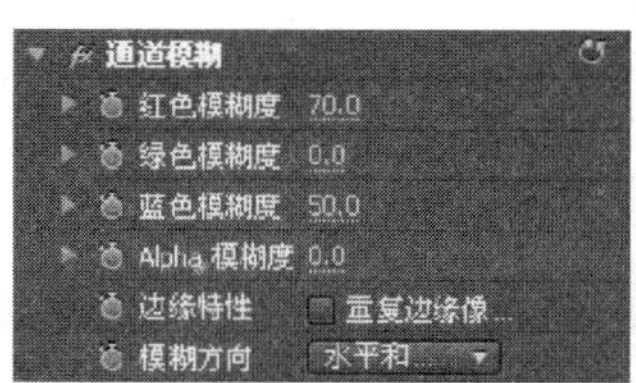

图 2.106 “通道模糊”参数及效果

图 2.107 “锐化”参数及效果

图 2.108 “非锐化遮罩”参数及效果

(10) 高斯模糊：通过修改明暗分界点的差值，使图像变得模糊。使用高斯模糊可以将比较锐利的画面进行改观，使画面有一种雾状效果，参数及效果如图 2.109 所示。

图 2.109 “高斯模糊”参数及效果

3. 生成

生成类视频特效主要是在素材上创造各种视觉的特效，如发光、闪电等，其中包括 12 种效果，现分别介绍如下。

(1) 书写：可以在素材画面上创建关键帧，设置书写位置、硬度、颜色、大小等属性后，按先后顺序连接起来，像用笔写字一样，参数及效果如图 2.110 所示。

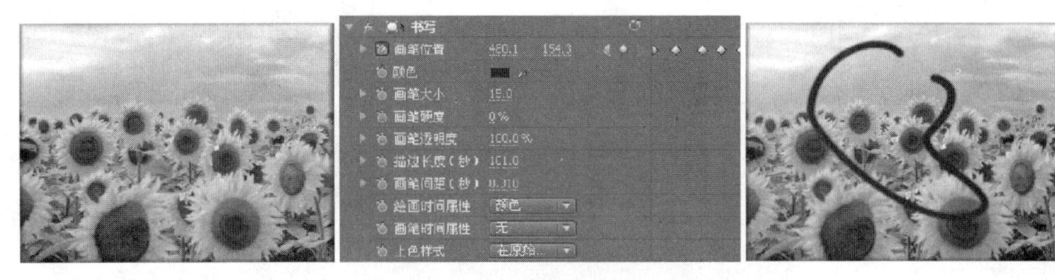

图 2.110 “书写”参数及效果

(2) 发光：可以为素材添加光线效果，参数及效果如图 2.111 所示。

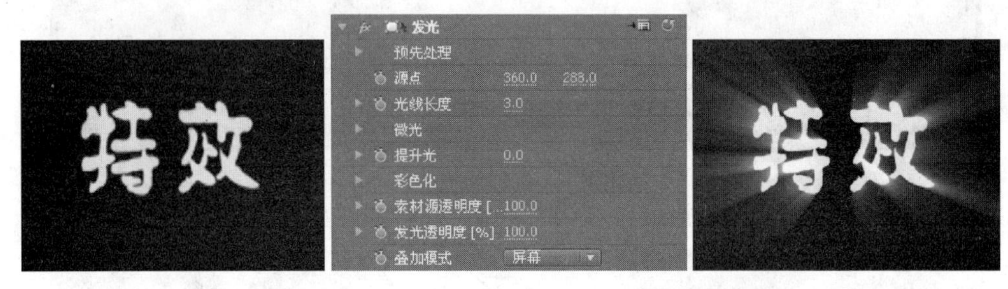

图 2.111 “发光”参数及效果

(3) 吸色管填充：对素材画面中某个点的颜色采样后，与原始素材画面进行混合，参数及效果如图 2.112 所示。

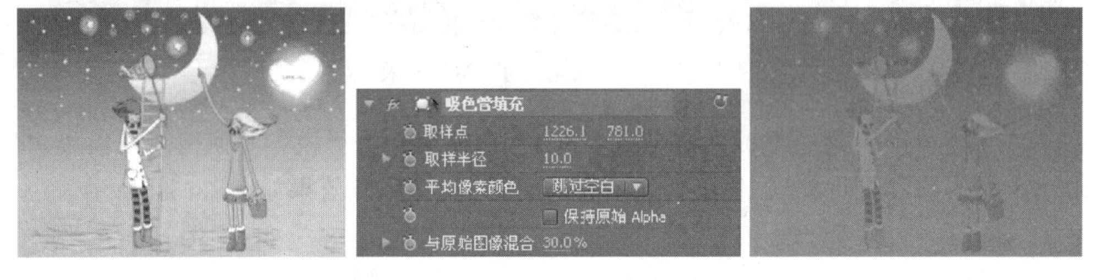

图 2.112 “吸色管填充”参数及效果

(4) 四色渐变：可以为素材创建四色的渐变效果，参数及效果如图 2.113 所示。

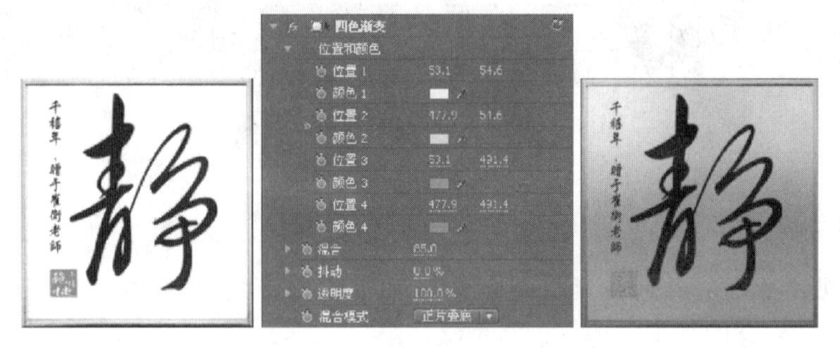

图 2.113 “四色渐变”参数及效果

(5) 圆形：可以产生一个实圆或环形效果，参数及效果如图 2.114 所示。

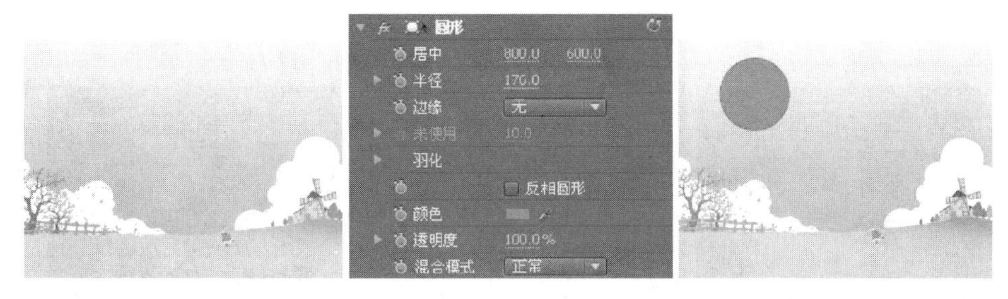

图 2.114　“圆形”参数及效果

(6) 棋盘：在素材上创建棋盘格图案，并进行混合，参数及效果如图 2.115 所示。

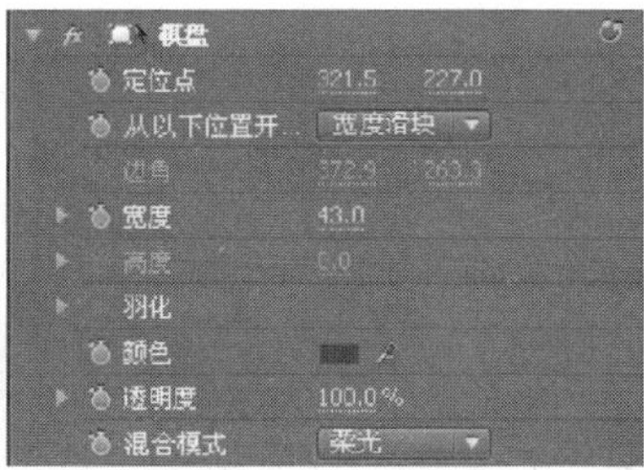

图 2.115　“棋盘”参数及效果

(7) 油漆桶：对素材当中的某一区域内部填充颜色，模拟油漆填充效果，参数及效果如图 2.116 所示。

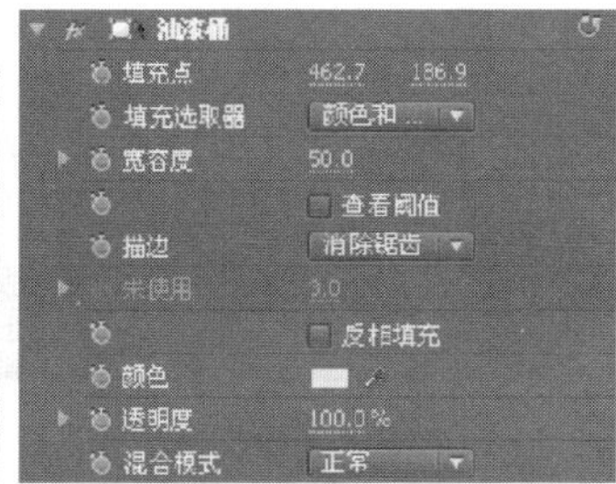

图 2.116　“油漆桶”参数及效果

(8) 渐变：可以为素材添加一个线性或径向渐变，并与原素材进行混合，参数及效果如图 2.117 所示。

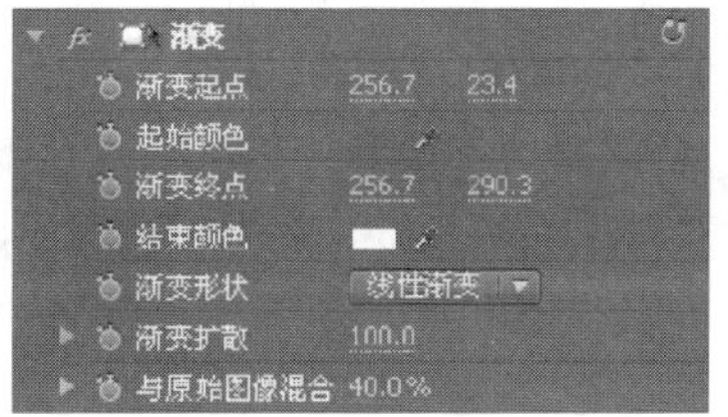

图 2.117　“渐变”参数及效果

(9) 网格：为素材画面添加风格图案，并进行混合，参数及效果如图 2.118 所示。

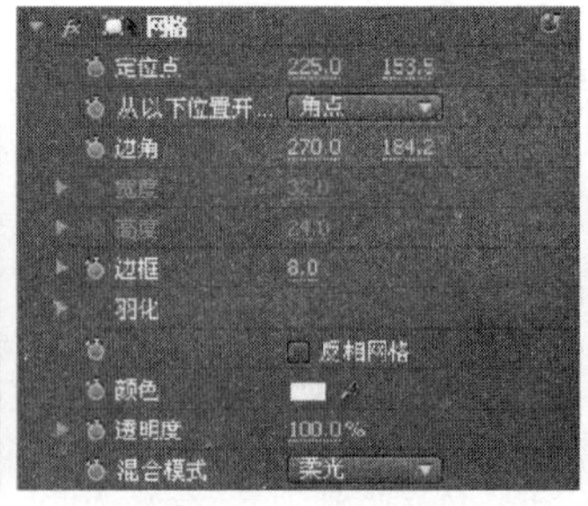

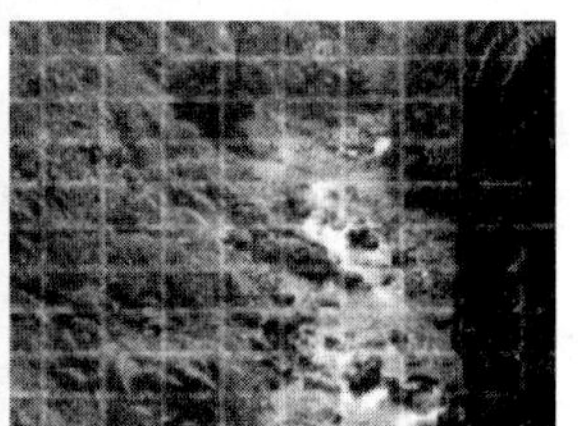

图 2.118 “网格”参数及效果

(10) 蜂巢图案：为素材画面添加蜂巢状的图案效果，参数及效果如图 2.119 所示。

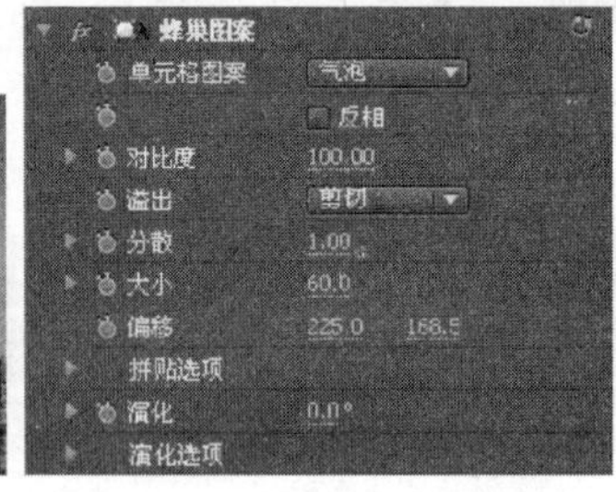

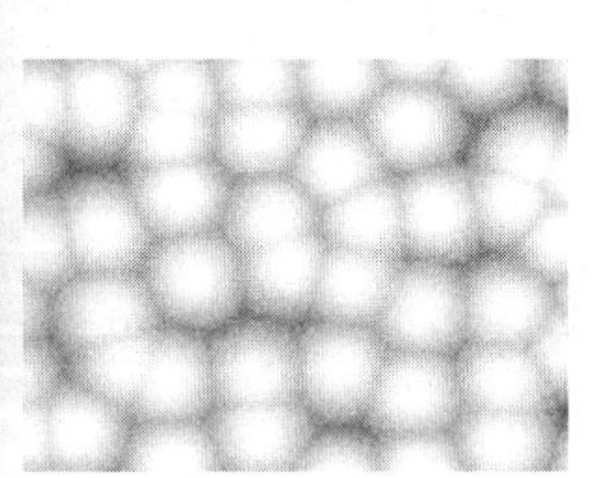

图 2.119 “蜂巢图案”参数及效果

(11) 镜头光晕：用于模拟镜头光晕效果，参数及效果如图 2.120 所示。

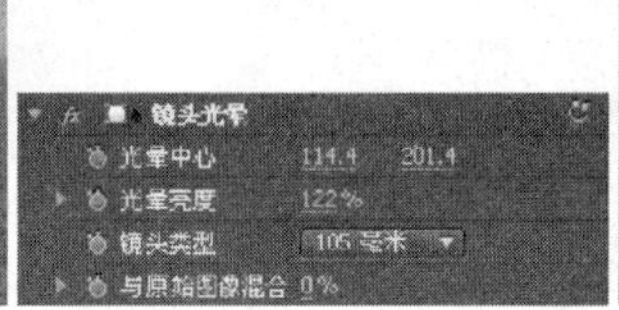

图 2.120 “镜头光晕”参数及效果

(12) 闪电：用于为素材添加闪电和其他类似放电的效果，参数及效果如图 2.121 所示。

图 2.121 “闪电”参数及效果

4. 色彩校正

色彩校正类视频特效主要是对素材的颜色和亮度进行调节，其中包括 17 种效果，现分别介绍如下。

(1) RGB 曲线：通过曲线调整红色、绿色和蓝色通道中的数值，达到改变图像色彩的目的，参数及效果如图 2.122 所示。

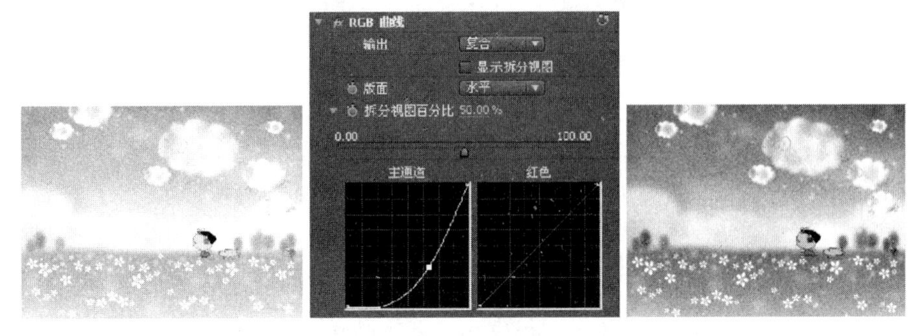

图 2.122　“RGB 曲线”参数及效果

(2) RGB 色彩校正：可以在不改变图像高亮区域和低亮区域的情况下，使图像变亮或者变暗，参数及效果如图 2.123 所示。

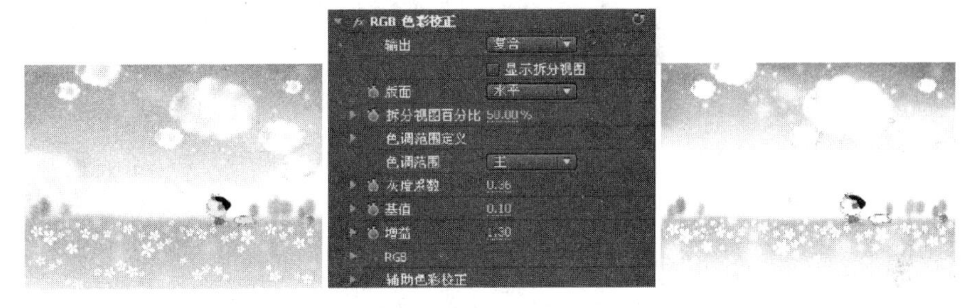

图 2.123　“RBG 色彩校正”参数及效果

(3) 三路色彩校正：通过调节图像的反差对比度与相对变亮/亮暗的效果，通过对中灰度或者相当于中灰色彩色进行修正，增加/减少色调值，来实现画面的理想效果，对画面调整有快速的应用效果，参数及效果如图 2.124 所示。

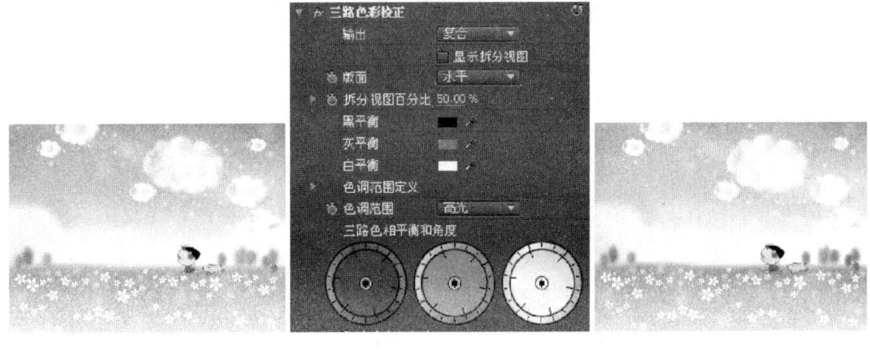

图 2.124　“三路色彩校正”参数及效果

(4) 亮度与对比度：用于调节整个层的亮度和对比度，同时调节所有素材的亮部、暗部和中间色，参数及效果如图 2.125 所示。

图 2.125 “亮度与对比度”参数及效果

(5) 亮度曲线：可以通过对亮度曲线的调整，对图像进行色彩和色阶方面的校正，参数及效果如图 2.126 所示。

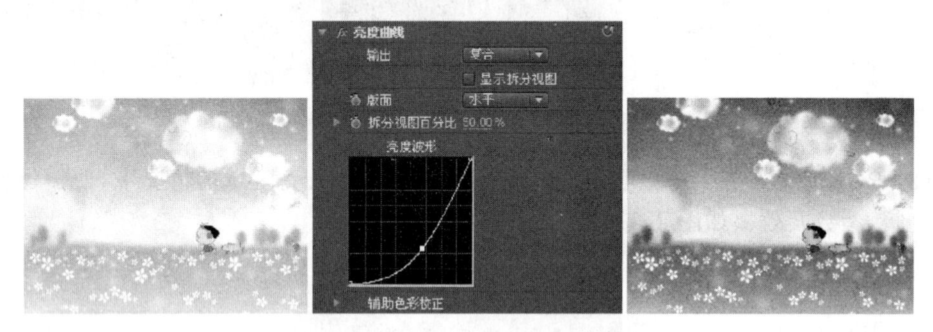

图 2.126 “亮度曲线”参数及效果

(6) 亮度校正：用于对图像进行亮度、对比度等方面的校正，此特效可对屏幕进行分割，参数及效果如图 2.127 所示。

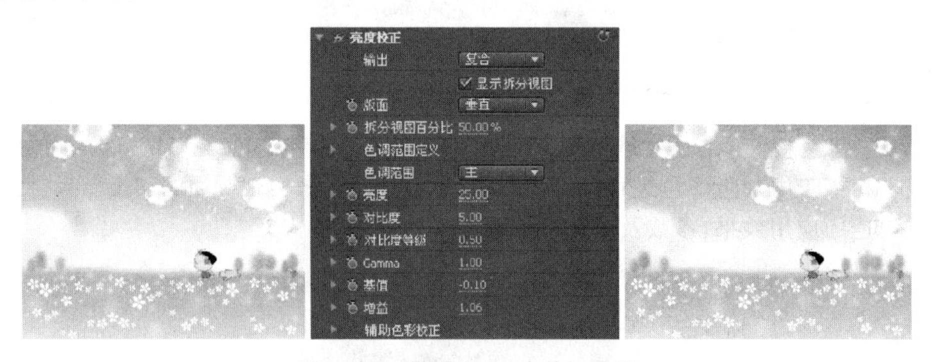

图 2.127 “亮度校正”参数及效果

(7) 广播级色彩：可以校正广播级的颜色和亮度，这样可以将计算机产生的颜色亮度或饱和度降低到一个安全值，使素材能在电视中精准地播放，参数及效果如图 2.128 所示。

(8) 快速色彩校正：可以改变素材片段彩色画面多种颜色的组合效果，对画面颜色的色相平衡作快速的调整，参数及效果如图 2.129 所示。

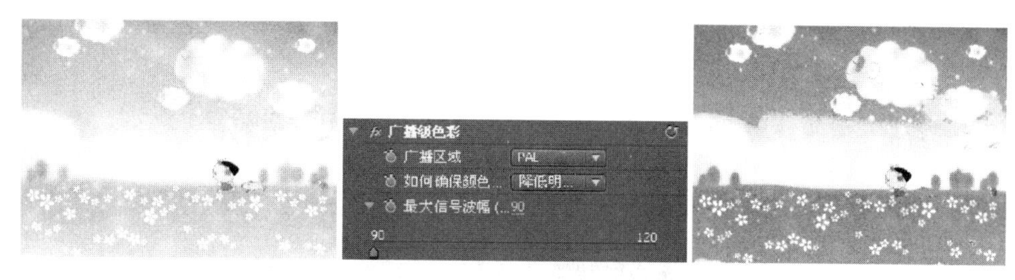

图 2.128　“广播级色彩”参数及效果

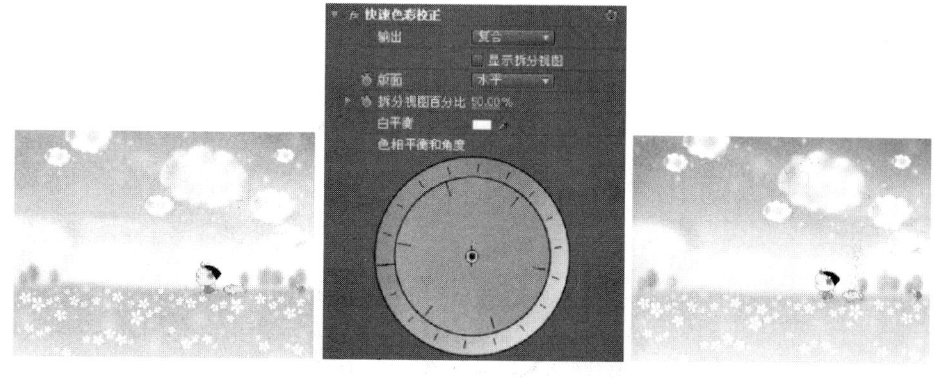

图 2.129　“快速色彩校正”参数及效果

(9) 更改颜色：可以在保持灰度级不变的情况下，用另一种新的颜色来取代选中的颜色效果，参数及效果如图 2.130 所示。

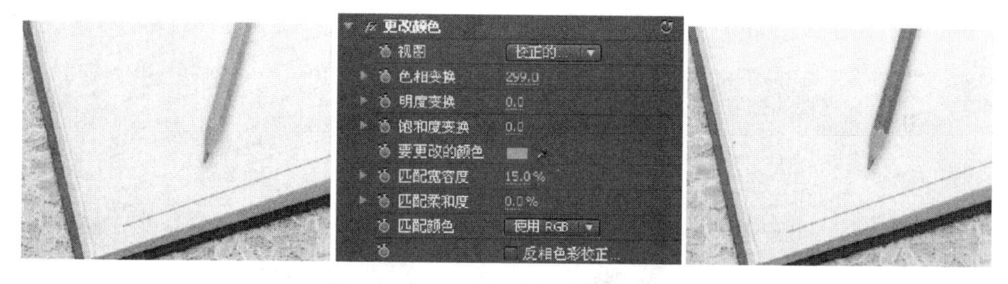

图 2.130　“更改颜色”参数及效果

(10) 着色：可以通过指定的颜色对图像进行颜色映射处理，参数及效果如图 2.131 所示。

图 2.131　“着色”参数及效果

(11) 脱色：可以保留素材中的某一指定颜色及相邻颜色，其他颜色区域将转化为灰度级效果，参数及效果如图 2.132 所示。

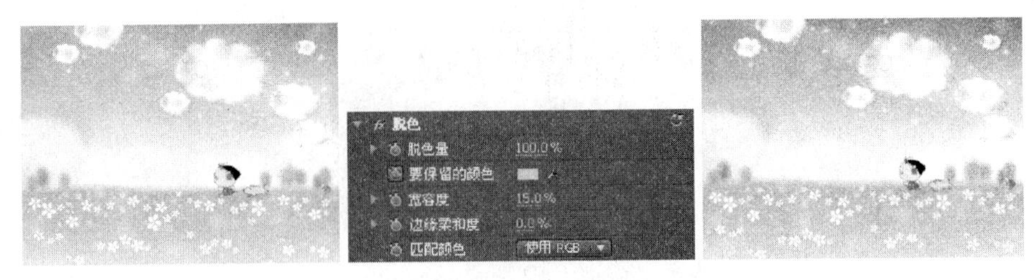

图 2.132 “脱色”参数及效果

(12) 色彩均化：可以对图像进行色彩平均化，最亮的区域用白色取代，最暗的区域用黑色取代，亮部和暗部之间的区域用灰色取代，参数及效果如图 2.133 所示。

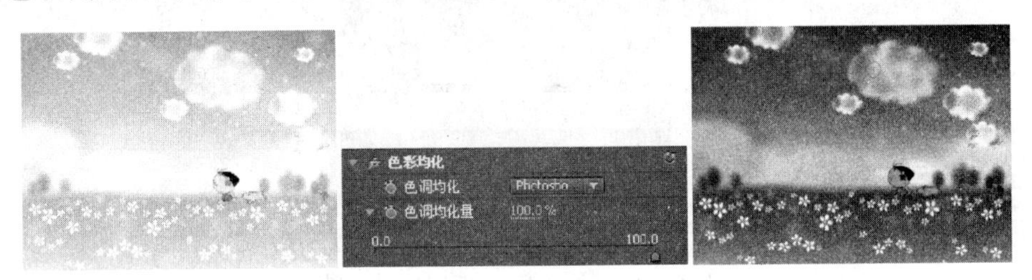

图 2.133 “色彩均化”参数及效果

(13) 色彩平衡：对图像的色调分布范围进行取样后，针对图像调整效果，参数及效果如图 2.134 所示。

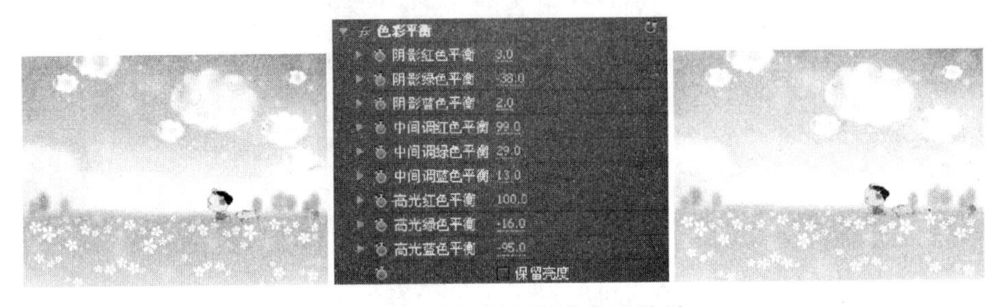

图 2.134 “色彩平衡”参数及效果

(14) 色彩平衡(HLS)：可以通过调整素材片段的色相、亮度和饱和度，来修复彩色画面，参数及效果如图 2.135 所示。

图 2.135 “色彩平衡(HLS)”参数及效果

(15) 视频限幅器：通过调整视频限幅器来修改素材片段，并且可以对屏幕进行分割显示，参数及效果如图 2.136 所示。

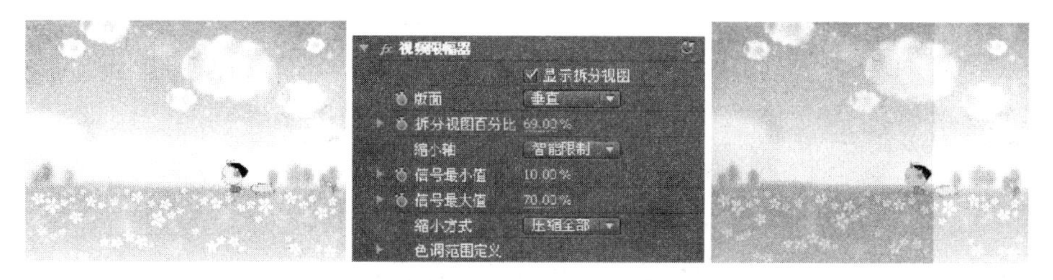

图 2.136 “视频限幅器”参数及效果

(16) 转换颜色：可以为图像指定一种颜色，将其转换为另一种指定颜色的色调、明度以及饱和度，参数及效果如图 2.137 所示。

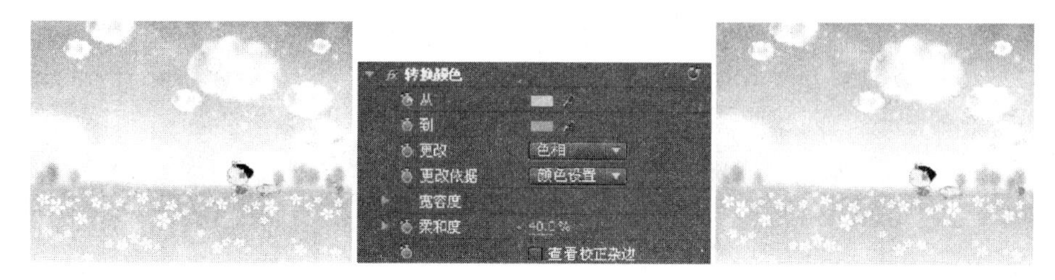

图 2.137 “转换颜色”参数及效果

(17) 通道混合器：用于调整通道之间的颜色数值，实现图像颜色的调整。通过选择每一个颜色通道的百分比组成，可以创建高质量的灰色图像，而且可以对通道进行交换和复制，参数及效果如图 2.138 所示。

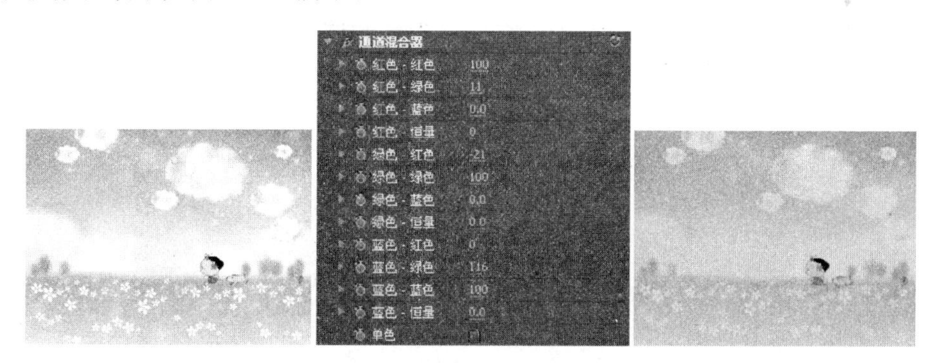

图 2.138 “通道混合器”参数及效果

2.2.2 创建项目并导入素材

(1) 启动 Premiere Pro CS4，进入“欢迎使用 Adobe Premiere Pro”界面，新建项目。在“常规”选项卡中选择项目需要存放的路径，输入项目名称“游动的鸭子”，其他参数使用系统默认设置即可。

(2) 在打开的“新建序列”窗口中,激活“序列预置”选项卡,选择我国标准 PAL 制视频,48kHz,并输入序列名称为“背景”,如图 2.139 所示。

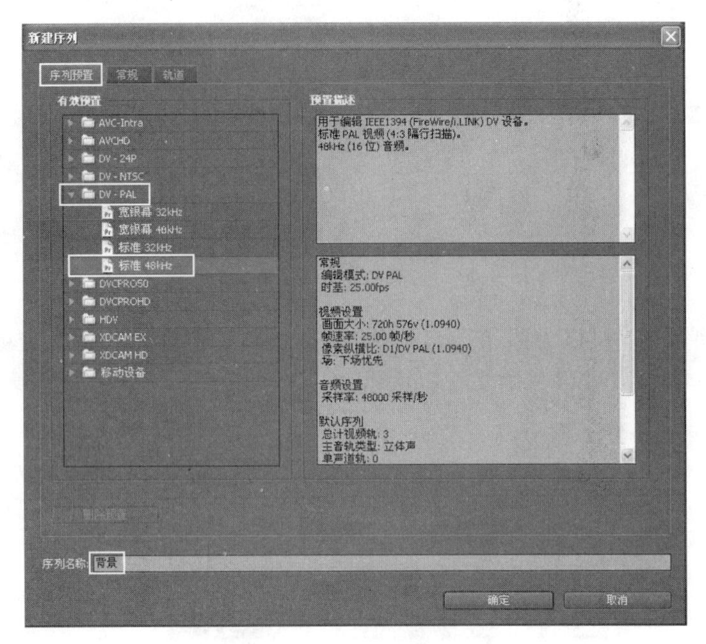

图 2.139 “序列预置”选项卡

(3) 为合理安排轨道所占的工作空间,将视频轨道和音频轨道数量进行设置。激活“轨道”选项卡,设置视频轨道数量为 2,音频立体声轨道数量为 1,其他参数使用系统默认值即可,如图 2.140 所示,单击“确定”按钮,进入 Premiere Pro CS4 工作界面。

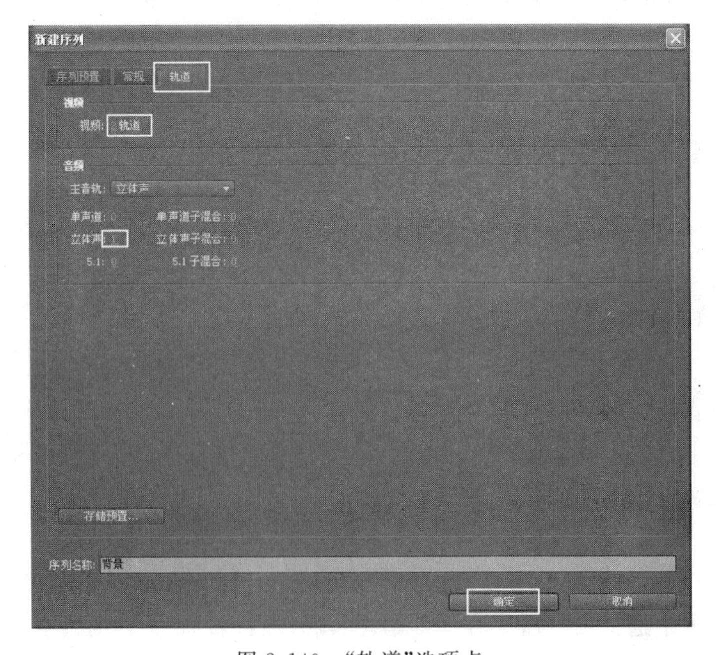

图 2.140 “轨道”选项卡

(4) 选择“编辑”|“参数”|“常规”选项，将原来的默认 150 帧，持续时间为6 秒，更改成 500 帧，持续时间为 20 秒，如图 1.141 所示。

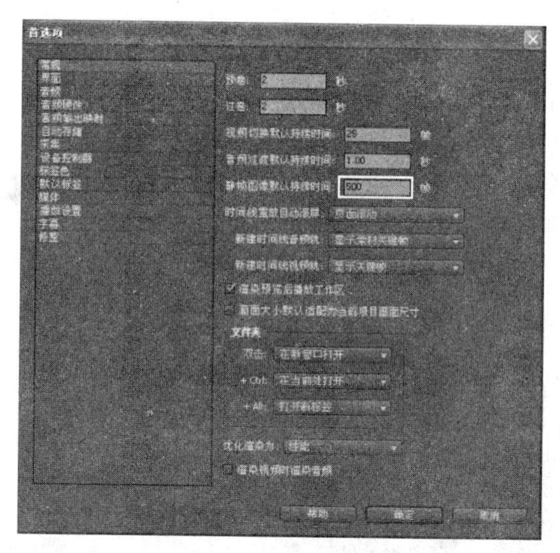

图 2.141　设置首选项常规参数

(5) 选择素材“项目二 影片编辑\2.2 游动的鸭子\图片素材”文件夹，单击“导入文件夹”按钮，即可导入选中文件夹。

(6) 同理，选择素材“项目二 影片编辑\2.2 游动的鸭子\音频素材\背景音乐. mp3”，单击“打开”按钮，即可导入音频素材。

2.2.3　制作背景效果

(1) 将图片素材文件夹中的“背景. jpg”拖曳至“时间线”窗口的“视频 1”轨道中。

(2) 选中素材，激活“特效控制台”窗口，展开“运动”卷展栏，调整“缩放比例”为 115，效果如图 2.142 所示。

(3) 为了使鸭子能游动起来，需要制作一个水面。在“效果”窗口中选择“镜像”视频特效，将其添加到素材中。

(4) 在“特效控制台”窗口中，将“镜像”特效的“反射中心”参数调整为 700 和 404，“反射角度”参数调整为 90°，如图 2.143(a)所示。参数及效果如图 2.143(b)所示。

图 2.142　调整比例后的效果

(a)　(b)

图 2.143　“镜像”参数及效果

(5) 要想使水面更逼真,需要进行调整,所以将“视频 1”中的素材复制到“视频 2”中,可节省前面三步的重复操作。

(6) 在“效果”窗口中选择“裁剪”视频特效,将其添加到“视频 2”中的“背景.jpg”上,并设置“顶部”参数的百分比为 76%,如图 2.144 所示。

(7) 现在的水面过于平直,需要添加点水面的波形效果。在“效果”窗口中选择“波形弯曲”视频特效,将其添加到“视频 2”中的“背景.jpg”上,设置“波形高度”参数为 1,“波形宽度”参数为 55,“波形速度”参数为 0.3,其他参数使用默认值,如图 2.145 所示。

(8) 水面有了弯曲效果,但是过于清晰,所以在“效果”窗口中选择“定向模糊”视频特效,将其添加到“视频 2”中的“背景.jpg”上,设置“方向”参数为 10°、“模糊长度”参数为 6,如图 2.146 所示。

图 2.144 “裁剪”特效参数

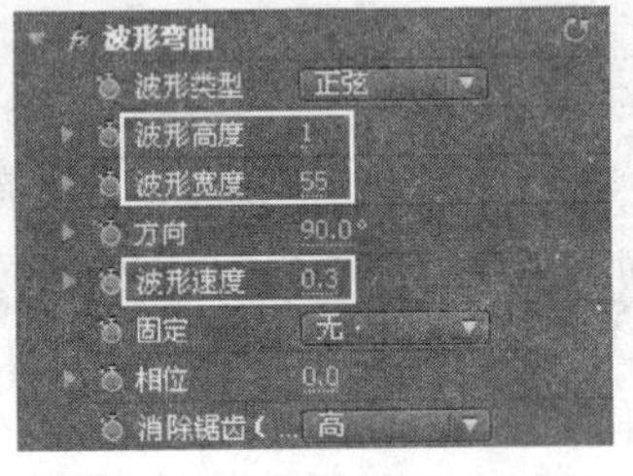

图 2.145 “波形弯曲”特效参数

图 2.146 “定向模糊”特效参数

(9) 添加了“定向模糊”后,水面倒影位置稍有改动,此时需要将其位置调整,参数为 364 和 304。

(10) 最后再对水面亮度进行修整。在“效果”窗口中选择“亮度校正”视频特效,将其添加到“视频 2”中的“背景.jpg”上,设置“亮度”参数为−24、“对比度”参数为−8,其他参数使用默认值,如图 2.147 所示,所得效果如图 2.148 所示。

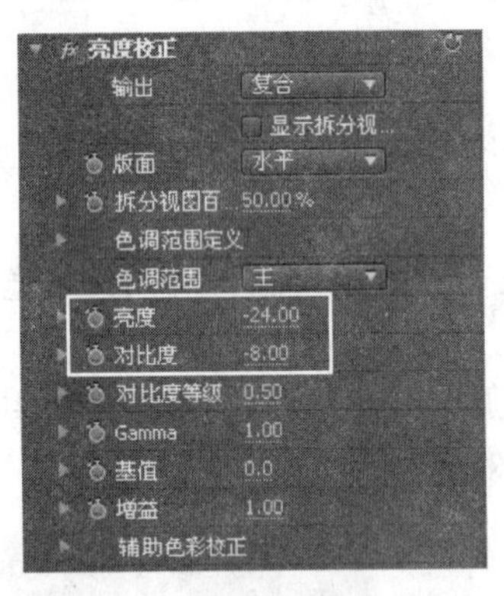

图 2.147 “亮度校正”特效参数

图 2.148 调整亮度后的效果图

(11) 现在我们再给景色添加太阳。在“效果”窗口中选择“镜头光晕”视频特效,将其添加到“视频 1”中的“背景.jpg”上,并设置太阳运行的轨迹,创建“光晕中心”和“光晕亮度”关键帧动画。

(12) 在 00:00:00:00 处,设置“光晕中心”参数为−20 和 233,“光晕亮度”为 100%,“镜头类型”为 105 毫米,如图 2.149 所示。

（13）在 00:00:19:24 处，设置“光晕中心”参数为 740 和 25，“光晕亮度”为 130%，如图 2.150 所示。

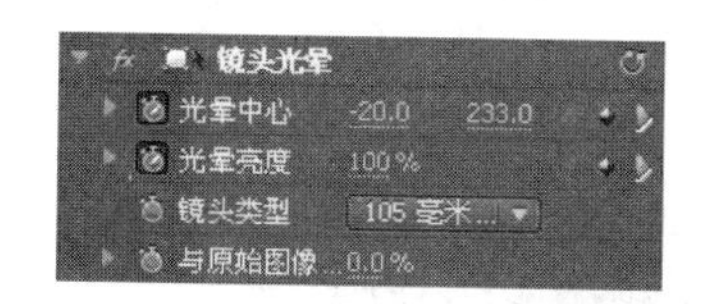

图 2.149　00:00:00:00 处“镜头光晕”特效参数

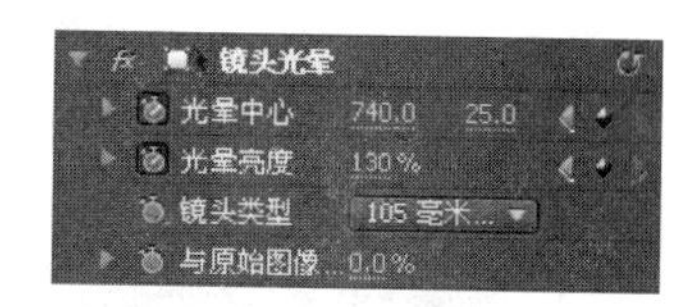

图 2.150　00:00:19:24 处“镜头光晕”特效参数

（14）太阳的运动轨迹虽然添加了，但效果不理想。太阳不应该按直线运动的，所以在 00:00:05:00 处再添加一个关键帧，“光晕中心”参数为 140 和 60，如图 2.151 所示。

（15）选中“特效控制台”窗口中的“镜头光晕”效果，在“节目”监视器窗口中会显示出“光晕中心”运动的轨迹，可适当调整曲线的弧度，如图 2.152 所示。

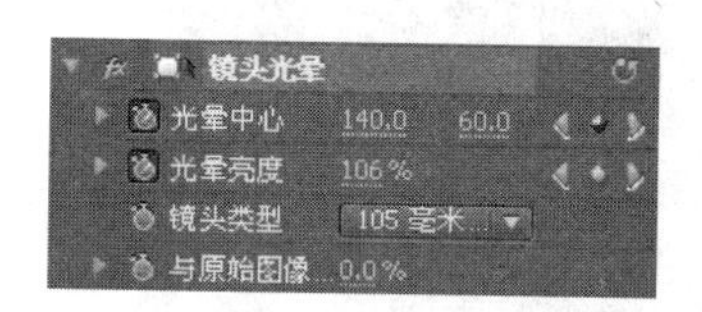

图 2.151　00:00:05:00 处“镜头光晕”特效参数

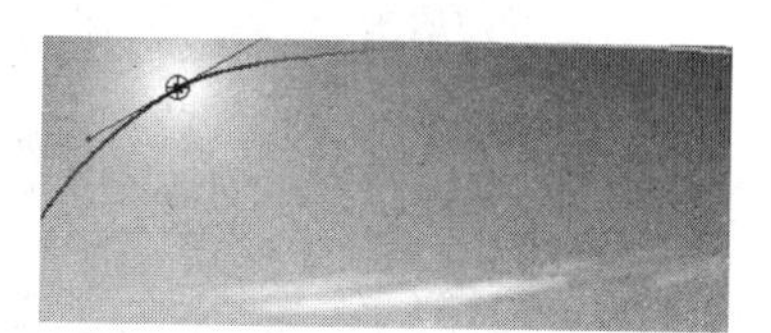

图 2.152　调整后的效果图

2.2.4　制作第一只鸭子

（1）新建序列，激活“序列预置”选项卡，选择标准 PAL 制视频、48kHz，并输入序列名称为“第一只鸭子”，如图 2.153 所示。

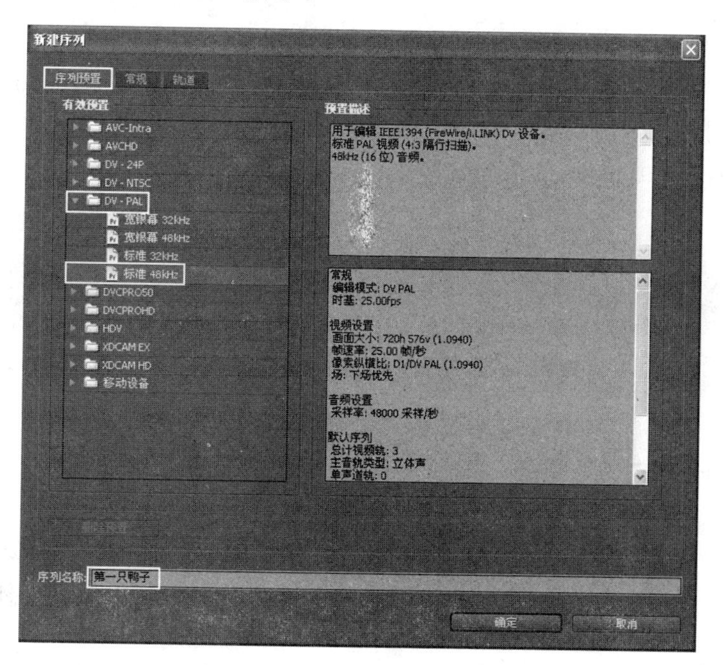

图 2.153　“序列预置”选项卡

(2) 为合理安排轨道所占的工作空间，对视频轨道和音频轨道数量进行设置。激活“轨道”选项卡，设置视频轨道数量为1、音频立体声轨道数量为1，其他参数使用系统默认值即可，如图2.154所示。单击“确定”按钮，即进入Premiere Pro CS4工作界面。

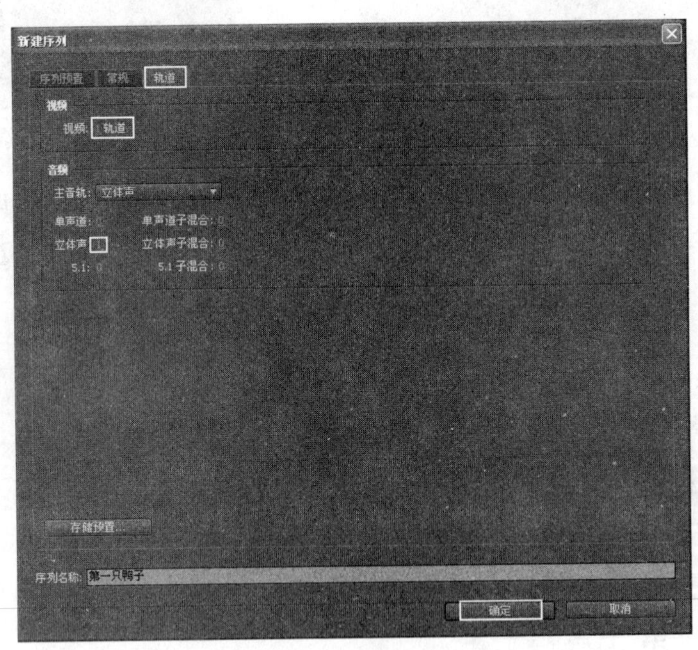

图2.154 “轨道”选项卡

(3) 将图片素材文件夹中的duck1.psd拖曳至时间线窗口“第一只鸭子”序列中的“视频1”轨道。

(4) 为素材添加高斯模糊效果，模糊度为80。

(5) 设置鸭子运动的轨迹。设置“运动”卷展栏中的参数。在00:00:00:00处，设置“位置”参数为110和540，“缩放比例”为6，如图2.155所示。

(6) 在00:00:19:24处，设置“位置”参数为620和560，“缩放比例”为8，如图2.156所示。

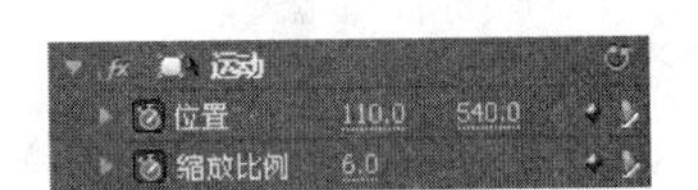

图2.155 00:00:00:00处“运动”参数

图2.156 00:00:19:24处“运动”参数

2.2.5 制作第二只鸭子

(1) 新建序列，激活“序列预置”选项卡，选择标准PAL制视频、48kHz，并输入序列名称为“第二只鸭子”，激活“轨道”选项卡，设置视频轨道数量为2、音频立体声轨道数量为1，其他参数使用系统默认值即可。

(2) 将图片素材文件夹中的duck2.psd拖曳至时间线窗口“第二只鸭子”序列中“视

频1”轨道。调整“位置”参数为360和511,“缩放比例”参数为3.5。

(3) 水面中的鸭子游动时,会有倒影,所以将“视频1”中的duck2.psd复制至“视频2”轨道中。

(4) 为“视频2”轨道中素材添加高斯模糊效果,模糊度为100。

(5) 在“效果”窗口中选择“垂直翻转”视频特效,将其添加到“视频1”中的duck2.psd上。调整“位置”参数为360和540,“缩放比例”参数为3.5,“透明度”参数为14%。

(6) 设置“视频2”轨道中鸭子的运动轨迹。在00:00:00:00处,创建“位置”和“缩放比例”的关键帧,如图2.157所示。

(7) 在00:00:19:24处,设置“位置”参数为420和480,“缩放比例”为2,如图2.158所示。

图2.157　00:00:00:00处“运动”参数

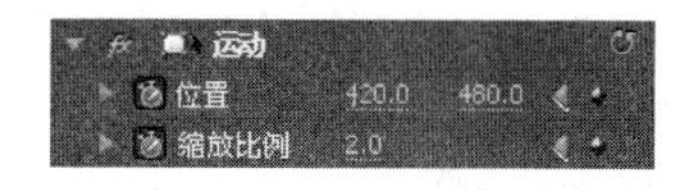

图2.158　00:00:19:24处“运动”参数

(8) 设置“视频1”轨道中鸭子的运动轨迹。在00:00:00:00处,创建“位置”、“缩放比例”和“透明度”的关键帧,如图2.159所示。

(9) 在00:00:19:24处,设置“位置”参数为420和500,“缩放比例”为2,“透明度”为8%,如图2.160所示。

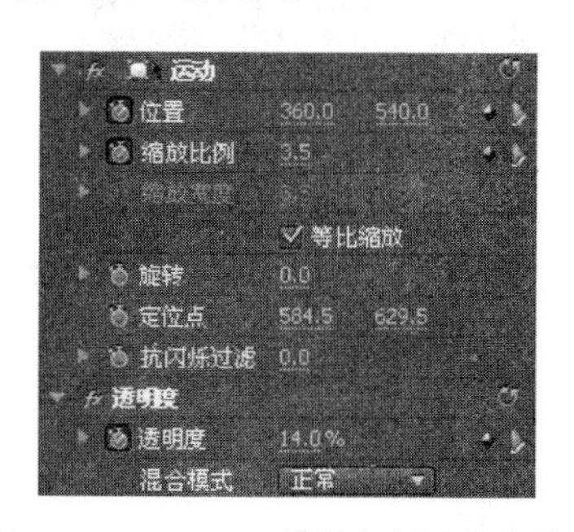

图2.159　00:00:00:00处“运动”和“透明度”参数

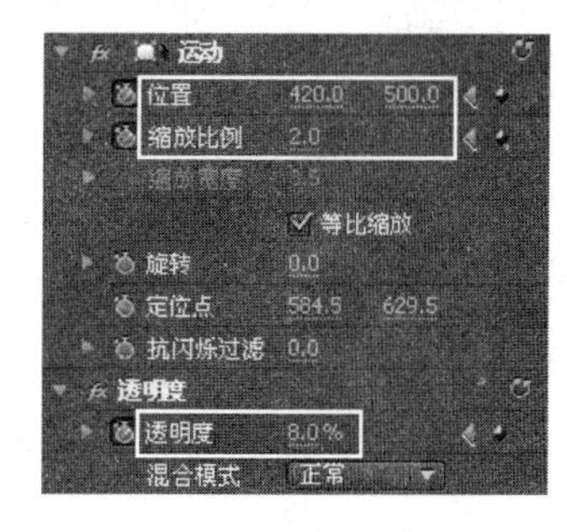

图2.160　00:00:19:24处“运动”和“透明度”参数

2.2.6　制作第三只鸭子

(1) 新建序列,激活“序列预置”选项卡,选择标准PAL制视频。48kHz,并输入序列名称为“第三只鸭子”。激活“轨道”选项卡,设置视频轨道数量为2、音频立体声轨道数量为1,其他参数使用系统默认值即可。

(2) 将图片素材文件夹中的duck3.psd拖曳至时间线窗口“第三只鸭子”序列中的“视频1”轨道。将“位置”参数调整为74和490、“缩放比例”参数调整为2。

(3) 将“视频1”中的duck3.psd复制至“视频2”轨道中。

(4) 为“视频2”轨道中的素材添加高斯模糊效果,模糊度为100。

(5) 在“效果”窗口中选择“垂直翻转”视频特效,将其添加到“视频1”中的duck3.psd

上。把“位置”参数调整为 74 和 510,把“缩放比例”参数调整为 2,把“透明度”参数调整为 13%。

(6) 设置“视频 2”轨道中鸭子的运动轨迹。在 00:00:00:00 处,创建“位置”和“缩放比例”的关键帧,如图 2.161 所示。

(7) 在 00:00:19:24 处,设置“位置”参数为 150 和 540,“缩放比例”为 5,如图 2.162 所示。

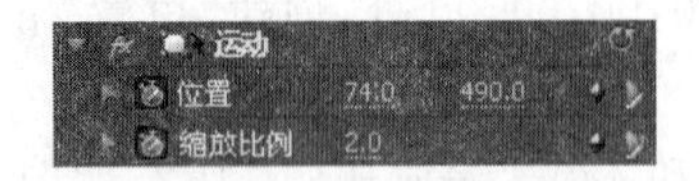

图 2.161 00:00:00:00 处“运动”参数

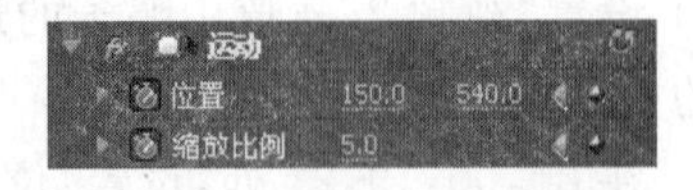

图 2.162 00:00:19:24 处“运动”参数

(8) 设置“视频 1”轨道中鸭子的运动轨迹。在 00:00:00:00 处,创建“位置”、“缩放比例”和“透明度”的关键帧,如图 2.163 所示。

(9) 在 00:00:19:24 处,将“位置”参数设置为 150 和 560,“缩放比例”为 5,透明度为 19%,如图 2.164 所示。

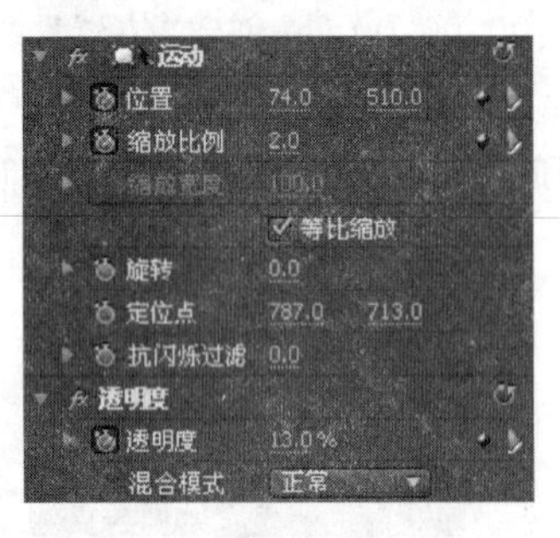

图 2.163 00:00:00:00 处“运动”和“透明度”参数

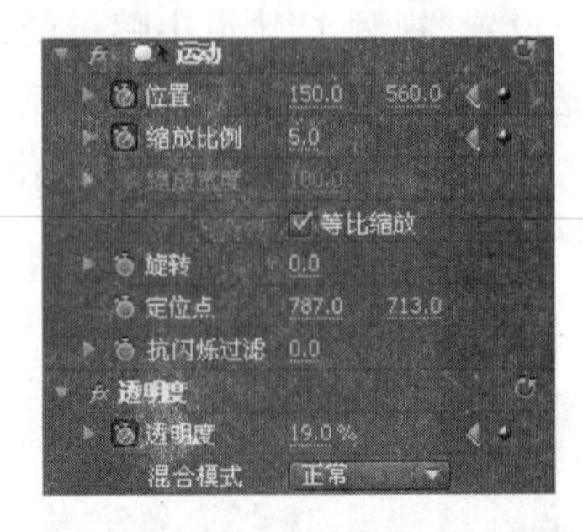

图 2.164 00:00:19:24 处“运动”和“透明度”参数

2.2.7 合成效果

(1) 新建序列,激活“序列预置”选项卡,选择标准 PAL 制视频、48kHz,并输入序列名称为“最终合成”。激活“轨道”选项卡,设置视频轨道数量 4、音频立体声轨道数量为 1,其他参数使用系统默认值即可。

(2) 将“项目窗口”中的“背景”、“第一只鸭子”、“第二只鸭子”和“第三只鸭子”分别拖曳至时间线窗口的“视频 1”至“视频 4”轨道中。

(3) 在“素材源”监视器窗口中打开“背景音乐”,截取一段 20 秒钟的音乐。

(4) 将“素材源”监视器窗口中的时间指示器定位在 00:00:45:22 处,设置入点;在 00:01:05:24 处,设置出点。

(5) 拖曳音乐至“音频 1”轨道中,并设置音乐的淡入、淡出。在影片的开始和结束处,设置“音量”的关键帧,数值为最小值;在 00:00:01:00 和 00:00:19:00 处,也分别创建“音量”的关键帧,数值均为 0。

2.2.8 导出影片

(1) 选择“序列”|“渲染工作区内的效果”选项,或者直接按 Enter 键,渲染影片。待渲染结束后会自动播放影片,观察效果是否还需再修改调整。

(2) 按 Ctrl+M 键,或者选择“文件”|“导出”|“媒体”选项,打开“导出设置”对话框,设置导出文件格式为 MPEG-2,预置为“PAL DV 高品质”,选择存储路径,输入名称,选中“导出视频”复选框和“导出音频”复选框后,单击“确定”按钮,即可打开 Adobe Media Encoder CS4。

(3) 在打开的 Adobe Media Encoder 窗口中,确认无误后,单击“开始队列”按钮,即可导出影片,可通过单击“暂停”按钮或者“停止队列”按钮来控制导出过程。

(4) 将导出的影片在“暴风影音”中进行播放。

至此,游动的鸭子制作完成。

2.3 任务三 飘落的枫叶

秋天是个收获的季节,也是色彩最丰富的季节。走进枫树林,可以看到枫叶随风慢慢飞舞,仿佛来到了诗中的悠然境界。红色、橘色和绿色的枫叶,用不同的舞姿向大地母亲述说着一年来的有趣故事。

我们本次任务是继续学习视频特效,对一片绿叶变换不同色彩,实现空中飘落时的旋转、翻飞、环绕等不同效果,如图 2.165 所示,以加深对视频特效的理解与运用,对素材编辑的把握能力,为今后更好地运用软件做好铺垫。主要知识点介绍如下。

- 键控技术
- 视频的叠加效果
- 对素材的编辑能力

图 2.165 飘落的枫叶

2.3.1 准备知识——视频特效(三)

本次介绍视频特效中的图像控制和键控两类非常重要的效果。

1. 图像控制

图像控制类视频特效主要用于对素材进行色彩的特殊处理，以弥补在前期拍摄遗留下的缺陷，或者可以使素材达到更完美的效果。其中包括 6 种效果，现分别介绍如下。

(1) 灰度系数(Gamma)校正：通过调节图像的反差对比度，使图像产生相对变亮或变暗的效果，它是通过对中灰度或相当于中灰度的彩色进行增加或减小，而不是通过增加或减少亮度来实现的，参数及效果如图 2.166 所示。

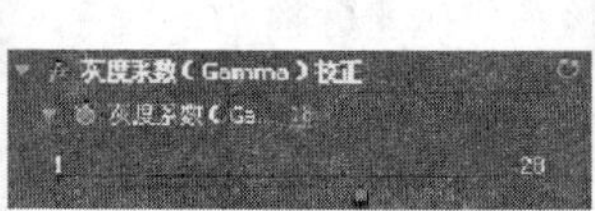

图 2.166 “灰度系数(Gamma)校正”参数及效果

(2) 色彩传递：能够将素材片段中的某一指定单一颜色外的其他部分都转化为灰度图像，通常用来突出显示某个特定区域，参数及效果如图 2.167 所示。

图 2.167 “色彩传递”参数及效果

(3) 色彩匹配：可以在画面上为某一指定颜色添加另一指定颜色相匹配，形成复合色彩画面，参数及效果如图 2.168 所示。

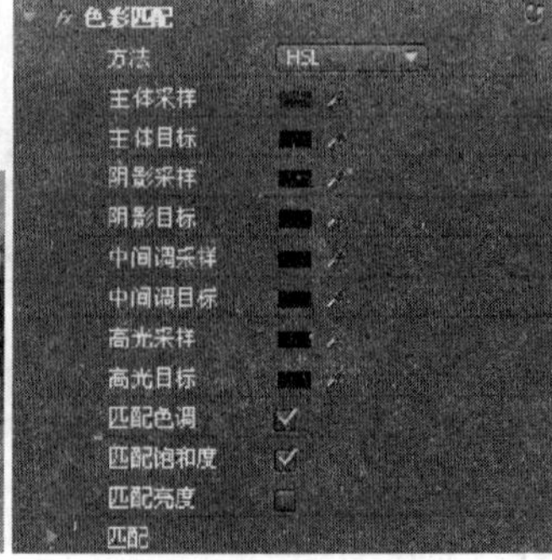

图 2.168 “色彩匹配”参数及效果

(4) 颜色平衡(RGB)：可以通过对图像中的红、绿、蓝三色进行调整来改变图像的色彩，参数及效果如图 2.169 所示。

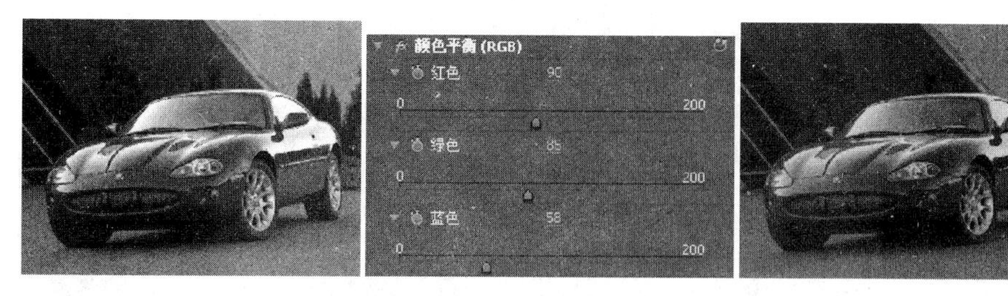

图 2.169 “颜色平衡(RGB)”参数及效果

(5) 颜色替换：可以将图像中某一指定的颜色替换为其他设定的邻近颜色，可变换局部颜色或整体颜色，参数及效果如图 2.170 所示。

图 2.170 “颜色替换”参数及效果

(6) 黑白：可以使素材的彩色画面转换成灰度级的黑白画面，效果如图 2.171 所示。

图 2.171 “黑白”特效

2. 键控

键控类视频特效主要是对素材实现抠像与叠加效果，其中包括 14 种效果，现分别介绍如下。

(1) 16 点无用信号遮罩：可以对素材图像边角进行 16 个可调控的角点进行遮罩效果，参数及效果如图 2.172 所示。

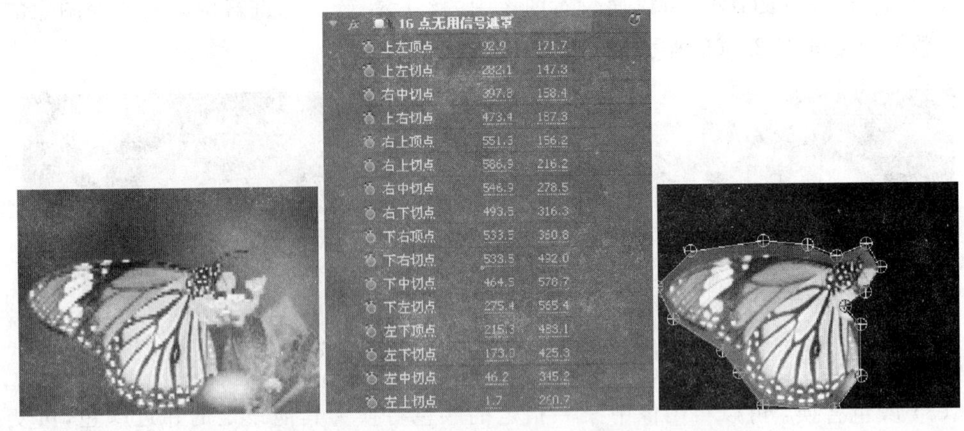

图 2.172 “16 点无用信号遮罩”参数及效果

(2) 4 点无用信号遮罩：可以对素材图像边角进行 4 个可调控的角点进行遮罩效果，参数及效果如图 2.173 所示。

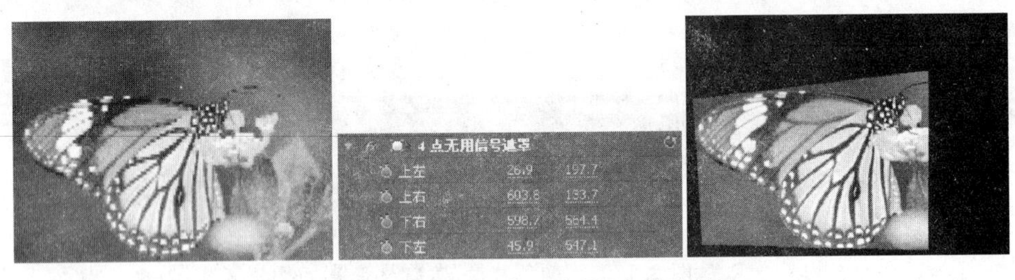

图 2.173 “4 点无用信号遮罩”参数及效果

(3) 8 点无用信号遮罩：可以对素材图像边角进行 8 个可调控的角点进行遮罩效果，参数及效果如图 2.174 所示。

图 2.174 “8 点无用信号遮罩”参数及效果

(4) Alpha 调整：通过调整当前素材 Alpha 通道的透明度，与其下面的素材产生不同的叠加效果，参数及效果如图 2.175 所示。

(5) RGB 差异键：可以将素材画面中的某一指定颜色或者相近范围内的颜色区域变成透明，同时调整被叠加素材的颜色和灰度值，参数及效果如图 2.176 所示。

(6) 亮度键：可以将被叠加图像的灰度值设置为透明，而且保持色度不变，此特效对明暗对比比较强烈的图像十分有效，参数及效果如图 2.177 所示。

图 2.175　“Alpha 调整”参数及效果

图 2.176　“RGB 差异键”参数及效果

图 2.177　“亮度键”参数及效果

（7）图像遮罩键：用于将指定的图像作为蒙板，制作透明效果。蒙板白色部分为完全透明，黑色为完全不透明，灰色则是不同程度的透明，参数及效果如图 2.178 所示。

图 2.178 “图像遮罩键”参数及效果

（8）差异遮罩：可以叠加两个图像相匹配的区域，保留对方的纹理颜色，参数及效果如图 2.179 所示。

图 2.179 “差异遮罩”参数及效果

（9）移除遮罩：可以将遮罩移除，移除画面中的遮罩的白色区域或者黑色区域，参数及效果如图 2.180 所示。

图 2.180 “移除遮罩”参数及效果

(10) 色度键：可以将图像上的某种颜色及相近范围的颜色设为透明，只能单独调整被叠加素材的颜色和灰度值，适用于单色背景的图像，参数及效果如图 2.181 所示。

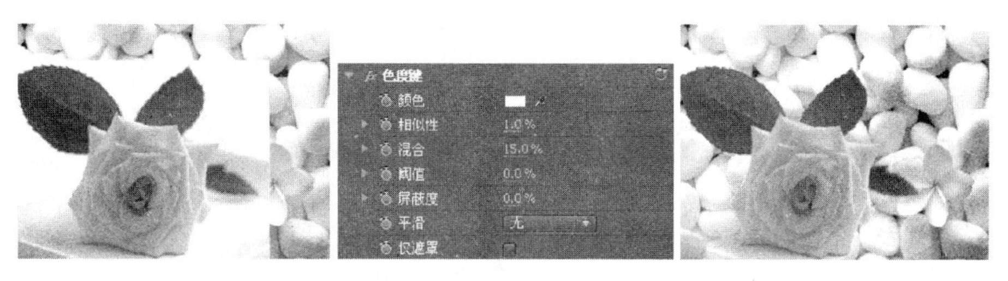

图 2.181 “色度键”参数及效果

(11) 蓝屏键：用于叠加蓝色背景的素材，在影视创作中经常用于合成效果，参数及效果如图 2.182 所示。

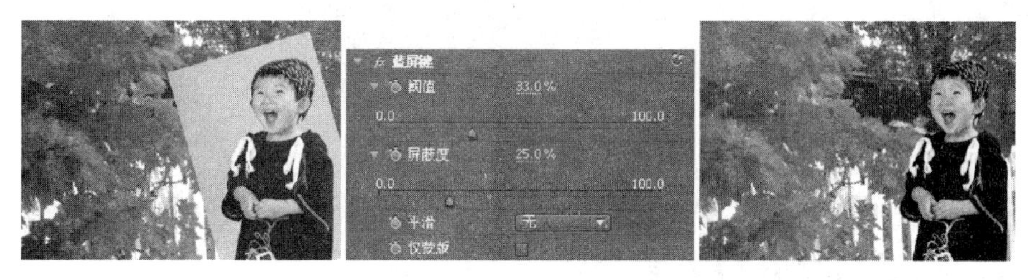

图 2.182 “蓝屏键”参数及效果

(12) 轨道遮罩键：可以将相邻轨道上的图像进行叠加，使素材画面中比叠加画面中亮的地方更亮、暗的地方更暗，参数及效果如图 2.183 所示。

图 2.183 “轨道遮罩键”参数及效果

(13) 非红色键：可以用来叠加具有蓝色和绿色背景的素材，参数及效果如图 2.184 所示。

(14) 颜色键：将素材中的某种颜色及邻近颜色设置为透明，还可以对素材进行边缘预留设置，参数及效果如图 2.185 所示。

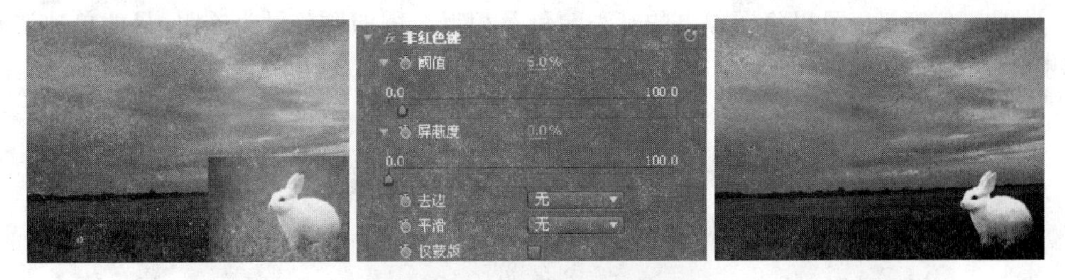

图 2.184 “非红色键”参数及效果

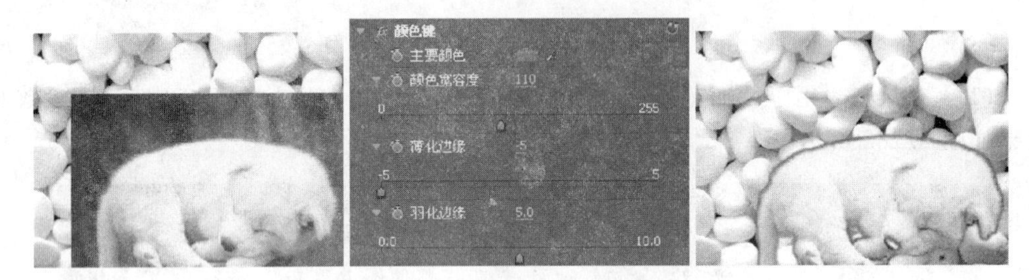

图 2.185 “颜色键”参数及效果

2.3.2 创建项目并导入素材

(1) 启动 Premiere Pro CS4，进入“欢迎使用 Adobe Premiere Pro”界面，新建项目。在“常规”选项卡中选择项目需要存放的路径，输入项目名称“飘落的枫叶”，其他参数使用系统默认设置即可，如图 2.186 所示。

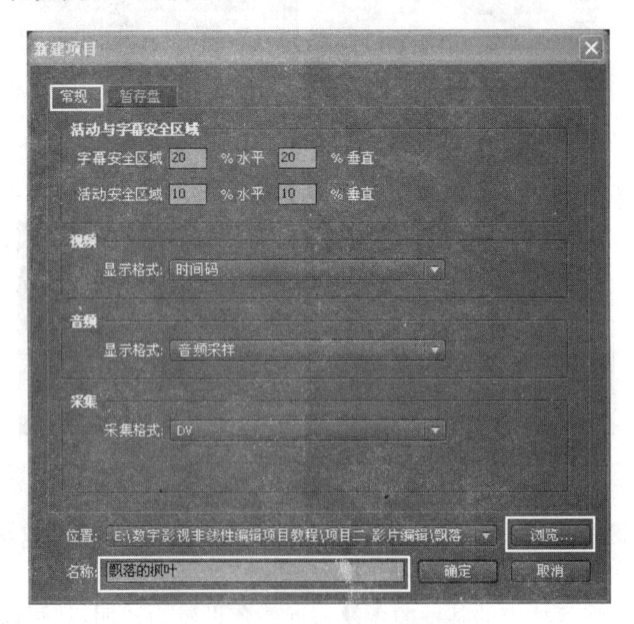

图 2.186 “新建项目”对话框

(2) 在打开的“新建序列”选项窗口中，激活“序列预置”选项卡，如图 2.187 所示，选择我国标准 PAL 制视频，48kHz，其他参数使用系统默认设置即可。

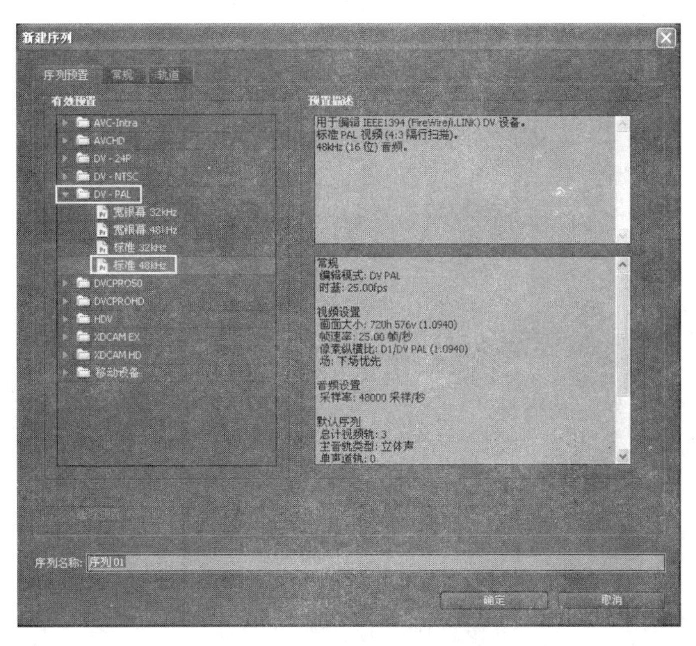

图 2.187　“序列预置”选项卡

(3) 为合理安排轨道所占的工作空间，将视频轨道和音频轨道数量进行重设。激活“轨道”选项卡，设置视频轨道数量为 5、音频立体声轨道数量为 1，其他参数使用系统默认值即可，如图 2.188 所示，单击“确定”按钮，进入 Premiere Pro CS4 工作界面。

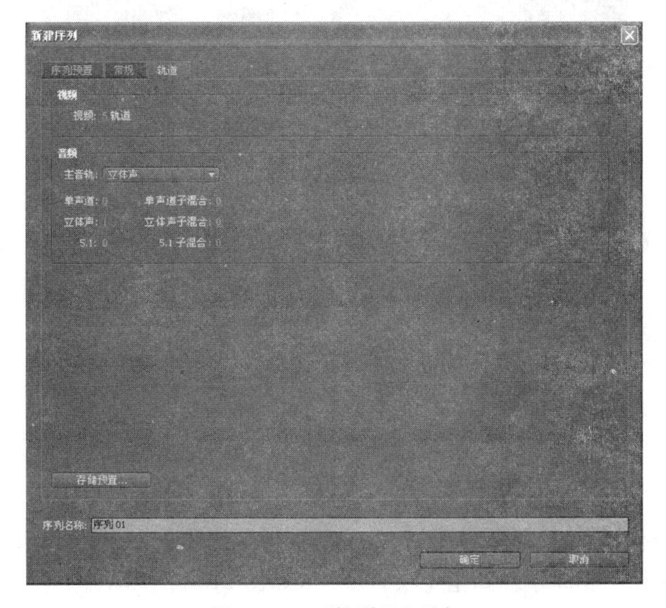

图 2.188　“轨道”选项卡

(4) 设置项目“首选项”,将“常规”选项卡中的“静帧图像默认持续时间”改为 125 帧,如图 2.189 所示;将“媒体”选项卡中的“不确定的媒体时基”改为 25.00fps,如图 2.190 所示。

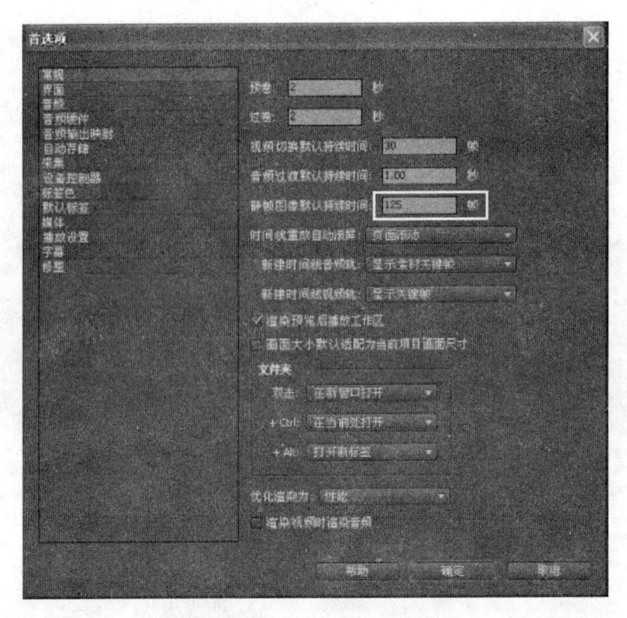

图 2.189 设置“常规”选项

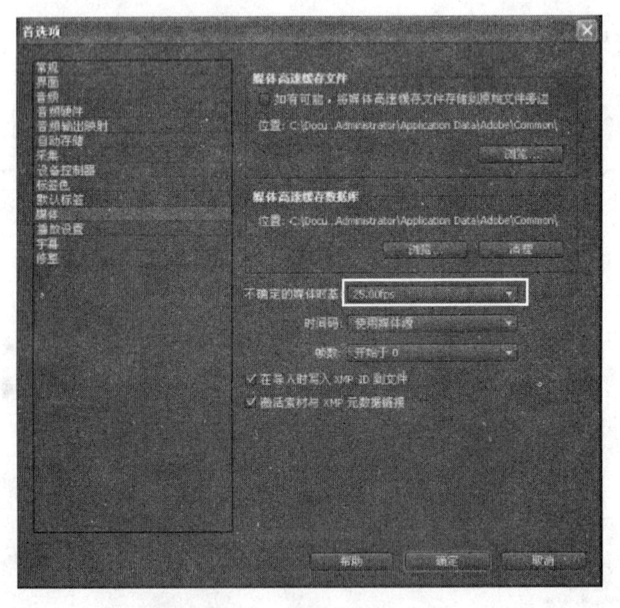

图 2.190 设置“媒体”选项

(5) 选择素材“项目二 影片编辑\2.3 飘落的叶子\图片素材”文件夹,单击“导入文件夹”按钮,即可将图片素材导入到指定文件夹中,如图 2.191 所示。

(6) 同理,选择素材“项目二 影片编辑\2.3 飘落的叶子\背景音乐\伤感.mp3”,单击“导入文件夹”按钮,即可导入到指定文件夹中,如图 2.192 所示。

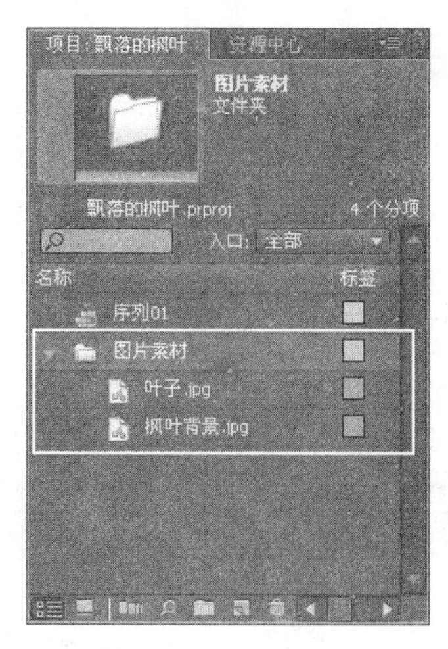

图 2.191 导入图片素材

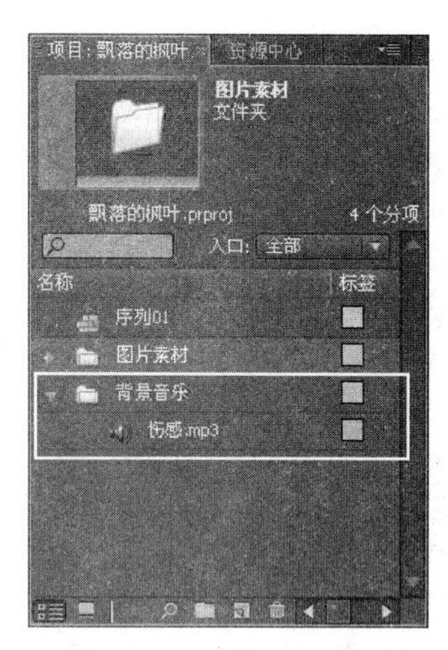

图 2.192 导入声音素材

2.3.3 调整背景与叶子的效果

(1) 将图片素材“枫叶背景.jpg”拖曳至“时间线”窗口的视频轨道“视频 1”上，将时间指示器定位于“00:00:16:00”处，按下“吸附”按钮，将轨道中的素材长度延至时间指示器处，如图 2.193 所示。

(2) 将时间指示器定位于 00:00:01:00 处，将“叶子.jpg”拖曳至“时间线”窗口视频轨道“视频 2”中，如图 2.194 所示。

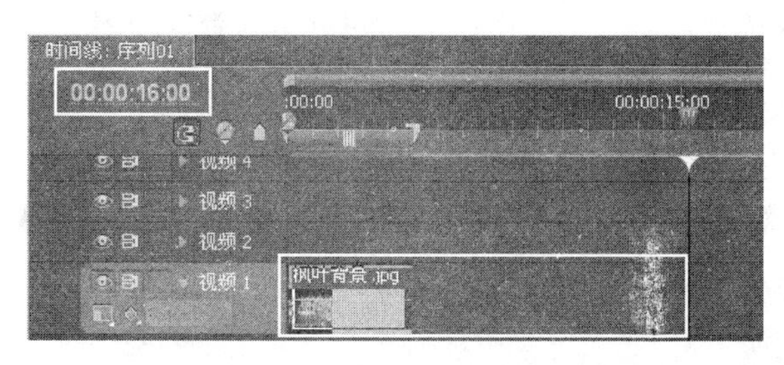

图 2.193 添加并设置图片素材参数

图 2.194 素材叠加效果

现在的叶子受背景色的影响，很不美观，所以接下来我们要把白色背景去除。

(3) 在“效果”窗口搜索栏中，输入“亮”，回车后，选择“视频特效”文件夹下“键控”文件夹中的“亮度键”，将其拖曳至“时间线”窗口中的“叶子.jpg”上，如图 2.195 所示。

(4) 在“效果控制台”窗口中调整“亮度键”参数，“阈值”为 15%，“屏蔽度”为 20%，参数调整如图 2.196 所示，去除背景色后的效果如图 2.197 所示。

秋天的枫叶颜色最为丰富，所以，我们要调整叶子的不同颜色，感受不一样的秋色。

(5) 在“效果”窗口搜索栏中，输入“色彩平衡”，回车后，选择“视频特效”文件夹下“色彩校正”文件夹中的“色彩平衡”，将其拖曳至“时间线”窗口中的“叶子.jpg”上，如图 2.198 所示。

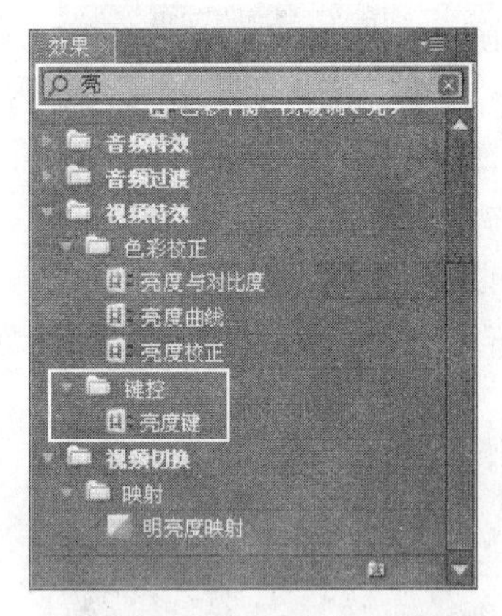

图 2.195　添加“亮度键”效果

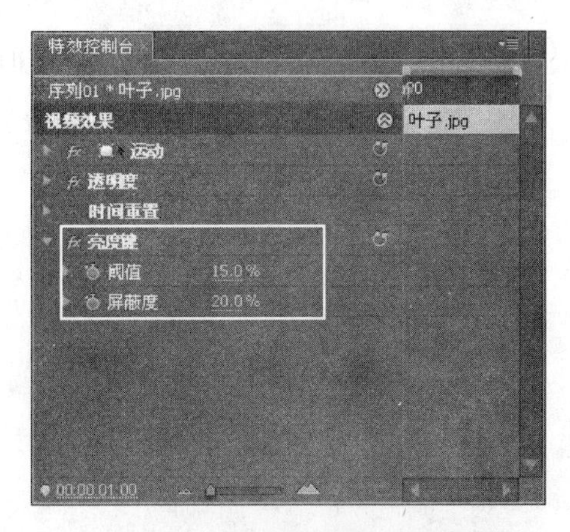

图 2.196　设置“亮度键”特效参数

图 2.197　调整“亮度键”参数后的效果

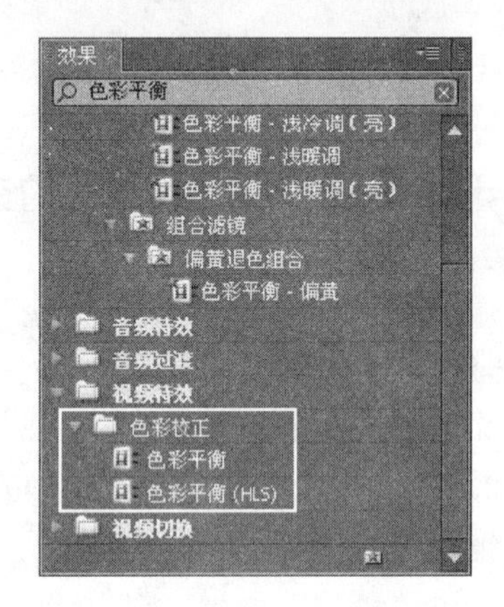

图 2.198　添加“色彩平衡”效果

(6) 制作枯黄枫叶效果。在“效果控制台”窗口中调整“色彩平衡”参数，“阴影红色平衡”为 100，“中间调红色平衡”为 100，“高光红色平衡”为 100，其他参数为默认值，如图 2.199 所示。将枫叶调整为枯黄的效果，如图 2.200 所示。

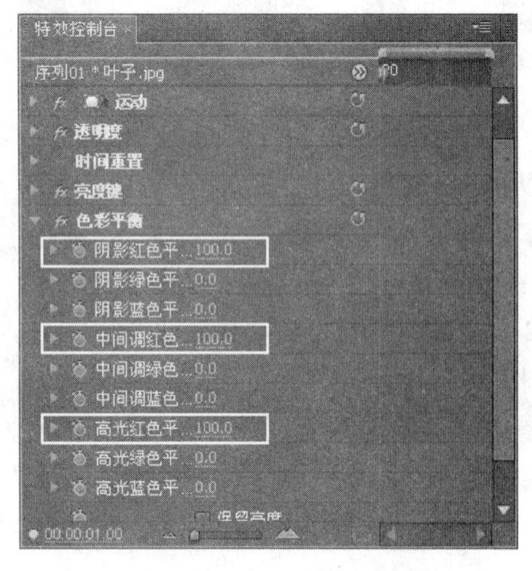

图 2.199　设置“色彩平衡”特效参数

图 2.200　调整“色彩平衡”参数后的效果

(7) 复制“叶子.jpg”,激活“视频 3”,取消其他视频轨道的激活状态,将时间指示器定位于 00:00:05:15 处,对“叶子.jpg”进行粘贴。

(8) 制作橘红色枫叶效果。在“效果控制台”窗口中调整“色彩平衡”参数,“阴影红色平衡”为 100,“阴影绿色平衡”为−66,“中间调红色平衡”为 100,“高光红色平衡”为 100,其他参数为默认值,如图 2.201 所示,将枫叶调整为橘红色效果,如图 2.202 所示。

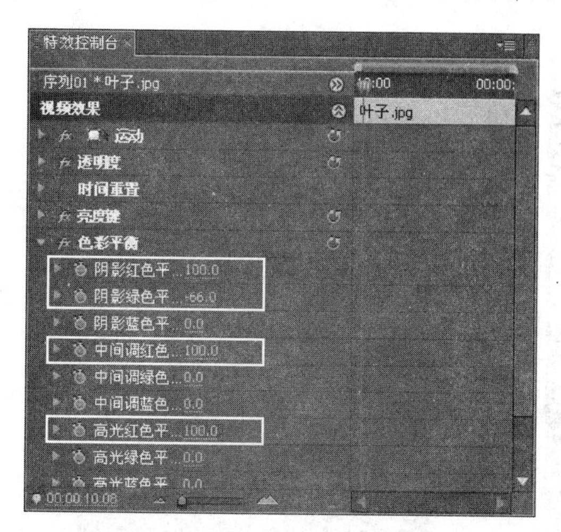

图 2.201 00:00:05:15 处的“色彩平衡”特效参数

图 2.202 00:00:05:15 处调整参数后的效果

(9) 复制“叶子.jpg”,激活“视频 4”,取消其他视频轨道的激活状态,将时间指示器定位于 00:00:10:01 处,对“叶子.jpg”进行粘贴。

(10) 制作黄绿色枫叶效果。在“效果控制台”窗口中调整“色彩平衡”参数,“阴影红色平衡”为 100,其他参数为默认值,如图 2.203 所示。将枫叶调整为黄绿色效果,如图 2.204 所示。

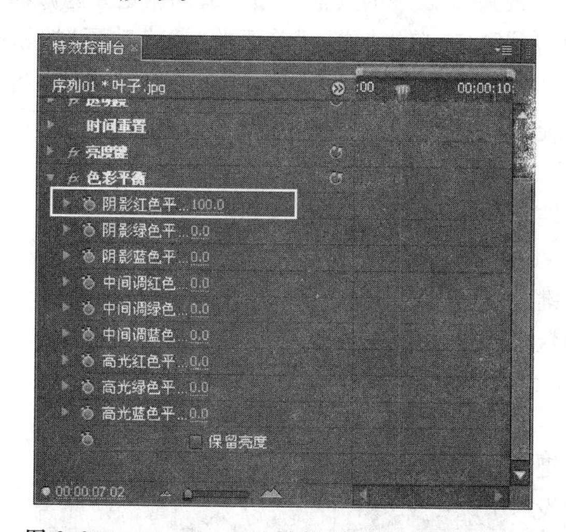

图 2.203 00:00:10:01 处的“色彩平衡”特效参数

图 2.204 00:00:10:01 处调整参数后的效果

(11) 复制“叶子.jpg”,激活“视频5”,取消其他视频轨道的激活状态,将时间指示器定位于“00:00:10:16”处,对“叶子.jpg”进行粘贴。

(12) 制作红色枫叶效果。在“效果控制台”窗口中调整“色彩平衡”参数,“阴影红色平衡”为100,“阴影绿色平衡”为-53,“中间调红色平衡”为100,“中间调绿色平衡”为-85,“高光红色平衡”为100,其他参数为默认值,如图2.205所示。将枫叶调整为红色效果,如图2.206所示。

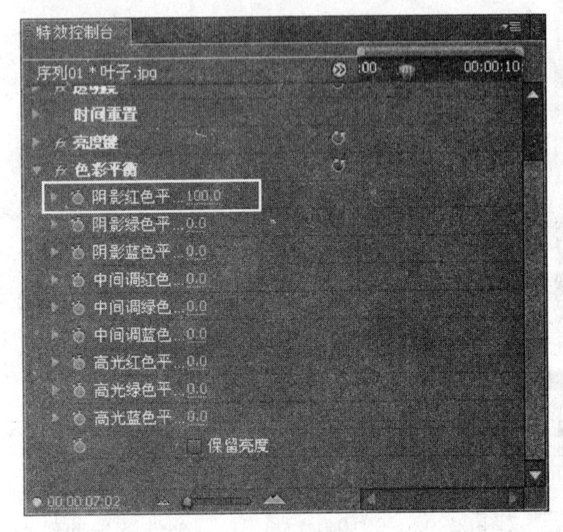

图2.205 00:00:10:16处的“色彩平衡”特效参数

图2.206 00:00:10:16处调整参数后的效果

2.3.4 制作第一片叶子的运动路径

枫叶随着微微的秋风,慢慢飘落,按照不规律的路径飞舞着,时远时近、时大时小。为了不影响背景与其他枫叶的属性,我们暂且把除“视频2”以外的其他视频轨道都锁定并隐藏。

(1) 在00:00:01:00处,打开“特效控制台”窗口,单击“位置”前面的“切换动画”按钮,创建位置关键帧,参数设置为640和-30。单击“缩放比例”前面的“切换动画”按钮,创建关键帧,参数设置为12。单击“旋转”前面的“切换动画”按钮,创建关键帧,参数设置为0,其他参数均为默认值,“特效控制台”窗口效果如图2.207所示。

(2) 在00:00:02:00处,创建位置关键帧,参数设置为410和110,其他参数均为默认值,“特效控制台”窗口效果如图2.208所示。

(3) 在00:00:03:00处,创建位置关键帧,参数设置为550和240,缩放比例参数设置为14,其他参数均为默认值,“特效控制台”窗口效果如图2.209所示。

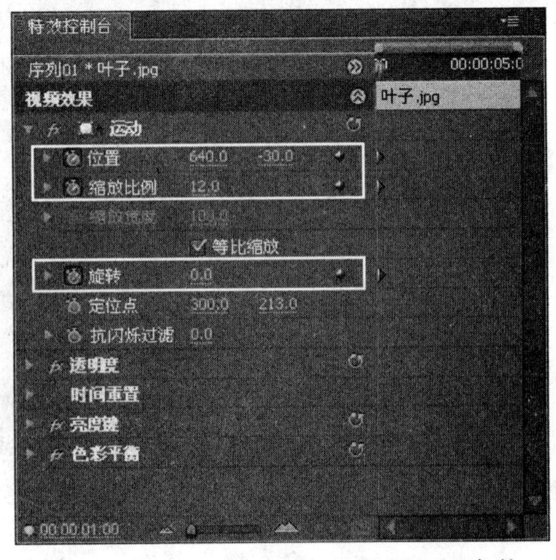

图2.207 00:00:01:00处的“运动”参数

图 2.208 00:00:02:00 处的“运动”参数

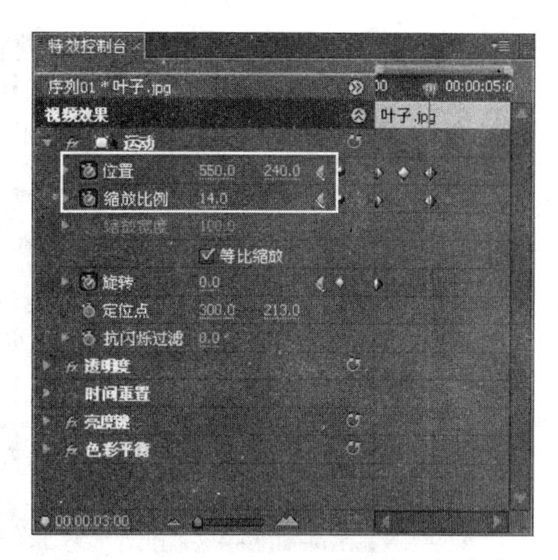

图 2.209 00:00:03:00 处的“运动”参数

(4) 在 00:00:04:00 处,创建位置关键帧,参数设置为 535 和 350,其他参数均为默认值,“特效控制台”窗口效果如图 2.210 所示。

(5) 在 00:00:05:00 处,创建位置关键帧,参数设置为 420 和 500,缩放比例参数设置为 20,其他参数均为默认值,“特效控制台”窗口效果如图 2.211 所示。

图 2.210 00:00:04:00 处的“运动”参数

图 2.211 00:00:05:00 处的“运动”参数

(6) 在 00:00:06:00 处,创建位置关键帧,参数设置为 320 和 625,缩放比例参数设置为 15,旋转参数设置为 350,其他参数均为默认值,“特效控制台”窗口效果如图 2.212 所示。

(7) 现在完成了第一片枫叶的飘落过程,路径如图 2.213 所示。

2.3.5 制作第二片叶子的运动路径

(1) 暂且锁定并隐藏除“视频 3”以外的其他视频轨道。

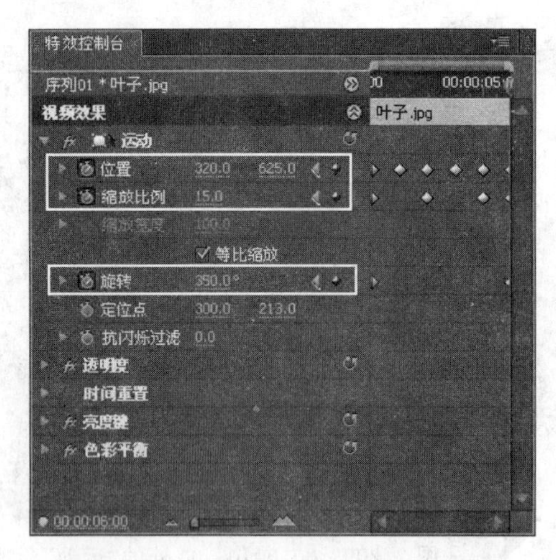

图 2.212 00:00:06:00 处的“运动”参数

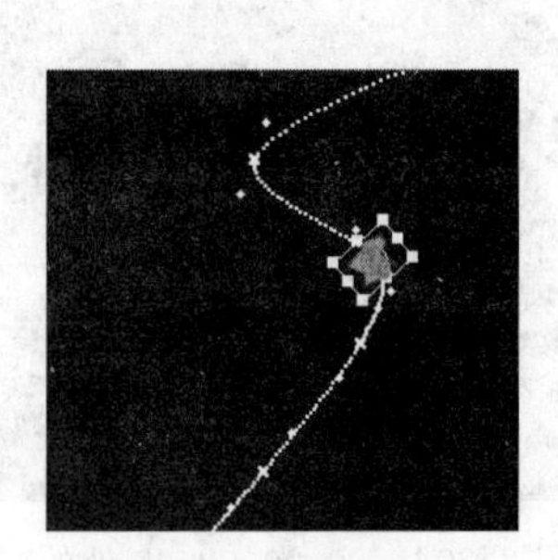

图 2.213 路径效果

(2) 在 00:00:05:16 处,打开“特效控制台”窗口。单击“位置”前面的“切换动画”按钮,创建位置关键帧,参数设置为−40 和 115。单击“缩放比例”前面的“切换动画”按钮,创建关键帧,参数设置为 10。单击“旋转”前面的“切换动画”按钮,创建关键帧,参数设置为 0,其他参数均为默认值。“特效控制台”窗口效果如图 2.214 所示。

(3) 在 00:00:07:20 处,创建位置关键帧,参数设置为 320 和 355,缩放比例参数设置为 14,旋转参数设置为 125,其他参数均为默认值,“特效控制台”窗口效果如图 2.215 所示。

图 2.214 00:00:05:16 处的“运动”参数

图 2.215 00:00:07:20 处的“运动”参数

(4) 在 00:00:10:15 处,创建位置关键帧,参数设置为 270 和 585,缩放比例参数设置为 12,旋转参数设置为 40,其他参数均为默认值,“特效控制台”窗口效果如图 2.216 所示。

(5) 现在完成了第二片枫叶的飘落过程,路径如图 2.217 所示。

图 2.216 00:00:10:15 处的“运动”参数

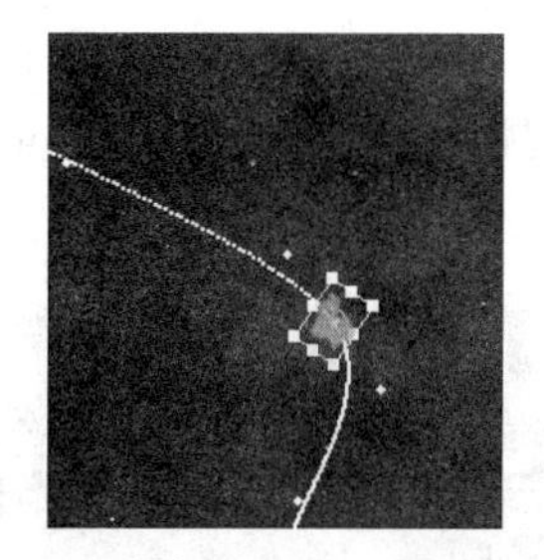

图 2.217 第二片叶子的运动路径

2.3.6 制作第三片叶子的运动路径

(1) 第三片枫叶在下落过程中，逐渐旋转、倾斜，所以添加新的视频特效“基本 3D”。其方法前面已经介绍过，这里不再赘述。在下落过程中设置关键帧动画，以产生更逼真的效果。

(2) 暂且锁定并隐藏除“视频 4”以外的其他视频轨道。

(3) 打开“特效控制台”窗口，设置“缩放比例”参数设置为 45，“基本 3D”特效中的“与图像的距离”设置为 200，如图 2.218 所示。

(4) 在 00:00:10:01 处，单击“位置”前面的“切换动画”按钮，创建位置关键帧，参数设置为 500 和－20。单击“旋转”前面的“切换动画”按钮，创建关键帧，参数设置为 280。在“基本 3D”特效中，单击“旋转”前面的“切换动画”按钮，参数设置为 0，单击“倾斜”前面的“切换动画”按钮，参数设置为 0，其他参数均为默认值。“特效控制台”窗口效果如图 2.219 所示。

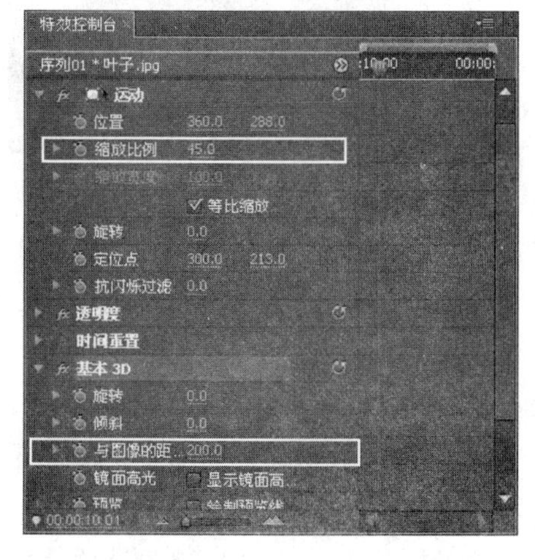

图 2.218 00:00:10:01 处的“运动”与“基本 3D”参数

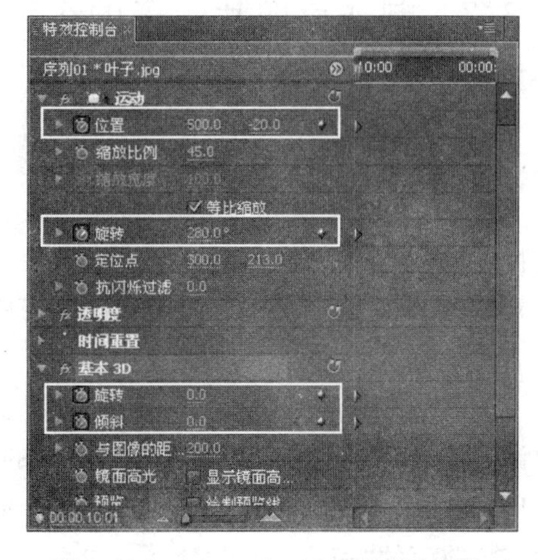

图 2.219 00:00:10:01 处的“运动”与“基本 3D”参数

(5) 在 00:00:12:14 处，创建位置关键帧，参数设置为 280 和 310，创建“基本 3D”特效中的倾斜关键帧，参数设置为 80，其他参数均为默认值。“特效控制台”窗口效果如图 2.220 所示。

(6) 在 00:00:14:23 处，创建位置关键帧，参数设置为 470 和 640，创建旋转关键帧，参数为 0；创建“基本 3D”特效中的旋转关键帧，参数设置为 25；创建“基本 3D”特效中的倾斜关键帧，参数设置为－30，其他参数均为默认值。“特效控制台”窗口效果如图 2.221 所示。

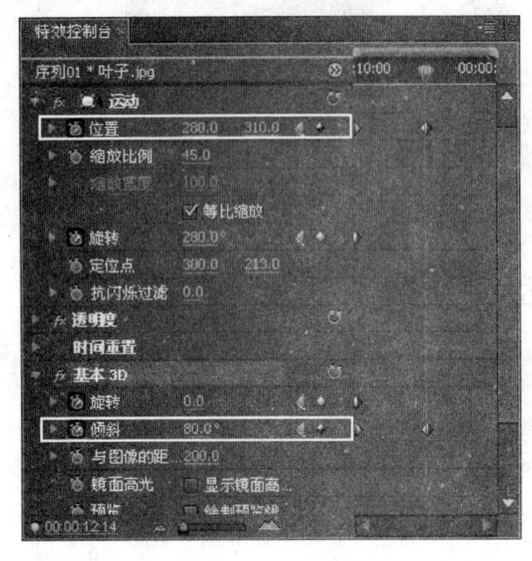

图 2.220　00:00:12:14 处的“运动”与“基本 3D”参数

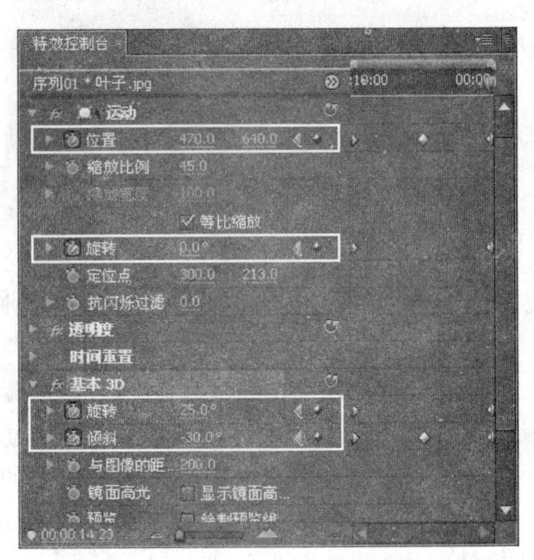

图 2.221　00:00:14:23 处的“运动”与“基本 3D”参数

(7) 现在完成了第三片枫叶的飘落过程，路径如图 2.222 所示。

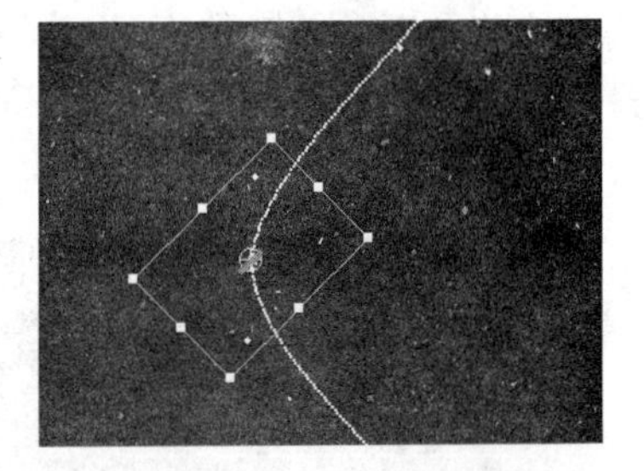
图 2.222　路径效果

2.3.7　制作第四片叶子的运动路径

(1) 暂且锁定并隐藏除“视频 4”以外的其他视频轨道。

(2) 在第三片枫叶的基础上，除了添加“基本 3D”这个特效以外，设置“与图像的距离”参数为 640；再添加一个新的视频效果“径向放射阴影”，“透明度”参数为 30%，“投影距离”参数为 3，如图 2.223 所示。

(3) 在 00:00:10:17 处，单击“位置”前面的“切换动画”按钮，创建位置关键帧，参数设置为 730 和 135。单击“旋转”前面的“切换动画”按钮，创建关键帧，参数设置为－14。在“基本 3D”特效中，单击“旋转”前面的“切换动画”按钮，参数设置为 2。单击“倾斜”前面的“切换动画”按钮，参数设置为 0，其他参数均为默认值。“特效控制台”窗口效果如图 2.224 所示。

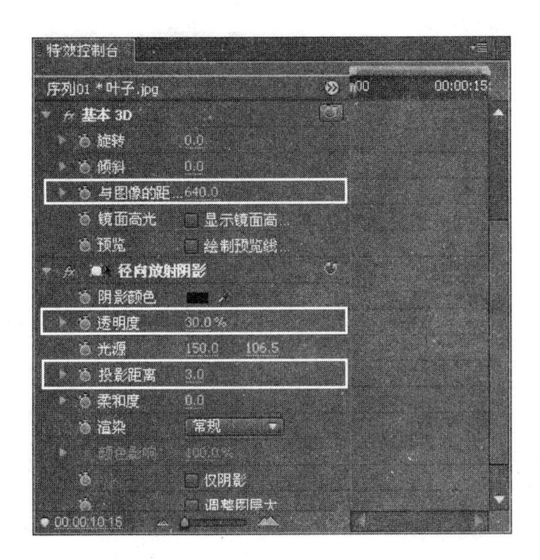

图 2.223 “基本 3D”与“径向放射阴影”参数

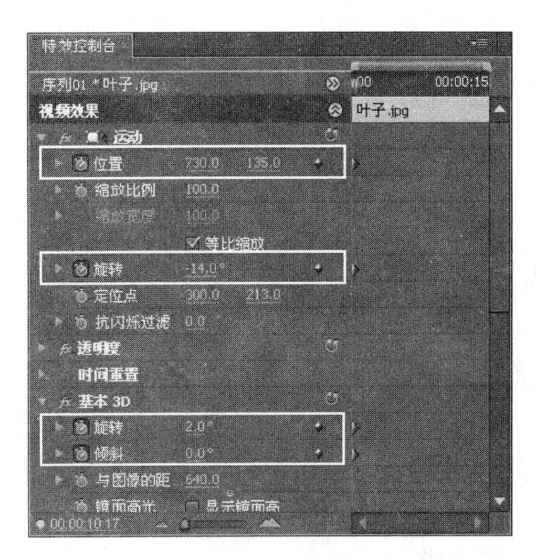

图 2.224 00:00:10:17 处的“运动”与“基本 3D”参数

(4) 在 00:00:12:17 处，创建位置关键帧，参数设置为 550 和 310。创建“基本 3D”特效中的旋转关键帧，参数设置为 85，其他参数均为默认值。“特效控制台”窗口效果如图 2.225 所示。

(5) 在 00:00:15:15 处，创建位置关键帧，参数设置为 700 和 560；创建旋转关键帧，参数为 366；创建“基本 3D”特效中的旋转关键帧，参数设置为 200；创建“基本 3D”特效中的倾斜关键帧，参数设置为 68，其他参数均为默认值。“特效控制台”窗口效果如图 2.226 所示。

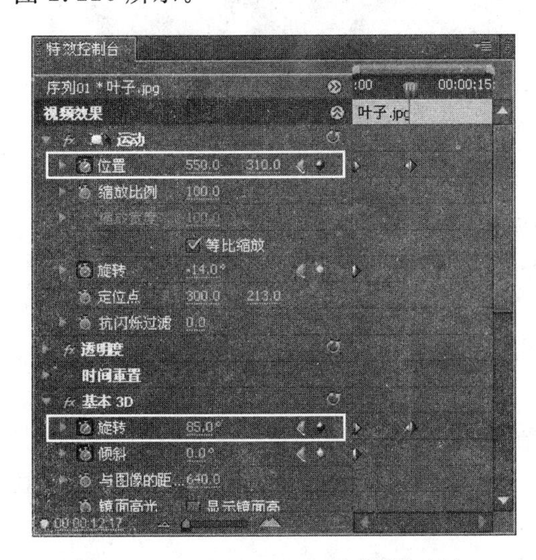

图 2.225 00:00:12:17 处的“运动”与“基本 3D”参数

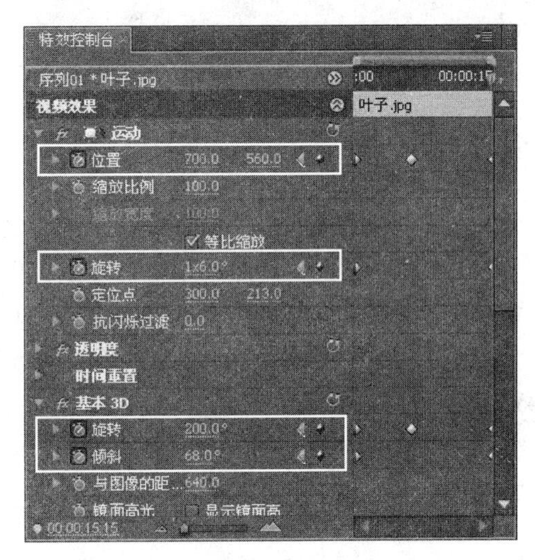

图 2.226 00:00:15:15 处的“运动”与“基本 3D”参数

(6) 现在完成了最后一片枫叶的飘落过程，路径如图 2.227 所示。

图 2.227　路径效果

2.3.8　添加音频效果

(1) 在“项目”窗口中，选中“背景音乐”文件夹中的“伤感.mp3”，双击文件，或者将音频素材拖曳至“素材源”监视器中，试听音乐，以寻找适合插入当作背景音乐的片断。

(2) 在“素材源”监视器中，将时间指示器定位在 00:00:31:21 处，单击“入点”按钮，设置背景音乐的起始位置，如图 2.228 所示。

(3) 将时间指示器定位在 00:00:47:20 处，单击“出点”按钮，设置背景音乐的结束位置，如图 2.229 所示。

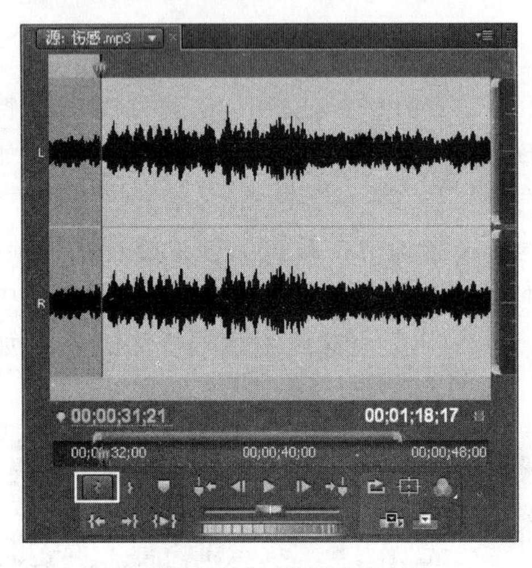

图 2.228　设置入点

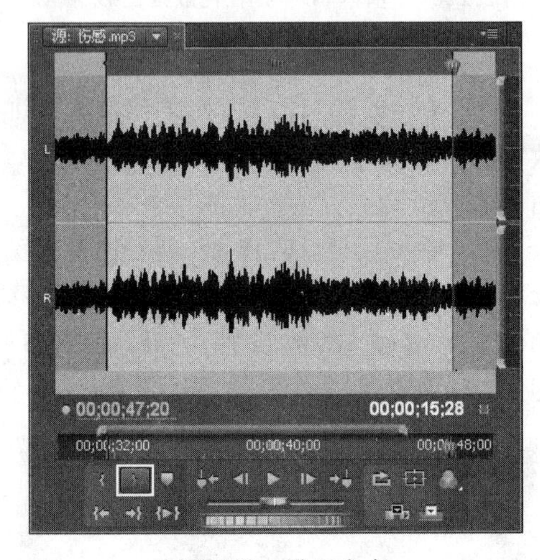

图 2.229　设置出点

(4) 单击“播放入点到出点”按钮，试听所截取的音乐。

(5) 将时间指示器定位于 00:00:00:00 处，激活“音频 1”轨道，单击“覆盖”按钮；或者将“项目”窗口中的音乐拖曳至“音频 1”中，都可以将截取的音乐添加进来。

(6) 为背景音乐设置淡入、淡出效果。在“时间线”窗口中选中音频轨道素材，在“特效控制台”窗口中进行设置。

(7) 在 00:00:00:00 处，音量级别为最小值－287.5dB；在 00:00:01:00 处，音量级别为 0dB；在 00:00:14:24 处，音量级别为 0dB；在 00:00:15:24 处，音量级别为最小值－287.5dB。如图 2.230 所示。

2.3.9　合成效果并导出影片

(1) 解除所示视频轨道的锁定状态，恢复可见性。

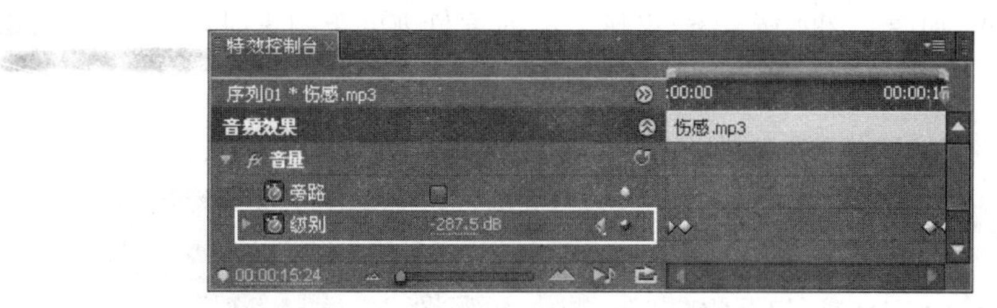

图 2.230 “音频效果”参数

(2) 浏览整个影片，观察是否有不妥之处。

(3) 选择“序列”|“渲染工作区内的效果”选项，或者直接按 Enter 键，渲染影片，会打开如图 2.231 所示的对话框，待渲染结束后，会自动播放影片。观察效果是否还需修改、调整。

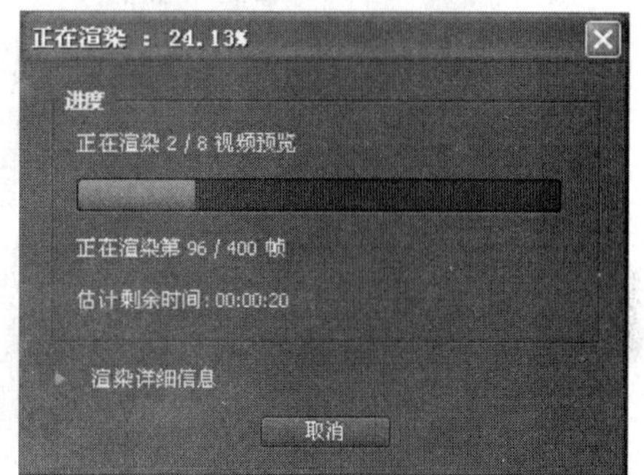

图 2.231 “正在渲染”对话框

(4) 按 Ctrl＋M 键，或者选择“文件”|“导出”|“媒体”选项，打开“导出设置”对话框，如图 2.232所示，设置导出文件格式为“MPEG-2”，预置为“PAL DV 高品质”，选择存储路径，输入名称为“飘落的枫叶”，选中“导出视频”复选框和“导出音频”复选框后，单击“确定”按钮，即可启动 Adobe Media Encoder CS4。

图 2.232 “导出设置”对话框

(5) 在 Adobe Media Encoder 窗口中，单击“开始队列”按钮，如图 2.233 所示，则进

行影片的渲染输出，如图 2.234 所示，当窗口下端的黄色进度条到头时，整个影片的输出即结束。

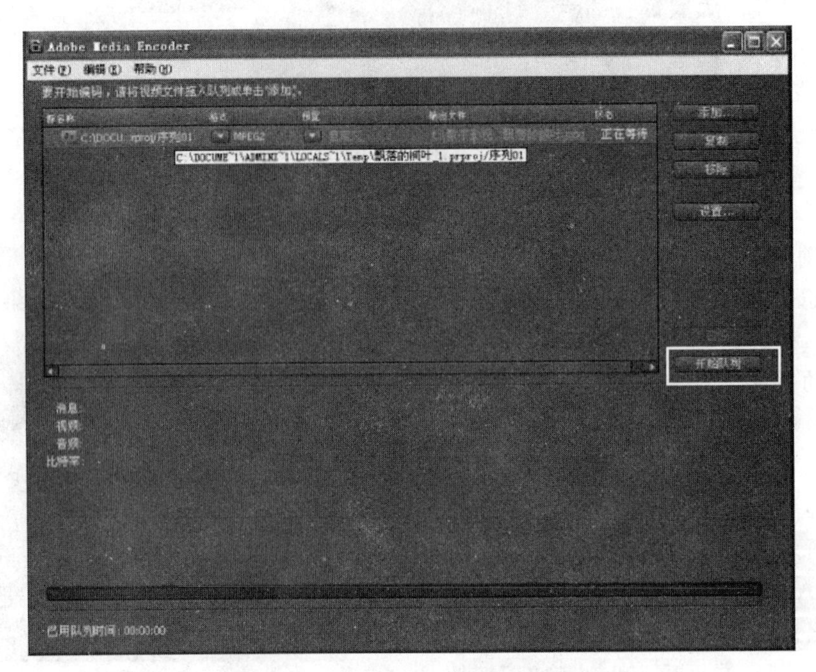

图 2.233　Adobe Media Encoder 对话框

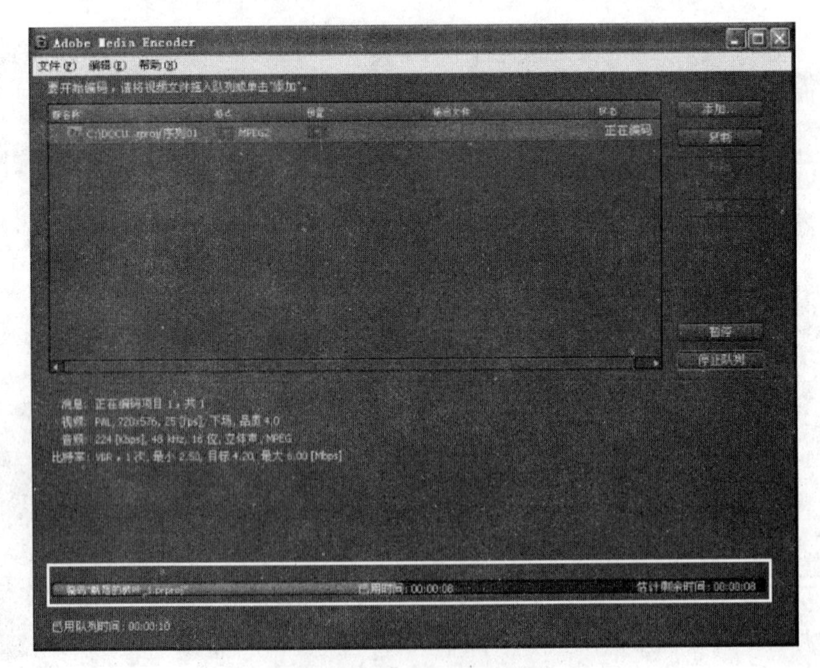

图 2.234　“渲染输出”进度条

（6）打开导出的“飘落的枫叶.mpg”文件，再次检查、欣赏、修改，直至满意为止。

2.4 拓展提高 怀旧电影效果

2.4.1 准备知识——第三方插件的应用

插件的使用就是增加软件的功能和易用性，可以使原本在 Premiere 中很难实现的效果变得简单易用，或者能实现 Premiere 原本无法实现的效果，弥补缺憾。只有对 Premiere 的第三方插件有所了解，才能熟练选择、使用合适的插件，以达到所需要的效果。下面介绍常用第三方插件的分类。

1. 扩展素材类

该类插件主要是扩展 Premiere 可导入的素材种类。

2. 转场效果类

Premiere Pro CS4 自身提供了 70 多种转场效果，这些转场效果只能提供一些常见的转场特技，要达到较高的视觉效果和复杂的特技手法，则需要第三方转场插件的支持与协作。

3. 滤镜效果类

Final Effects 是 Premiere 最著名的滤镜效果插件，其中的下雨、下雪效果特效等，最为人们所熟知。

4. 字幕类

Premiere 自带的字幕功能是很有限的，只能制作静止字幕和简单的滚动字幕。要想制作出多种多样的字幕，需要第三方字幕插件的支持。

2.4.2 怀旧电影插件——AgedFilm

怀旧的感觉永远不会被时代所遗忘。当我们欣赏一部老电影、翻一本老相册时，那种思念之情悠然而起，追溯着无尽的美好回忆，如烟往事仿佛又重现眼前。这份思念多少要留有灰尘的痕迹、岁月的色彩，有时也像人的记忆一样，有片段的跳跃。正是这种不完整的美，让我们更珍惜这段遥远的回忆。

在影片创作时，为了能更方便快捷地完成这种怀旧的效果，只需要安装一个新的插件——怀旧电影插件，即 AgedFilm，就可轻松实现。

DigiEffects 公司推出的 Premiere 插件 AgedFilm，几乎涵盖了老电影的所有特征。AgedFilm 是 DigiEffects Aurorix 插件包中的一个插件。AgedFilm 的参数项比较多，如表 2.1 所示。精心调整这些参数，就可以制作出个性化的老电影。下面对它们逐一进行介绍。

表 2.1 AgedFilm 参数介绍

参数	中文翻译	功能介绍
Film Response	照片反应	用来模拟电影的光源特征曲线，并间接影响到画面的粗糙程度。数值越低，则画面越粗糙、越暗
Grain Amount	颗粒数量	用来控制画面的颗粒化程度。数值越大，则颗粒感越强，设成最大值时，画面就会变成满幅雪花
Dust Size	尘埃颗粒大小	合理组合这三项，可以使画面充满“风尘”感
Dust Amount	尘埃颗粒数量	
Dust Color	尘埃颗粒颜色	
Hair Size	飞丝大小	飞丝就是老电影中常见的、因胶片被划伤而产生的、类似碎头发的无规则划痕
Hair Amount	飞丝数量	
Hair Color	飞丝颜色	
Scratch Amount	刮痕数量	刮痕就是老电影中的“下雨”，它是由放映机输片机械的摩擦造成的，为多条从上到下不断变化的直线
Scratch Velocity	刮痕速度	
Scratch Lifespan	刮痕周期	
Scratch Opacity	刮痕不透明度	
Frame Jitter Max Offset	画面垂直抖动幅度	可以模拟出电影放映时齿轮的抖动效果。Frame Jitter Max Offset 值越大，抖动得越厉害；Frame Jitter Probability 越大，抖动得越频繁，抖动的随机性亦相应增大
Frame Jitter Probability	画面垂直抖动概率	
Convert to Gray	转换灰色	将电影转换成为灰度或者彩色化
Gray Tint Value	灰色色调值	当电影的灰度开关打开时电影的色彩色调的值
Flicker Speed	闪烁速度	模拟老电影放映机
Flicker Amount	闪烁量	控制亮度差异的抖动速度
Random Seed	随机种子	用来更改颗粒、尘埃等的初始位置与变化规律
Blend	混合	怀旧效果与原始素材的混合程度。值越大，怀旧效果越明显；值越小，原始素材被保留成分越大

2.4.3 制作提示

(1) 将插件 AgedFilm 复制到 Program Files\Adobe\Adobe Premiere Pro CS4\Plug-ins 下。

(2) 打开软件 Adobe Premiere Pro CS4，这时，AgedFilm 2 插件显示在“效果”窗口中的“视频特效”文件夹中，如图 2.235 所示。

(3) 将插件拖曳至“时间线”窗口中的素材，然后在“特效控制台”中修改参数，以达到理想的怀旧电影效果。

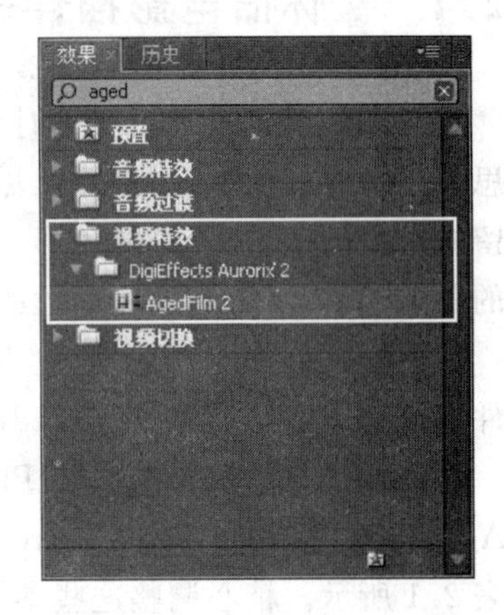

图 2.235 添加 AgedFilm 2 插件

课后练习

一、选择题

1.（　　）视频滤镜组中的滤镜效果主要用于对素材的色彩进行调整。

A. 实用　　B. 生成　　C. 透视　　D. 调节

2. 应用视频滤镜后，在素材没有被激活时，时间线上会显示一条（　　）色线，表明该素材添加一种特效。

A. 红　　B. 绿　　C. 黄　　D. 紫

3. 可以实现图像颜色、色调、饱和度和亮度等颜色属性改变的视频特效是（　　）。

A. 生成　　B. 调节　　C. 通道　　D. 变换

4. 下面不属于时间类视频特效的是（　　）。

A. 抽帧　　B. 拖尾　　C. 色渐变　　D. 时间扭曲

5. 照明效果的视频特效，可以为素材最多添加（　　）个不同的灯光效果。

A. 2　　B. 3　　C. 4　　D. 5

6. 复制视频特效可以将画面复制并缩放成多个同样的画面，画面最少 4 个，最多可以达到（　　）个。

A. 144　　B. 196　　C. 225　　D. 256

7.（　　）视频特效用于突出显示色彩变化明显的区域边缘，用彩色线条勾画。

A. 查找边缘　　B. 招贴画　　C. 边缘粗糙　　D. 浮雕

8.（　　）视频特效可以保留素材中的某一指定颜色及相邻颜色，其他颜色区域将转化为灰度级效果。

A. 着色　　B. 脱色　　C. 更改颜色　　D. 转换颜色

9.（　　）视频特效可以将图像上的某种颜色及相近范围的颜色设为透明，只能单独调整被叠加素材的颜色和灰度值，适合单色背景的图像。

A. 颜色键　　B. 亮度键　　C. RGB 差异键　　D. 色度键

10. 对于黄种人来说，在抠像时使用（　　）背景录制比较容易抠像。

A. 红色　　B. 绿色　　C. 蓝色　　D. 白色

二、填空题

1. ________视频特效可以对素材的四周进行修剪，只保留需要的部分。

2. ________视频特效可以将相邻轨道上的图像进行叠加，使素材画面中比叠加画面中亮的地方更亮、暗的地方更暗。

3. ________类视频特效主要是对素材实现抠像与叠加效果。

4. 模糊与锐化类视频特效主要是用于模糊或者锐化素材，以实现一定的艺术效果，其中包括________种效果。

5. 摄像机视图可以模仿________原理，将素材在三维空间中进行旋转、缩放。

三、操作题

1. 为如图 2.236 所示的素材制作水墨画效果。

图 2.236　操作题 1 素材

2. 使用 Premiere Pro CS4 制作画中画效果。
3. 为一段视频素材制作局部放大效果。
4. 搜索一个以人物运动为主体的视频素材，为人物的衣着变换色彩。

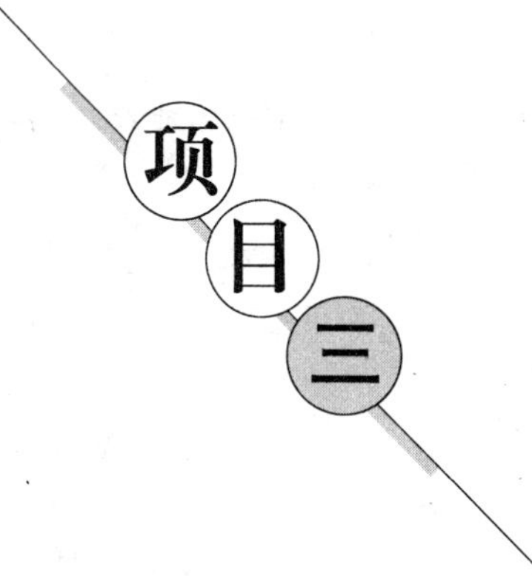

MV和卡拉OK制作

阅读提示

随着科技的发展，人们的生活水平逐渐提高。紧张工作了一天的年轻人、写完作业的学生们，与亲朋好友茶余饭后，要么相约去练歌房比拼比拼，跟着卡拉OK的节奏尽情欢唱，要么一起欣赏最新的MV歌曲，尽情享受音乐与画面带给我们的艺术之美。

本项目主要是掌握MV歌曲的制作方法与手段、卡拉OK歌词字幕的设计与制作方法，培养审美能力与音乐鉴赏能力，并对字幕、视频、音频等素材进行不同风格的设计，提高综合制作能力。

主要内容

- 字幕的创建与编辑
- 音频特效
- 标记的应用
- 设计歌词字幕
- 滚动字幕

重点与难点

- 字幕编辑
- 设计歌词字幕的效果

案例任务

- 歌曲MV效果
- 歌曲卡拉OK效果

3.1 任务一 歌曲MV效果

近几年来，MV(Music Video，音乐视频)越来越受人们的关注，它打破了MTV(Music of Television，音乐电视)的局限，用最好的歌曲配以最精美的画面，使原本只是听觉艺术的歌曲，变为视觉和听觉完美结合的一种崭新的艺术样式。现今所说的影视层面上的音乐电视作品，也应该称作MV。

本任务主要是介绍 Premiere Pro CS4 中字幕工具的使用，包括字幕的创建、窗口界面及其功能等，通过一个简单的实例——歌曲 MV(效果如图 3.1 所示)，使大家对字幕的使用有一个初步的认识，为今后创建不同效果的字幕打下基础。主要知识点介绍如下。

- 字幕窗口
- 创建字幕
- 字幕工具栏
- 字幕属性栏
- 字幕工作区
- 字幕样式栏
- 字幕动作栏

图 3.1　预览图

3.1.1　准备知识——“字幕”窗口

在 Premiere Pro CS4 中，创建字幕包括创建文本和图形两个重要元素。在影片中加入必要的字幕效果，可以直观地传达影片信息，丰富画面色彩，增添活力，起到说明、美化的作用。

在完成本任务前，我们需要系统掌握一下“字幕”窗口。

1. 创建字幕

创建字幕有 4 种方式，现分别介绍如下。

(1) 选择“文件”|“新建”|“字幕”选项，即可打开“新建字幕”对话框。

(2) 在“项目”窗口空白处右击，单击“新建分项”选项中的“字幕”选项，即可打开“新建字幕”对话框。

(3) 单击“项目”窗口下面的“新建分项”按钮，选择“字幕”选项，即可打开“新建字幕”对话框。

(4) 按 Ctrl＋T 键，即可打开“新建字幕”对话框。

在打开的“新建字幕”对话框中，如图 3.2 所示，在“视频设置”区域中可以调整字幕工作区窗口

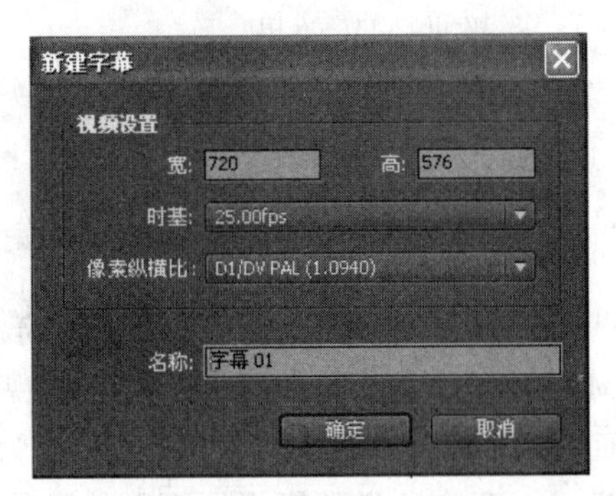

图 3.2　“新建字幕”对话框

的大小、时基、纵横比以及字幕名称，设置后单击“确定”按钮，即可打开“字幕”窗口。

2. “字幕”窗口简介

“字幕”窗口由字幕工具栏、字幕属性栏、字幕工作区、字幕动作栏和字幕样式栏5部分组成，如图3.3所示。

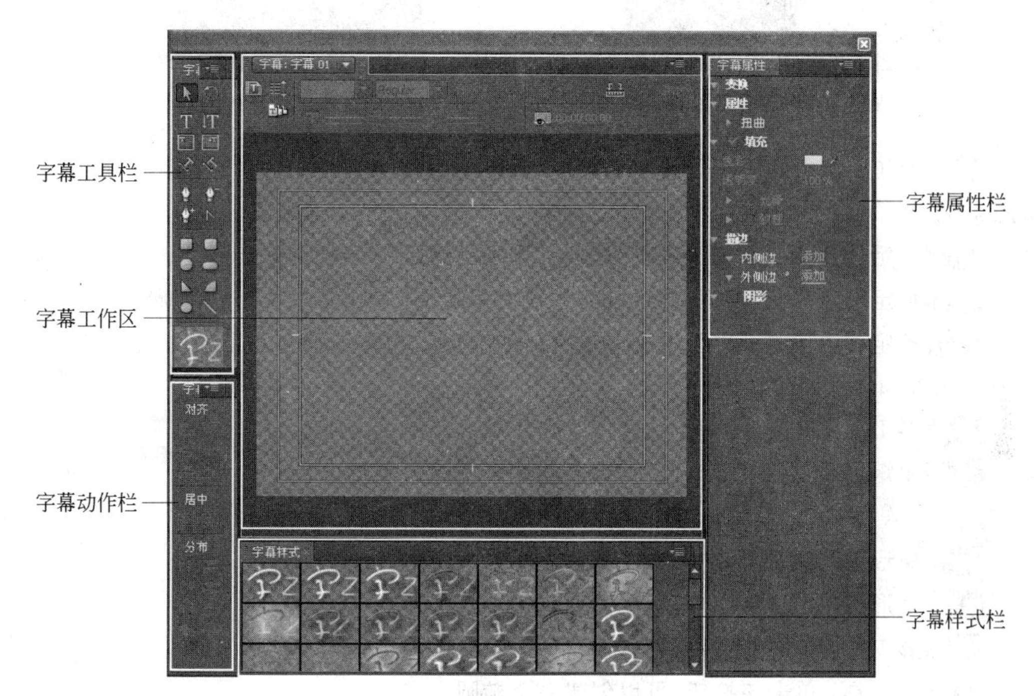

图3.3　“字幕”窗口

(1) 字幕工具栏

用于创建和编辑文本、图形的工具。

选择工具：主要用于选择文本或图形，并调整其大小、位置及角度，对象被选中后，其周围会出现一个带有8个控制手柄的矩形，拖动控制手柄可以调整对象的大小和位置。

旋转工具：主要用于对当前选择的文本或图形进行旋转操作。

文字工具：单击该按钮，在字幕工作区中可以输入或修改横排文字。

垂直文字工具：单击该按钮，在字幕工作区中可以输入或修改竖排文字。

文本框工具：单击该按钮，在字幕工作区中用鼠标拖动一个文本框，可输入并修改多行横排文本。

垂直文本框工具：单击该按钮，在字幕工作区中用鼠标拖动一个文本框，可输入并修改多行竖排文本。

平行路径输入工具：单击该按钮，在字幕工作区中用鼠标绘制一条路径，然后在键盘中输入文本，以平行于路径的方式显示，也可修改已写好的文本，如图3.4所示。

垂直路径输入工具：单击该按钮，在字幕工作区中用鼠标绘制一条路径，然后在键盘中输入文本，以垂直于路径的方式显示，也可修改已写好的文本，如图3.5所示。

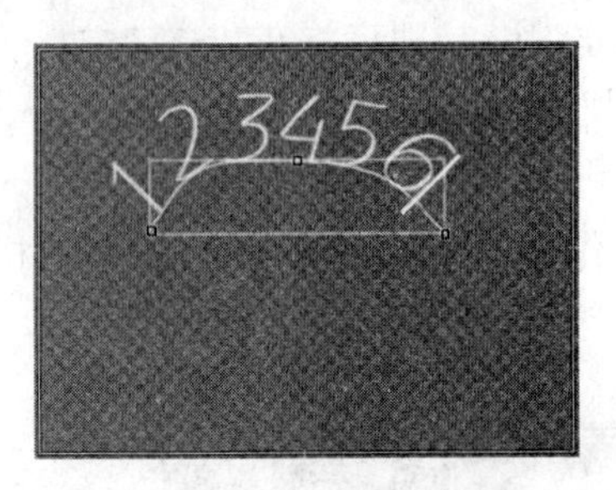

图 3.4　平行路径的效果

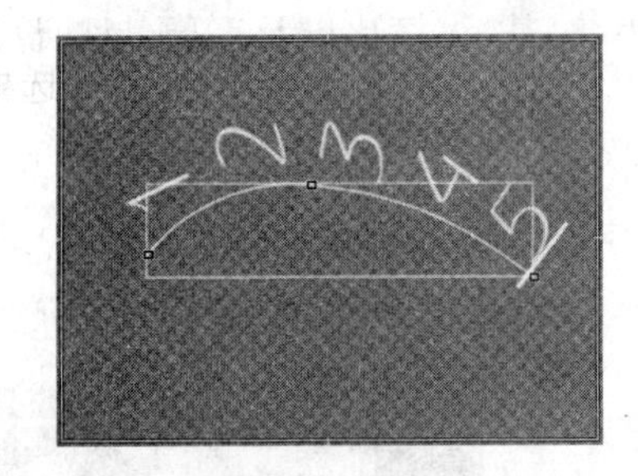

图 3.5　垂直路径的效果

钢笔工具：主要用于创建路径，或者调整使用路径工具所输入文字路径的定位点或手柄形状。

删除定位点工具：单击该按钮，可以删除已经绘制路径的节点。

添加定位点工具：在已经绘制的路径上单击该按钮，可以添加一个新节点。

转换定位点工具：主要用于调整路径的节点。在路径的节点上单击该按钮，可以实现在曲线和直线间的转换。

矩形工具：单击该按钮，可以创建一个矩形。

圆角矩形工具：单击该按钮，可以创建一个圆角矩形。

切角矩形工具：单击该按钮，可以创建一个切角矩形。

圆矩形工具：单击该按钮，可以创建一个圆矩形。

三角形工具：单击该按钮，可以创建一个三角形。

弧形工具：单击该按钮，可以创建一条弧线或一个扇形。

椭圆工具：单击该按钮，可以创建一个椭圆。

直线工具：单击该按钮，可以创建一条直线。

(2) 字幕工作区

用于创建和编辑文本或者图形的区域。在该工作区的上面是常规工具栏。

基于当前字幕创建字幕：单击该按钮，将弹出“新建字幕”对话框，可以基于当前的字幕样式，创建一个新的字幕文件。

滚动/游动选项：单击该按钮，将弹出“滚动/游动选项”对话框，如图 3.6 所示。该对话框中的各项说明如下。

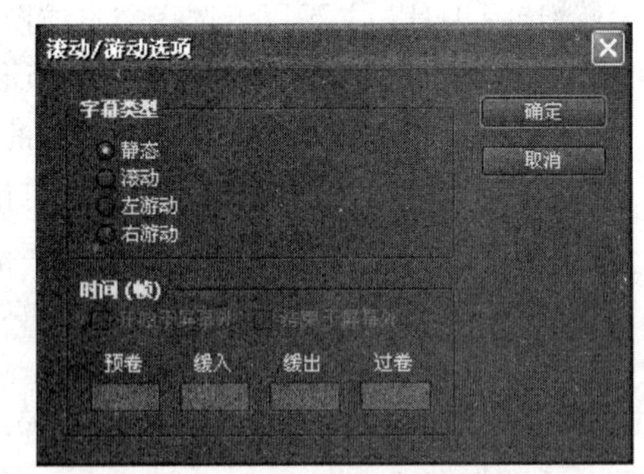

图 3.6　“滚动/游动选项”对话框

- “静态”：字幕不会产生运动效果，只是创建字幕。
- “滚动”：用于设置字幕沿垂直方向滚动。
- “左游动”：用于设置字幕沿水平方向向左滚动。
- “右游动”：用于设置字幕沿水平方向向右滚动。
- “开始于屏幕外”：勾选此复选框，字幕从屏幕外开始滚入。

• “结束于屏幕外”：勾选此复选框，字幕滚动到屏幕以外结束。
• “预卷”：用于为字幕设置滚动的开始帧。
• “缓入”：用于设置字幕从滚动开始缓入的帧数。
• “缓出”：用于为字幕设置结束缓出的帧数。
• “过卷”：用于为字幕设置滚动的结束帧。

模板：单击该按钮，会弹出“模板”对话框，这些模板不仅具备字幕特效，而且还有一定的主题，有的还带有背景图。

Arial 字体：单击此下拉列表，可以选择字体。

Narrow 字形：单击此下拉列表，可以设置字形。

粗体：单击该按钮，可以将当前选中的文本加粗。

斜体：单击该按钮，可以将当前选中的文本变成斜体。

下划线：单击该按钮，可以为当前选中的文本加上下划线。

100.0 大小：可以设置当前文本的文本大小。

0.0 字距：可以设置当前文本间的距离。

0.0 行距：可以设置文本行与行之间的距离。

左对齐：单击此按钮，将为所选文本进行左边对齐操作。

居中：单击此按钮，将为所选文本进行居中对齐操作。

右对齐：单击此按钮，将为所选文本进行右边对齐操作。

停止跳格：可以通过单击刻度尺上方的浅灰色区域来添加制表符。

00:00:00:16 显示背景视频：单击该按钮，将显示当前时间位置视频轨道上的素材效果和时间码。在时间码区，可以通过输入不同的时间，显示视频轨道上不同位置的视频效果。

字幕工作区的下面是创建与编辑字幕的区域，四周有两个矩形线框，即安全框：外面的安全框是活动安全框，里面的安全框是字幕安全框。如果文本或者图像旋转在动作安全框之外，在一些NTSC制式的电视中，这部分内容将不能正常显示，可能出现模糊或者变形现象，也许还会不显示。因此，在创建字幕时，最好将文本和图像旋转在安全框之内。

(3) 字幕属性栏

在实际创建字幕的过程中，字幕效果与设置字幕属性是不可分割的。通过设置“字幕”属性，可以修改字幕样式、字号、颜色等，以实现简化、美观画面的效果。

① 变换区

透明度 100.0%：用于设置字幕文本或图形对象的不透明度。

X位置 272.9：用于设置字幕文本或图形对象在画面中所处的水平位置。

Y位置 304.8：用于设置字幕文本或图形对象在画面中所处的垂直位置。

宽度 133.2：用于设置字幕文本或图形对象的宽度。

高度 301.2：用于设置字幕文本或图形对象的高度。

旋转 0.0°：用于设置字幕文本或图形对象的旋转角度。

② 创建文本属性区

字体 Arial：用于设置字幕文本的字体类型。

字体样式 Nar...：用于设置字幕文本的字体样式。

字体大小 100.0：用于设置字幕文本的大小。

纵横比 100.0%：用于设置字幕文本的长、宽比例。数值大于100时，字体加宽；数值小于100时，字体变窄。

行距 0.0：用于设置字幕文本的行间距。数值为正时，行间距加大；数值为负时，行间距缩小。

字距 0.0：用于设置相邻文本之间的水平距离。

跟踪 0.0：对选择的多个字符进行字间距调整，可以平均分配所选择的每一个相邻字体的位置。

基线位移 0.0：用于设置字幕文本偏离水平中心线的距离，主要用于创建文本的上角标和下角标。

倾斜 0.0°：用于设置字幕文本的倾斜程度。

小型大写字母 □：勾选此复选框，可以将所选的小写字母变成大写字母。

小型大写字... 75.0%：该选项配合大写字母选项使用，可以将显示的大写字母放大或缩小。

下划线 □：勾选此复选框，可以为文本添加下划线。

▼ 扭曲：用于设置字幕文本在水平或垂直方向的变形。

③ 创建图形属性区

绘图类型 关闭...：用于修改绘制图形的类型。

线宽 5.0：用于设置图形线条的宽度。

小型大写字... 菱形：用于设置线条端点的类型，有菱形、圆形和矩形。

连接类型 圆形：用于设置线条角点的类型，有斜交叉、圆形和斜角边。

斜交叉限制 5.0：用于设置斜交叉限制的数量。

▼ 扭曲：用于设置图形在水平或垂直方向的变形。

④ 填充区

填充类型 实色：用于设置字幕文本或图形的填充类型，如图3.7所示。其下各种选项如下所述。

- “实色”：使用一种颜色进行填充。
- “线性渐变”：使用两种颜色进行线性渐变填充。
- “放射渐变”：使用两种颜色进行圆形渐变填充。
- “4色渐变”：使用4种颜色的渐变过渡来填充字幕文本或者图形，每种颜色占据一个角。
- “斜角边”：使用一种颜色填充高光部分，使用另一种颜色填充阴影部分，再通过添加灯光使文本产生斜面，效果类似于立体浮雕。
- “消除”：将实体填充的颜色消除。

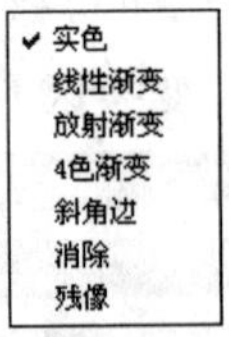

✔实色
线性渐变
放射渐变
4色渐变
斜角边
消除
残像

图3.7 填充类型

• “残像”：使填充区域变为透明，只显示阴影部分。

色彩：用于设置填充区域的颜色。

透明度 100%：用于设置填充区域的透明度。

光泽：用于为文字添加光泽效果。

纹理：用指定的图片为文本或者图形填充一种纹理效果。

“描边”：为文字添加边缘效果。

内侧边 添加：用于设置字幕文本或者图形的内侧边的描边效果。

外侧边 添加：用于设置字幕文本或者图形的外侧边的描边效果。

“阴影”：为文字添加阴影效果。

色彩：用于设置字幕文本或者图形的阴影的颜色。

透明度 50%：用于设置字幕文本或者图形的阴影的透明度。

角度 45.0°：用于设置字幕文本或者图形的阴影角度。

距离 10.0：用于设置字幕文本或者图形与阴影之间的距离。

大小 0.0：用于设置字幕文本或者图形的阴影大小。

扩散 0.0：用于设置字幕文本或者图形阴影的扩展程度。

(4) 字幕动作栏

可以对工作区域中的多个对象进行排列、分布，从而使画面更加美观大方、突出主题。

① 对齐类

水平—左对齐：以选中的文本或图形左水平线为基准进行对齐。

水平居中：以选中的文本或图形垂直中心线为基准进行对齐。

水平—右对齐：以选中的文本或图形右水平线为基准进行对齐。

垂直—顶对齐：以选中的文本或图形的顶部水平线为基准进行对齐。

垂直居中：以选中的文本或图形水平中心线为基准进行对齐。

垂直—底对齐：以选中的文本或图形底部水平线为基准进行对齐。

② 居中类

垂直居中：使选中的文本或图形在屏幕垂直居中显示。

水平居中：使选中的文本或图形在屏幕水平居中显示。

③ 分布类

水平—左对齐：以选中的文本或图形的左垂直线为基准分布文本或图形。

水平居中：以选中的文本或图形的垂直中心为基准分布文本或图形。

水平—右对齐：以选中的文本或图形的右垂直线为基准分布文本或图形。

水平平均：以屏幕的垂直中心线为基准分布文本或图形。

垂直—顶对齐：以选中的文本或图形的顶部线为基准分布文本或图形。

垂直居中：以选中的文本或图形的水平中心为基准分布文本或图形。

垂直—底对齐：以选中的文本或图形的底部线为基准分布文本或图形。

垂直平均：以屏幕的水平中心线为基准分布文本或图形。

(5) 字幕样式栏

字幕样式是具有统一字体、字号和颜色等特性的字体格式的集合,使用字幕以快速格式化字幕文本。模板是一类特殊的文档,可以为最终生成的字幕提供样板。字幕为一个单独的窗口提供各种各样的字幕字体样式,方便选择,从而节省设计字幕字体的时间。

单击“字幕样式栏”右上角的按钮,或右击左上角的字幕样式按钮,即可打开如图 3.8所示的快捷菜单,通过该菜单可以对字幕样式进行编辑。

3.1.2 创建项目、导入素材

(1) 启动 Premiere Pro CS4,进入“欢迎使用 Adobe Premiere Pro”界面,我们单击“新建项目”按钮,进入“新建项目”对话框。我们在“常规”选项卡界面的下端单击“浏览”按钮,选择项目需要存放的路径,在名称对应的文本框中输入本项目的名称“歌曲 MV 效果”,其他参数使用系统默认设置即可,单击“确定”按钮,进入“新建序列”选项窗口。

(2) 在打开的“新建序列”选项窗口中,激活“序列预置”选项卡,选择我国标准 PAL 制视频、48kHz,其他参数使用系统默认值,即可进入 Premiere Pro CS4 工作界面。

(3) 将视频素材与音频素材分别导入“项目”窗口中对应的文件夹内,如图 3.9 所示。

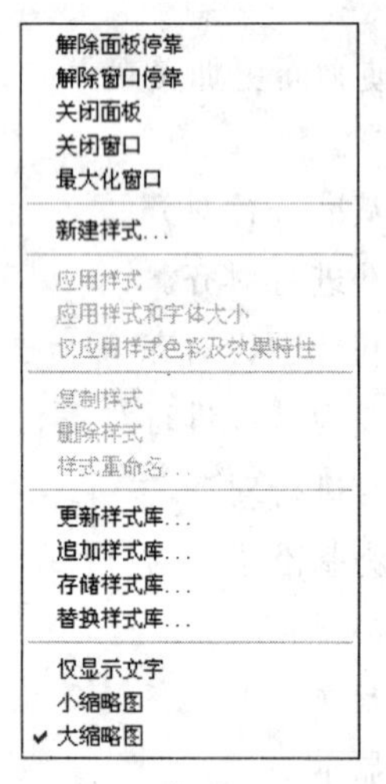

图 3.8 快捷菜单

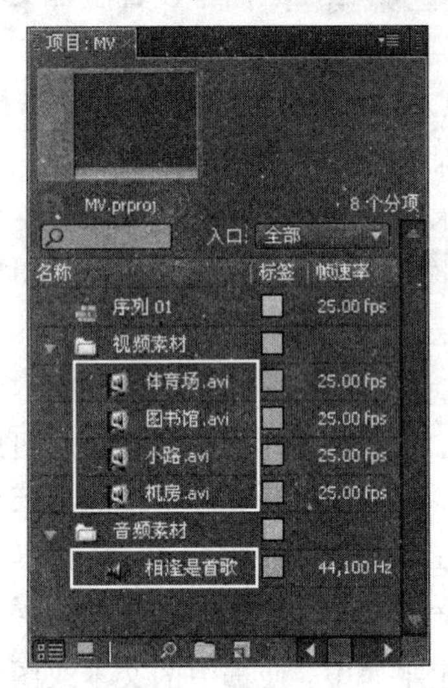

图 3.9 “项目”窗口

3.1.3 设置标记

(1) 将歌曲“相逢是首歌.mp3”拖曳至“时间线”窗口中的“音频”轨道中,试听音频效果,确定时间长度。

(2) 熟悉以下歌词:

你曾对我说

相逢是首歌

眼睛是春天的海

青春是绿色的河
你曾对我说
相逢是首歌
眼睛是春天的海
青春是绿色的河
相逢是首歌
同行是你和我
心儿是年轻的太阳
真诚也活泼
相逢是首歌
同行是你和我
心儿是年轻的太阳
真诚也活泼
你曾对我说
相逢是首歌
分别是明天的路
思念是生命的火
相逢是首歌
歌手是你和我
心儿是永远的琴弦
坚定也执著
相逢是首歌
歌手是你和我
心儿是永远的琴弦
坚定也执著
啦……

(3) 观察歌词中的规律。每段歌词为四句,节奏相同,这为我们制作歌词提供了极大的方便,这样,我们只需要记好每段的起始位置,就很容易制作出整首歌对应的歌词。

(4) 设置标记点的位置如表3.1所示。

表3.1　歌词标记分配表

标记	时　间	歌　词
0	00:00:18:18	你曾对我说
1	00:00:24:18	相逢是首歌
2	00:00:30:19	眼睛是春天的海
3	00:00:36:19	青春是绿色的河
4	00:00:42:20	你曾对我说　相逢是首歌　眼睛是春天的海　青春是绿色的河

续表

标记	时　　间	歌　　词
5	00:01:06:15	相逢是首歌
6	00:01:12:15	同行是你和我
7	00:01:18:16	心儿是年轻的太阳
8	00:01:24:16	真诚也活泼
9	00:01:30:17	相逢是首歌　同行是你和我　心儿是年轻的太阳　真诚也活泼
10	00:02:12:18	你曾对我说　相逢是首歌　分别是明天的路　思念是生命的火
11	00:02:36:19	相逢是首歌　歌手是你和我　心儿是永远的琴弦　坚定也执著
12	00:03:00:20	相逢是首歌　歌手是你和我　心儿是永远的琴弦　坚定也执著
13	00:03:24:20	啦……

(5) 设置标记点的方法。将“时间线”窗口中左上角的时间定位在00:00:18:18处，在时间指示器处右击，会弹出如图3.10所示的快捷菜单，选择“设置序列标记”|“下一有效编号”命令，即可为当前位置设置编号为0的标记点。

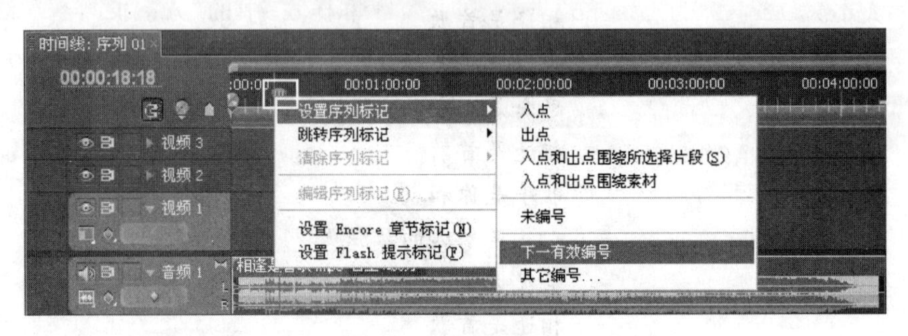

图 3.10　设置标记点

(6) 其他位置的标记点可参考表3.1中对应的时间点，设置方法与步骤(5)相同。

3.1.4　创建字幕

(1) 为了便于管理素材，我们在“项目”窗口中创建一个新的文件夹，用于存放歌词字幕。

(2) 选中“歌词”文件夹，单击“项目”窗口下方的“新建选项”按钮，会弹出如图3.11所示的快捷菜单，选择“字幕”选项。

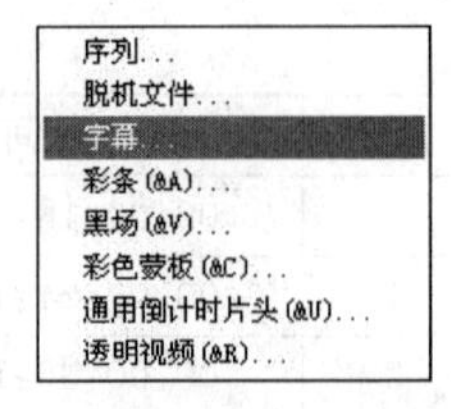

图 3.11　快捷菜单

(3) 在打开的“新建字幕”对话框中，设置时基为25.00fps，名称为“片头字幕”，其他选项为默认即可，如图3.12所示，最后单击“确定”按钮。

(4) 在打开的“字幕”窗口中，输入片头信息。歌曲名称文字大小为80、其他文字大小为50，字体为DiaukeEG-Bold-GB，文字样式为“字幕样式”中的“汉仪彩蝶”，字幕水平和垂直居中显示，如图3.13所示。

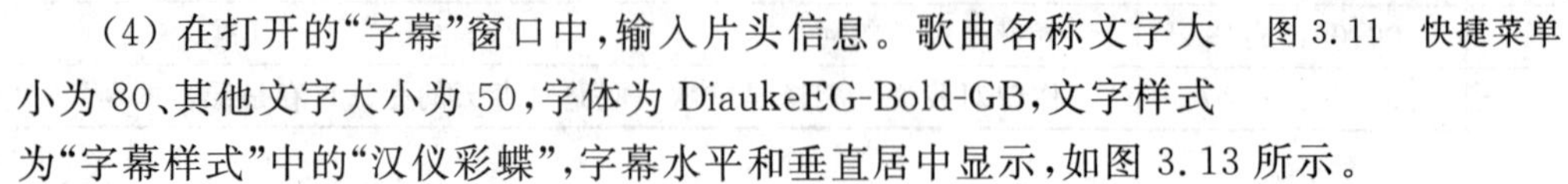

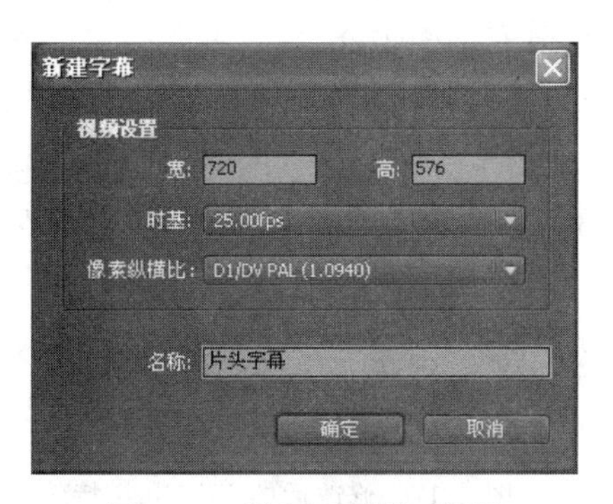

图 3.12　“新建字幕”对话框

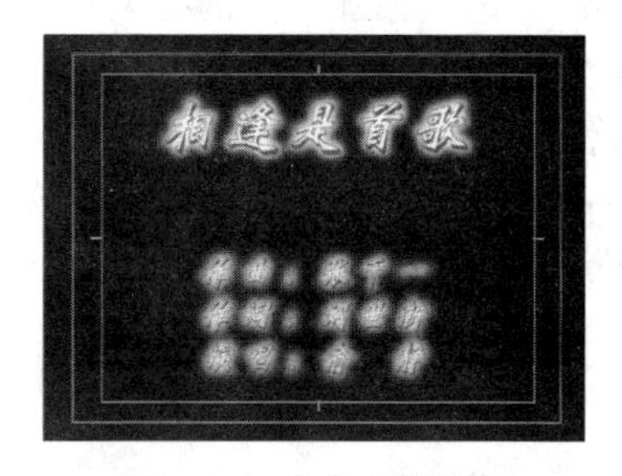

图 3.13　片头字幕效果

(5) 此时文字阴影效果太明显，感觉有些模糊，要在“字幕属性”中对“阴影”样式进行调整。阴影大小调整为 30，阴影扩散调整为 30，其他参数值默认即可，效果如图 3.14 所示。

(6) 新建字幕，名称为“0”，与标记点名称相同，便于操作。文字内容为“你曾对我说”，文字大小为 50，字体为 JLuobo，文字样式为“字幕样式”中的“方正隶书金质”，字幕水平居中显示，如图 3.15 所示。

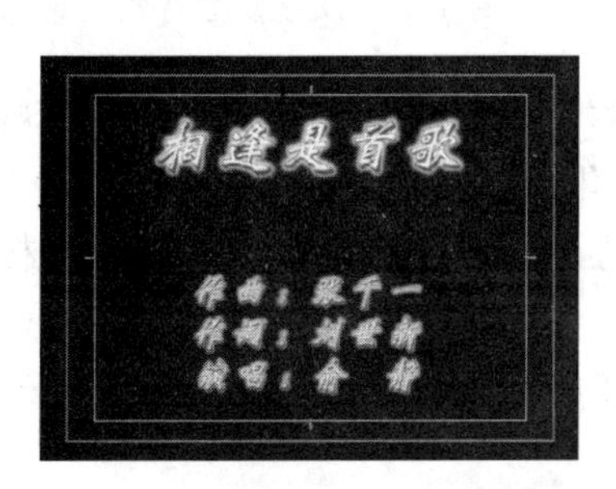

图 3.14　调整后的片头字幕效果

图 3.15　歌词字幕效果

(7) 单击“字幕”窗口左上方的“基于当前字幕新建字幕”按钮，字幕名称为“1”，将文字内容修改为“相逢是首歌”，其他参数不变。这样可以保证文字所有属性不变。

(8) 依次创建其他歌词字幕，方法如步骤(7)相同，这里不再赘述。

3.1.5　制作歌词

(1) 将时间定位于 00:00:12:16 处，将“片头字幕”拖曳至“时间线”窗口“轨道 2”中，并在此素材的开头和结尾添加“交叉叠化(标准)”切换效果。

(2) 将时间指示器定位于标记“0”处。

(3) 将字幕“0”拖曳至“时间线”窗口“视频 2”轨道的时间指示器处，调整长度，使其正好处于标记“0”与“1”之间。

(4) 将字幕“1”拖曳至标记“1”与“2”之间，将字幕“2”拖曳至标记“2”与“3”之间，将字幕“3”拖曳至标记“3”与“4”之间。

(5) 浏览“节目”监视器窗口,观察歌词与音乐节奏是否吻合。

(6) 为歌词添加一定的视频特效。安装第三方插件——Studio Effects 特效中的 FE Glass 效果,方法参照 2.4.3 小节。

(7) 将 FE Glass 特效拖曳至“时间线”窗口中的字幕“0”中,效果如图 3.16 所示。调整参数 Softness 值为 30,效果如图 3.17 所示。

图 3.16　FE Glass 特效

图 3.17　修改后的 FE Glass 特效

(8) 为参数 Bump Height 创建关键帧动画,00:00:18:18 处和 00:00:24:17 处关键帧数值为 100,文字挤压效果如图 3.18 所示,00:00:19:08 处和 00:00:24:02 处关键帧数值为 0,文字复原效果如图 3.19 所示。

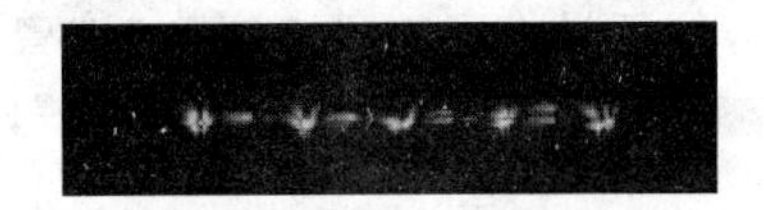

图 3.18　文字挤压效果

图 3.19　文字复原特效

(9) 将“特效控制台”中的 FE Glass 特效复制,将特效分别粘贴至字幕 1、2 和 3 的“特效控制台”中。此时,四句歌词均产生相应的特效变化效果。

(10) 接下来,第 5～8 句歌词与前面四句相同,所以,选中“视频 2”中的素材进行复制。

(11) 只激活“视频 2”轨道,将时间指示器定位于标记点“4”处,然后进行粘贴。至此,前 8 句歌词已经制作完成。

(12) 第 9 句至第 32 句歌词与前 8 句歌词的制作方法相同,大家试试自己完成。

3.1.6　视频剪辑

歌词完成后,我们根据歌词内容添加相应的视频效果,放置在“视频 1”中,入点、出点与持续速度见表 3.2 所示。

表 3.2　视频剪辑分配表

序号	视频素材	入　点	出　点	速　度
1	小路.avi	00:01:55:10	00:02:10:08	80.98%
2	小路.avi	00:00:31:00	00:00:35:22	100%
3	小路.avi	00:00:44:18	00:00:47:01	100%
4	小路.avi	00:00:57:15	00:01:02:03	100%
5	机房.avi	00:00:14:06	00:00:21:22	100%
6	机房.avi	00:01:01:12	00:01:11:23	100%

续表

序号	视频素材	入　点	出　点	速　度
7	机房.avi	00:01:48:10	00:02:05:10	100%
8	小路.avi	00:01:27:11	00:01:29:08	100%
9	小路.avi	00:01:38:23	00:01:43:19	100%
10	小路.avi	00:01:16:11	00:01:21:20	100%
11	图书馆.avi	00:02:02:19	00:02:09:04	100%
12	图书馆.avi	00:00:12:17	00:00:18:24	100%
13	图书馆.avi	00:00:40:24	00:00:52:23	100%
14	图书馆.avi	00:03:00:04	00:03:06:01	100%
15	图书馆.avi	00:03:50:22	00:03:52:06	64.51%
16	小路.avi	00:04:42:12	00:04:46:01	100%
17	小路.avi	00:03:00:16	00:03:07:12	100%
18	体育场.avi	00:00:01:16	00:00:08:21	100%
19	体育场.avi	00:00:16:24	00:00:20:12	90%
20	体育场.avi	00:01:13:12	00:01:19:09	100%
21	体育场.avi	00:02:19:16	00:02:25:19	100%
22	体育场.avi	00:01:51:16	00:01:57:11	100%
23	体育场.avi	00:02:44:23	00:02:56:08	100%
24	体育场.avi	00:05:14:08	00:05:19:07	100%
25	体育场.avi	00:05:26:03	00:05:32:14	423.07%
26	体育场.avi	00:03:49:13	00:04:06:18	143.66%
27	体育场.avi	00:05:38:01	00:05:44:00	100%
28	体育场.avi	00:04:10:16	00:04:18:19	100%
29	体育场.avi	00:06:01:14	00:06:07:10	101%
30	体育场.avi	00:06:33:19	00:06:36:23	100%
31	体育场.avi	00:06:39:24	00:06:45:22	100%
32	体育场.avi	00:08:33:13	00:08:46:18	155.55%
33	体育场.avi	00:09:13:07	00:09:27:17	111.65%
34	体育场.avi	00:09:27:18	00:09:31:18	82.41%
35	小路.avi	00:02:01:02	00:02:04:08	81.45%
36	机房.avi	00:00:00:10	00:00:07:11	57.46%

视频添加完成后，为“轨道 1”中的所有素材添加“交叉叠化(标准)”切换效果。

3.1.7 导出影片

(1) 渲染整个工作区，观察效果，修改不满意的地方。

(2) 导出媒体。按 Ctrl+M 键，或者选择“文件”|“导出”|“媒体”选项，打开“导出设

置”对话框,效果如图 3.20 所示。

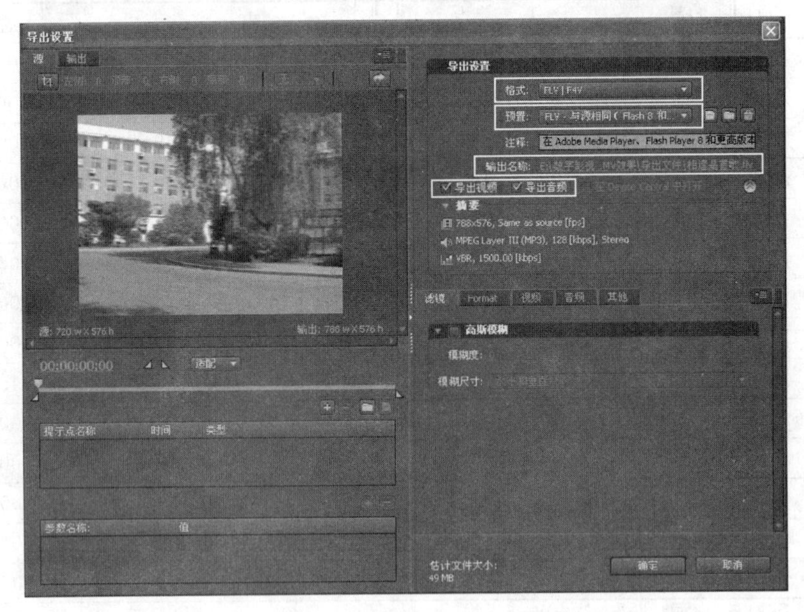

图 3.20 “导出设置”对话框

(3) 设置导出文件格式为 FLV|F4V,预置为“FLV—与源相同(Flash 和更高版本)”,选择存储路径,输入名称,选中“导出视频”复选框和“导出音频”复选框后,单击“确定”按钮,即可打开 Adobe Media Encoder。

(4) 在打开的 Adobe Media Encoder 窗口中,确认无误后,单击“开始队列”按钮,即可导出影片,可通过单击“暂停”按钮或者“停止队列”按钮来控制导出过程。

(5) 将导出的影片在“暴风影音”中进行播放,欣赏自己设计制作的 MV 歌曲。

3.2 任务二 歌曲卡拉 OK 效果

卡拉 OK 已经成为音乐爱好者休闲娱乐的首选。演唱者可以在预先录制的音乐伴奏下参与歌唱。通过声音处理,使演唱者的声音得到美化与润饰,当再与音乐伴奏完美结合时,就变成了浑然一体的立体声歌曲。这种伴奏方式,给歌唱爱好者们带来了极大的满足和愉悦。

本任务我们介绍儿童歌曲“数鸭子”的卡拉 OK 效果,如图 3.21 所示,使读者对歌词字幕的制作有了新的认识。声音加入音频特效后,也会带来意想不到的效果。

主要知识点如下。

- 音频基础
- 声道
- 音频编辑
- 音频特效
- 视频特效

图 3.21　预览图

3.2.1　准备知识——音频效果

1. 音频基础

(1) 音量：主要是指声音的强弱程度，是声音的重要属性之一。

(2) 音调：主要是指“音高”，它是声音的物理特性。

(3) 音色：音色的好坏，主要取决于发音体、发音环境的好坏。发音体与发音环境的不同，都会影响声音的音质。声音分为基音和泛音，音色是由混入基音的泛音所决定的，泛音越高，谐波越丰富，音色就越具有明亮感和穿透力。不同的谐波具有不同的振幅和相位偏移，由此产生各种音色。

(4) 静音：静音指的是无声。没有声音是一种具有某种特殊意义的表现手段，在影视作品中通常用来表现恐惧、不安、孤独以及内心极度空虚的气氛或心情。

(5) 增益：指的是“放大量”，包括功率的增益、电压的增益和电流的增益。通过调整音响设备的增益量，可以对音频信号进行调节，使系统的信号电平处于一种最佳状态。

2. 声道

在 Premiere Pro CS4 中，包含 3 种声道，分别是单声道、立体声和 5.1 声道。

(1) 单声道：是一种比较原始的音频形式，它只包含一个声道，当使用双声道扬声器播放单声道音频时，两个声道的声音是完全相同的。

(2) 立体声：是一种应用较早的音频形式，包含左、右两个声道，也叫作立体声道。在录制的初期，可以将声音分别分配到两个独立的声道中，从而达到很好的声音定位效果。

(3) 5.1 声道：由美国的杜比实验室于 1994 年发明的技术，所以也叫作杜比环绕声。

它广泛应用于各类电影院和家庭影院中，是目前应用较广的一种音频形式。杜比环绕声包含左、中、右3个前置声道，左、右2个后置声道，以及1个低频效果声道将音频发送到重低音喇叭，使声音更具震撼力和感染力。

3. 音频编辑

(1) 音频增益

音频增益指音频信号的声调高低，当一个影片中同时播放多个音频剪辑时，就需要平衡这些剪辑的增益效果。适当调节每一个素材的音频增益，可使影片达到与众不同的非凡效果。

在“时间线”窗口中选中音频素材，右击，在弹出的快捷菜单中选择“音频增益”选项，或者选择“素材”|“音频选项”|“音频增益”选项，打开“音频增益”对话框，如图3.22所示，调节“设置增益为”选项后面的调节杆，即可修改音频素材的增益。

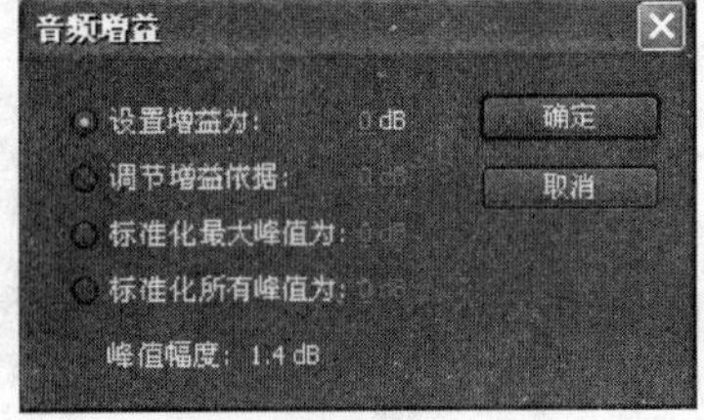

图3.22 “音频增益”对话框

(2) 音频的淡入淡出

音频素材的淡入淡出是MV创作时常用的一种效果。可以在“特效控制台”窗口或者“时间线”窗口中，使用关键帧的方法来实现。在“特效控制台”窗口中的操作方法，与视频素材的操作方法相似。下面介绍“时间线”窗口中的操作方法。

① 将音频素材拖曳至“时间线”窗口的“音频1”轨道中，如图3.23所示。

图3.23 音频1

② 在素材的开头和结尾处，以及00:00:03:00和00:00:41:00处，分别单击“添加—移除关键帧”按钮，创建4个关键帧，如图3.24所示。

图3.24 添加关键帧

③ 使用“工具”窗口中的“选择”工具或者“钢笔”工具，将第一个关键帧向下拖动，出现“－∞”标志，表示无音量，即可实现音频信号的淡入效果，如图3.25所示。

图3.25 调整关键帧

④ 同理，将最后一个关键帧也向下拖动，实现淡出效果。

(3) 调节音频速度

音频的持续时间，即播放的速度，可以进行调整，方法与视频的调节方法相同。

在“时间线”窗口中选中素材，右击，在弹出的快捷菜单中选择“速度/持续时间”选项，或者通过“素材”|“速度/持续时间”选项，再或者按Ctrl+R键，都可打开如图3.26所示的对话框，可以修改“速度”或者“持续时间”等选项，设置预达到的效果。

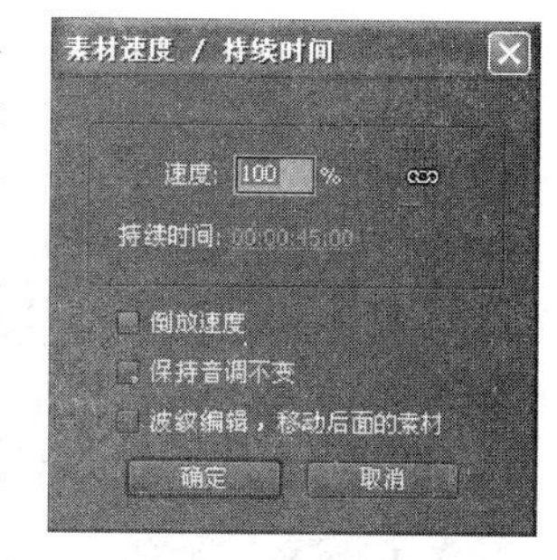

图3.26 “素材速度/持续时间”对话框

① “速度”：相对于正常播放速度的百分比。

② “持续时间”：即为素材的持续时间，可以通过“链接”按钮控制是否与速度有关联。

③ “倒放速度”：选中此复选框，素材可以反向播放，即从原素材的结束点开始播放。

④ “保持音调不变”：选中此复选框，将保持音频信号音调。

⑤ “波纹编辑，移动后面的素材”：选中此复选框，会根据当前素材播放时间来调整与其相邻的后面素材。如果时间变短，会自动删除相邻素材之间的空白，将后面相邻的素材向前调整；如果时间变长，会自动后移后面相邻的素材。

(4) 声道转换

在Premiere Pro CS4中，声道可以进行转换。将立体声或5.1声道音频素材可直接分离成单声道音频素材，也可将分离出来的单声道音频素材转换回立体声或5.1声道音频素材。操作方法如下。

在“项目”窗口中选择一个立体声音频素材，如图3.27(a)所示。双击该素材，可在“素材源”监视器窗口中打开。观察到2条音频波形线，如图3.27(b)所示。选择“素材”|“音频选项”|“强制为单声道”选项，在“项目”窗口中会出现2个分离出来的左、右声道音频素材，如图3.27(c)所示。

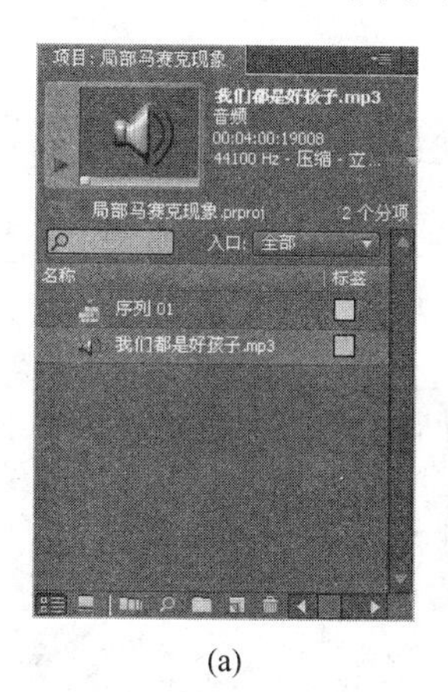

(a)

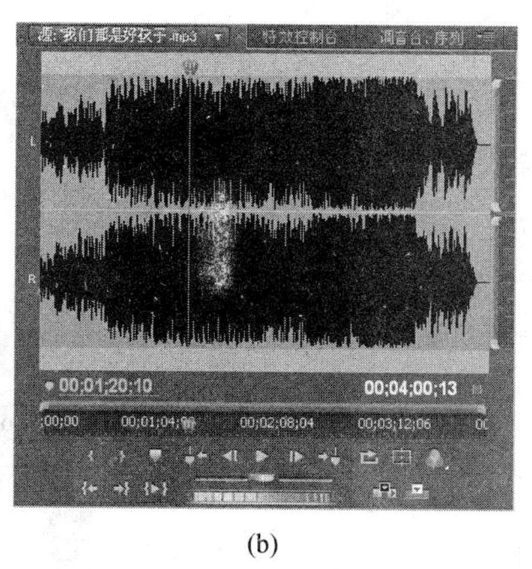

(b)

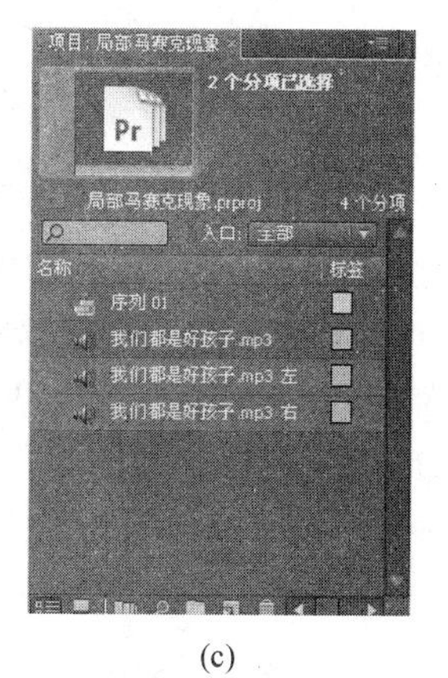

(c)

图3.27 声道分离

在“项目”窗口中选择任意一个分离后的音频素材，如图3.28(a)所示。双击该素材，可在“素材源”监视器窗口中打开。观察到1条音频波形线，如图3.28(b)所示。选择“素材”|“音频选项”|“源声道映射”选项，会打开如图3.28(c)所示的对话框。选择“轨道格式”并激活相应的声道，之后单击“确定”按钮，即可实现将单声道素材转换回

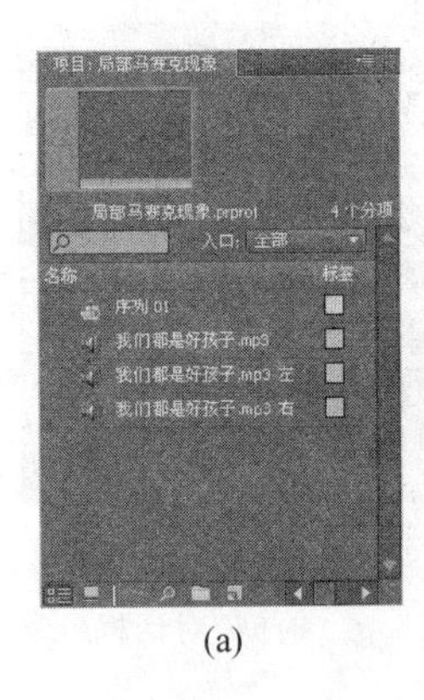

(a)

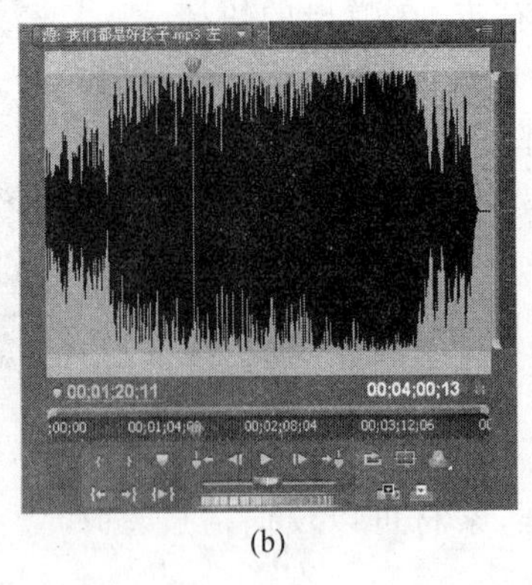

(b)

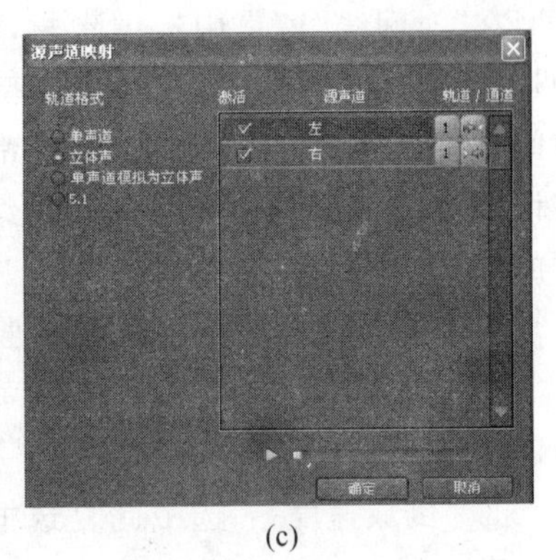

(c)

图 3.28　声道合成

立体声素材。

(5) 音视频链接

一个素材可以由音频和视频 2 部分元素构成,也可以由其中的 1 个元素构成。素材的音、视频链接分为 2 种,硬链接和软链接。硬链接是素材在导入 Premiere 之前就建立的链接关系,拖曳至"时间线"窗口时,音频和视频素材颜色相同;软链接则是在 Premiere 软件中建立起来的链接关系,链接后的音频素材与视频素材颜色不同,如图 3.29 所示。软链接的音频素材和视频素材在"项目"窗口中仍然保持着各自的完整性。

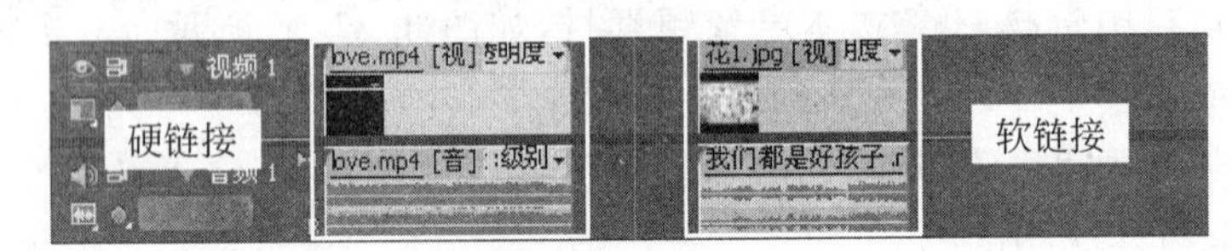

图 3.29　音视频链接

链接/解除链接视频和音频的方法如下。

在"时间线"窗口中选择需要链接的视频素材和音频素材,右击,在弹出的快捷菜单中选择"链接视频和音频"|"解除链接视频和音频"选项,或者选择"素材"|"链接视频和音频"|"解除链接视频和音频"选项,即可实现软链接操作。

4. 音频特效

音频特效按不同声道分别放在三个不同的音频文件夹中:单声道音频特效,如图 3.30 所示;立体声音频特效,如图 3.31 所示;5.1 模式音频特效,如图 3.32 所示。不同的音频素材在添加特效时,要使用相对应的声道选项。

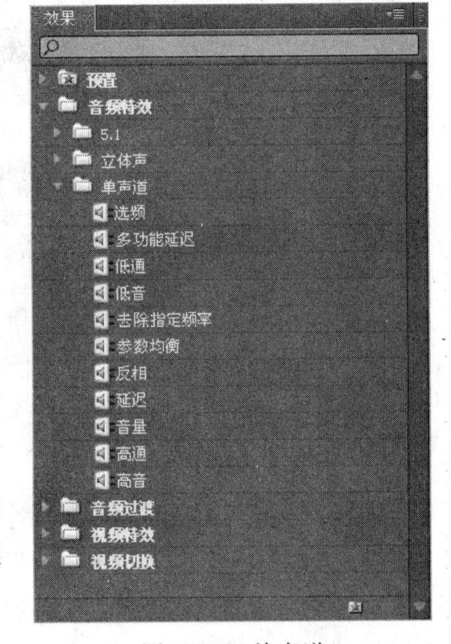

图 3.30　单声道

(1)"选频":可选择不同音频波段来播放音频

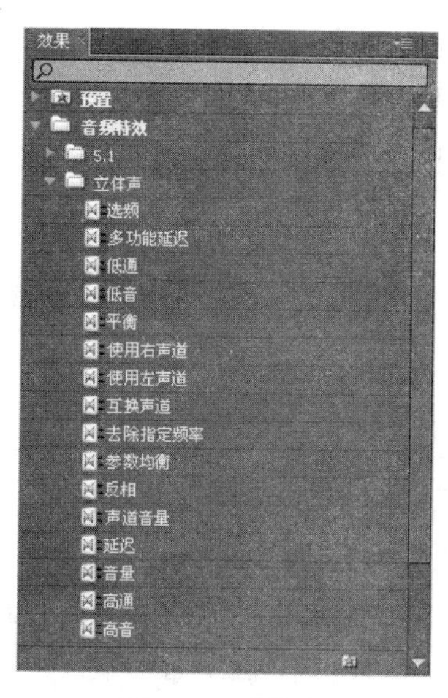

图 3.31　立体声

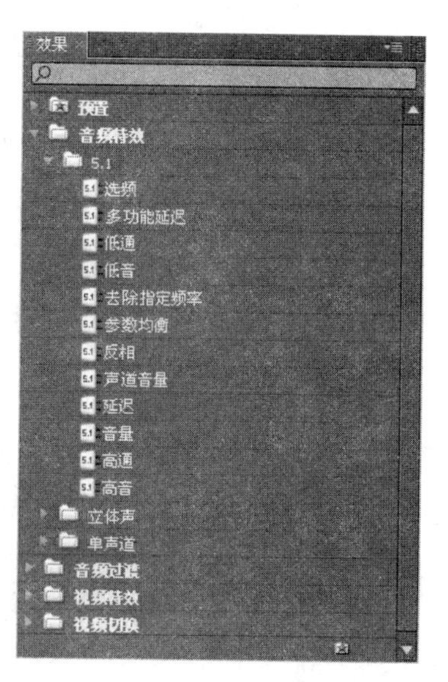

图 3.32　5.1 声道

素材，效果控制窗口如图 3.33 所示。“中置”选项用于设置选择频率指定界限的大小；“Q”参数用于设置被影响的频率范围，值越低，波段越窄，值越高，波段越宽。

(2) “多功能延迟”：可以在一段时间的延迟后，多次重复播放声音，最多可以添加 4 次回声效果，是对“延迟”效果更高层次的设置，效果控制窗口如图 3.34 所示。

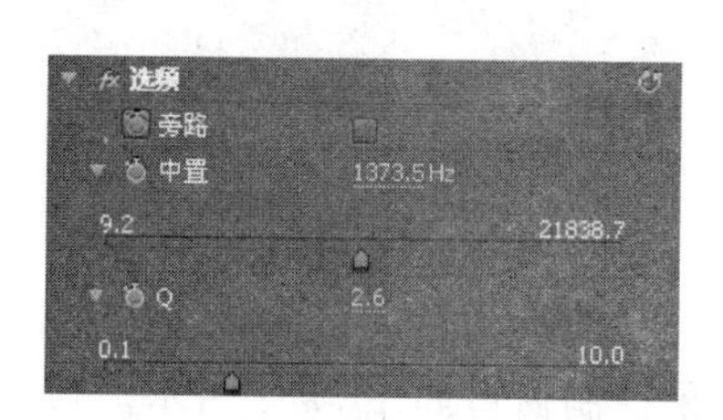

图 3.33　“选频”控制窗口

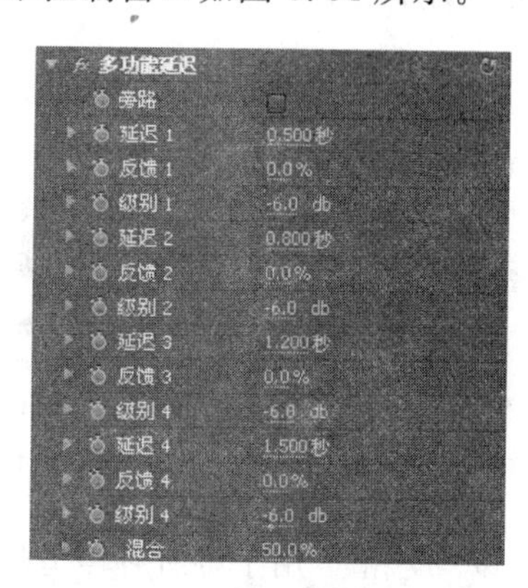

图 3.34　“多功能延迟”控制窗口

(3) “低通”：用于去除声音中的高频部分，效果控制窗口如图 3.35 所示。通过指定“屏蔽度”参数，可以屏蔽素材中高于该值的音频。

(4) “低音”：用于提升或降低音频素材中的低音频率，效果控制窗口如图 3.36 所示。“放大”选项为正值是提升，负值是降低。

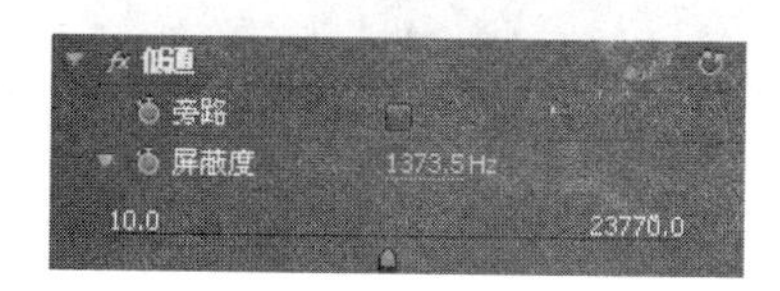

图 3.35　“低通”控制窗口

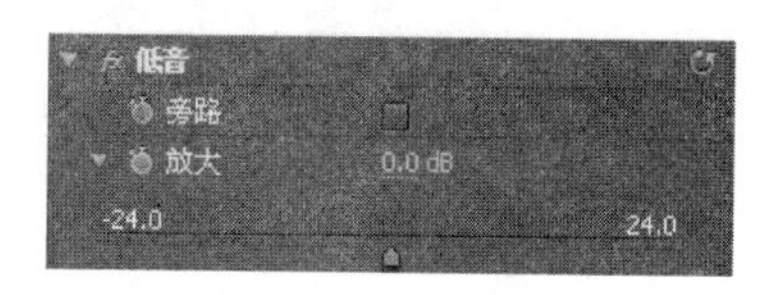

图 3.36　“低音”控制窗口

(5)“平衡”：用于控制左、右声道的相对音量，效果控制窗口如图 3.37 所示。“平衡”选项中的数值，正值为降低左声道音量，负值为降低右声道音量。

(6)“使用右声道”：能够让声音回放时只播放右声道，效果控制窗口如图 3.38 所示。

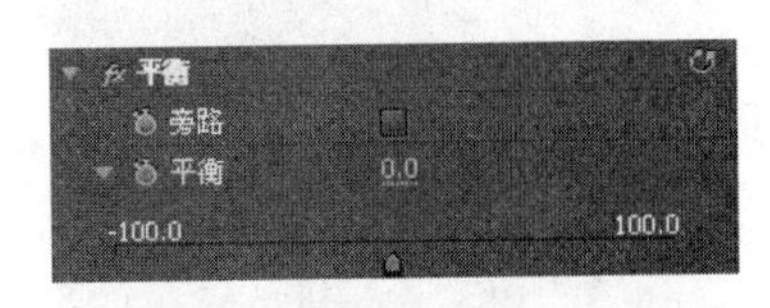

图 3.37 “平衡”控制窗口图

图 3.38 “使用右声道”控制窗口

(7)“使用左声道”：能够让声音回放时只播放左声道，效果控制窗口如图 3.39 所示。

(8)“互换声道”：用于交换立体声素材的左、右声道，效果控制窗口如图 3.40 所示。

图 3.39 “使用左声道”控制窗口

图 3.40 “互换声道”控制窗口

(9)“去除指定频率”：用于删除超出指定范围或波段的频率，效果控制窗口如图 3.41 所示。“中置”选项用于设置被删除频率指定界限的大小；“Q”参数用于设置被影响的频率范围，值越低，波段越窄，值越高，波段越宽。

(10)“参数均衡”：用于精确地调整音频素材的音调，可以更恰当地隔离特殊的频率范围，效果控制窗口如图 3.42 所示。“中置”选项用于设置被删除频率指定界限的大小。

图 3.41 “去除指定频率”控制窗口

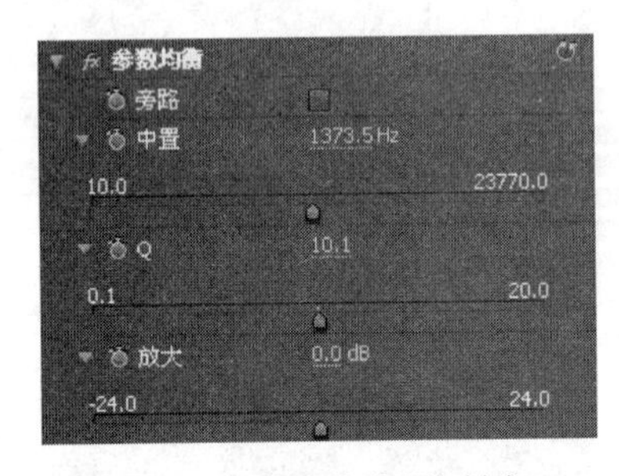

图 3.42 “参数均衡”控制窗口

(11)“反相”：用于将所有声道的位置反转，效果控制窗口如图 3.43 所示。

(12)“声道音量”：在立体声和 5.1 声道中，用于控制每一个独立声道的音量，效果控制窗口如图 3.44 所示。

图 3.43 “反相”控制窗口

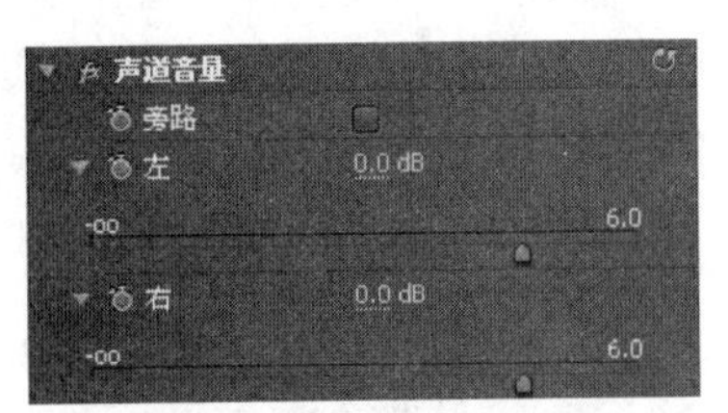

图 3.44 “声道音量”控制窗口

(13)“延迟”：可以在一段时间的延迟后，重复播放声音，像回声效果，效果控制窗口如图3.45所示。其中：“延迟”选项可以设置0～2秒钟的延迟时间；“反馈”选项可以控制将一个延迟信号添加到前面延迟信号的百分比；“混音”选项可以控制回声混合声的百分比。

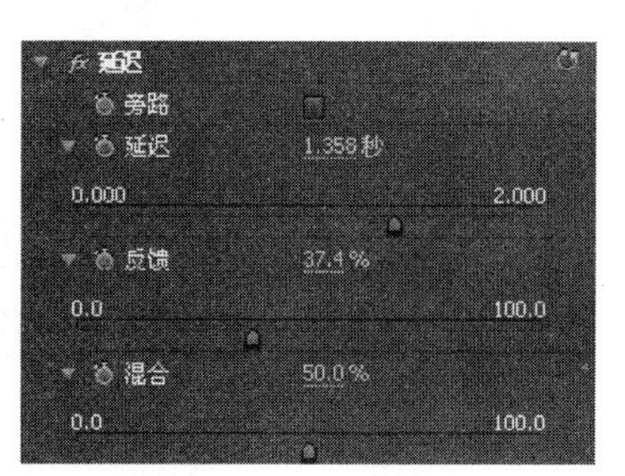

图3.45 “延迟”控制窗口

(14)“音量”：可以设置一个音量来代替原音频素材中的音量，效果控制窗口如图3.46所示。通过“级别”选项，可设定一个音频标准，正值表示增加音量，负值表示降低音量，此效果容易导致音频失真。

(15)“高通”：用于去除声音中的低频部分，效果控制窗口如图3.47所示。通过指定“屏蔽度”参数，可以屏蔽素材中低于该值的音频。

图3.46 “音量”控制窗口

图3.47 “高通”控制窗口

(16)“高音”：用于提升或降低音频素材中的高音频率，效果控制窗口如图3.48所示。“放大”选项为正值是提升，负值是降低。

5. 音频过渡

利用音频过渡，可以使素材间的转换更自然。音频过渡有3种效果，如图3.49所示。与视频切换使用方法相同，选择一个过渡效果后，拖曳至“时间线”窗口中的音频素材衔接处、音频素材的开始或结束处，即可实现为音频添加过渡效果。

图3.48 “高音”控制窗口

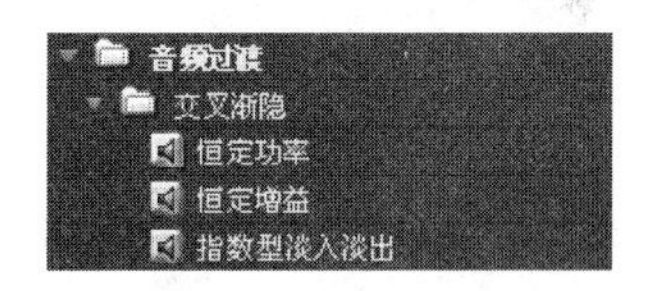

图3.49 音频过渡

(1)“恒定功率”：是默认的音频过渡效果，可以使声音由远及近地接近，由近及远地离开。

(2)“恒定增益”：使声音的增益保持匀速变化。

(3)“指数型淡入淡出”：声音的音量下降不是平缓过渡，开始变化较大，然后逐渐平缓，最后消失。

6. 调音台

“调音台”窗口可以实现实时性的操作，包含混合多个音频、调整增益和摇摆等多种音频编辑操作工具，如图3.50所示。通过该窗口，可以更加直观、有效地调节音频。

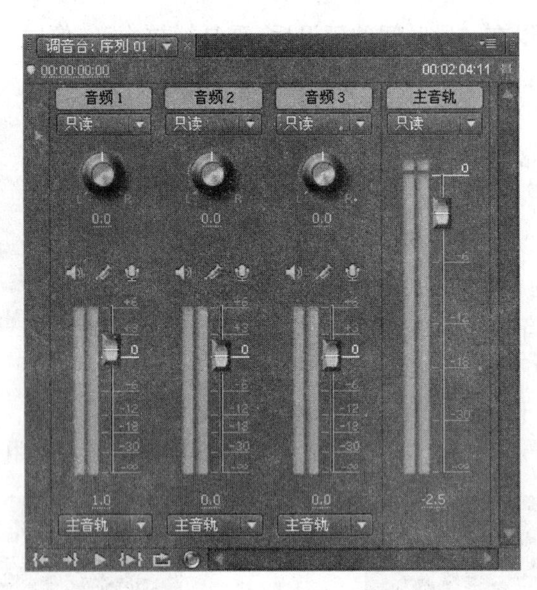

图 3.50 “调音台”窗口

音频 1 音频轨道名称：音频轨道名称位于“调音台”窗口的顶部，与“时间线”窗口中的音频轨道名称相同。如果修改时间线上的音频轨道名称，将直接影响“调音台”窗口中的音频轨道名称，比如，在“时间线”窗口中删除一条音频轨道，则在“调音台”窗口中也会删除这条音频轨道。

只读：可以对音频进行实时调节，该下拉列表中有“关”、“只读”、“锁存”、“触动”和“写入”5 个选项。

①“关”：指在播放时不读取保存的音量及摇摆/均衡的数据，允许混音实时调节，改变不做记录。

②“只读”：指只播放先前保存的音量等级和摇摆/均衡的数据，并保持这些设置不变。

③“锁存”：对音频轨道的修改都会被记录成关键帧动画，且保持最后一个关键帧的状态到下一次编辑开始。

④“触动”：对音频轨道的修改都会被记录成关键帧动画，且最后一个操作结束时，自动回到“触动”编辑前的状态。

⑤“写入”：对音频轨道的修改都会被记录成关键帧动画，且最后一个操作结束时，自动将模式切换到“触动”状态，等待继续编辑。

显示/隐藏特效模式：位于音频轨道名称的左下方，单击该按钮，即可打开特效模式区，在该区域中可以完成对音频特效的添加。

左右声道平衡：如果音频素材的两个声道音量不同，则可以通过左右声道平衡旋钮来进行调节。默认值为 0；－100～0 之间的数值属于左声道，音量从大到小；0～100 之间的数值属于右声道，音量从小到大。

静音轨道：用于关闭当前音频轨道的声音输出。

独奏轨：用于关闭当前轨道以外的其他所有音频轨道，只播放当前轨道的音频。

激活录制轨：用于控制声音的录制。

音量控制区：在音量控制区中，每个音频轨道都有一个音量滑块。上下拖动该音量滑块，可以调整当前音频的音量大小。下方的数值栏中显示当前声音的音量，也可以直接在数值栏中修改音量的数值来改变音量大小。播放音频时，右侧音量控制区可以显示音频播放时的音量大小，音量表顶部的小方块表示系统所能处理的音量极限，当方块显示为红色时，表示该音频音量超过极限。

跳转到入点：单击该按钮，时间滑块将直接跳转到该音频素材的入点位置。

跳转到出点：单击该按钮，时间滑块将直接跳转到该音频素材的出点位置。

/播放/停止：单击该按钮，将播放/停止播放当前的音频素材。

播放入点到出点：单击该按钮，将只播放从音频素材入点到出点的音频文件。

循环：单击该按钮，将循环播放音频素材。

录制：单击该按钮，可以录制声音。

3.2.2 创建项目并导入素材

(1) 启动 Premiere Pro CS4，进入“欢迎使用 Adobe Premiere Pro”界面。单击“新建项目”按钮，进入“新建项目”对话框。在“常规”选项卡界面的下端单击“浏览”按钮，选择项目需要存放的路径，在名称对应的文本框中输入本项目的名称“数鸭子”，其他参数使用系统默认设置即可，单击“确定”按钮，进入“新建序列”选项窗口。

(2) 在打开的“新建序列”选项窗口中，激活“序列预置”选项卡，选择我国标准 PAL 制视频、48kHz，其他参数使用系统默认值，即可进入 Premiere Pro CS4 工作界面。

(3) 将“视频素材”文件夹、“背景”文件夹与“音频素材”文件夹分别导入“项目”窗口中。

3.2.3 制作片头

设计思路如下：歌曲开始，呈现红色舞台幕布，片头文字和声音之后幕布开启，歌曲也正式开始。

(1) 创建片头字幕。文字内容为“儿童歌曲 数鸭子”，字号和字体可自行设计，效果如图 3.51 所示。

图 3.51 “片头字幕”效果

(2) 将“舞台幕布 2.jpg”拖曳至“时间线”窗口中的“视频 1”上。设置“运动”属性的对应参数，如图 3.52 所示，效果如图 3.53 所示；添加“色度键”特效，参数设置如图 3.54 所示，效果如图 3.55 所示；添加“亮度与对比度”特效，参数设置如图 3.56 所示，效果如图 3.57 所示。

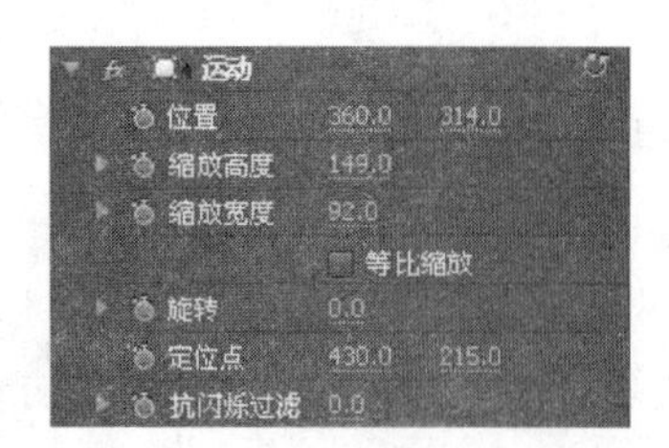

图 3.52　设置“舞台幕布 2.jpg”的“运动”参数

图 3.53　调整“运动”参数后的效果

图 3.54　设置“舞台幕布 2.jpg”的“色度键”参数

图 3.55　调整“色度键”参数后的效果

图 3.56　设置“舞台幕布 2.jpg”的“亮度与对比度”参数

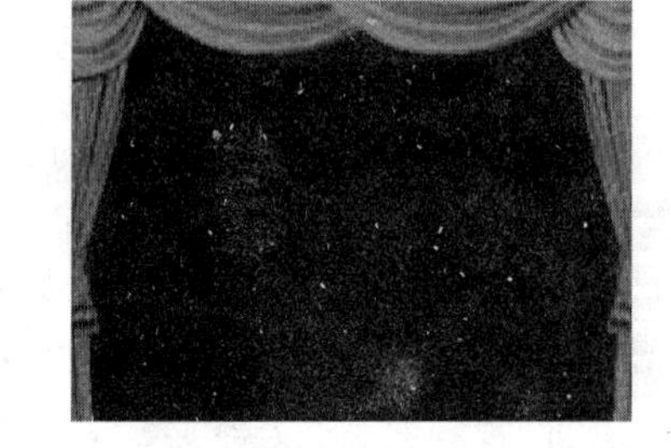

图 3.57　调整“亮度与对比度”参数后的效果

(3) 将“舞台幕布 1.jpg”拖曳至“时间线”窗口中的“视频 2”轨道上。添加“裁剪”特效,对应的参数如图 3.58 所示,效果如图 3.59 所示。设置“运动”属性,参数设置如图 3.60 所示,效果如图 3.61 所示;添加“亮度与对比度”特效,参数设置如图 3.62 所示,效果如图 3.63 所示。

图 3.58　设置“舞台幕布 1.jpg”的“裁剪”参数

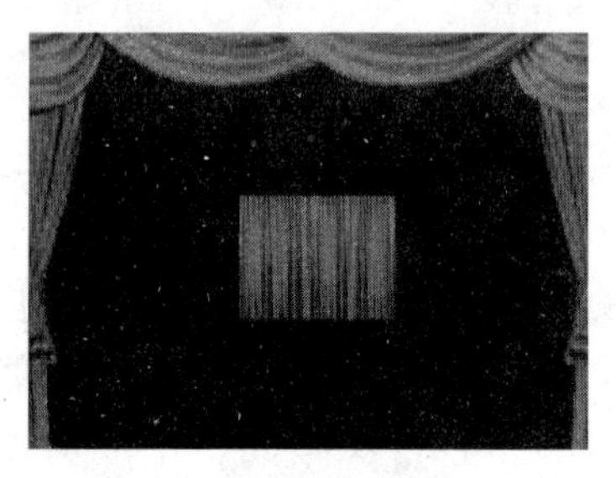

图 3.59　调整“裁剪”参数后的效果

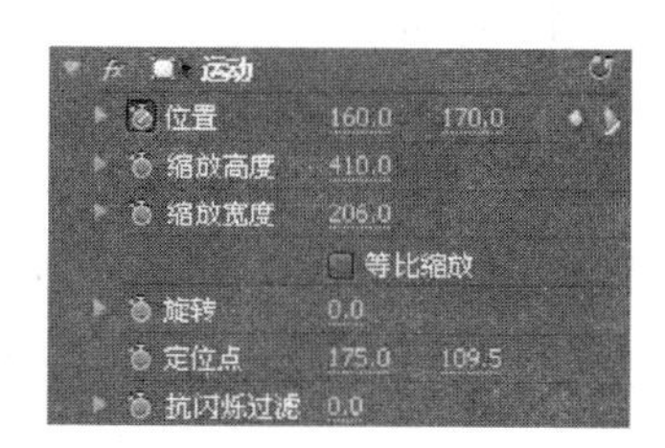

图 3.60　设置“舞台幕布 1.jpg”的“运动”参数

图 3.61　调整“运动”参数后的效果

亮度与对比度
亮度 21.0
对比度 32.0

图 3.62　设置“舞台幕布 1.jpg”的“亮度与对比度”参数

图 3.63　调整“亮度与对比度”参数后的效果

(4) 将“视频 2”轨道中的“舞台幕布 1”复制到“视频 3”轨道中，修改“运动”属性的对应参数，将水平位置参数更改为 560，其他参数不变，如图 3.64 所示，效果如图 3.65 所示。

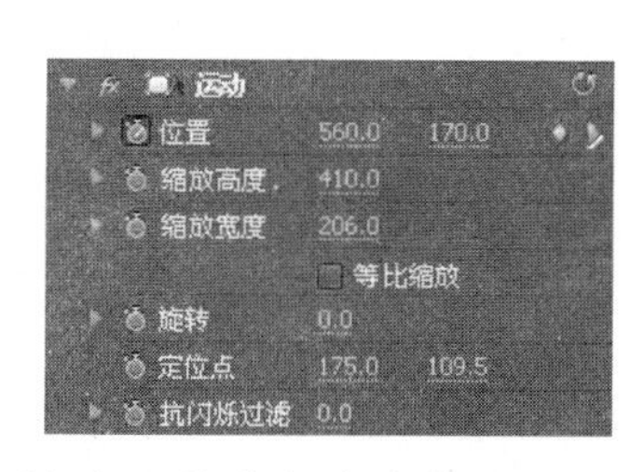

图 3.64　“视频 3”轨道中“舞台幕布 1”的“运动”参数

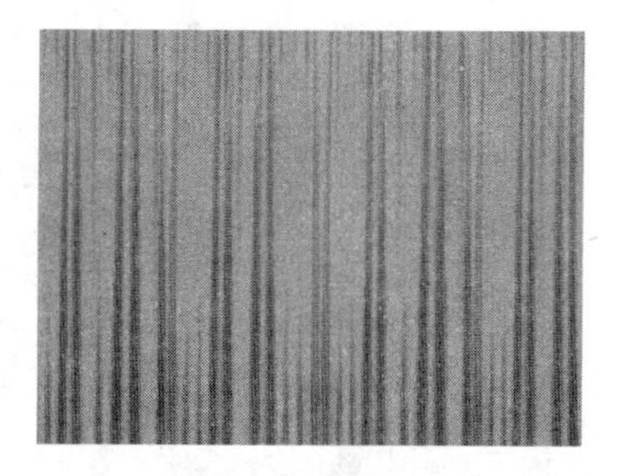

图 3.65　调整“运动”参数后的效果

(5) 将“视频 1”轨道中的“舞台幕布 2”复制到“视频 4”轨道中，修改“裁剪”属性的对应参数，将“底部”位置参数更改为 85，其他参数为 0，如图 3.66 所示，效果如图 3.67 所示。

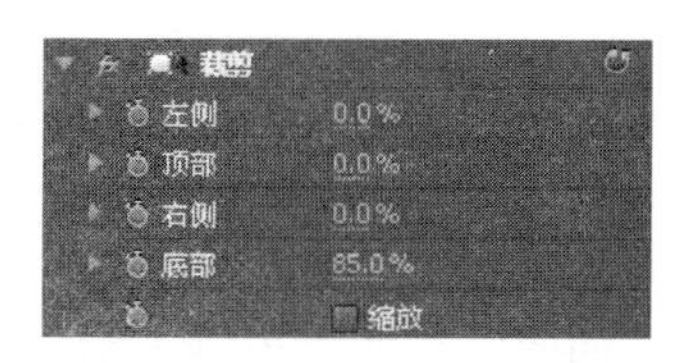

图 3.66　“视频 4”轨道中“舞台幕布 2”的“裁剪”参数

图 3.67　调整“裁剪”参数后的效果

(6) 根据音乐节奏,将所有轨道中的素材持续时间延长至00:00:45:00处。

(7) 下面为幕布的开启做关键帧动画。首先设置"视频 2"轨道中的"幕布 1",在00:00:04:01创建第一个"位置"关键帧;在00:00:08:01创建第二个"位置"关键帧,水平位置对应的参数更改为-228,其他值不变。

(8) 继续为幕布的开启做关键帧动画。设置"视频 3"轨道中的"幕布 1",在00:00:04:01创建第一个"位置"关键帧;在00:00:08:01创建第二个"位置"关键帧,水平位置对应的参数更改为920,其他值不变。

(9) 分别设置"视频 2"轨道和"视频 3"轨道中的"舞台幕布 1"的透明关键帧。在00:00:06:23创建第一个关键帧;在00:00:08:01创建第二个关键帧,数值为50。

(10) 将"片头字幕"拖曳至"视频 5"轨道的起始处,并在开头与结尾处添加"视频切换效果"中的"交叉叠化(标准)"。

(11) 录制报幕声音。打开"调音台"窗口,如图3.68所示。单击"音频 1"中对应的"激活录制轨"按钮和"录制"按钮。

(12) 准备好后,对准麦克风,单击"播放"按钮开始录制,录制内容为歌曲信息,即"儿童歌曲 数鸭子",结束后单击"停止"按钮,在"音频 1"中会自动导入"音频 1.wav",播放声音,测试效果。

(13) 先将录制的声音从"数"字将音频裁剪为两部分,为后一部分添加"延迟"特效,产生一种回音效果。"延迟"特效的参数设置如图3.69所示。

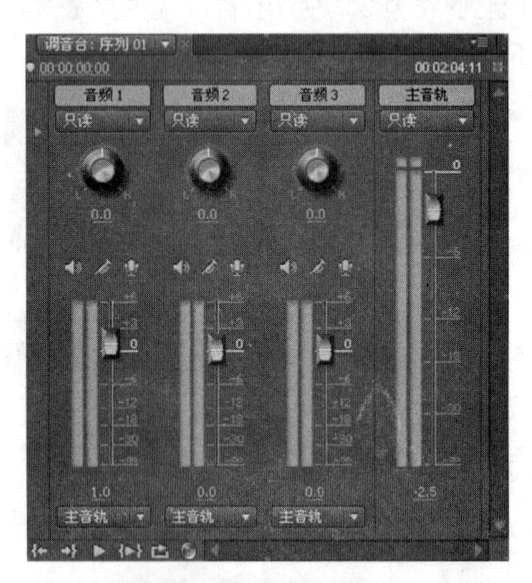

图3.68 "调音台"窗口

图3.69 "延迟"特效参数

(14) 播放效果,修改,直至完善。

3.2.4 创建歌词字幕

设计思路:卡拉OK的字幕为叠加效果,歌曲歌词的字幕颜色根据节奏发生着变化。所以,在创建歌词字幕时,对于同一句歌词创建位置、字体、字号相同的2个歌词字幕,只是颜色有所不同。然后，通过蒙板有节奏的运动，将上面一层的文字逐渐遮挡，显示出下面一层的文字，就实现了字幕的变化效果。

（1）在“项目”窗口中创建一个新的文件夹，命名为“歌词”，接下来创建的歌词字幕都要放入其中。

（2）熟悉以下歌词：

门前大桥下
游过一群鸭
快来快来数一数
二四六七八
咕嘎咕嘎
真呀真多鸭
数不清到底多少鸭
数不清到底多少鸭
赶鸭老爷爷
胡子白花花
唱呀唱着家乡戏
还会说笑话
小孩小孩
快快上学校
别考个鸭蛋抱回家
别考个鸭蛋抱回家

（3）创建歌词。字幕名称以歌词中第一个文字为主体。节奏开始之前的歌词，用数字1标记；节奏结束之后的歌词，用数字2标记。字号、字体、样式和位置要相同，颜色要有明显区分。例如，第一句歌词，唱之前看到的歌词名称为“门1”，参考效果如图3.70所示，唱之后看到的歌词名称为“门2”，参考效果如图3.71所示。

图3.70 歌词“门1”

图3.71 歌词“门2”

（4）制作方法。在创建好的“门1”字幕后，在“字幕”窗口，单击“字幕工作区”上方的“基于当前字幕新建字幕”按钮，在打开的对话框中输入名称，确定后，只要把文字的颜色更改成蓝色即可。

（5）其他歌词字幕制作方法相同。

(6) 制作一个矩形,命名为"蒙板",内部填充为白色,长度与高度以覆盖一句歌词为宜。为歌词颜色的变换做好准备。

3.2.5 卡拉 OK 字幕的编辑

(1) 创建一个新的序列 02,参数均为默认值。

(2) 将音乐"数鸭子_伴奏.mp3"拖曳至"时间线"窗口中的"音频 1"轨道中。

(3) 在第一句歌词首字演奏前 36 帧处,将"门 2"、"门 1"和"蒙板"三个字幕分别拖曳至"视频 3"、"视频 4"、"视频 5"上。

(4) 为"视频 5"上的"蒙板"创建位置关键帧动画。根据音乐节奏,逐渐显示出"蒙板"下面的文字。如果音乐节奏变化均匀,只需要创建两个关键帧,如果节奏变化有快有慢,那就需要创建多个关键帧,用来控制"蒙板"的运动速度。

(5) 以第一句为例,音乐节奏变化较为均匀,所以只需要创建两个关键帧即可。歌词首字节奏出现在 00:00:20:06 处,那么"蒙板"的第一个关键帧就应该在此创建,水平位置为 424,效果如图 3.72 所示;歌词尾字节奏出现在 00:00:22:07 处,那么创建"蒙板"的第二个关键帧,水平位置更改为 679,效果如图 3.73 所示。

图 3.72 "视频 5"上"蒙板"的第一个关键帧的效果

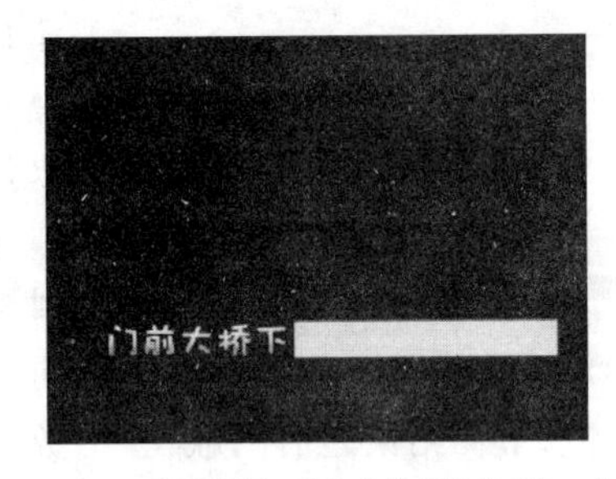

图 3.73 "视频 5"上"蒙板"的第二个关键帧的效果

(6) 为"视频 4"中的素材添加视频特效"轨道遮罩键",参数设置如图 3.74 所示,效果如图 3.75 所示,即可实现歌词颜色与音乐节奏的实时变化。

图 3.74 "视频 4"中素材的"轨道遮罩键"参数

图 3.75 "视频 4"中素材的第二个关键帧的效果

(7) 第二句歌词的制作方法与第一句相同,只是在第一句歌词结束之前就要将字幕显示出来,为演唱者观看字幕做好准备。

(8) 第二段歌词与第一段歌词的节奏完全相同,所以可以在第一段歌词制作完成之后,对字幕素材进行替换即可,以完成第一段歌词的变化效果。

(9) 替换方法。在“源监视器”中浏览制作好的对应歌词,然后在“时间线”窗口中选择要替换的素材,右击,在弹出的快捷菜单中选择“素材替换”|“从源监视器”选项,即可实现素材替换,而不再需要创建或修改关键帧。

(10) 同理,完成第二段歌词的变化效果。

(11) 将两段歌词再复制一遍,即可完成整首歌的制作。

(12) 播放序列,修改不满意之处,直至满意为止。

3.2.6 剪辑视频

我们以一个小女孩的表演为视频主体,配以不同的卡通效果背景,完成视频的制作。

(1) 新建序列03,其他参数采用默认值。

(2) 歌词完成后,根据歌词内容添加相应的视频效果,放置在“视频1”中,入点、出点与持续速度见表3.3所示。

表3.3 “视频1”剪辑分配表

序号	视频素材	入 点	出 点	速 度
1	1.3gp	00:00:08:00	00:00:21:00	64.86%
2	1.3gp	00:00:21:01	00:00:40:06	84.25%
3	1.3gp	00:00:41:08	00:01:04:23	84.25%
4	4.3gp	00:00:00:00	00:00:07:01	79.01%
5	2.3gp	00:00:16:08	00:00:39:15	84.25%
6	3.3gp	00:00:35:12	00:00:58:24	84.25%
7	3.3gp	00:00:59:00	00:01:06:09	78.53%

(3) 根据“视频1”效果,在“视频2”中放入卡通背景,入点、出点与持续速度见表3.4所示。

表3.4 “视频2”剪辑分配表

序号	视频素材	入 点	出 点	速 度
1	序列01	00:00:00:00	00:00:42:24	93.3%
2	背景1.jpg	00:00:43:00	00:01:11:00	100%
3	背景2.jpg	00:01:11:01	00:01:19:24	100%
4	背景3.jpg	00:01:20:00	00:01:47:14	100%
5	背景4.jpg	00:01:47:15	00:02:24:23	100%

(4) 对于“视频1”和“视频2”中的素材,要适当调整“运动”参数,以达到更好的视觉效果。

3.2.7 合成序列并导出影片

(1) 新建序列,名称为"合成效果",其他参数采用默认值即可。

(2) 在 00:00:00:00 处,分别将"序列 01"、"序列 03"和"序列 02"拖曳至轨道"视频 1"、"视频 2"和"视频 3"上。

(3) 渲染整个工作区影片,播放影片,检查制作效果。

(4) 导出媒体,在"暴风影音"中观察最终结果。

3.3 拓展提高 歌曲联唱

3.3.1 用其他软件生成字幕

1. 小灰熊(KBuilder)卡拉 OK 字幕的制作

KBuilder 是一套用于生成卡拉 OK 字幕视频素材的工具。利用该工具套件生成卡拉 OK 字幕素材后,通过视频编辑软件将其与视音频素材一起加工处理,最终可以制作出令人激动的卡拉 OK 节目。

一般步骤如下。

(1) 用 KBTools 制作歌词脚本。歌词脚本中定义了歌词什么时候显示,什么时候开始变色,每一个字变色的时间长度,字幕颜色和效果等。

(2) 用 KBuilder 生成字幕视频素材.avi 或图像序列.tga 文件。

(3) 用视频编辑软件把字幕素材和其他视音频素材一起生成视频.avi。

2. 傻丫头(Sayatoo)卡拉字幕精灵

Sayatoo 卡拉字幕精灵是专业的音乐字幕制作工具。通过它可以很容易地制作出非常专业的、高质量的卡拉 OK 音乐字幕特效。可以对字幕的字体、颜色、布局、走字特效和指示灯模板等许多参数进行设置。它拥有高效、智能的歌词录制功能,通过键盘或鼠标就可以十分精确地记录下歌词的时间属性,而且可以在"时间线"窗口上直接进行修改。

一般步骤如下。

(1) 准备素材。制作音乐字幕的第一步,是准备所需要的音乐和歌词。导入的歌词文件必须是文本格式,每行歌词以回车结束。将音乐和歌词准备好后,单击控制台上的"录制"按钮,就可以开始进行歌词的录制。

(2) 录制歌词。可以使用键盘或者鼠标来记录歌词的时间信息。显示器窗口上显示的是当前正在录制的歌词的状态。歌词录制完成后,在时间线窗口上会显示出所有录制歌词的时间位置。你可以直接用鼠标修改歌词的开始时间和结束时间,或者移动歌词的位置。

(3) 编辑歌词。当歌词录制好后,可以在右侧的属性窗口中对字幕的各项属性进行调整,以适合不同的需要。

3.3.2 制作提示

(1) 准备制作联唱的几首歌曲与其对应的歌词。

(2) 可以利用 KBuilder 或 Sayatoo 生成歌词字幕。

(3) 将歌曲音频进行连接,衔接地方的音量要淡入淡出,那样就比较自然了。

(4) 根据每首歌的主题内容制作一段视频影像,利用“工具”窗口中的工具对视频素材进行整理、修剪与搭配,适当添加视频特效与视频切换特效。

(5) 合成输出。

课后练习

一、选择题

1. 启动字幕设计器的快捷键为(　　)。

A. Ctrl+I　　B. Ctrl+T　　C. Ctrl+J　　D. Ctrl+K

2. 字幕类型区位于字幕编辑区上方,主要用于设置字幕的(　　)。

A. 字号　　B. 字体字形　　C. 段落间距　　D. 字体颜色

3. 音量表的方块显示为(　　)时,表示该音频的音量超过界限,音量过大。

A. 黄色　　B. 红色　　C. 绿色　　D. 蓝色

4. 下面(　　)选项不包括在 Premiere Pro CS4 的音频滤镜组中。

A. 单声道　　B. 环绕声　　C. 立体声　　D. 5.1 声道

5. 在 Premiere Pro CS4 中,不可以播放音频的有(　　)。

A. 监视器窗口　　B. “项目”窗口　　C. 特效控制台　　D. 调音台

二、填空题

1. 字幕窗口共包括________、字幕工具、字幕动作、________和字幕工作区 5 个区域。

2. 在绘制图形的同时按住________键,则可以创建等比例的图形;按住________键,则可以创建以起点为中心向外扩展的图形。

3. 在制作字幕时,经常遇到要制作多个风格、版式相同,只是其中文字不同的同类型字幕,这是用________工具最为合适。

4. 滚动字幕实现字幕的________移动,而游动字幕则可以实现字幕的________移动。

5. 在字幕窗口中欲选择多个对象,使用________+单击。

6. 音频涉及许许多多的概念,包括________、________、________、________、________及________等。

7. 音频特效共包含3大类型的声道,分别是________、________和________。
8. 将音频文件整体提高,用的是________工具。

三、操作题

1. 在Premiere Pro CS4中,如何制作滚动字幕效果。
2. 如何实现声音的淡入、淡出效果。

项目四

预告片、宣传片制作

阅读提示

预告片作为电影与观众之间沟通的桥梁，主要是将电影的精华片段，经过精心安排重新剪辑，以制造出令人难忘的、深刻印象的一种电影短片，在有限的时间内，让观众产生观看影片的强烈欲望和冲动，为电影做好广告宣传和营销。

宣传片通常是指用制作电影、电视的表现手法，对城市、公益事业、企业、产品、招商等不同方面所做的有重点的、有针对性的、有秩序的策划、拍摄、剪辑、录音、解说、配乐、合成输出等，最终制作成一段精彩视频宣传短片。其目的是为了声色并茂地凸显企业独特的风格面貌；或是加深社会不同层面的人士对城市产生正面、良好的印象，建立对该城市的好感和信任度；或是传播一种社会风俗和文化，鼓励或批评一些社会现象等。

本项目是对影片的总结、把握、剪辑、表达等能力的综合检验。根据不同的影视素材，提炼与创作出不同效果的预告片、宣传片，让预告片、宣传片发挥出强烈的吸引作用。

主要内容

- 预告片的分类
- 宣传片的分类
- 剪辑素材
- 加工音频
- 录制解说词

重点与难点

- 剪辑素材
- 加工音频

案例任务

- 预告片
- 宣传片

在当今这个电影、电视剧等高效、多产的时代，几乎所有的电影或电视剧在进入正式播放前，都会通过网络、院线、电视台、移动多媒体等多种途径发布两款以上的预告片。通过精彩片断的预先播放，引发观众的好奇心和观看想法，从而为影片做足前期宣传。诸如《一九四二》、《十二生肖》、《大上海》之类的商业大片，都会不惜花费时间和精力先期发行不同的精彩预告片，有的甚至还专门为预告片召开新闻发布会。虽然只是这样一部两分钟左右的视频短片，制作成本却十分昂贵，少则10多万元，多则超过百万元。预告片制作疯狂吸金的背后让我们看到，它已成为电影、电视产业链中的一个必要环节，并逐步走向成熟。

作为电影的广告，预告片不是把电影所有的精华片段简单地凑在一起就可以了，而是必须有自己的流程、剪辑、合成、特效等，和一部电影的后期制作基本是一样的，而且为了达到在最短时间内调动观众的观影需求和欲望的目的，预告片更需要好的创意去包装。

一部好的预告片，观众最希望通过预告片了解到的信息包括：主要演员、影片类型、导演、影片中最重要的片段及特色的镜头和画面等。除此之外，影片的发行公司、主旋律的背景音乐及节奏、服装造型、影评等其他信息，也是影响观众对影片印象的因素。为了做好一部预告片，除了要注意到以上提到的一些必要因素外，我们还要注意剪辑过程中张弛有度的影片剪辑节奏和重要镜头的选取原则及方法。对于镜头，我们一是要选取影片中标志性情节与场景的镜头，二是选取有冲击力的镜头，有时，我们可以适当打乱一些电影中的镜头顺序，以此来达到隐藏部分情节和增加视觉冲击力的效果。

4.1 任务一 预告片

本任务主要是介绍如何利用 Premiere Pro CS4 软件制作电影预告片，并通过下面的一个综合实例——电影预告片完整制作过程，使大家对 Premiere Pro CS4 软件有一个更加全面、系统的认识与掌握，学会一般电影预告片制作的基本流程与方法技巧，为后续任务内容的学习打下坚实的基础。预告片效果部分如图 4.1 所示。

图 4.1 电影预告片的预览图

主要知识点。

- 创建项目
- 视频、音频剪辑处理
- 添加视频、音频特效效果
- 添加视频切换效果
- 编辑视频切换效果
- 添加字幕效果
- 导出影片

4.1.1　预告片的分类

一部电影为了能更多地吸引观众、争取票房，在正式播放前总是会将一些精彩片段或重要镜头等做成一些预告片用做宣传。根据预告片的发布时间、主要内容、时间长度、针对群体和定位等，一般可以将其分为先行预告片、正式预告片、终极版预告片、超级腕预告片、限制级预告片、国际版预告片、电视预告片、院线预告片、剧情版预告片、加长版预告片等。国内的电影，一般只会制作先行版、终极版、剧情版、加长版等。

先行预告片(Teaser Trailer)，通常是那些投资金额较大的电影预先发行的一种并非正式的预告片，一般在电影上映前5个月左右即发行，也有的巨资电影甚至提前一年以上便发行预告片。这种预告片一般时间较短，只有1分钟左右，片中只告知哪些明星演员和大导演加盟该片、电影故事主题或源由说明、有哪些优良的制作团队或特效镜头等，不会提前暴露大量影片镜头，以增加电影的神秘性、增强观众的好奇心。

正式预告片(Official Trailer)，是电影出品机构发布的正式预告片，通常发布于影片上映前2个月左右，片长一般持续2～3分钟，主要将影片的经典镜头、重点推介明星、导演、精华片段等，经过重新剪辑安排、包装整合成一部新的短片，目的是故意提前渗透一些消息给观众，引起大家的好奇心来观看影片。

电视预告片(TV Spot)，则是在电影即将上映前，在电视台或某些综艺娱乐节目上为了做宣传所播放的一些预告片，通常持续时间不长，仅30秒左右。

剧情版预告片，是在电影放映前为了宣传或其他目的而做的一些稍长的预告片，一般片中会把电影的主要故事结构完整地体现出来，但又会留下一些伏笔让大家必须在电影的完整版中才能找到答案。

加长版预告片，是在电影正式上映前推出的超长预告片，片中内容会更加丰富，除了主要故事情节、精彩镜头、主演、导演等，一般还会加一些额外的影片说明、影评或是能够吸引观众的一些必要创意构思等。

4.1.2　创建项目

要想开始我们的电影预告片创作，首先需要在Premiere Pro CS4软件中创建一个项目文件。

(1) 启动Premiere Pro CS4，进入“欢迎使用Adobe Premiere Pro”界面，如图4.2所

示。单击“新建项目”按钮，进入“新建项目”对话框。我们在“常规”选项卡界面的下端单击“浏览”按钮，选择“项目四-电影预告片”需要存放的路径，在名称对应的文本框中输入本项目的名称“项目四-电影预告片”，其他参数使用系统默认设置即可，如图 4.3 所示。单击“确定”按钮，进入“新建序列”选项窗口。

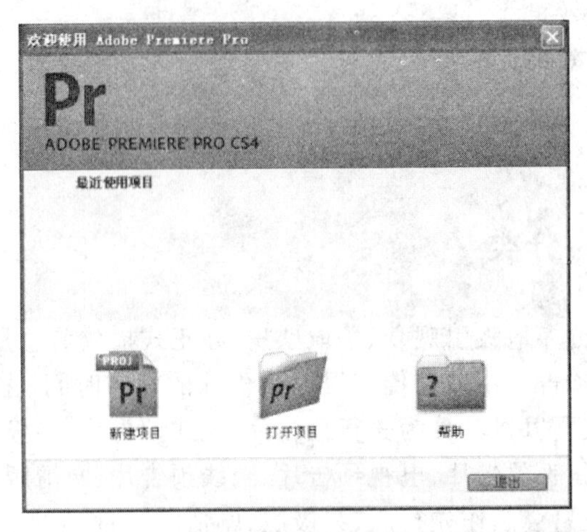

图 4.2 “欢迎使用 Adobe Premiere Pro”界面

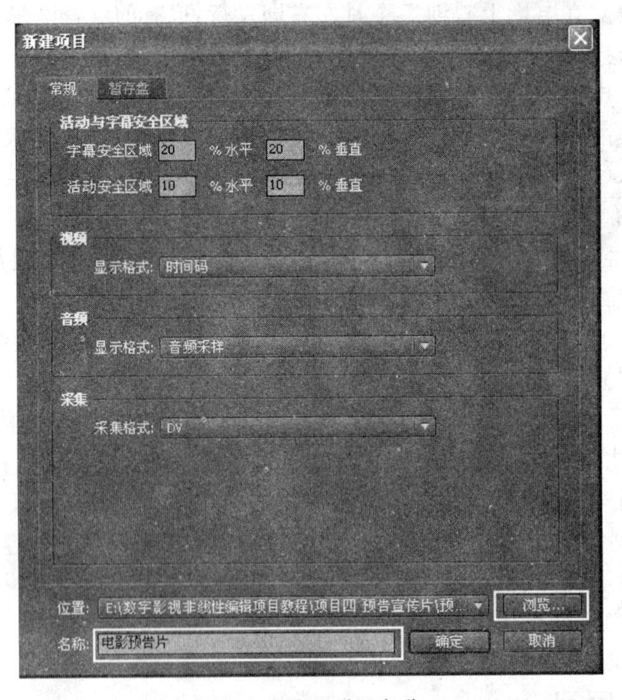

图 4.3 设置项目名称

(2) 在“新建序列”窗口中包括 3 个选项卡，分别是“序列预置”、“常规”和“轨道”。在“序列预置”选项卡中，选择我国标准 PAL 制视频、48 000Hz；在“常规”选项卡和“轨道”选项卡中，序列名称和其他参数使用系统默认值即可。单击“确定”按钮，进入 Premiere Pro

CS4 工作界面。

4.1.3　导入素材

下面我们将把项目中要用到的素材全部导入进来。

(1) 导入素材的方法有 3 种：第一种是通过菜单来实现，选择“文件”|“导入”选项，即可打开“导入”对话框；第二种方法是按 Ctrl+I 键，打开“导入”对话框；第三种方法是在“项目”窗口“序列 1”下面的空白处双击或右击，可打开“导入”对话框。

(2) 在“导入”对话框中，选择素材“项目四素材\4.1 预告片”文件夹，然后单击“导入文件夹”按钮，如图 4.4 所示，即可将文件夹中的所有素材导入到工作界面左上角的“项目”窗口中，如图 4.5 所示。

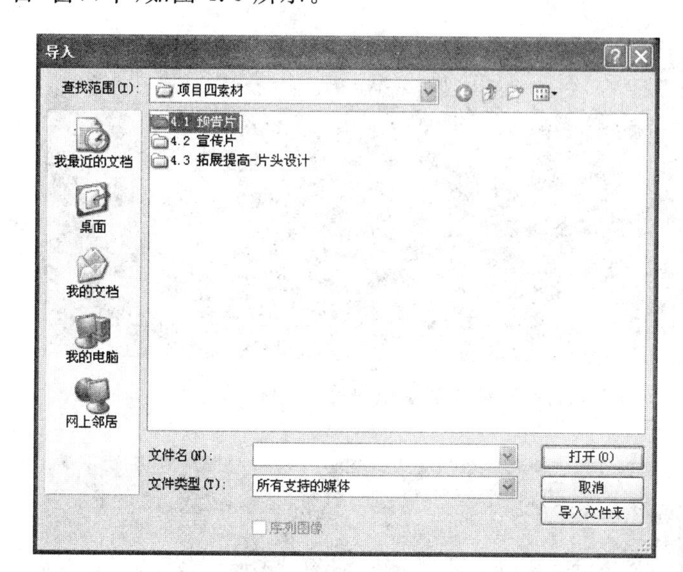

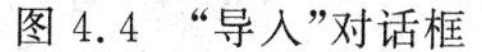

图 4.4　“导入”对话框

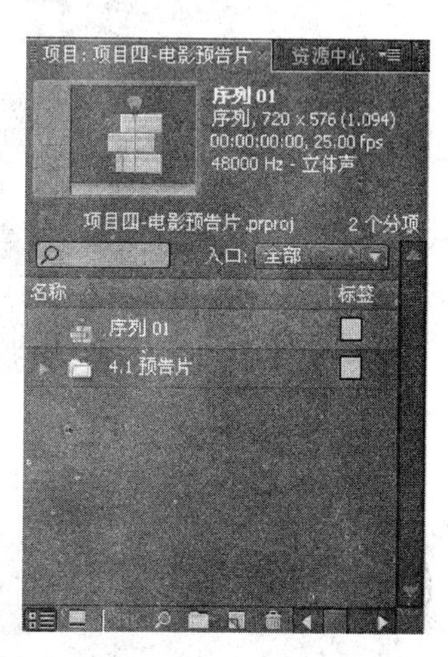

图 4.5　导入素材文件夹

(3) 将图片素材按照先后顺序拖动至“时间线”窗口的“视频 1”轨道中，所有素材图片的显示效果如图 4.6 所示。

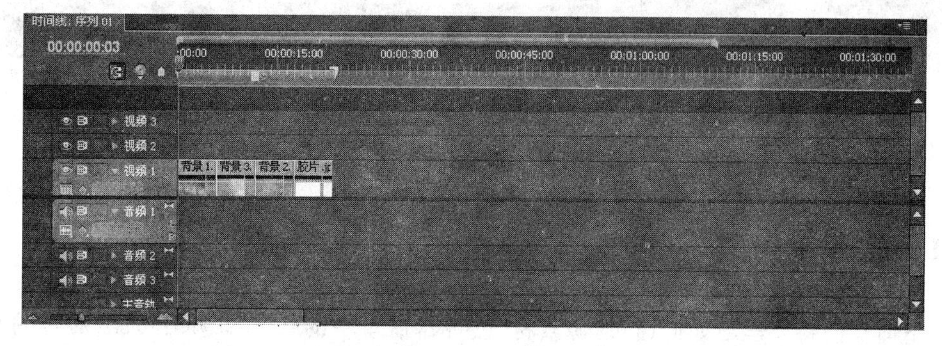

图 4.6　“时间线”窗口的“视频 1”轨道中的图片素材

(4) 图片素材拖到“时间线”窗口的“视频 1”轨道中后,“节目”监视器窗口影片的时间长度为 00:00:20:04,此时如果我们想更改所有静态图像默认的持续时间,可以通过选择“编辑”|“参数”|“常规”选项,将原来的默认 150 帧、持续时间为 6 秒,改成我们需要的数值即可。

(5) 将视频素材按照预先设定的先后顺序拖动至“时间线”窗口的“视频 2”轨道中,如图 4.7 所示。由于视频素材时间较短,所以在“时间线”窗口中看到的视频素材在“轨道”上所占的长度很短,看不清想看或是想编辑的视频部分,这样就会给剪辑工作带来很多不便,此时我们可以变相延长素材在时间轴上的长度,单击工具栏中的缩放工具,移动到“轨道”窗口,当它变成“放大镜”状态后开始单击,每单击 1 次,时间长度就会变为原来的 1 倍,同时设置显示模式为“显示每帧”,视频轨道呈胶片显示样式,效果如图 4.8 所示。

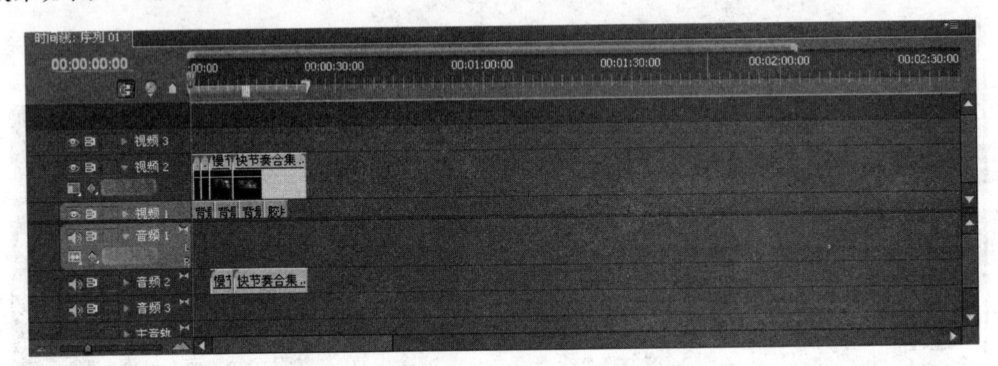

图 4.7 “时间线”窗口的“视频 2”轨道中的视频素材

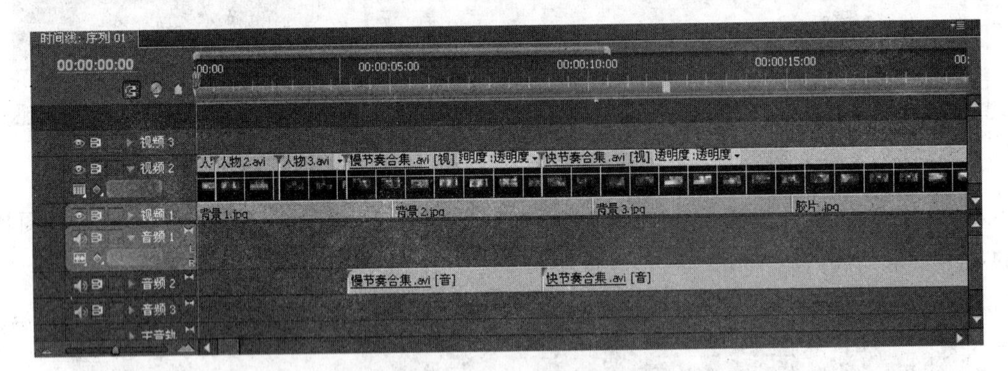

图 4.8 按“每帧显示”的“视频 2”轨道中的视频素材

(6) 将音频素材拖动至“时间线”窗口的“音频 1”轨道中,如图 4.9 所示。

4.1.4 剪辑素材

下面我们将要学习如何通过“源素材”监视器窗口中的切入和切出功能,对视频素材进行选取。通过这种方法,我们可以单独选取出需要的部分,而且避免了在“时间线”窗口中进行剪切的麻烦。

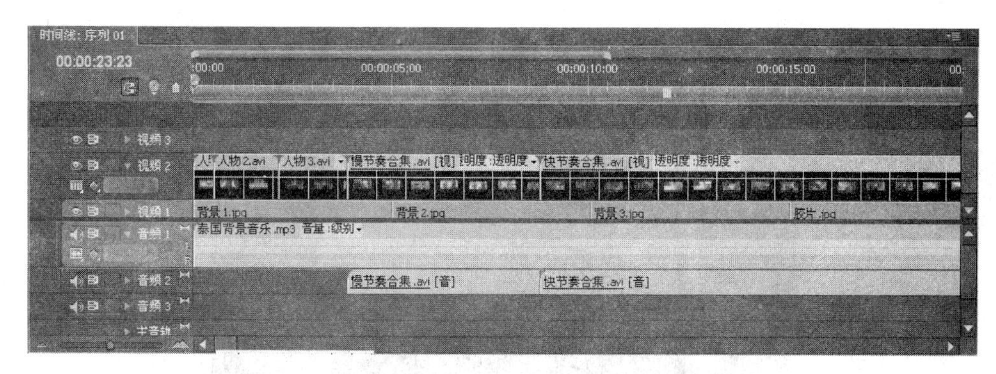

图 4.9　“时间线”窗口的“音频 1”轨道中的音频素材

(1) 双击“项目”窗口“序列 1”下面的空白处，打开“导入”对话框，选择“项目四素材”文件夹中的“人物 4.avi”视频，将其导入到当前项目四，拖动素材到右侧的“素材源”监视器窗口中，预览效果如图 4.10 所示。

图 4.10　“素材源”监视器

(2) 单击“素材源”监视器窗口中的“播放”按钮，视频素材便会在上面的监视器窗口中进行播放。当视频播放到我们所需素材的开始处时，单击“设置入点”按钮便设定了视频剪辑的入点，预览效果如图 4.11 所示。设定视频入点后，入点之后的时间线为加深阴影显示状态。

(3) 继续播放视频素材。当时间指示器播到所需的视频结束画面时，单击“设置出点”按钮便设定了视频剪辑的出点。此时，我们可以通过单击“播放从入点到出点”按钮对剪辑出的一段视频进行播放，预览效果如图 4.12 所示，设定视频入点和出点后，入点与出点之间的时间线为加深阴影显示状态。这里，为了更加精确地设置入点和出点，可以通过“步退”按钮和“步进”按钮定位到每帧画面。

(4) 对于剪辑出来的所需视频素材，我们可以通过直接拖动“素材源”监视器中的视频预览到“时间线”上的“视频 3”轨道，即可将“入点到出点”间的视频插入到“时间线”窗

图 4.11　设置入点

图 4.12　设置出点

口以备使用，也可以通过单击“插入”按钮将“入点到出点”间的视频插入到“时间线”窗口。此时，改变的只是导入到项目中的视频素材被剪辑处理过，并不影响文件以外素材文件夹中的源素材文件。

这里，我们之前导入进来的素材，除“人物 4.avi”视频素材外，都是已经剪辑处理好的。如果大家觉得有继续剪辑的必要，则可以采取上面所述的利用入点和出点的方法，对素材源监视器中的素材视频进行剪辑处理，按自己的构思进行创作。

当然，除了可以在素材源监视器窗口中进行剪辑外，也可以通过“时间线”窗口将视频素材中多余的部分进行删除剪辑处理。

(5) 这里，选择“文件”|“新建”|“序列”选项，在“时间线”窗口新建“序列 02”，重新导入“人物 4.avi”视频素材，直接将素材从“项目”窗口拖动到“序列 02”的“视频 1”轨道上，并以“显示每帧”的方式进行显示，效果如图 4.13 所示，视频的内容可以在节目监视器中预览。

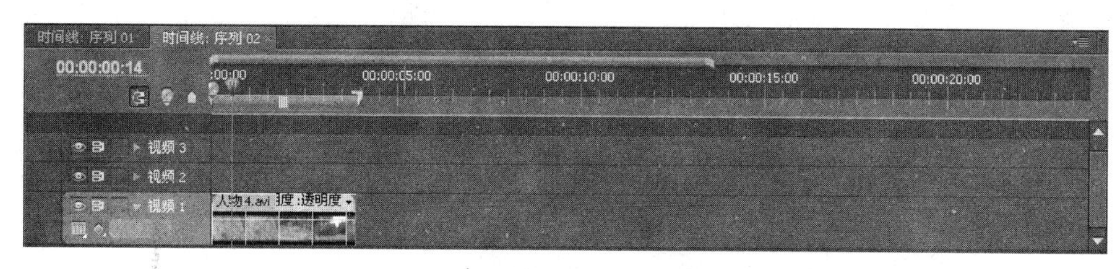

图 4.13　导入视频到“序列 02”的“视频 1”轨道

(6) 在监视器中播放预览素材，当片段播放到想要删除的起点时，单击“暂停”按钮停到当前位置，或者直接拖动时间指示器到想要删除的起点处，单击“工具”窗口中的“剃刀”工具按钮，此时光标变成可切或不可切状态，然后将光标移至“时间线”上要删除的起点处，并使光标的虚线与时间指示器编辑线重合，单击，则视频素材从单击点处被一分为二(此时的分割包括音频的分割，除非事先解除二者之间的“视音频链接属性”)，效果如图 4.14 所示。

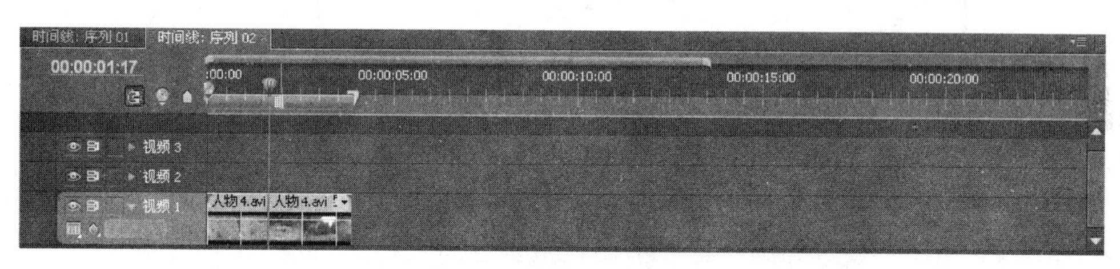

图 4.14　剃刀工具将素材从切点处分割成两部分

(7) 以同样的方法，继续对素材进行分割，在“时间线”窗口看到一共被分割成 3 部分，预览效果如图 4.15 所示。

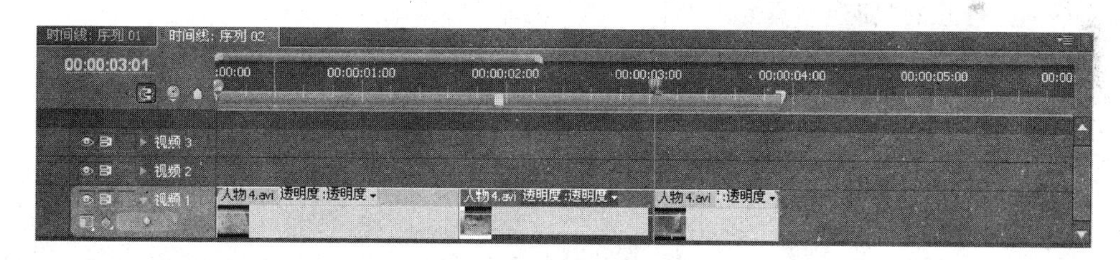

图 4.15　剃刀工具将素材共分割成 3 部分

(8) 单击“工具”窗口中的“选择”工具按钮，返回到“时间线”窗口单击中间一段视频素材，选中的素材四周被方框包围且有加深阴影，此时直接按 Delete 键或选定素材单击右键后选择“清除”选项命令，都可以删除选中素材，删除后的效果如图 4.16 所示。此时会在“时间线”窗口留下一段空白，剩下的视频不会自动连接，如果在“节目”监视器播放余下的视频部分，中间的空白部分会以黑屏形式显示。

(9) 我们也可以选择另外一种在“时间线”上删除素材的方法，就是在选中准备删除的素材后，右击，在弹出的快捷菜单中选择“波纹删除”选项，此时选中的中间片段被删除了，且后面的素材的开始点会自动向前移动，正好与前面视频素材的结束点连接起来，即完成了素材的自动连接，如图 4.17 所示。

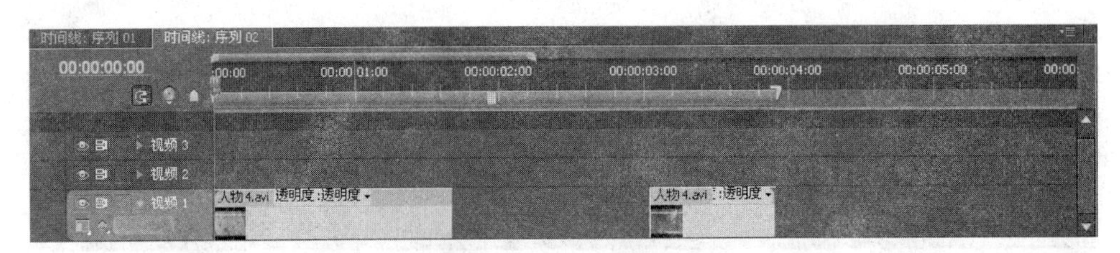

图 4.16　删除选定素材

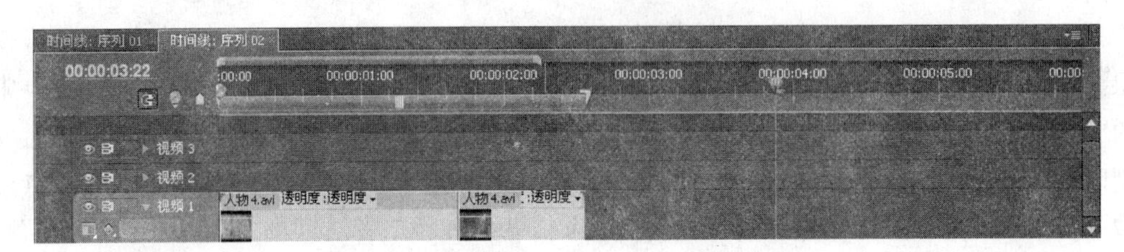

图 4.17　波纹删除后前后素材自动连接

4.1.5　添加并编辑字幕

为了让电影预告片的内容更加丰富，现在要对这段视频添加片头字幕、中间介绍字幕和片尾字幕。为了直接观察到字幕显示位置是否合适，要将时间指示器定位在字幕要显示的具体图片或视频上。

(1) 我们先来制作片头字幕。选择“字幕”|“新建字幕”|“默认静态字幕”选项，即可打开“新建字幕”对话框，或是按 Ctrl＋T 键打开“新建字幕”对话框。

(2) 在打开的“新建字幕”对话框中，在“时基”后面的下拉列表中选择25.00fps，在“名称”后面的文本框中输入文字“片头字幕”字样，如图 4.18 所示，单击“确定”按钮，进入字幕编辑窗口，如图 4.19 所示。

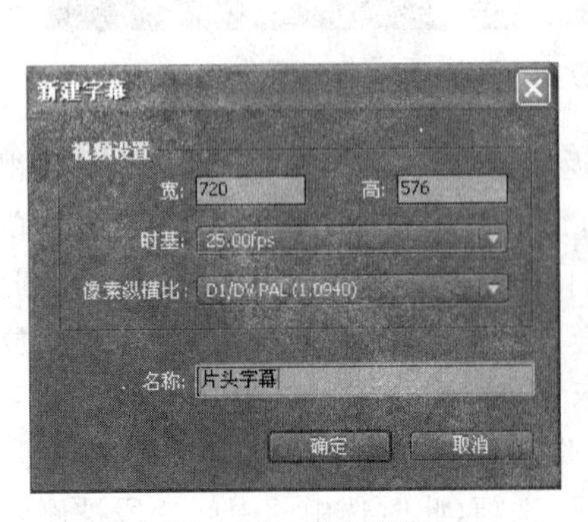

图 4.18　新建字幕

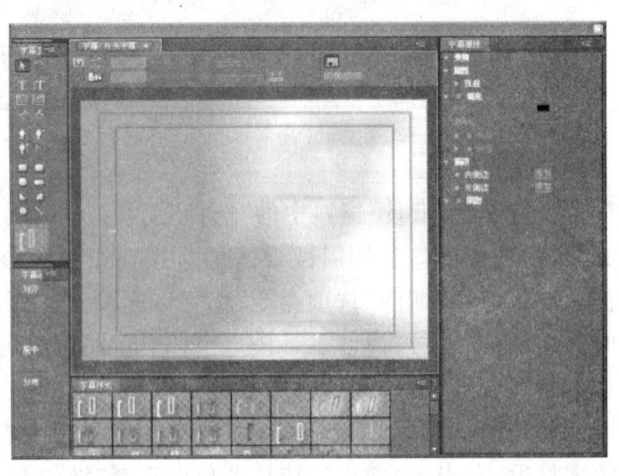

图 4.19　字幕编辑窗口

（3）选择“文字”工具，输入“影影出品”四个字，文字有时可能不能正常显示，原因在于字体不匹配，修改字体就会解决。单击左上角的“选择”工具按钮选中文字，调整文字大小和位置，在正下方的“字幕样式”窗口中选择“方正隶书金质”，效果如图4.20所示。完成后，单击窗口右上角的“关闭”按钮即可。这时会发现，这个文字被自动添加到“项目”窗口中，如图4.21所示。

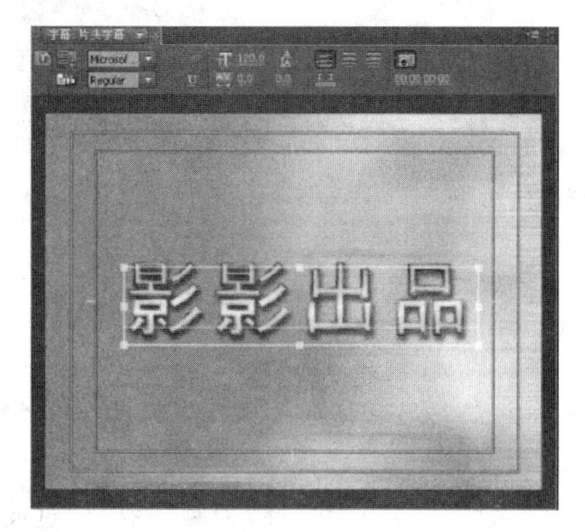

图4.20　片头字幕效果

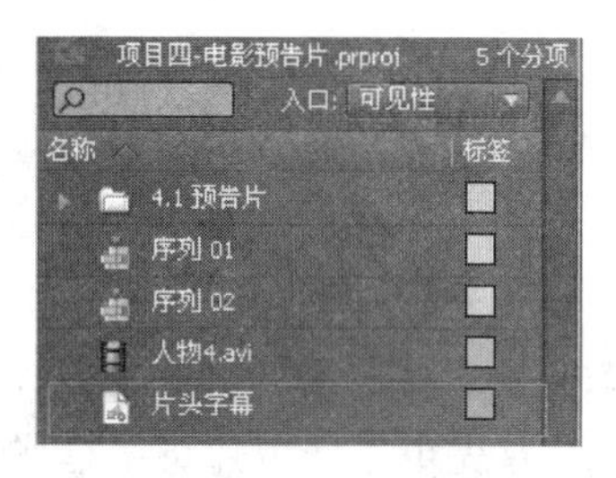

图4.21　字幕自动添加到“项目”窗口

（4）以同样的方法，我们可以再创建一个片尾字幕片和中间介绍字幕，如图4.22和图4.23所示。

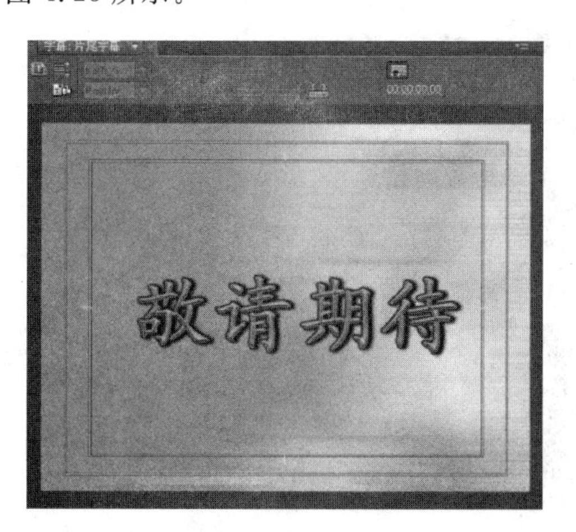

图4.22　片尾字幕效果

图4.23　中间过渡字幕效果

（5）激活“视频3”轨道，将片头字幕、中间介绍字幕及片尾字幕分别拖放至第一张图片素材、主演片段视频和最后一张图片素材正上方，并且调整字幕与对应素材的持续时间长度首尾对齐，如图4.24所示。这里的“视频2”轨道之前已用来存放视频素材，所以将字幕全部放在“视频3”轨道。由于视频素材占用内存较大，有时会把暂时不用或不需要编辑的视频暂时删除掉，在导出前再将其重新放置到“时间线”轨道即可。

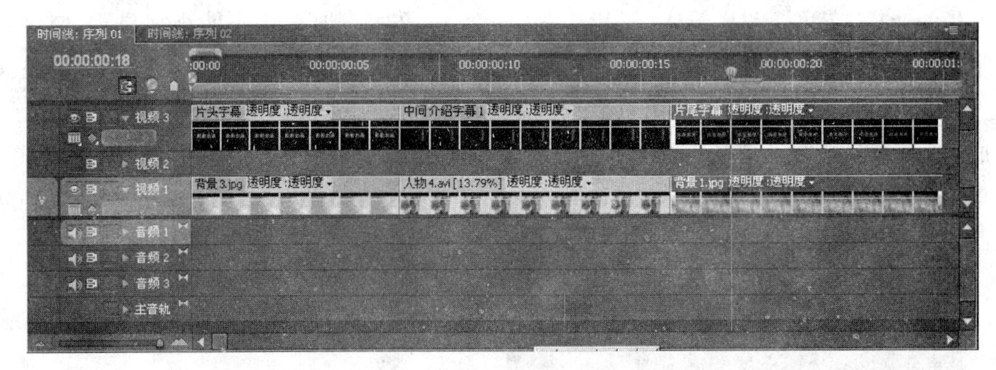

图 4.24 将字幕放置在“时间线”轨道

4.1.6 添加视频特效

字幕创建完成后，接下来我们要为影片添加视频特效和切换效果，以使预告内容浏览起来效果更富感染力。

(1) 首先单击选中片头字幕，然后到左侧的“效果”窗口中选择“视频特效”|“过渡”|“线性擦除”特效，并将其拖动添加到片头字幕的开始处。激活“特效控制台”窗口，会发现下面的视频效果中已经增加了“线性擦除”特效，单击“线性擦除”的展开按钮▶打开其列表选项，如图 4.25 所示。

图 4.25 视频效果

(2) 将时间指示器拖放到“片头字幕”第一帧开始处，单击“过渡完成”选项前面的“切换动画”按钮添加第 1 个关键帧，并设定参数为 100%，如图 4.26 所示。

(3) 将时间指示器拖放到“片头字幕”最后一帧结束处，单击“添加/移除关键帧”按钮添加第 2 个关键帧，并设定参数为 0%，如图 4.27 所示。所有参数设定好后，接下来我们就可以通过“节目”监视器或拖动时间指示器来观看添加的视频特效了。

图 4.26　添加第 1 个关键帧

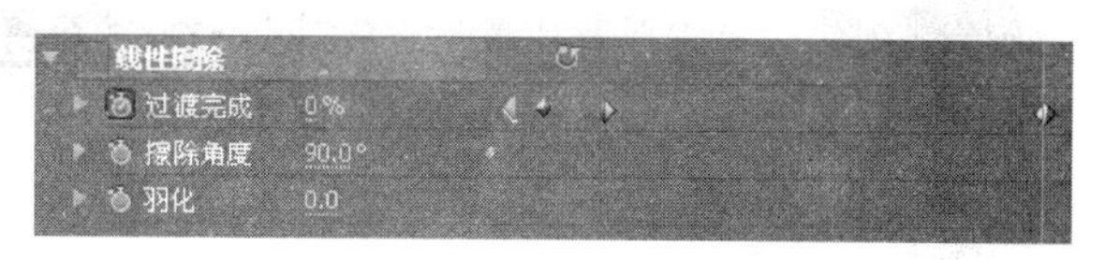

图 4.27　添加第 2 个关键帧

(4) 采用同样的处理方法，对中间介绍字幕添加相同视频特效或类似效果特效。

(5) 单击以选中片尾字幕，然后到左侧的“效果”窗口中选择“视频特效”|“风格化”|“Alpha 辉光”特效，并将其拖动，以直接添加到片尾字幕的开始处。激活“特效控制台”窗口，会发现下面的视频效果中已经增加了“Alpha 辉光”特效，单击“Alpha 辉光”的展开按钮打开其列表选项，单击颜色块，分别设置“起始颜色”和“结束颜色”，再选中“使用结束颜色”前面的复选框，如图 4.28 所示。

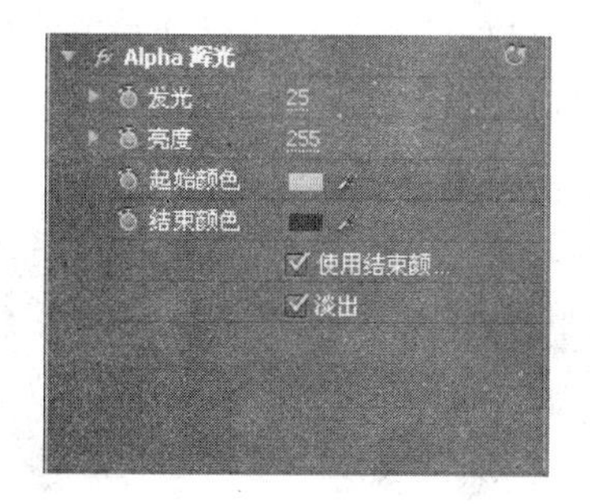

图 4.28　设置起始和结束颜色

图 4.29　设置发光和亮度第 1 帧参数

(6) 将时间指示器拖放到“片尾字幕”第一帧开始处，分别单击“发光”和“亮度”选项前面的“切换动画”按钮，为这两个选项添加第 1 个关键帧，保持“发光”参数为默认设置，设置“亮度”参数为 225，如图 4.29 所示。

(7) 将时间指示器拖放到“片尾字幕”最后一帧结束处，单击“添加/移除关键帧”按钮添加第 2 个关键帧，设置“发光”参数为 75，设置“亮度”参数为 255，如图 4.30 所示。所有参数设置好后，接下来，我们就可以通过“节目”监视器或是拖动时间指示器来观看添加的视频特效了，效果如图 4.31 所示。

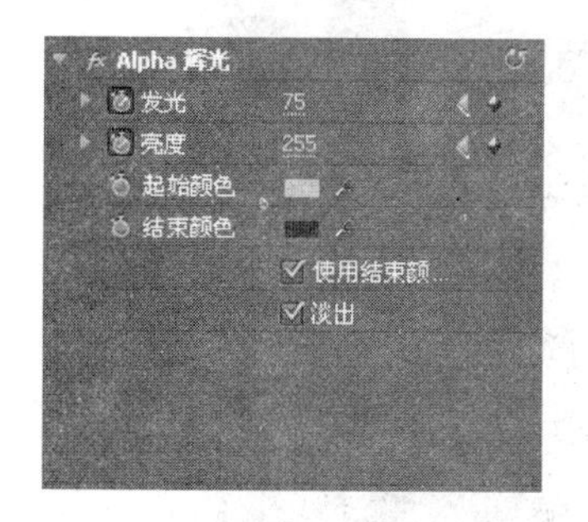

图 4.30　设置发光和亮度第 2 帧参数

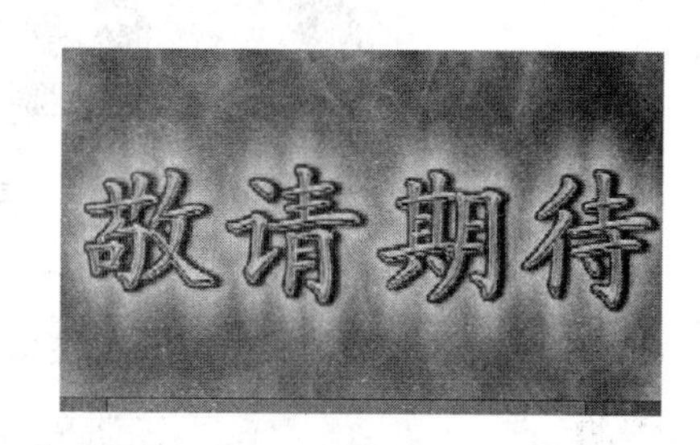

图 4.31　Alpha 辉光特效效果

(8) 影片中各素材间除了直接跳转外，学者也可以自行添加其他视频切换过渡效果。这里我们以两段视频添加“黑场过渡”效果为例进行介绍。导入“项目四素材”文件夹中的

“动画片段 2.avi”和“动画片段 4.avi”两个视频素材，并将这两个素材直接拖动到“时间线”的“序列 02”轨道上，如图 4.32 所示，可单击节目监视器或通过拖动时间指示器来预览视频效果。

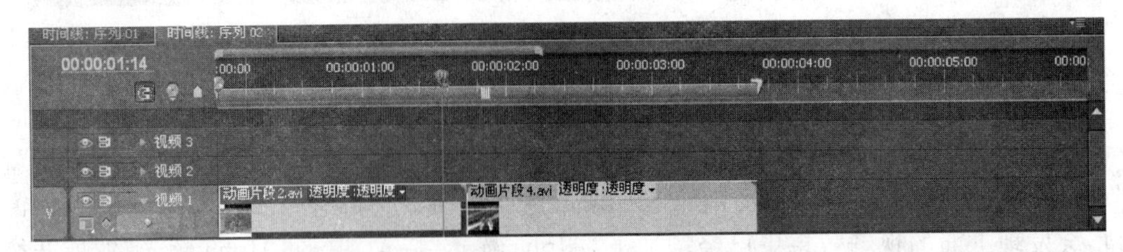

图 4.32　添加视频素材到“时间线”的“序列 02”

(9) 单击选中片尾字幕，然后到左侧的“效果”窗口中选择“视频切换”|“叠化”|“黑场过渡”切换效果，并将其直接拖动到两段视频的中间连接处。当鼠标指针变成“中”字形图标后，松开鼠标左键将“黑场过渡”切换效果添加到对应位置，如图 4.33 所示。

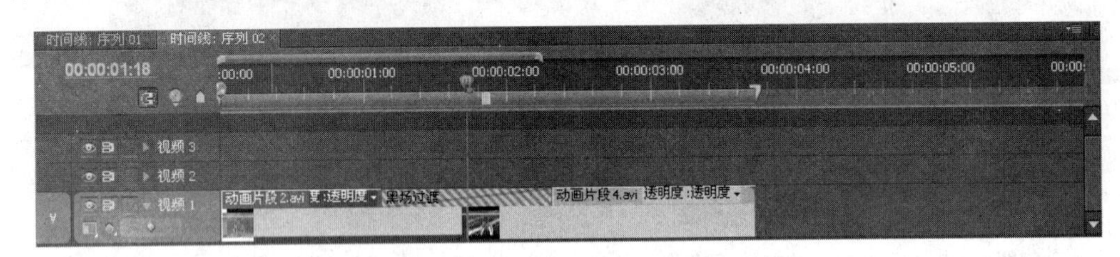

图 4.33　添加“黑场过渡”视频切换效果

(10) 在“时间线”窗口单击选中“黑场过渡”切换效果，特效控制台会显示出相应的参数设置。单击“显示实际来源”复选框，显示出两段视频的过渡画面，将“持续时间”后的参数修改为 00:00:01:05，单击“对齐”下拉列表选择“居中于切点”选项，如图 4.34 所示。至此，我们可以通过“节目”监视器或拖动时间指示器来观看视频切换的过渡效果了。

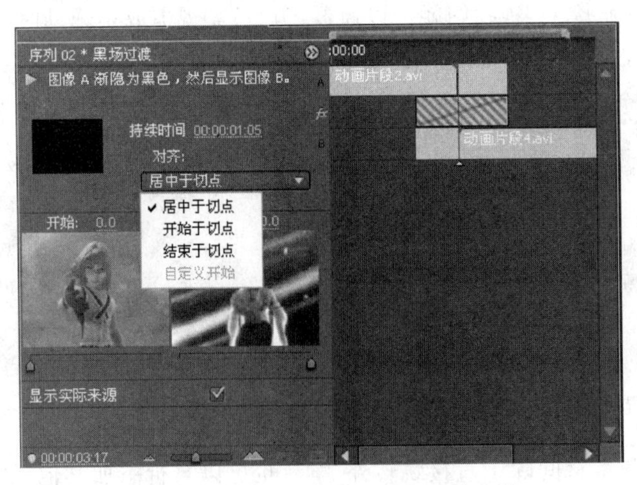

图 4.34　设置“黑场过渡”视频切换参数

读者可以参考上述添加视频特效和视频切换的方法，自行为我们之前已经准备好的视频素材添加相应的视频特效与视频切换效果。

4.1.7　加工音频

声音作为影视作品的重要组成部分，一般会有对白、旁白或背景音乐等，有时为了增强影视作品的吸引力和感染力，也会对声音进行必要的编辑。本例中除了视频素材本身带的音频外，我们还会添加一段背景音乐。

(1) 首先我们来为“片头字幕”这个片段添加背景音乐。双击“项目”窗口空白处，将“项目四素材”中的“片头音.mp3”音乐导入到当前项目文件，拖动音乐文件到“素材源”监视器窗口，如图 4.35 所示。单击“播放”按钮，可以试听音乐效果。

(2) 单击选中“时间线”窗口的“片头字幕”对应视频，查看其持续时间为 00:00:01:13，而我们导入的“片头音”，持续时间为 00:00:05:01，明显长于对应视频的时间长度，所以我们要将音乐文件进行截取，删除掉其中不需要的部分。在“素材源”监视器窗口中，将时间指示器定位在 00:00:00:00 处，单击“设置入点”按钮，再拖动时间指示器定位在 00:00:01:13 处，单击“设置出点”按钮，我们截取 00:00:00:00 至 00:00:01:13 之间的一段音频，并将这段音频添加到“时间线”窗口中的“音频 1”轨道起始位置，效果如图 4.36 所示。

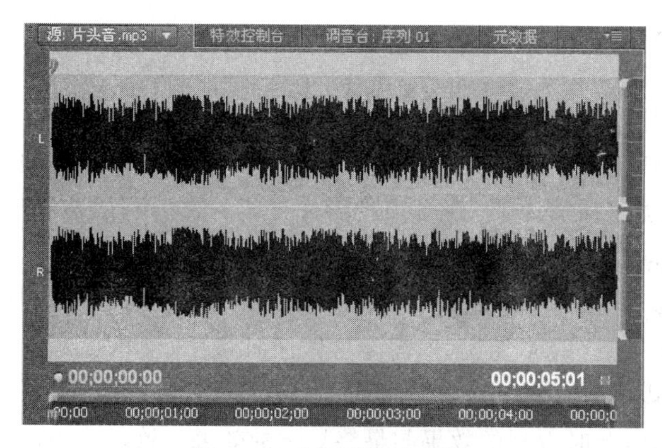

图 4.35　“素材源”监视器

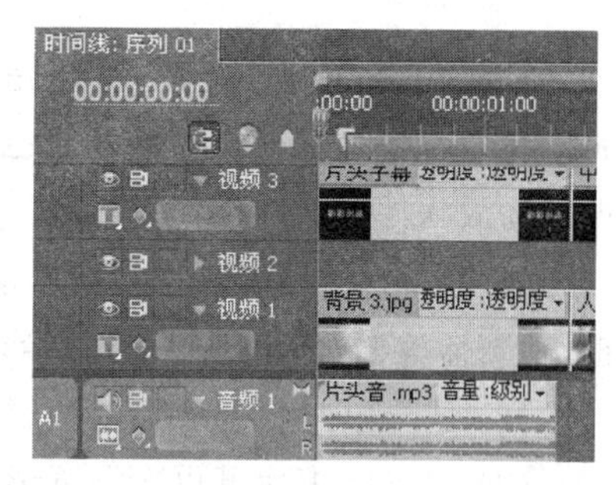

图 4.36　“时间线”窗口的“音频 1”轨道

(3) 参考“添加视频特效”的方法，也可以为音频添加一些音频特效效果。

(4) 下面我们来为“片尾字幕”这个片段添加背景音乐。双击“项目”窗口空白处，将“项目四素材”中的“背景音乐.mp3”音乐导入当前项目文件中，拖动音乐文件到“素材源”监视器窗口，如图 4.37 所示。单击“播放”按钮，可以试听音乐效果。

(5) 单击以选中“时间线”窗口的“片尾字幕”对应视频，查看其持续时间为 00:00:04:15，而我们导入的“背景音乐”的持续时间为 00:00:20:03，明显长于对应视频的时间长度，所以要将音乐文件进行截取，删除掉其中不需要的部分。在“素材源”监视器窗口中，将时间指示器定位在 00:00:00:00 处，单击“设置入点”按钮，再拖动时间指示器，定位在

00:00:04:15 处,单击“设置出点”按钮 ,我们截取 00:00:00:00 至 00:00:04:15 之间的一段音频,并将这段音频添加到“时间线”窗口中的“音频 2”轨道上“片尾字幕”视频素材起始位置,效果如图 4.38 所示。

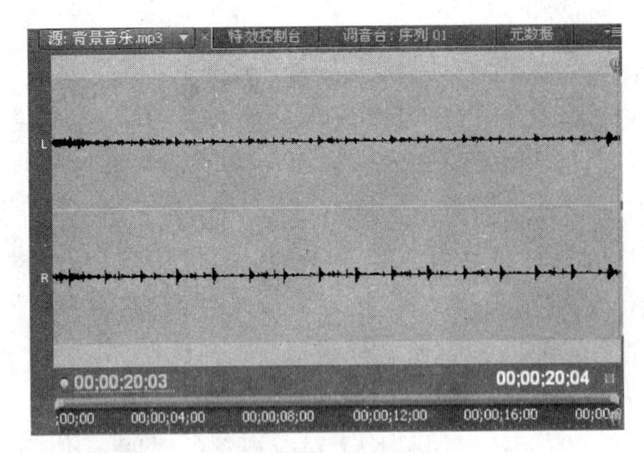

图 4.37 “素材源”监视器

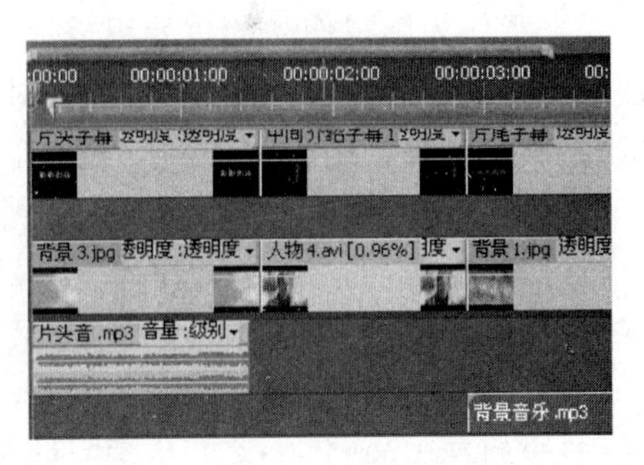

图 4.38 “时间线”窗口的“音频 2”轨道

(6) 上面的两段音频实际上也可以放置在同一音频带轨道上。我们之所以选择放置在两条轨道,是因为有时我们导入的音频可能在声音大小或其他音效上差别很大,需要进一步进行编辑调整,如果将导入的音频都放置在同一轨道,将不利于分别对不同音频进行编辑操作。

4.1.8 导出影片

至此,电影预告片已经制作完成,但还只能在 Premiere Pro CS4 软件中播放观赏。如果我们希望在其他机器或场合也能够播放的话,就必须将影片导出。可以利用常见的视频播放软件播放;或者生成流媒体格式文件,上传至互联网,供大家在网上欣赏。

(1) 首先在正式导出影片前,要单击“节目”监视器窗口中的 按钮或者单击空格键,重新播放要观看的影片,确定影片已经完整无误,不需要再做任何修改。

(2) 选择“序列”|“渲染工作区内的效果”选项,或者按 Enter 键对影片进行渲染。

(3) 渲染结束后可再次浏览影片,此时看到的效果与最终导出的效果一致。

(4) 选择“文件”|“导出”|“媒体”选项,打开如图 4.39 所示的“导出设置”对话框,在“格式”下拉列表框中选择导出格式,在“输出名称”后面单击文字,设置导出文件所存放的位置及文件名称,其他参数选默认设置即可,之后单击“确定”按钮。

(5) 在打开的 Adobe Media Encoder 中单击“开始队列”命令按钮 开始队列 ,开始对项目文件进行编码,如图 4.40 所示。

(6) 找到素材文件夹中导出的视频影片,可使用“暴风影音”等播放器播放影片,如图 4.41 所示。

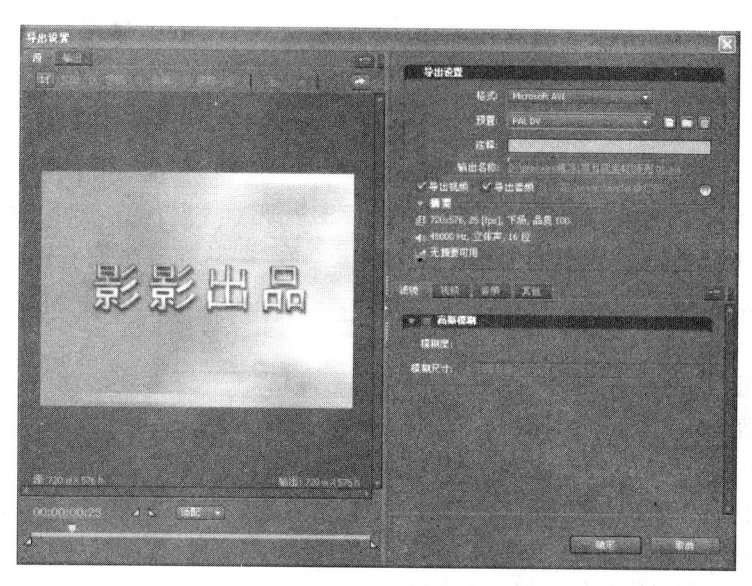

图 4.39　导出影片

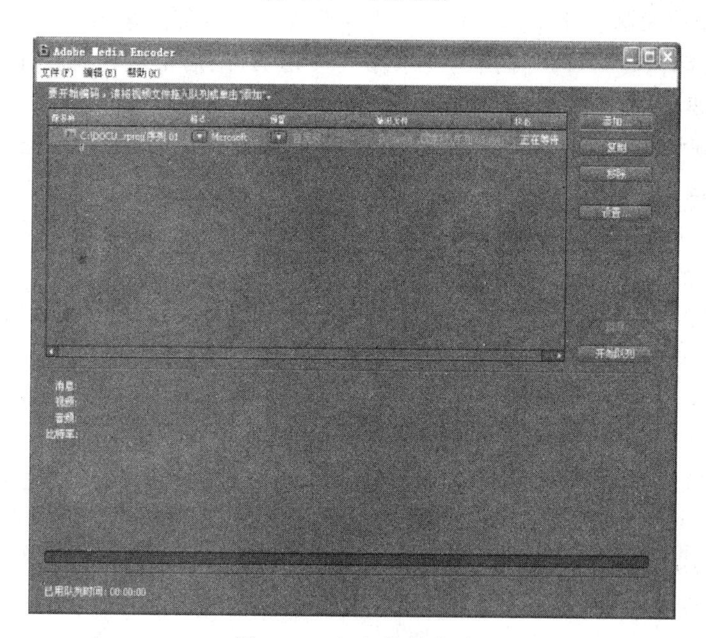

图 4.40　加入编码队列

图 4.41　在播放器中播放导出影片

4.2 任务二 宣传片

在宣传片的制作过程中,策划与创意是第一步要做的事情。要想宣传片作品能够吸引人群观看,就要以强烈的视觉冲击和独具匠心的表现形式展现给观众较强的视觉观赏性,给观看者留下深刻的印象或能够让观看者长久回味,这便是创意的魅力。所以我们说,精心的策划与独特的创意,是宣传片的灵魂、是宣传片能否成功的关键。

宣传片的一般制作流程如下。

(1) 前期业务沟通。根据宣传片的相关市场信息,进行和客户之间的前期交流与讨论。讨论内容包括宣传片的目的、定位、主要内容、制作要求、技术精度、时间安排、成本预算,等等。

(2) 宣传片的策划。根据客户的想法与要求,对宣传片素材的拍摄时间、拍摄内容、拍摄计划、拍摄时会遇到的困难等问题进行分析,并形成书面策划书。制作团队根据策划书有针对性地安排宣传片的各部分内容制作。

(3) 宣传片的整体方案。向客户提供上一步做出的宣传片策划书。经过进一步的细致讨论,根据实际需要与客户提出的要求修改策划书,最后形成包括确定的宣传片的定位、内容、制作要求、时间安排、预算等在内的整体方案。

(4) 素材现场的拍摄。制作团队成员进行现场素材拍摄,每天做好记录与整理,并与客户做好定期沟通。

(5) 宣传片的后期包装合成。将拍摄完成后的素材导入到相应的视频编辑软件中进行后期制作与处理,包括粗剪、精剪、配音、添加各种特效、导出影片等。

(6) 审核交片。将剪辑合成的影片提交给客户进行成果展示。客户观看影片效果后可以提出意见,双方做最后的讨论与修改,完成最终宣传片成品的提交。

对于新手来说,我们在制作宣传片时经常会陷入下面提到的几个制作误区。针对我们可能遇到的误区,大家也要讲究一些宣传片的制作技巧与方法。

第一个误区就是:宣传片的时间越长越好。宣传片的时间越长,所要讲述的内容可以越多,但现在是时间紧张和注意经济的年代,冗长的宣传内容往往会对观众形成视觉疲劳和审美疲劳,从而得不到真正想要的宣传结果。所以我们在制作宣传片时,要根据宣传片的目的和观看群体来合理安排时间,抓住主要想表达的主题,深度刻画主题,而不必面面俱到。

第二个误区就是:宣传片的基本结构与格式都一样,不需要什么创意与策划。一个缺乏好的创意和策划的宣传片,只能是一堆图像、文字以及配音的简单堆叠,势必造成宣传片不能奏效、达不到我们想要的理想效果。所以我们在制作宣传片时,要注意对宣传片的营销策略与目的、展示主题与内容、观看群众特点及竞争对手等进行分析整理,进行有策略地创意,以保证我们的宣传片始终在正确的定位方向上。

第三个误区就是:只要摄像机和编辑制作软件是专业的、先进的,拍摄的画面就是专业的,制作的影片就是好的。很多客户在制作宣传片的过程中可能都碰到过这样的情况,制作公司或个人拍摄时使用的设备都很专业,素材拍摄和编辑制作的时间也不短,但总感觉影片不够大气、流畅,不能很好地吸引人的眼球。其原因就在于,摄影师对拍摄的过程和摄影语言的把握不够,进而直接影响制作的宣传片影片的整体质量。同样,导演和后期制作人员的操作水平、综合素质和工作经验等,也都对影片起着至关重要的作用。所以我们在制作宣传片时不仅要注意使用什么样的摄像机、需要什么样的画面,还要对摄影师、导演及制作团队的工作人员的工作经验和整体素质进行细致的考察,从软环境上保证我们能够制作出好的宣传片效果。

第四个误区就是:只要用的摄影与编辑制作设备一样,谁的价格低、承诺多就是最佳选择。其实我们知道,有些时候价格低廉了,收获的事物不一定会完美,因为低价很多时候意味着简单拍摄、较少或较低层次的特效和剪辑处理、有限的专业素养等,这些往往不可能做出让人惊喜或满意的作品。所以我们在制作宣传片时,一定要注意价格和承诺不是重点,重要的是能够找到好的制作团队、准备出好的素材、剪辑出有创意的作品,使宣传片真正成为展示的最佳载体。

4.2.1 宣传片的分类

宣传片从其目的和宣传方式不同的角度来分,可以分为城市宣传片、公益宣传片、企业宣传片、产品宣传片、旅游宣传片、活动宣传片、招商宣传片等。

城市宣传片作为一种视觉传媒形式和手段,是一个城市精要的展示和表现。它以强烈的视觉冲击力和影像感染力树立独特的城市形象,概括性地展现一座城市的历史文化、地域文化、风土人情及未来发展特色等。任何一部优秀的城市形象宣传片,都离不开前期的精心策划创意、中期的完整拍摄,以及后期的精良编辑和制作这3个重要环节。当然,优美的音乐和镜头,及其处理得当的音画结合,也是宣传片成功的关键。城市宣传片的时间长度一般在5～10分钟(一般不超过10分钟,5分钟多的时长比较常见),比一般广告片要长得多,但比电视专题片则短很多。

企业宣传片对于一个企业来说,就相当于企业的一张脸,如同一张企业的名片。只要我们将宣传片进行播放,就可以轻松地展示一个企业的精神、文化底蕴和发展状况,而无须再多费口舌和时间向客户做冗长且枯燥无味的介绍。一般我们在制作企业宣传片时,就是要将企业的代表产品、专项技术、先进设备、优秀人才和优良环境等作为最佳素材放进影片中作为主要的宣传内容进行播放。通过它,我们主要是整合企业资源、统一企业形象、传递企业信息,促进广大客户对本企业的了解、增强对企业的信任感,从而为企业带来无限商机。

产品宣传片主要是采用电影、电视的制作手法,展现产品的主要特色、功能、设计理念以及操作便捷性等方面。产品宣传片主要是通过现场实录的方式,有针对性、有秩序地进行策划、拍摄、录音、剪辑、配音、配乐、动画、特效、合成输出制作成片,配合三维动画直观生动地展示产品的生产过程,突出产品的功能特点和使用方法,从而让消费者或者经销商能够比较深入地了解产品,营造良好的销售环境。作为能够全方位、多角度展示产品的外形和功能的功能型、实用型的视频宣传短片,要求我们用极其丰富的画面语言和富有感染力的解说语言，将产品功能和卖点直接传递给消费者，进而达到宣传并销售出产品的作用。

旅游宣传片是指通过专业的镜头语言对景区的历史景观、人文景观、自然景观、风俗景观等进行扫描式的介绍，主要是为了吸引广大的游客前来浏览，从而刺激当地旅游经济的发展与收益。旅游宣传片时间长度一般在3分钟以上，片中需要选择适合的歌曲作为背景主题音乐，以生态观光游为基础、休闲度假游为主调，突出自身的旅游品牌，以旅游区特色为主体，重点介绍比较知名的景区点以及与旅游相关的“吃、住、行、游、购、娱”等旅游配套设施。随着新兴媒体与艺术创作手法的发展，目前又涌现出了微电影故事等多种形式的旅游宣传片。

活动宣传片是为某个具体的组织机构、大型活动等而进行的拍摄、编辑、制作，最后形成一个完美的视频短片进行永久珍藏或存档。这里的活动可以是指公司为某些目的而举办的一些庆典或纪念活动、教育培训会议、单位联欢、个人婚庆活动等。

4.2.2 创建项目

本例我们将通过一个介绍美丽风光的旅游宣传片，来了解此类短片内容的整体构成和表现形式，短片制作的手法、技巧等。这里我们通过导入事先拍摄好的视频短片和静态图片素材，配上优美的背景音乐和细致动听的解说词，再加上视频特效和视频切换效果的添加与编辑，最终完成我们的旅游宣传片作品。

想要开始旅游宣传片的制作，首先需要在 Premiere Pro CS4 软件中创建一个项目文件。

(1) 启动 Premiere Pro CS4，进入“欢迎使用 Adobe Premiere Pro”界面。单击“新建项目”按钮，进入“新建项目”对话框，如图 4.42 所示。在“常规”选项卡界面的下端单击“浏览”按钮，选择需要存放的路径，在名称对应的文本框中输入本项目的名称“旅游宣传片”，其他参数使用系统默认设置即可。之后单击“确定”按钮，即进入“新建序列”选项窗口。

(2) 在“新建序列”选项窗口中包括3个选项卡，分别是“序列预置”、“常规”和“轨道”。在“序列预置”选项卡中，选择我国标准 PAL 制视频、48kHz，如图 4.43 所示。在“常规”选项卡和“轨道”选项卡中，使用系统默认值即可。之后单击“确定”按钮，进入 Premiere Pro CS4 工作界面。

4.2.3 导入素材

下面我们把旅游宣传片中需要用到的视音频素材全部导入 Adobe Premiere CS4 软件中。

在“项目”窗口“序列 01”下面的空白处双击，或右击后选择快捷菜单中的“导入”选项，即可打开“导入”对话框。

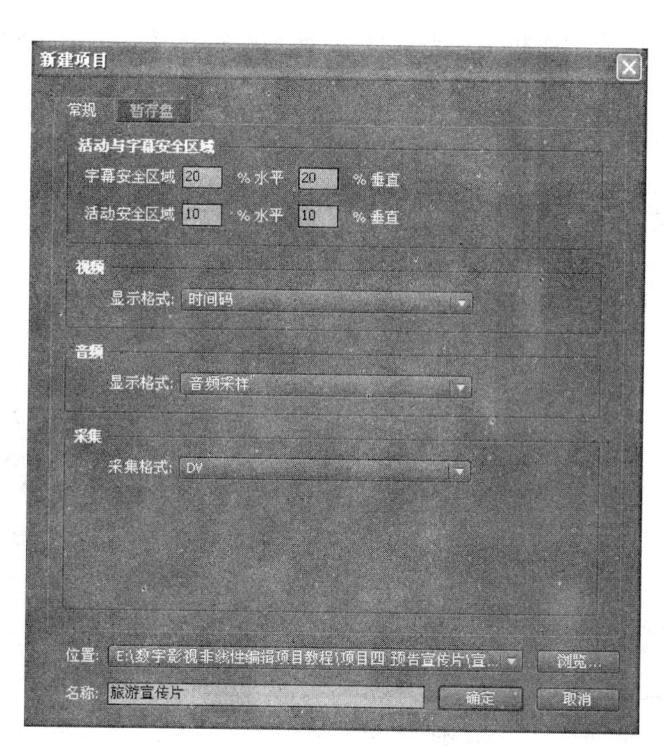

图 4.42　“新建项目”对话框

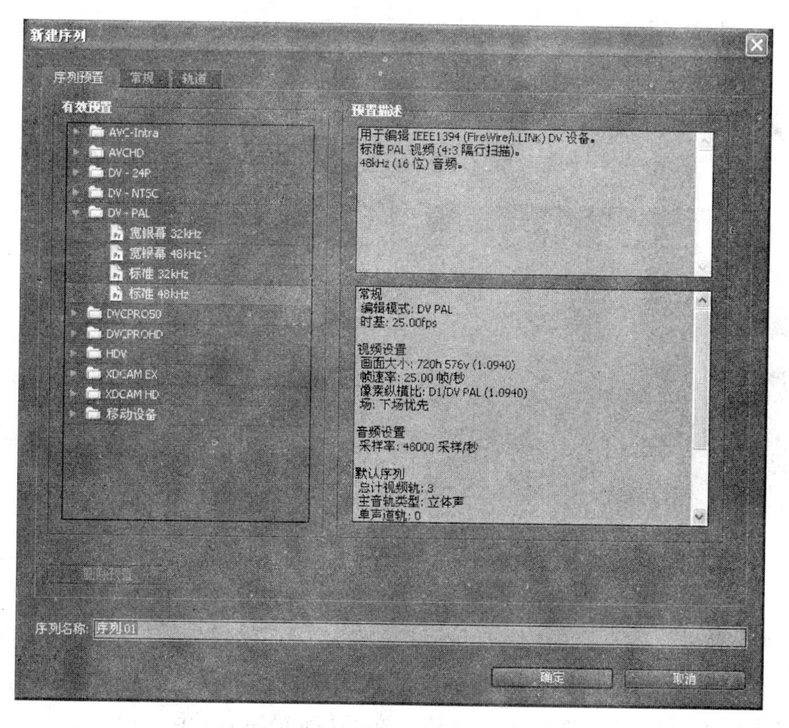

图 4.43　“序列预置”选项卡

在“导入”对话框中，选择“项目四素材”文件夹中的“4.2 宣传片”文件夹，然后单击“导入文件夹”按钮，如图 4.44 所示，即可将文件夹中所有素材导入到工作界面左上角的“项目”窗口中，如图 4.45 所示。

图 4.44 “导入”对话框

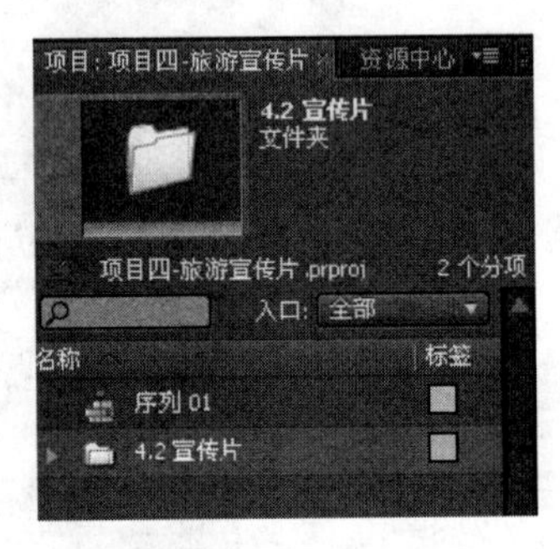

图 4.45 导入素材文件夹

4.2.4 编辑序列 01

(1) 选择素材“项目四 预告宣传片\4.2 宣传片\片头.avi”视频，直接拖动放置到“时间线”的“视频 1”轨道上，与视频链接的对应音频一起被放置在“音频 5”轨道上，如图 4.46 所示。此时的音频不能被单独编辑，如果想要单独编辑视频和音频，除非选中二者其中之一。然后，右击，在弹出的快捷菜单中选择“解除视音频链接”选项，解除视频与音频的链接关系后，就可以单独针对音频进行音频特效或音频过渡的添加，而不再受上面视频的链接影响。

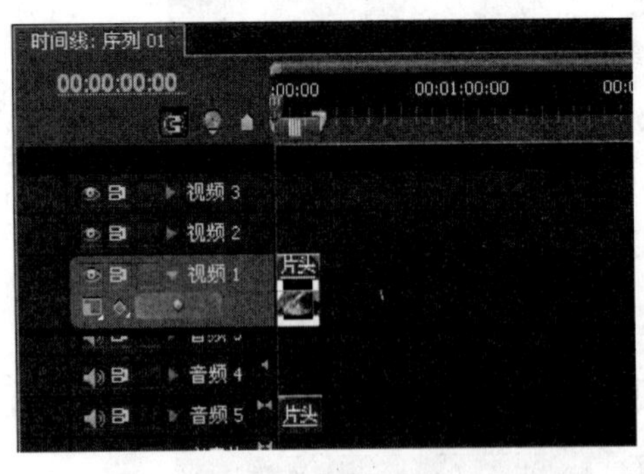

图 4.46 片头视频

(2) 由于“片头.avi”视频所占的文件空间较大，所以在编辑处理过程中有时会使速度变慢。为了加快我们的项目文件预演速度，也可以使用素材文件夹中的“片头.mp4”文件，它占用的存储空间较小(有时画质可能稍差)，方便我们进行编辑。由于“片头.mp4”视频素材在“节目”监视器中没有完全显示，因此需要对视频素材的显示比例进行调整。在“时间线”窗口中选中片头视频素材，然后激活“特效控制台”窗口，接着单击“运动”选项，以展开其各项参数，将缩放比例参数设置为 200，如图 4.47 所示。

(3) 选择素材“项目四 预告宣传片\4.2 宣传片\多画面片段.mp4”视频，直接拖放到“时间线”的“视频 1”轨道上，并与片头视频首尾相接。在“时间线”窗口的“视频 1”上选中多画面视频素材，然后激活“特效控制台”窗口，单击“运动”选项展开其各项参数，调整缩放比例对应的参数，以达到理想效果。

(4) 单击左侧的“效果”选项卡打开特效窗口。之后，单击视频特效文件夹左侧的展开按钮打开视频特效列表，在展开的列表选项中单击“风格化”子文件夹左侧的展开按钮，显示其下的视频特效，如图 4.48 所示。

图 4.47　设置片头缩放比例

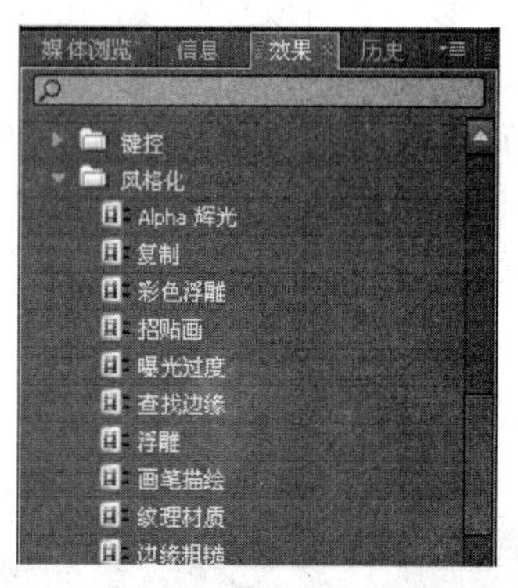

图 4.48　“风格化”视频特效选项

(5) 将“复制”视频特效拖动至“时间线”窗口上“视频 1”轨道的“多画面片段”视频素材上，此时在上方的“特效控制台”窗口中会显示刚添加的视频特效，如图 4.49 所示。

(6) 在制作多画面效果的特效过程中，我们共需要设置 3 个关键帧。首先，设置第 1 个关键帧。将“时间线”窗口中的时间指示器拖动到多画面视频素材的起始帧处，单击“计数”选项左侧的“切换动画”按钮，即添加了第 1 个关键帧，并设置后面的参数为 2。

(7) 接下来设置第 2 个关键帧。将“时间线”窗口中的时间指示器拖动到多画面视频素材的 00:00:25:13 处，单击“计数”选项右侧的“添加/移除关键帧”按钮，即添加了第 2 个关键帧，并设置后面的参数为 3，如图 4.50 所示。

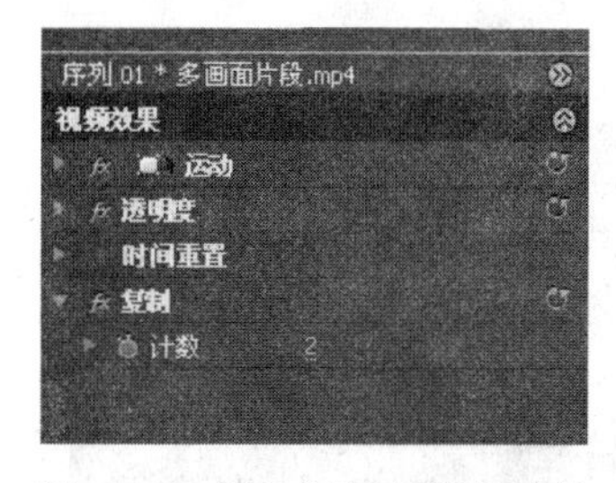

图 4.49　添加“复制”视频特效

图 4.50　设置第 2 个关键帧

(8) 继续设置第 3 个关键帧。将“时间线”窗口中的时间指示器拖动到多画面视频素材的 00:00:35:13 处，单击“计数”选项右侧的“添加/移除关键帧”按钮，即添加了第

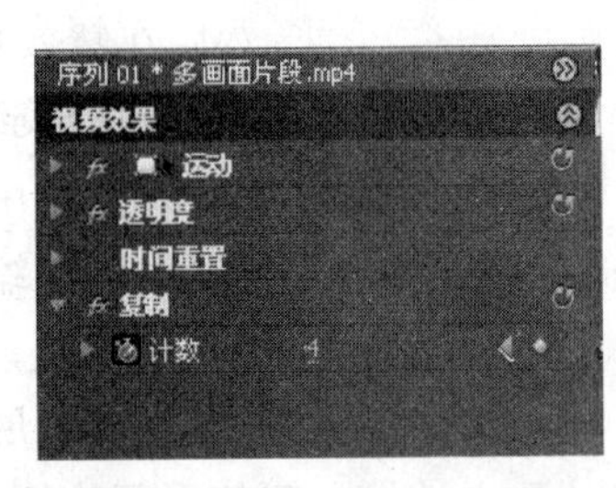

图 4.51　设置第 3 个关键帧

3 个关键帧，并设置后面的参数为 4，如图 4.51 所示。至此，我们就完成了多画面电视墙视频效果的制作。

(9) 除了上面的第(4)～(8)步介绍的多画面电视墙效果外，视频画中画也是比较常见的一种特效效果，所以接下来我们就利用多轨道视频叠加和位置参数的设置来实现视频画中画的效果。这里，仍然以上面的"多画面片段"视频素材为例，从上面第(3)步开始重新设计其他视频特效效果。在节目监视器中观看视频素材，如果视频不能够完全显示，则可以通过特效控制台的比例选项的参数设置来调整，具体操作方法见之前所述。

(10) 单击选中"项目"窗口的"多画面片段.mp4" 视频素材，将其拖动到"视频 2"轨道上，与"视频 1"轨道的视频素材处于同一时间指示器的位置，如图 4.52 所示。将时间指示器移到多画面片段视频的起始帧处，然后激活"特效控制台"窗口，设置比例参数为 80，设置位置参数为(160，110)，并单击左侧的"动画切换"按钮添加第 1 个关键帧，如图 4.53 所示(这里的比例和位置参数，都可以根据实际需要自行调整)。

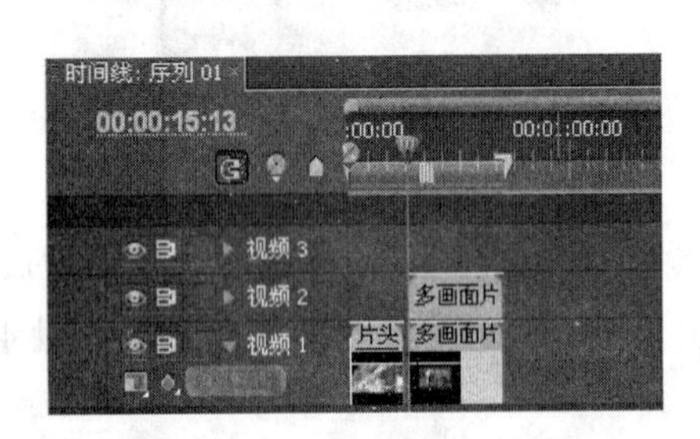

图 4.52　添加视频素材到"视频 2"轨道

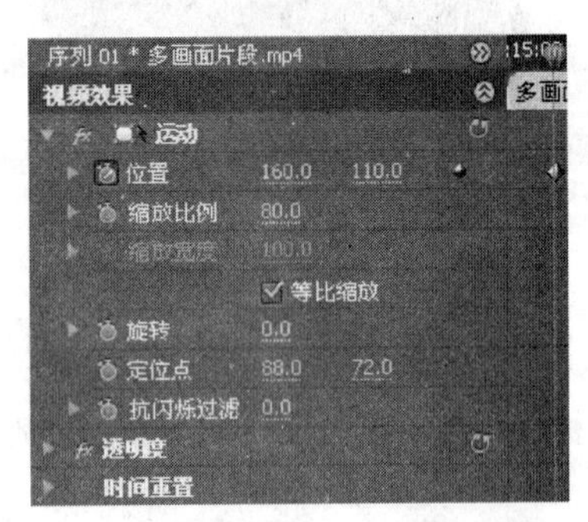

图 4.53　添加第 1 个关键帧

(11) 接下来添加第 2 个关键帧。将时间指示器移动至 00:00:21:13 处，然后在特效控制台窗口的运动选项列表里将位置参数设置为(175，380)，则系统自动添加了第2 个关键帧，如图 4.54 所示。

(12) 继续添加第 3 个关键帧。将时间指示器移动至 00:00:27:13 处，然后在特效控制台窗口的运动选项列表里将位置参数设置为(450，380)，则系统自动添加了第 3 个关键帧，如图 4.55 所示。

图 4.54　添加第 2 个关键帧

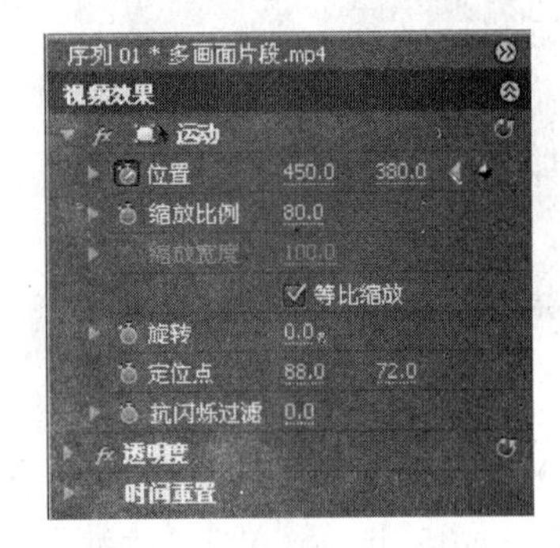

图 4.55　添加第 3 个关键帧

(13) 接着添加第 4 个关键帧。将时间指示器移动至 00:00:34:13 处，然后在特效控制台窗口的运动选项列表里将位置参数设置为(450,280)，则系统自动添加了第 4 个关键帧，如图 4.56 所示。

(14) 单击左侧的“效果”选项卡打开特效窗口，单击视频特效文件夹左侧的展开按钮以打开视频特效列表，在展开的列表选项中单击“变换”子文件夹左侧的展开按钮，显示其下的视频特效，如图 4.57 所示。

图 4.56　添加第 4 个关键帧

图 4.57　“变换”视频特效选项

(15) 将“裁剪”视频特效拖动至“时间线”窗口上“视频 2”轨道的“多画面片段”视频素材上。此时在上方的特效控制台会显示刚添加的视频特效，单击“裁剪”选项打开其参数列表，设置左侧和右侧的参数为 15%，设置顶部和底部的参数为 25%，如图 4.58 所示。

(16) 单击左侧的“效果”选项卡打开特效窗口，单击视频特效文件夹左侧的展开按钮打开视频特效列表，在展开的列表选项中单击“调整”子文件夹左侧的展开按钮，显示其下的视频特效，将“基本信号控制”视频特效拖动至“时间线”窗口上“视频 2”轨道的“多画面片段”视频素材上。此时，在上方的特效控制台会显示刚添加的视频特效，单击“基本信号控制”选项打开其参数列表，设置各对应参数的值，如图 4.59 所示。我们可以通过“节目”监视器观看画中画的视频特效效果，对于上面所用到的图像位置、缩放比例、视频特效选项的相关参数，我们都可以根据实际需要去调整，以达到更加理想的效果。

图 4.58　设置“裁剪”选项参数值

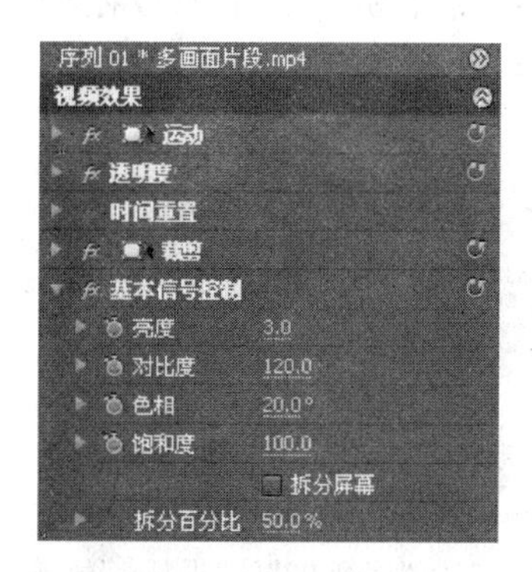

图 4.59　设置“基本信号控制”选项参数值

4.2.5 编辑序列 02

(1) 选择“文件”|“新建”|“序列”选项，打开“新建序列”选项窗口，在“序列名称”文本框中输入新的序列名称“序列 02”，其他参数保持默认即可，如图 4.60 所示。接下来选择素材“项目四 预告宣传片\4.2 宣传片\阿里山风光视频.mp4”视频，直接拖放到“时间线”的“序列 02”的“视频 1”轨道上，如图 4.61 所示。

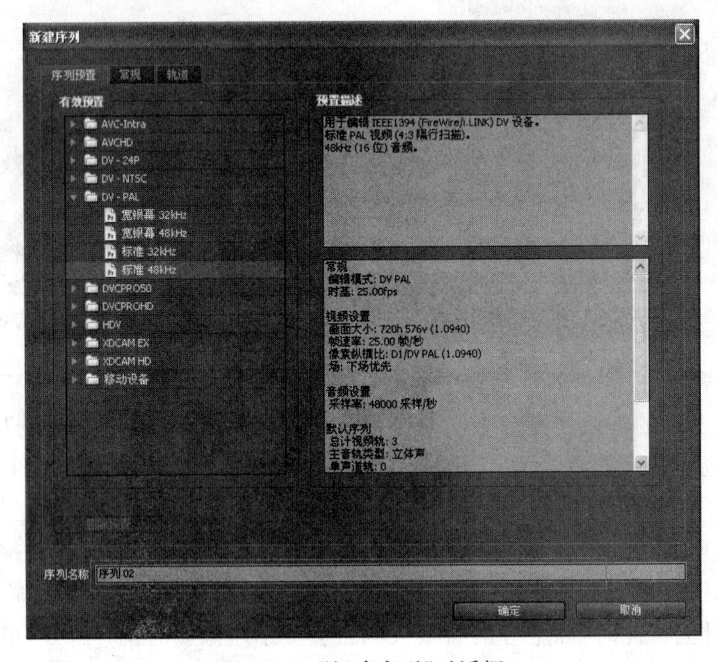

图 4.60 “新建序列”对话框

(2) 由于视频素材在“节目”监视器中不能完全显示，所以我们需要将素材比例放大使其能够正常显示。激活“特效控制台”窗口，单击“运动”选项展开参数列表，设置“缩放比例”的参数值为 520，如图 4.62 所示。

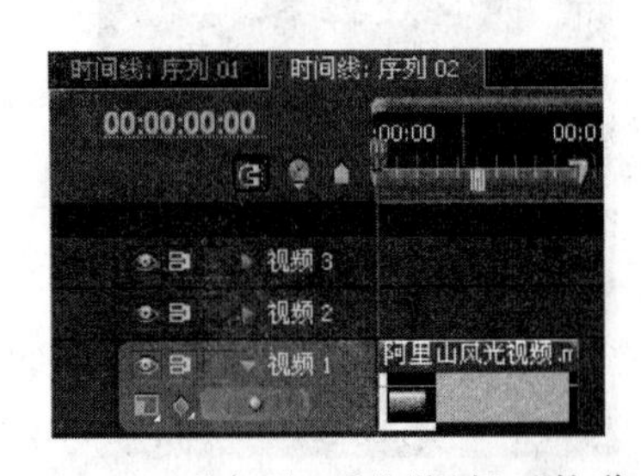

图 4.61 “序列 02”的“视频 1”轨道

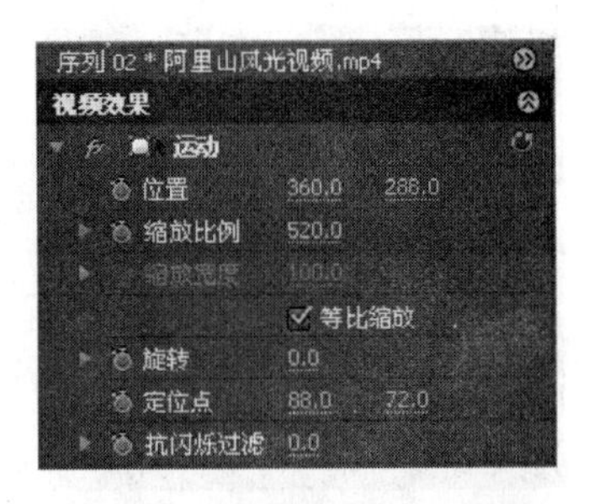

图 4.62 设置缩放比例参数

(3) 在“节目”监视器中播放视频，发现中间有一段动画可能是我们不想要的部分。这时，我们可以利用“剃刀”工具按钮对视频素材进行分割，然后再删除分割后多余的部分。首先，我们在“节目”监视器中观看或拖动时间指示器查看视频素材，当播到我们想删除片段的起始点处时，在“工具”窗口中单击“剃刀”工具按钮，此时鼠标指针会变成可切或不可切状态，将光标移动到“序列 02”的“视频 01”轨道的素材上，当光标上的虚线与当前时间指示器的编辑线重合时单击，则系统自动将视频素材从单击处分割成前后两部分，如图 4.63 所示。

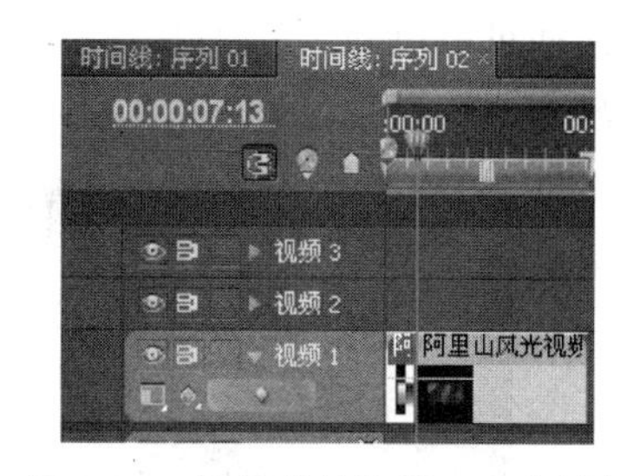

图 4.63　设置素材的第 1 个分割点

(4) 继续播放视频素材。当播放到不想要的动画的结尾处时暂停，在“工具”窗口中单击“剃刀”工具按钮，此时鼠标指针会变成可切或不可切状态，将光标移动到“序列 02”的“视频 01”轨道的素材上。当光标上的虚线与当前时间指示器的编辑线重合时单击，则系统自动将视频素材从单击处分割成前后两部分，如图 4.64 所示。

(5) 此时，视频素材被分割成 3 段，中间的一段是我们想要删除的部分，如图 4.65 所示。

图 4.64　设置素材的第 2 个分割点

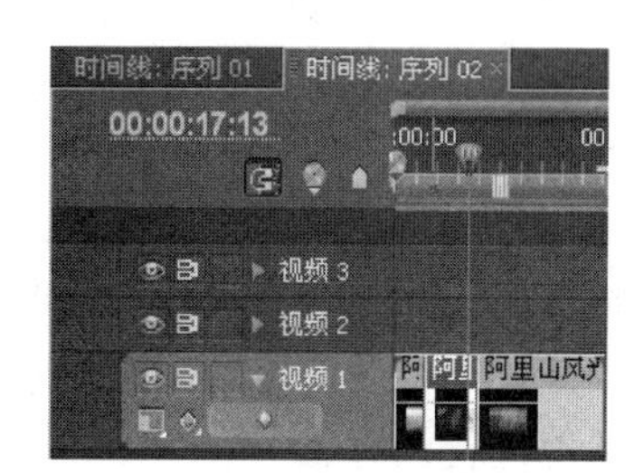

图 4.65　分割的 3 段素材

(6) 选中第 2 段视频素材，并右击，在弹出的快捷菜单中选择“波纹删除”选项，此时选中的片段素材被删除掉，且后面的第 3 段视频素材自动向前移动，它的开始点会与第 1 段视频素材的结束点自动连接起来，如图 4.66 所示。

(7) 接下来，我们为上面那段视频在结尾处添加字幕效果。选择“字幕”|“新建字幕”|“默认静态字幕”选项，在弹出的“新建字幕”对话框中，设置视频大小为 720×576 像素，时基为 25.00fps，像素纵横比为 D1/DV PAL，在名称文本框中输入“阿里山”为新建字幕名字，如图 4.67 所示。单击“确定”按钮后，打开“字幕”窗口。

图 4.66　波纹删除后自动连接

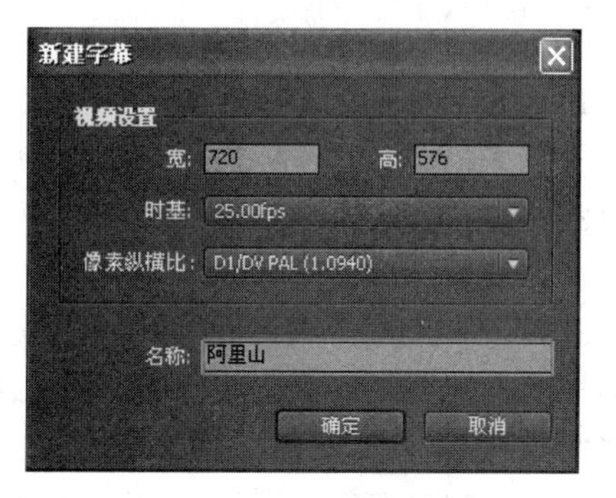

图 4.67　“新建字幕”对话框

(8) 单击字幕编辑区，输入“阿里山”3 个字，输入完成后可能会出现文字不能正常显示的状况，如图 4.68 所示。这主要是由于字体的设置不对造成的，只要我们修改相应的字体便可解决问题。选中输入的文字，根据个人喜好和美观性来设置文字的大小、字体、字幕样式等参数，效果如图 4.69 所示。

图 4.68　输入文字

图 4.69　设置字幕样式

(9) 直接关掉字幕设计窗口，新建的字幕文件自动保存到项目窗口中，如图 4.70 所示。

(10) 把“项目”窗口中的字幕文件直接拖动到“序列 02”的“视频 2”轨道，由于字幕的持续时间比视频素材短，所以二者在轨道上的长度也不一样，如图 4.71 所示。如果我们想延长字幕的播放时间，可以单击“工具”窗口中的“选择”工具按钮，返回到“时间线”窗口的“视频 2”轨道，将鼠标移动到字幕的结束边缘处，当鼠标指针变成带有双向箭头的红色方括号图标时，我们可以按住鼠标左键，向右侧把字幕拖动到自己想要的时间点，这样便可以延长字幕的持续时间，如图 4.72 所示。此时，字幕的持续时间可以根据我们的需要灵活地进行调整。

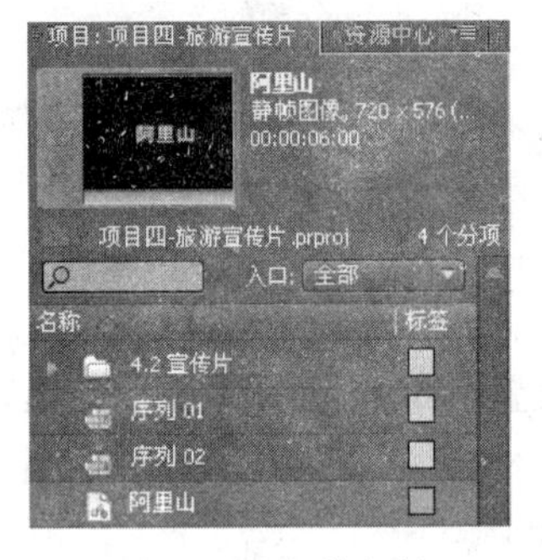

图 4.70　字幕文件

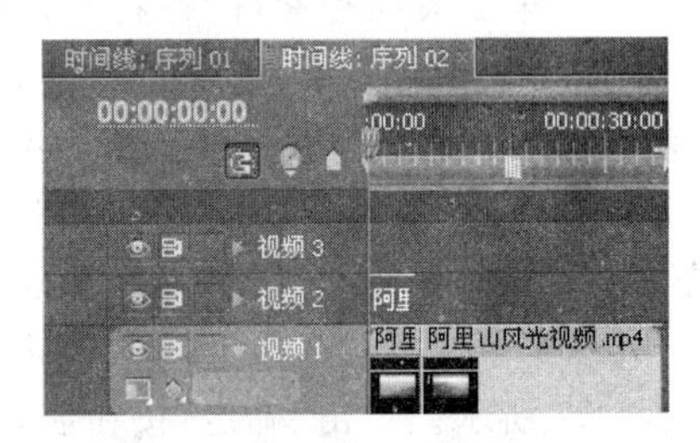

图 4.71　添加字幕“视频 2”轨道

(11) 单击左侧“效果”窗口中的视频切换文件夹的展开按钮，再单击其中的“卷页”子文件夹的展开按钮，便可显示此类型的过渡效果选项，如图 4.73 所示。

(12) 单击以选择“卷走”视频切换选项，并将其直接拖动至“序列 02”的“视频 2”轨道的字幕文件的最左端。此时，切换效果便显示在字幕文件的最左端，如图 4.74 所示。

(13) 单击以选择轨道上的“卷走”切换效果，单击“特效控制台”选项卡，打开“卷走”视频切换的参数列表，将持续时间参数值设置为 00:00:06:05。在对齐选项的下拉列表中选择“开始于切点”，选择“显示实际来源”和“反相”后面的复选框，如图 4.75 所示。这里的持续时间和反相等参数，大家可以根据个人喜欢去修改。

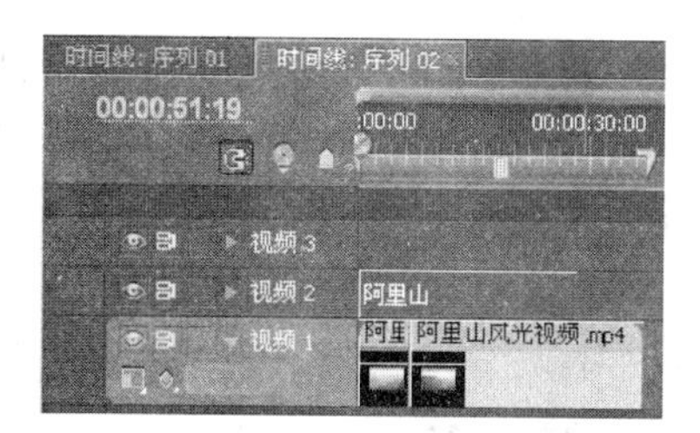

图 4.72　调整字幕持续时间

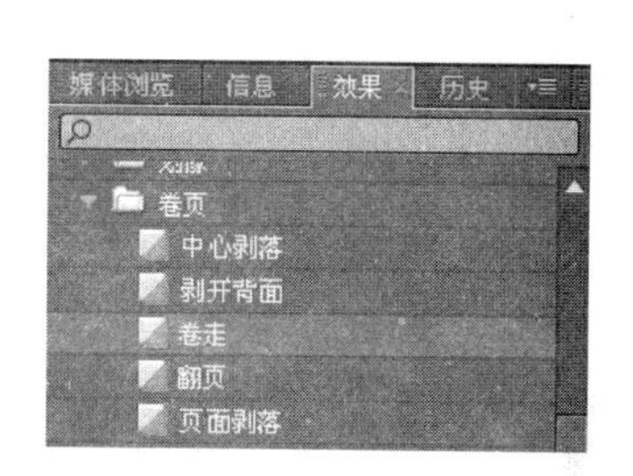

图 4.73　“卷页”视频切换

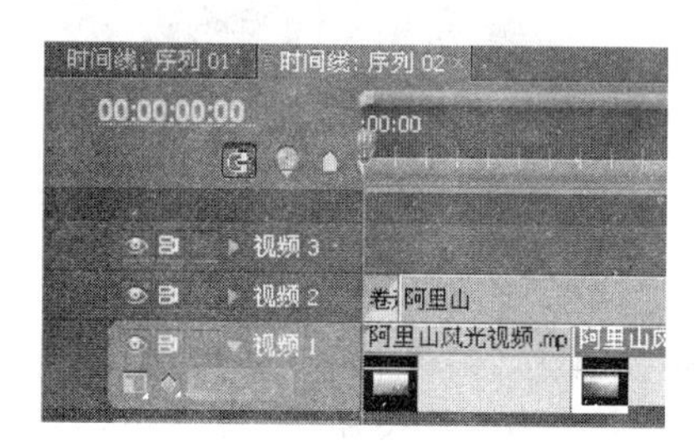

图 4.74　添加“卷走”切换效果

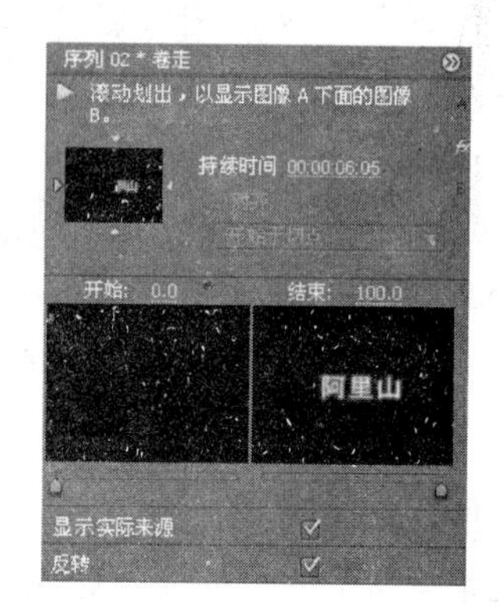

图 4.75　设置“卷走”选项参数

(14) 至此，完成序列 02 的视频部分制作。

4.2.6　编辑序列 03

(1) 选择“文件”|“新建”|“序列”选项，打开“新建序列”选项窗口，在“序列名称”文本框中输入新的序列名称“序列 03”，其他参数保持默认设置即可，如图 4.76 所示。接下

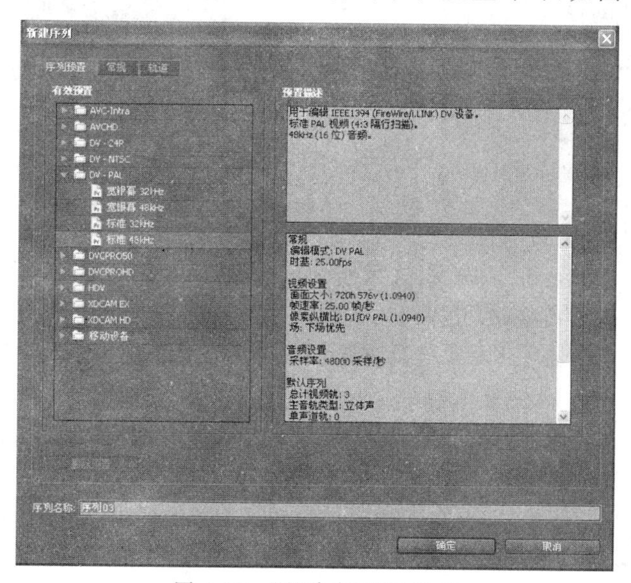

图 4.76　“新建序列”对话框

来，选择“4.2 宣传片\风光片段 1.mp4”视频，直接拖动，放置到“时间线”的“序列 03”的“视频 1”轨道上，如图 4.77 所示。

(2) 由于视频素材在节目监视器中不能够完全显示，所以我们单击以选择“风光片段 1”，接着单击“视频效果”选项卡显示其参数列表，再单击“运动”选项的展开按钮打开其参数列表，设置缩放比例参数为 300，如图 4.78 所示。

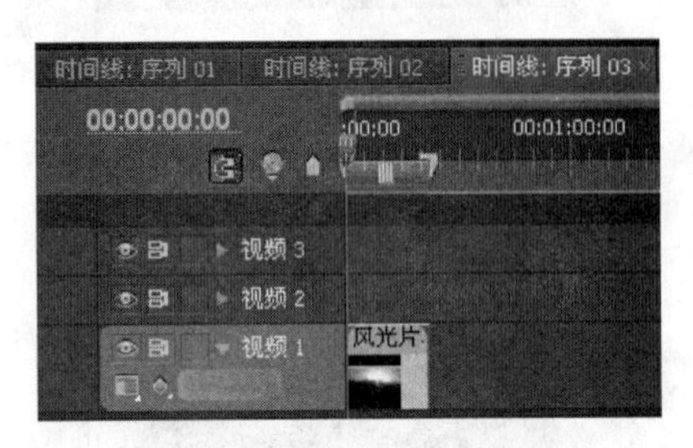

图 4.77 “序列 03”的“视频 1”轨道

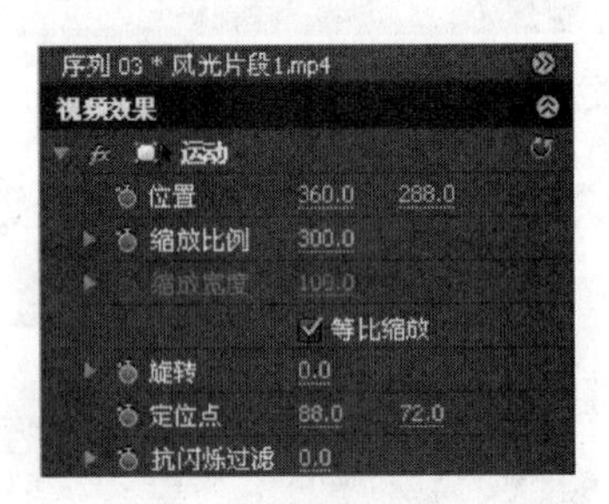

图 4.78 设置缩放比例

(3) 选择视频素材，右击，在弹出的快捷菜单中选择“速度/持续时间”选项，在打开的“素材速度/持续时间”对话框中，修改持续时间参数值为 00:00:30:00，单击“确定”按钮后，则视频素材的播放速度会比原来稍微缓慢些，如图 4.79 所示。

(4) 在“时间线”窗口中，将时间指示器移动至 00:00:06:13 时间点处，在“工具”窗口中单击“剃刀”工具按钮，然后移动光标，至与时间指示器的编辑重合时单击，将视频素材从编辑线处分割为两段，如图 4.80 所示。

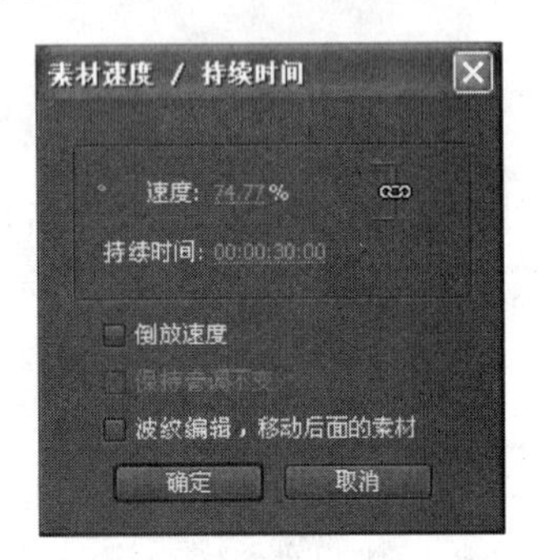

图 4.79 设置持续时间

图 4.80 设置第 1 个切割点

(5) 再将时间指示器移动至 00:00:16:00 时间点处，然后再移动光标，至与时间指示器编辑线重合时单击，把第二段素材又重新切割为两段，如图 4.81 所示。

(6) 再将时间指示器移动至 00:00:29:13 时间点处，然后再移动光标，至与时间指示器编辑线重合时单击，把第三段素材又重新切割为两段。此时，我们已将原视频素材切割为四段，如图 4.82 所示。

(7) 由于素材在轨道上长度较短，观察起来不方便，所以我们通过单击“工具”窗口中的“缩放”工具按钮将轨道上视频素材的显示时间长度放大一下。这样在处理时要方便许多，如图 4.83 所示。接下来，需要在四段素材之间添加新的视频切换效果。单击左侧的“效果”选项卡打开其参数列表，单击视频切换文件夹左侧的展开按钮显示其下的过渡效果，接着单击滑动子文件夹左侧的展开按钮，显示其下的所有过渡效果，如图 4.84 所示。

图 4.81　设置第 2 个切割点

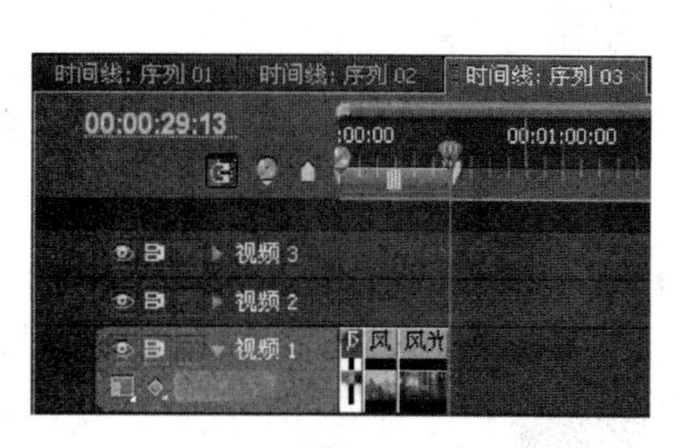

图 4.82　设置第 3 个切割点

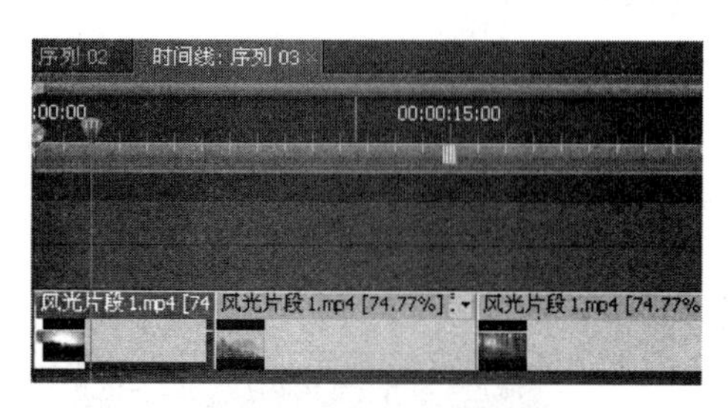

图 4.83　缩放工具的放大效果

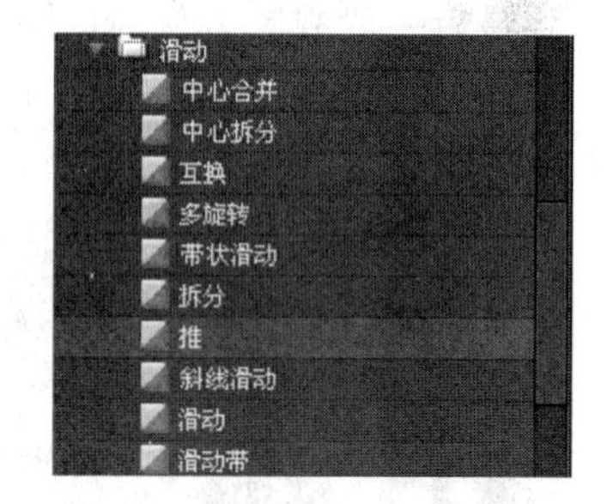

图 4.84　滑动视频切换

(8) 选择拆分过渡效果,并将其拖动至第一和第二段素材之间。当光标变成“中”字形图标时释放鼠标左键,即将拆分视频切换效果添加在两段素材之间,如图 4.85 所示。

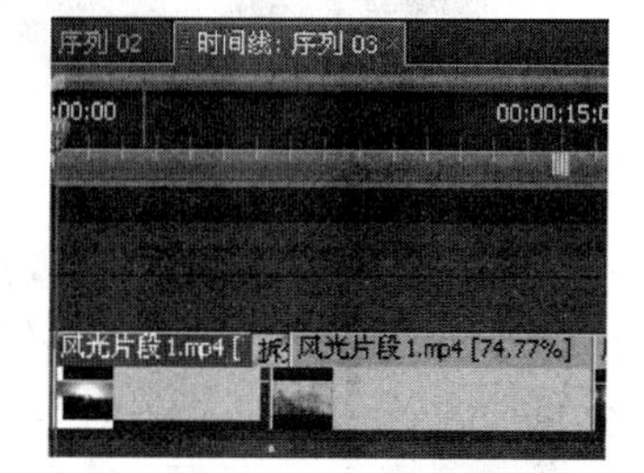

图 4.85　添加拆分过渡效果

(9) 选择拆分视频切换效果,单击上方的特效控制台选项卡打开参数列表,选择“显示实际来源”和“反转”选项后的复选框,单击“边色”选项后的颜色块设置一种边框颜色,接着将持续时间修改为 00:00:04:00,在“对齐”选项的下拉列表中选择“居中于切点”。参数设置完成后,即可播放视频观察过渡效果,如图 4.86 所示。

(10) 选择滑动带过渡效果,并将其拖动至第二和第三段素材之间。当光标变成“中”字形图标时松开鼠标左键,即将拆分视频切换效果添加在两段素材之间,如图 4.87 所示。

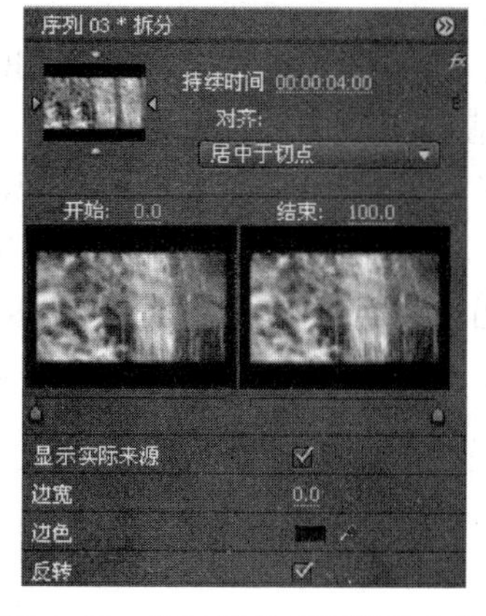

图 4.86　设置拆分过渡效果参数

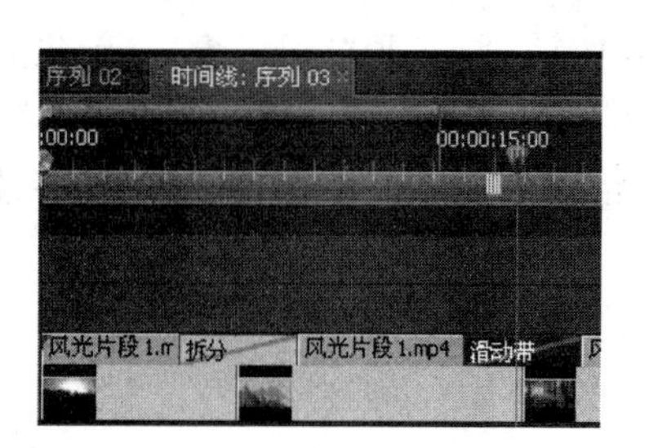

图 4.87　添加滑动带过渡效果

(11) 选择滑动带视频切换效果,激活“特效控制台”窗口,选择“显示实际来源”和“反转”选项后的复选框,单击“边色”选项后的颜色块设置一种边框颜色,接着将持续时间修改为00:00:04:00,在“对齐”选项的下拉列表中选择“居中于切点”。参数设置完成后,即可播放视频观察过渡效果,如图4.88所示。

(12) 选择多旋转过渡效果,并将其拖动至第三和第四段素材之间。当光标变成“中”字形图标时松开鼠标左键,即将拆分视频切换效果添加在两段素材之间,如图4.89所示。由于最后一段视频时间长度较短,制作的过渡效果观看不全,为了能更好地观看视频切换效果,将最后一段视频素材的持续时间修改为00:00:07:00。

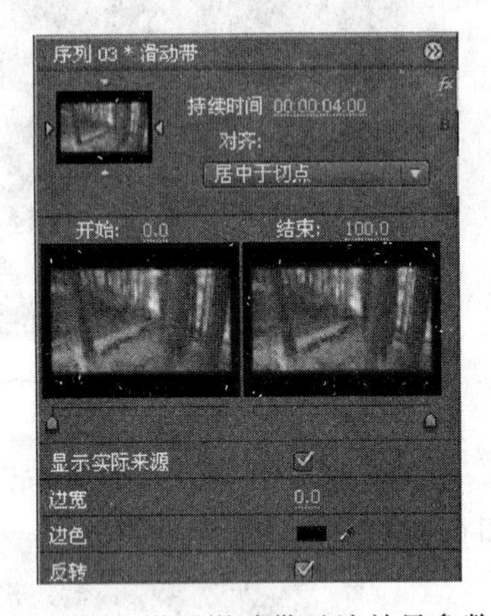

图4.88 设置滑动带过渡效果参数

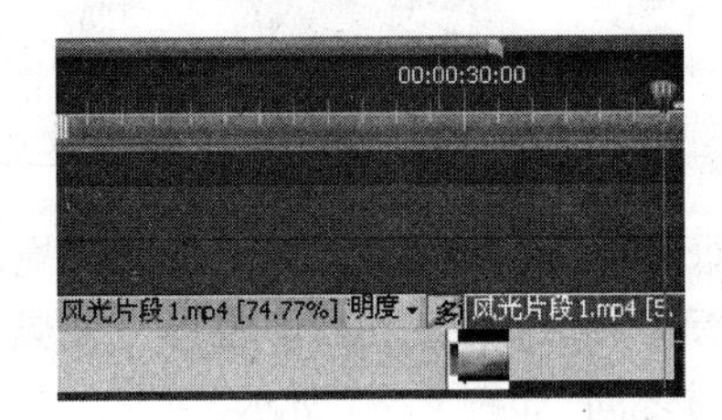

图4.89 添加多旋转过渡效果

(13) 选择“多旋转”视频切换效果,激活“特效控制台”窗口,选择“显示实际来源”和“反转”选项后的复选框,单击“边色”选项后的颜色块设置一种边框颜色,接着将持续时间修改为00:00:04:00,在“对齐”选项的下拉列表中选择“居中于切点”,参数设置完成后,我们可播放视频观察过渡效果。

(14) 接下来,我们为上面那段视频在结尾处添加字幕效果。选择“字幕”|“新建字幕”|“默认静态字幕”选项。在弹出的“新建字幕”对话框中,设置视频大小为720×576像素、时基为25.00fps、像素纵横比为D1/DV PAL,在名称文本框中输入“结尾字幕”为新建字幕名字,单击“确定”按钮后即可打开“字幕”窗口。

(15) 单击字幕编辑区,输入“美丽台湾欢迎您”几个字,输入完成后,可能会出现文字不能正常显示的状况,此时只要我们修改相应的字体便可解决问题。选中输入的文字,根据个人喜好和美观性来设置文字的大小、字体、字幕样式等参数,效果如图4.90所示。

(16) 直接关掉“字幕”窗口,新建的字幕文件会自动保存到项目窗口中。把“项目”窗口中的字幕文件直接拖动到“序列03”的“视频2”轨道,放置到最后一段视频的过渡效果完成后第一帧时间点处,调整字幕持续时间,使之与下面的视频结束时间正好对齐,如图4.91所示。

(17) 至此,序列03制作完毕。

图 4.90　输入文字效果

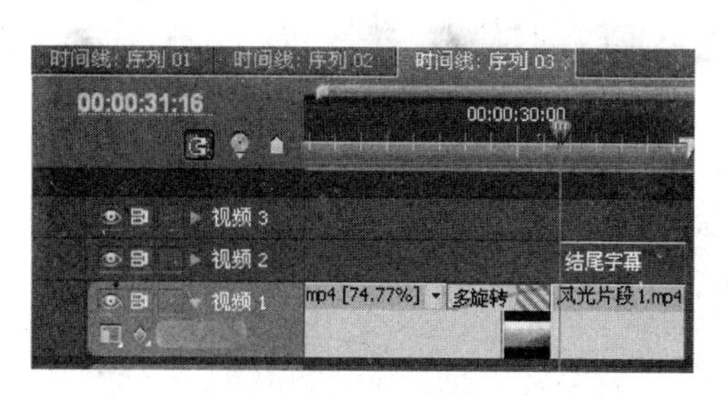

图 4.91　添加结尾字幕

4.2.7　录制解说词

(1) 查看“序列 02”上的视频素材时间长度为 00:00:44:05，以此时间作为参考，接下来我们将为这段视频录制一段解说词。首先，必须保证计算机的音频输入装置被正确连接，可以使用麦克风或者其他 MIDI 设备在 Premiere Pro CS4 软件中进行录单。录制的声音会成为音频轨道上的一个音频素材，还可以将我们录制的音频输出保存为一个兼容的音频文件格式。

(2) 切换到“序列 02”，单击上方的“调音台”选项卡打开其编辑窗口，如图 4.92 所示，激活音频 1 录制音频轨道的“录音”按钮。激活录音装置后，上方会出现音频输入的设备选项，在其下拉列表中选择相应的输入音频设备即可，如图 4.93 所示。

图 4.92　调音台

图 4.93　设置录音装置

(3) 单击以激活下方的“录制”按钮，如图 4.94 所示。

(4) 单击窗口下方的“播放/停止切换”按钮，进行解说词录入即可。当述说完毕时单击“停止”按钮即可停止录音，当前音频轨道上就会出现刚才录制的声音，如图 4.95 所示。

(5) 这里，大家可以选择自己录制一段有关阿里山的解说词，也可以使用预先为大家准备好的一段解说词音频，将音频直接拖入“序列 02”的“音频 1”轨道。如果持续时间太

图 4.94 设置录制选项

图 4.95 开始录音

长，我们可以参照视频素材的编辑方法，选择剃刀工具先切割音频，再将多余部分删除掉即可；如果音频持续时间太短，我们可以通过修改持续时间来调整（此法不可调整过大，否则会破坏音频效果），如图 4.96 所示。

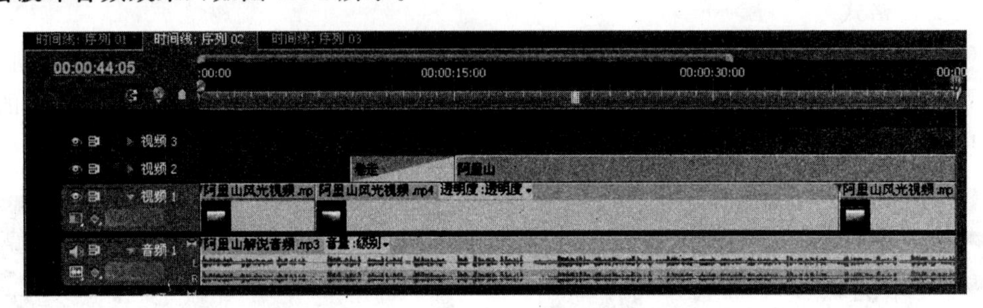

图 4.96 编辑调整音频

(6) 对于录制好的音频，我们可以利用剃刀工具进行剪裁，可以通过调音台进行更加细致的编辑，也可以添加音频特效，或者与背景音乐等其他音频一起导出为一段我们需要的单独的音频文件。当然，除了利用软件本身的调音台进行音频的录制外，我们也可以利用 Windows 系统自带的录音机装置或其他专业级录音设备进行录音，如图 4.97 所示。

然后，再根据需要导入到 Premiere Pro CS4 软件内部，利用调音台进行编辑或添加音频特效和音频过渡效果，如图 4.98 所示。

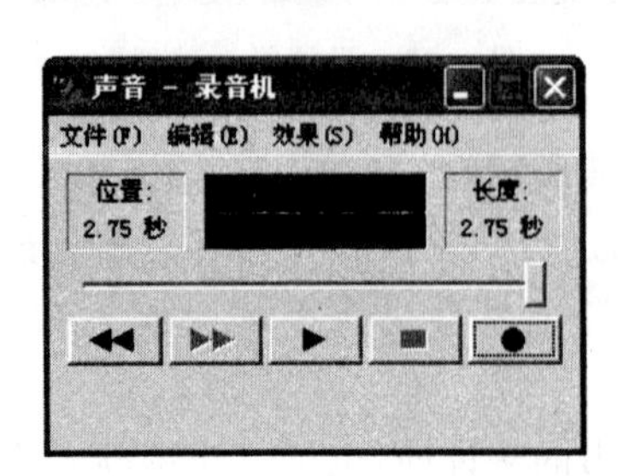

图 4.97 用“录音机”录音

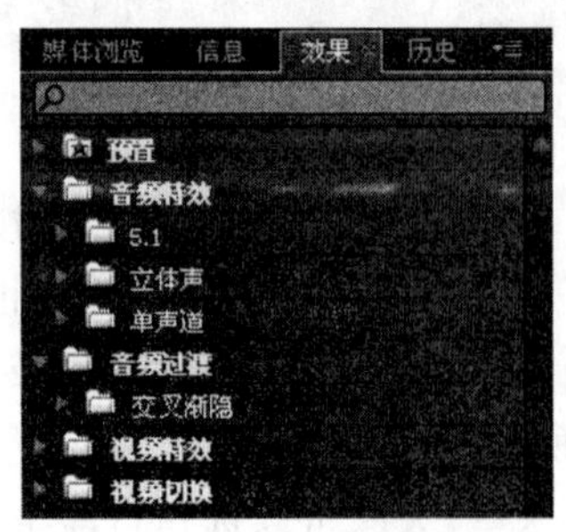

图 4.98 音频特效与音频过渡

4.2.8 合成序列

(1) 选择"文件"|"新建"|"文件夹"选项，在项目窗口新建一个"文件夹 01"，然后将项目窗口中的"序列 01"、"序列 02"、"序列 03"这 3 个序列拖入到新文件夹中，如图 4.99 所示。

(2) 选择"文件"|"新建"|"序列"选项，创建新序列并命名为"序列 04"。将"文件夹 01"从项目窗口直接拖动到"序列 04"的"视频 1"轨道，则"序列 01"～"序列 03"的所有视频和音频按顺序自动放置，如图 4.100 所示。

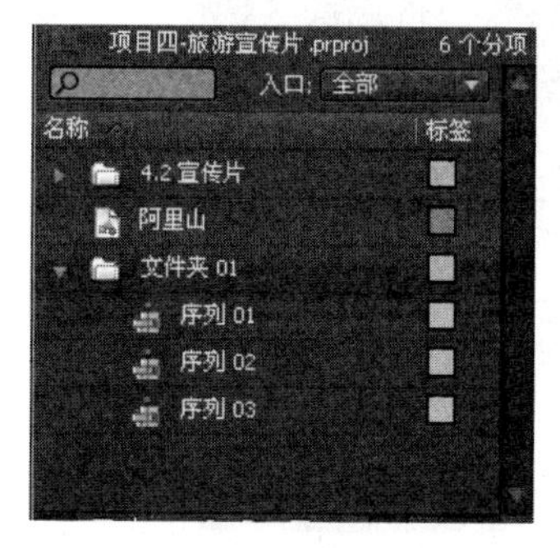

图 4.99 新建文件夹

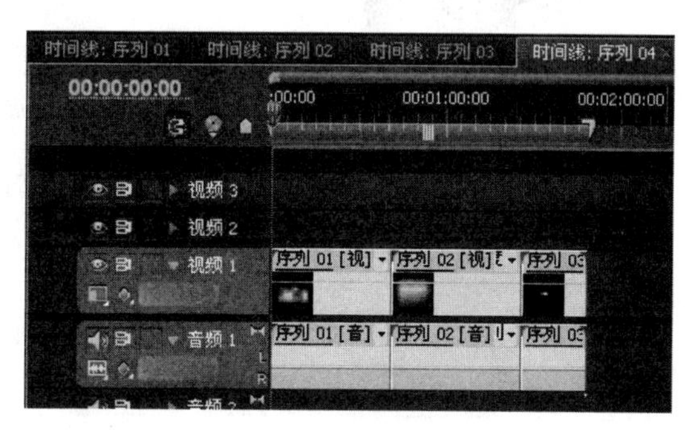

图 4.100 合成序列

(3) 对于合成后的序列，我们仍然可以为其添加视频特效和视频切换效果，也可以重新修改每段序列视频素材的大小等参数选项，具体操作过程请大家参考前面方法，这里就不再详述了。查看视频 1 轨道的视频素材的持续时间长度，然后导入一段时间长度相同的背景音乐，并将其放置到音频 1 轨道(音频的编辑方法前面我们已经介绍过，请大家根据实际需要自行完成音频的编辑处理工作)。

4.2.9 导出影片

至此，旅游宣传片已经制作完成，但还只能在 Premiere Pro CS4 软件中播放观赏。如果我们希望在其他机器或场合也能够进行播放的话，就必须将影片进行导出：可以利用常见的视频播放软件播放；或者生成流媒体格式文件，上传至互联网供大家在网上欣赏。

(1) 首先在正式导出影片前，我们要单击"节目"监视器窗口中的▶按钮或者单击空格键，重新播放要观看的影片，确定影片已经完整无误，不需要再做任何修改。

(2) 选择"序列"|"渲染工作区内的效果"选项，或者按 Enter 键，会打开"正在渲染"窗口，如图 4.101 所示，表示当前正在渲染影片。

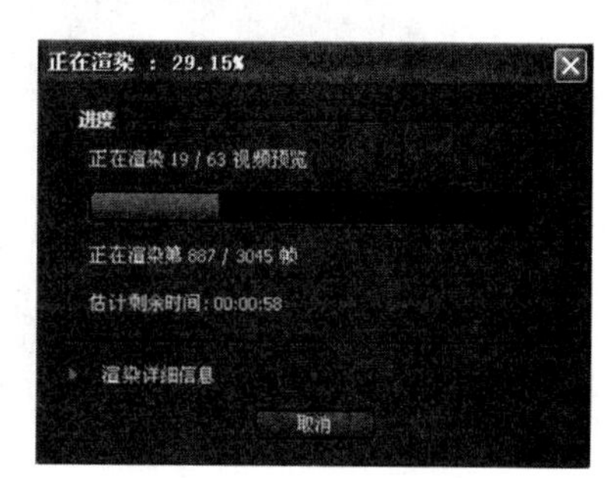

图 4.101 渲染影片

(3) 渲染结束后可再次浏览影片，此时看到的效果与最终导出效果一致。

(4) 选择“文件”|“导出”|“媒体”选项，打开如图 4.102 所示的“导出设置”对话框。在“格式”后面的下拉列表中选择导出格式，在“输出名称”后面单击文字，设置导出文件所存放的位置及文件名称，其他参数选用默认的即可，之后单击“确定”按钮。

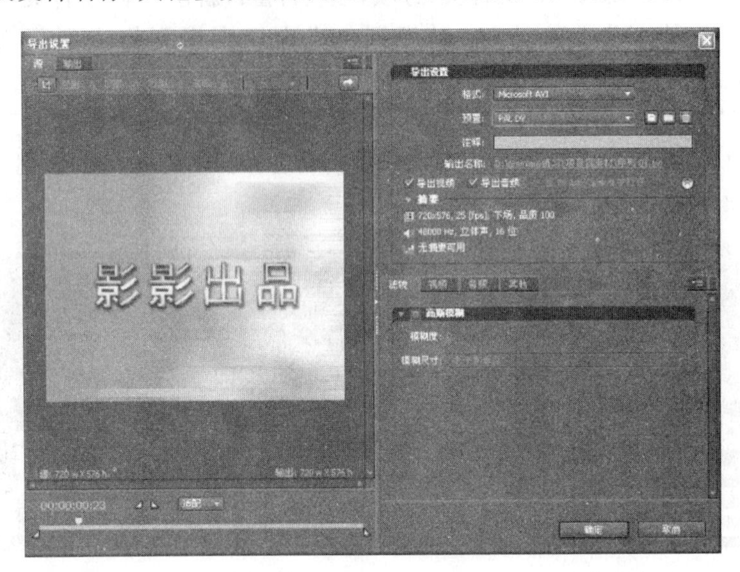

图 4.102　导出影片

(5) 在打开的 Adobe Media Encoder 中单击“开始队列”命令按钮，开始对项目文件进行编码，如图 4.103 所示。

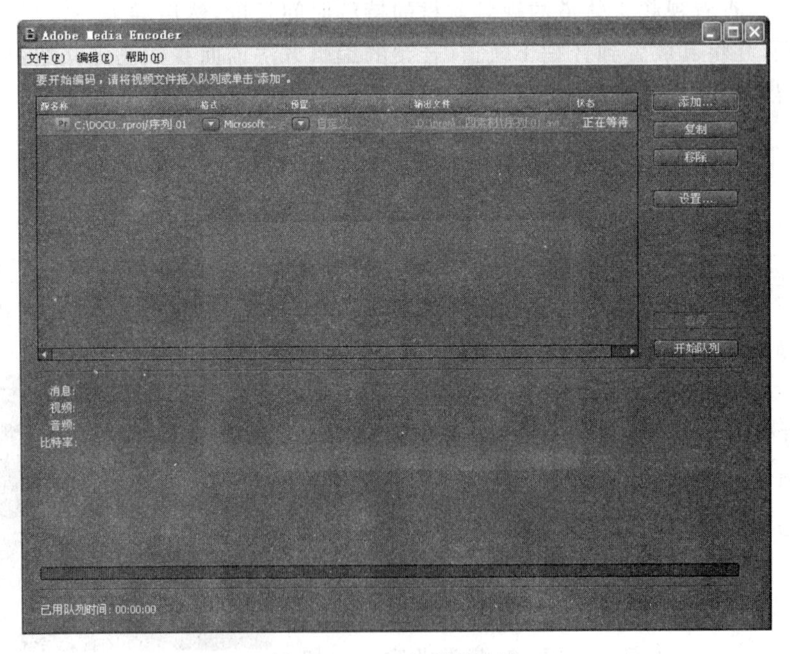

图 4.103　加入编码队列

(6) 找到素材文件夹中导出的视频影片,可使用“暴风影音”等播放器播放影片,如图 4.104 所示。

图 4.104 在播放器中播放影片

4.3 拓展提高

4.3.1 准备知识——片头设计

片头原意是指用于电影、电视栏目或电视剧等的开头,用于营造气氛、烘托气势、呈现作品名称、制作单位、片头作品信息的一段影音视频材料。随着电脑的普及,特别是多媒体技术的发展,目前片头的概念已经延伸到社会生活的各个领域,例如,多媒体展示光盘片头、网站片头、游戏片头、各类教学课件片头、DV 资料片头等。由于片头总是最先呈现给观众的一段视频材料,所以要求它给观众留下的第一印象能够从总体上展现作品的风格和气势,展现作品的制作水平和质量,能够使观众产生想更加深入了解下面内容的冲动,因此一部影片的片头做得好不好、精不精彩,对整个影片的收视效果有着非常重要的影响。

片头的艺术创作与展示技法,是片头的思想内涵与灵魂,是使片头具有感染力与说服力的基本要素,也是决定片头能否成功的核心所在。片头在具体的制作过程中需要用到什么样的展示技法,并没有固定的规律可循,往往要依据片头的种类、客观文化背景及科学技术发展等多种因素来决定。通常,有以下几种比较常见的片头展示技法可供我们选择。

(1) 直接展示技法。这是片头设计与制作早期一种最常见的且运用比较广泛的表现手法。这种技法一般会充分利用摄影或绘画等技巧的写实表现能力,在背景音乐和相关图片素材的衬托下,将整个片子的主题直接且如实地呈现在观众面前。由于它直接将主题推向观众面前,所以必须十分注意片头整体画面上字体的选用和展示角度,只有这些设置得合适,才能增强画面的视觉冲击力和表现力。有时,恰如其分地运用片头音乐和变幻色光进行画面烘托,也能使片头具有更强的感染力。直接展示技能通常用于早期电影片头、各类展示片头及多媒体课件领域的片头制作等。

(2) 经典节录技法。节录是指截取出片子中最惊心动魄的和最富表现力的重点镜头,在进行有序的组合后,再重新把它鲜明地表现出来,使观众能够在接触影音画面的瞬间就很快地感受到片子中的震撼力与吸引力,从而对其产生强烈的视觉兴趣和注意力,最终达到刺激观众强烈观看影片全部内容的目的。这些被节录出的内容，往往都具有比较突出和经过渲染的特征，有电脑合成、声光特技等高科技手段被运用其中，从而赋予了片头不可忽略的艺术表现价值及与众不同的特殊魅力。目前，深受观众喜爱的各类电影大片预告、经典电视剧片头等大多采用了该技法。

(3) 交代背景技法。它主要是以文字或一段影像资料比较直白地平铺直叙作品发生的社会背景或起因，为观众后续的观赏与理解打下基础。通过这种背景片头的展示，能够迅速引导观众进入创作者事先设计好的一种意境，从而拉近观众与作品的距离，容易使观众与作品产生共鸣。该法常见于老电影的片头中。

(4) 富于幽默技法。幽默技法是指片头作品中能够巧妙地再现喜剧性或幽默性特征，抓住生活现象中那些局部性富有闪光点的东西，通过人们的性格、外貌和举止的某些让人发笑的特征表现出来。幽默的表现手法，往往运用富有风趣的情节、巧妙的故事或线索安排，把某种需要肯定或突出的事物，无限延伸到漫画的程度，造成一种充满情趣、引人发笑而又耐人寻味的幽默意境。幽默法以其别具一格的方式，可以达到出乎意料、又在情理之中的艺术效果，常常能够引起观赏者会心的微笑或开怀大笑，在笑过之后又能品味其中的寓意。该法常用于电视娱乐节目的未完片段，从而为观众提供一个广阔的想象空间，使观众迫切想获知该事件产生的原因及最后结果。采用幽默表现技法的片段虽然不长，但一般都是经过设计者匠心独具的安排，作品的展现往往能突破时空的界限，扩大艺术形象的容量，加深画面的意境，给观众以深刻的视觉和心理感受。

4.3.2 校园宣传片的前期策划

在宣传片中，我们主要通过与校园相关的视频、静态图片等素材的组合与剪辑，再加上与之匹配的音频、解说词等的结合，将本校园的历史、现状、校园文化、师资、人才培养等方面的内容完整地体现在宣传片中。

这里我们主要用以下几个重要分镜头来展现校园宣传片的具体制作过程。

(1) 学校的历史与底蕴。通过校园早期的基础设施、校园环境及校园生活等一些具体拍摄的图片或视频素材，加上适当的配音解说，来介绍本校园的文化底蕴、发展历程、社会地位及认可度等。

(2) 学校的发展与现状。通过学校教师的授课互动、教学研讨、学风建设活动，各类师生的娱乐和竞技活动的视频或图片素材，来展现学校的师资力量、教育教学的相关成果、校园文化与学风建设成果等，从而深层面地体现了学校的办学理念、办学特色等。这里我们也可以在其中加入一些实训环境、校园硬件设施等来体现校园实力的雄厚和规模。

(3) 学校的成就与未来。此段主要想重点推介学校的教师、学生、领导等在各级各类竞赛或评比中屡屡获奖的骄人成绩，哪些名师得到了广泛的知名度，培养了哪些受社会认可的毕业生等。同时，加入一些对未来校园发展的期望，在哪些方面还要更加努力等。

在具体制作过程中，应该注重每段视频之间的切换效果，同时还应清楚，悠扬动听的背景音乐和适当的解说，对整个宣传都有着至关重要的影响。

4.3.3　制作提示

(1) 首先,我们应该将事先准备好的图片、视频、音频等素材放到一个统一的素材文件夹当中,然后统一导入到 Premiere Pro CS4 软件的项目窗口中以备使用。

(2) 对于导入进来的视频或音频素材,如果有需要进行剪辑处理的,可以先将素材拖动至素材源监视器进行预演,然后按照时间或其他需求,利用切入和切出进行剪辑处理。也可以将素材直接拖到"时间线"窗口,利用"剃刀"工具进行分割、利用"选择"工具进行时间延长,或通过"速度/持续时间"修改素材的持续时间,对分割过的素材进行直接删除或波纹删除等。

(3) 按照上面的校园前期策划对素材进行组织与编辑,使准备的素材经过编辑能够体现出我们想表达的校园宣传目的。在编辑过程中,要注意整个宣传片的风格、基调要统一,画面氛围和运动节奏要张弛有度,给人以最好的视觉效果。这就要求我们在制作运动的关键帧动画时,要注意把握场景画面的镜头运动节奏及画面的整体构图。

(4) 最后,我们要把上面制作的宣传片进行合成与导出。合成时对细节的处理是大家要注意的重点,要反复播放,观看影片效果,找出不合适或不满意的地方进行再调整,直到整体效果令人完全满意。之后再将宣传片导出成可以用其他视频播放器或网上观看的影片格式文件即可。

课后练习

一、选择题

1. 我国普遍采用的视频制式是(　　)。

A. PAL　　B. NTSC　　C. SECAM　　D. 其他制式

2. 在默认的情况下,为素材设置入点、出点的快捷键是(　　)。

A. I 和 O　　B. R 和 C　　C. ＜和＞　　D. ＋ 和 －

3. 下面(　　)效果不属于风格化效果。

A. Alpha 辉光　　B. 笔触　　C. 彩色浮雕　　D. 偏移

4. 使用"缩放工具"时按(　　)键,可缩小显示。

A. Ctrl　　B. Shift　　C. Alt　　D. Tab

二、填空题

1. 视频的快放或慢放镜头是通过调整________或________实现的。

2. 要使用两个相邻素材产生百叶窗转场效果,可添加________转场组下的"百叶窗"。

3. 字幕窗口中的两个矩形框,分别是________和________。

4. Premiere Pro CS4 的特效效果分为________特效和________特效。

5. “划像”转场效果提供了7种过渡类型，它们分别是：________、________、________、________、________、“点交叉划像”转场及“形状划像”转场。

三、简答题

1. 调整音频的持续时间会使音频产生何种变化？
2. 简述在时间线窗口中设置音频素材淡入淡出的方法。

四、操作题

1. 收集素材，制作一部电影或电视剧的先行预告片。
2. 自己准备相关视频或音频素材制作一部宣传片。

项目五

专题片创作

阅读提示

专题片是围绕一个主题进行阐述的片子，经常用来说明某项事物或讲明某种科学。简单地说，就是对社会生活的某一领域或某一方面，进行真实的、深入的报道。专题片是介于新闻和电视艺术之间的一种电视文化形态，既要包含新闻的真实性，又要具备艺术的审美性。我们较为熟悉的《话说长江》、《舌尖上的中国》都属于专题片。

本项目是培养锻炼对影片的策划能力、知识综合运用能力，独立完成影视专题片的：前期策划，包括创意设计、分镜脚本、策划方案；中期准备，包括拍摄、解说词的撰写与录制、片头设计；后期合成，包括素材剪辑、字幕设计、影片合成等。

主要内容

- 创作要领
- 创意设计
- 分镜脚本的设计
- 策划方案
- 摄像技巧
- 解说词
- 片头制作
- 影片剪辑
- 音效编辑
- 字幕的设计与制作
- 影片的合成与输出

重点与难点

- 创意设计与策划方案
- 摄像技巧
- 片头制作
- 影片的剪辑与合成

案例任务

• 校园生活

专题片可以根据不同的分类方法分为不同的类型，例如，从叙事风格上，可以分为纪实性专题片、写意性专题片、写意与写实综合的专题片；从宣传角度，可以分为城市形象专题片、企业形象专题片和产品形象专题片；从内容上，又可以分为新闻性专题片、纪实性专题片、科普性专题片与广告性专题片。

在制作专题片时，一般会遵循以下的流程。

(1) 前期沟通阶段：这个阶段主要是与客户表达合作意向，签订专题片的制作合同。在合同中要确定制作费用、交片日期、甲乙双方的权利和义务、违约责任、版权归属等相关事项。同时，合同中也可以体现制作时间表，将从签订之日开始到交片之日期间的工作制定进度安排，使客户了解并配合制作流程。

(2) 初稿审阅阶段：在这个阶段，需要根据客户的要求及专题片的内容，收集相关的素材，并可以邀请相关的专家或编导进行采访，写出文案初稿，交给客户审阅。客户可以提出修改意见，直到文案通过。

(3) 勘景及制定分镜头脚本阶段：初稿通过之后，就可以成立专题摄制组，由导演、制片、摄像师、灯光师、化妆师、场工、后期剪辑师、音响师、配音演员等组成。导演和摄像进行前期现场勘景，再由导演根据现场实际情况，在初审文案的基础上进行艺术加工，制定出分镜头脚本及专题片解说词，并送交客户审阅。客户从画面上对脚本审阅，提出修改意见，直至脚本通过。

(4) 现场拍摄阶段：接下来，就可以进入拍摄阶段。关于拍摄用的设备，可根据拍摄需求来选择。例如，摄像机可以选用专业 DV、BATECAM、DVCPRO、DVW、高清设备、胶片等，灯光可以选用专业新闻灯、碘钨灯、聚光灯、灯光组等，辅助设备包括广角镜、轨道、摇臂、专用航拍直升机或飞艇等。

(5) 后期剪辑阶段：由后期剪辑师按照分镜头脚本对拍摄内容进行后期制作，这就是使用音视频媒体编辑软件对拍摄的影片素材进行剪辑。一般可以分为以下 4 个阶段。

① 初剪：根据内容整理拍摄素材；

② 精剪：在初剪的基础上，进行精致的特技制作；

③ 配音：对专题片进行配音；

④ 混音：精心挑选适合专题片主题的音乐，同解说词、配音及精剪片进行最后的合成。

(6) 终审出片阶段：剪辑后可以出毛片，在规定时间内，交与客户初审，让客户提出修改意见。之后进行修改，达到客户满意后，出成片，并可以根据客户需要，提供不同介质，例如，VCD、DVD、BATECAM SP、DVCAM、DVCPRO、DVW 等储存介质。

下面，我们利用“校园生活”项目的制作来具体了解专题片的创作，效果如图 5.1 所示。

图 5.1　校园生活

5.1　任务一　前期策划

专题片作为一种独立的艺术品种，既要包含新闻的某些特性，又要具备顽强的艺术生命力。因此，专题片绝不是枯燥无味的叙事和极其冗长的镜头，而是需要全方位、立体化的策划与包装。优秀的专题片，是离不开前期的精心策划的。在任务中，我们就来详细介绍如何更好地策划专题片，主要包含以下的知识点。

- 专题片的创作要领
- 专题片的创意设计
- 专题片的分镜头脚本设计
- 专题片的策划方案

5.1.1 创作要领

(1) 立意准确新颖,主题人物突出,预想设计具体,艺术构思完整。

① 大量收集素材;

② 研究素材,形成主题;

③ 确定主要人物及其事年的相互关系;

④ 确定主要动作线索,写出拍摄剧本或拍摄的详细提纲。

(2) 视听语言简洁优美。包括:画面造型美,声音听觉美,蒙太奇语言语法的准确、通顺。

① 画面造型语言完美;

② 镜头组接语言顺畅;

③ 声音组合语言清晰,有层次;

④ 声画合成有机匹配,和谐统一。

(3) 字幕规范,画面技巧与主体动作。

① 字幕规范,要求文字规范化,字幕的内涵、排列及表现形式要简明扼要,生动活泼;

② 画面技巧,包括化、划、叠、推、拉、翻、滚、移、甩、定格、多银屏幕等,这些技巧要与人物动作、镜头动作、画面造型特征以及片子内容紧密地结合起来;

③ 主体动作,包括:人物动作、景物动作、镜头动作,这三者要有机地结合、巧妙地运用,以构成准确、生动的蒙太奇形象。

(4) 技术制作要严谨,声画合成要高标准,视听形象要鲜明。

这就要求在片子的制作上要考究而不能迁就。声画的合成要以艺术的标准来要求,从而达到画面与声音和谐,清晰流畅。

以上这四个方面是专题片在创作过程中必须具备的条件。抓住这四个要点,专题片的艺术创作就一定会有高质量。

5.1.2 创意设计

创意设计是专题片策划的灵魂,是决定专题片的创作能否脱颖而出的关键。

好的创意,要求策划者有较丰富的人生阅历,有相关的知识积累,了解电视媒体的特点和优势,同时具备较高的思想文化素质、艺术审美能力,还要擅长计算机应用软件的操作。可以说,专题片的制作人员应当是一个多面手,这样才能在节目的定位、创意、制作上进行大胆的尝试与创新。

创意是一种思想活动,它没有明确的界限,但也不是信马由缰、无所束缚的。在创意阶段,往往要遵循以下原则。

(1) 求真，即尊重事实和客观规律。例如，在进行企业宣传片制作的时候，夸大其词、刻意隐瞒，这些不尊重事实的企业宣传片并不会为企业带来好的收益，不利于企业长期发展。同时也会对专题片制作公司造成不遵循客观、真实的坏影响。任何事物都必须遵循客观规律，只有不断地探求真理，本着科学的求真精神进行研究和创意，才能制作出真实可信的优秀专题片。

(2) 向善，即体现正确的价值观。企业宣传片制作时，绝大多数企业都会体现自身与社会的关系，体现在企业公民、公益事业、自然环保等方面。影视公司在进行企业宣传片制作的时候，企业的社会责任、社会贡献这些方面都要有所涉及，不但是完善企业宣传片的整体架构，更是对企业形象宣传的全面展示，同时也是对企业负责的体现。

在创意设计专题片时，可以参考下面的某种创意技巧。

(1) 突出新闻性：新闻性包括真实性、客观性、时效性，虽然专题片不要求时效性，但是要求真实、客观，专题片应避免广告意味过浓，新闻专题片更要避免本企业员工或经理上镜头，尽量让企业外人士说话，这样更显客观、更可信。

(2) 突出地方性：如果制作广告性专题片，就要考虑所请的专家、嘉宾最好是当地的，专家要请在全国或全省有一定影响力、又在当地工作的，这样可以贴近受众生活。

(3) 突出全面性：专题片表述问题时要考虑全面，应有计划性，尽量从多方面来表现主题。这种技巧适用于新闻性、纪实性的专题片。

(4) 突出生动性：专题片的场面既要自然，又要有气势、生动，但是也不能一味追求其生动性，而忽略了专题片的可信度。

超俗的创意设计是留住客户的关键。许多人在进行专题片创作时，会困惑于创意设计，往往因为追求好的创意而苦恼万分，甚至认为创意有些深不可测。关于创意，约翰·斯坦贝克有一句名言："创意，就像兔子。假使你手头有一对兔子，如果学会对它们细心呵护，很快就会养出一窝来。"创意的思维可以通过不断的学习和锻炼来培养。同时，好的设计也出自于生活。注意观察生活，明确你要创意的主题，时时刻刻从生活中寻找灵感，一旦找到马上记下来，别让它溜走。

下面以本项目为例，介绍"校园生活"的创意设计。

第一部分：教室

创意：校园生活中，必然少不了学习的画面，以全景、近景及特定等镜头描写同学们的学习状态。

参考画面：同学们坐在计算机前，对教师布置的学习项目进行思考、练习、设计、提高。

参考配音：与学习相关的解说、上课的铃声。

背景音乐：激励精神的动听旋律。

……

第二部分：校园小路

创意：下课后的轻松感觉，欢声笑语，追逐打闹，记录着青春的、阳光的美好回忆。

参考画面：同学们走在校园的小路上，三三两两，一会儿相互追逐打闹，一会儿停下脚步合影留念。

参考配音或采访：与悠闲相关的解说、相机按下快门的声音。

……

第三部分：图书馆

创意：几人相约去图书馆，一起奔向知识的海洋，借阅、欣赏着心爱的书籍。

参考画面：同学们在图书馆中挑选、翻阅着图书的画面。

参考配音：与书籍相关的解说。

背景音乐：激昂的乐曲，让人有一种质的飞跃。

……

第四部分：体育场

创意：课外生活中不可缺少的一部分，抛开学习、生活的一切烦恼，同学们在操场上尽情地奔跑、游戏，仿佛回到快乐的童年。

参考画面：男生的球类运动、相互捉弄；女生们草场聊天、谈笑；童时的游戏。

参考配音：与体育运动相关的解说。

背景音乐：与释放压力、快乐童年为主题的乐曲。

……

第五部分：食堂

创意：校园中的食堂回忆很多很多，什么是最好吃的，什么时间去最拥挤，谁的饭量最大……

参考画面：同学们在哪里打饭，打的什么饭，吃饭的速度……

参考配音：与进餐相关的解说。

背景音乐：有回味意义的歌曲。

……

5.1.3 分镜头脚本设计

分镜头脚本是指将影片的文学内容切分成一系列可以摄制的镜头，以供现场拍摄使用的工作剧本。分镜头脚本是我们创作专题片必不可少的前期准备。分镜头脚本的作用，就好比建筑大厦的蓝图，是摄影师进行拍摄、剪辑师进行后期制作的依据和蓝图，也是演员和所有创作人员领会导演意图、理解剧本内容、进行再创作的依据。

图 5.2 图文形式的分镜头脚本

分镜头脚本的形式大致可分成两种：一种是图文形式的，如图 5.2 所示；另一种是表格形式的，如图 5.3 所示。前者多见于动画片的创作当中，后者多见于影视

镜号	景别	技法	画面	设备	备注
3	全景	升	女孩跑，男孩跟。	摇臂	
十、女孩家楼下 夜					
1	全景	降	两人入画，走到路灯下，男孩转身停下，女孩跟着停下。	摇臂	
镜号	景别	技法	画面	设备	备注
2	近景	固定	过肩，男孩伸个手势，表示有东西给女孩。		
3	近景	固定	女孩期待的眼神。		
4	中景	固定	男孩掏出一个戒指盒。		
5	近景	固定	男孩打开戒指盒。		
6	特写	固定	打开戒指盒，里面是一枚草戒指。		
7	中景	固定	男孩拿出戒指，拿起女孩的手，准备戴。		
8	特写	固定	手特写，女孩手上有一枚钻戒。		
9	近景	固定	男孩看见了钻戒，诧异的表情。		
10	中景	固定	女孩挣开男孩的手，转过身去。		
11	远景	降	女孩转身，一辆高级轿车入画，车窗摇下。		
12	近景	固定	戴墨镜的老板在看着他们俩，拿起手机打电话。		
13	近景	固定	女孩抬头，害怕的表情。		
14	全景	移	四个人站在他们面前。	轨道	
15	中景	固定	过二人肩，老板从四个人后面走出来。		
16	近景	摇	女孩由惊恐变为尴尬，走出镜，镜头摇向男孩，男孩表情紧张又奇怪。		

图 5.3　表格形式的分镜头脚本

剧或专题片的创作当中。

分镜头脚本是最实用的电视节目脚本。它是在文学脚本的基础上，运用蒙太奇思维和蒙太奇技巧进行脚本的再创作，根据拍摄提纲或文学脚本，参照拍摄现场实际情况，分隔场次或段落，并运用形象的对比、呼应、积累、暗示、并列、冲突等手段，来建构屏幕上的总体形象。

专题片的分镜头脚本，通常采用表格的形式，栏目通常包括镜号、机号、镜位、技巧、长度、画面内容、解说、音响、音乐、备注等，具体说明如下。

（1）镜号：即镜头顺序号，按组成电视画面的镜头先后顺序，用数字标出。它可作为某一镜头的代号，拍摄时不一定按顺序号拍摄，但编辑时必须按顺序编辑。

（2）机号：现场拍摄时，往往是用 2 台或 3 台摄像机同时进行工作，机号代表这一镜头是由哪一号摄像机拍摄。当前后两个镜头分别用两台以上摄像机拍摄时，镜头的组接，就在现场通过特技机将两个镜头进行编辑；单机拍摄的话，这个栏目可以不用设置。

（3）镜位：是指由于摄像机与被拍摄对象的距离不同，而造成被摄对象在电视画面中所呈现出的范围大小的区别。

（4）技巧：包括摄像机拍摄时镜头的运动技巧，如推、拉、摇、移、跟等；镜头画面的组合技巧，如分割画面和键控画面等；镜头间的组接技巧，如切换、淡入/淡出、叠化等。一般在分镜头脚本中，技巧栏只是表明镜头间的组接技巧。

（5）长度：指镜头画面的时间，表明该镜头的长短，一般是以秒(S)进行标注。

（6）画面内容：用文字阐述所拍摄的具体画面，为了阐述方便，推、拉、摇、移、跟等拍摄技巧，也在这一栏中与具体画面结合在一起加以说明；有时也包括画面的组合技巧，如画面分割为两部分等。

（7）解说：对应某一组镜头的解说词，它必须与画面密切配合协调一致。

（8）音响：在相应的镜头上表明使用的效果声。

(9) 音乐：注明曲子的名称以及起止位置，用来做情绪上的补充和深化，增强表现力。

(10) 备注：方便导演做记事用，导演有时把拍摄外景地点和一些特别要求、注意事项等标注在此栏。

分镜头脚本在创作时，可以根据需要对这些栏目进行取舍，以更清晰地展现创作的思路。同时，值得注意的是，专题片的分镜头脚本是创作的大纲，用以确定大体发展，不需要过于强调细节。下面以本项目中"校园小路"部分为题材，对分镜头脚本举例说明，如表5.1所示。

表5.1 分镜头脚本

镜头	镜位	摄法	画面内容	音乐	音响	长度	备注
6	全	正侧	多位男生把一穿着轮滑鞋的男生推向前方	↑		5″16	
7	全	正	男生们集体向前走	背景音乐『我的歌声里』		8″18	
8	中—全	侧后	女生们说说笑笑向前走			6″19	
9	全—中	侧	女生们在石像前合影			3″11	
10	中—全	正侧	女生们在石头校训前合影后前行			10″16	
11	全—中	侧正	女生们后退，回到石头校训前合影			4″8	回放
12	中	正	校训前合影照片			3″15	
13	特	侧	一名女生头带一朵小花并做"胜利"手势			3″7	
14	特	侧	女生头带小花并做"胜利"手势的照片			2″1	
15	特—近	侧	女生摘掉头上的小花			3″2	
16	全	正	男生向远处滑去			10″1	
17	全	正	男生从远处向摄像机滑过来			0″23	
18	全	正	男生轮滑起步的照片		相机的"咔嚓"声	1″	
19	全	正	男生从远处向摄像机滑过来			0″23	
20	全	正	男生轮滑照片		相机的"咔嚓"声	1″	
21	全	正	男生从远处向摄像机滑过来			1″3	
22	全	正	男生轮滑照片		相机的"咔嚓"声	1″	
23	全	正	男生从远处向摄像机滑过来			1″16	
24	全	正	男生轮滑照片		相机的"咔嚓"声	1″	
25	近	正	男生从远处向摄像机滑过来			0″15	
26	近	正	男生轮滑照片		相机的"咔嚓"声	1″	
27	近	正	男生从远处向摄像机滑过来			1″15	
28	全	正	男生展示轮滑技能			7″14	
29	全	正	男生展示轮滑技能	↓		3″15	

5.1.4 策划方案

专题片的策划方案格式，主要包括名称、宗旨、主题、背景、题材、结构、长度、拍摄区域、内容、人员、要求等。具体说明如下。

(1) 名称：专题片是围绕一个主题进行阐述的片子，所以专题片的名称一定要能集中概括主题、表现情感，如《改革开放 20 年》、《不可战胜的力量》。

(2) 宗旨：是指全片的主要思想或意图，从根本上说，是要回答“是什么”的问题，即专题片宣传的目标，如本片提供什么内容和价值观，需要达成什么样的社会效果等。

(3) 主题：是作品中所表现的中心思想，是指通过专题片的全部材料和表现形式所表达出的基本思想。不同的专题片表现出不同的主题，主题必须深刻、新颖、集中。

(4) 背景：是专题片的基本构成因素，也是电视专题片所反映的对象(即人物)的性格、命运和事件赖以发生、发展和变化的根据和基础，主要包括社会背景、自然背景、文化背景。

(5) 题材：是由创作者从客观现实或历史资料中选择出来组成作品的材料，是作品的最基本因素，拍摄方案中应把人物和事件阐述清楚。

(6) 结构：专题片的结构虽然没有固定模式样，但在具体的内容表现上，仍有其内在规律可遵循。结构可以分为时间结构、空间结构、时空复合结构，或散文式、小说式、戏剧式、综合式等。

(7) 长度：专题片的长度，一般为 15～25 分钟，最长不超过 30 分钟。

(8) 拍摄区域：专题片涉及的拍摄区域特征，要详细阐述。

(9) 内容：要写清楚专题片的类型、具体拍摄内容，包括要采访的人物及所涉及的具体问题。

(10) 人员：演职员表。

(11) 要求：标题、小标题、具体内容的字体、字号、行间距等要求。

下面，就以本项目《专题片创作》策划方案为例，使读者更清楚如何撰写策划方案。因为篇幅有限，对具体的文字部分进行了截取。

《专题片创作》策划方案

名称：校园生活

宗旨：为即将毕业的大学生记录在校园生活的美好回忆。

背景：现在的我们，安静地呆在这个曾经喧哗的地方，教室里依稀可见同学们刻苦学习的模样，图书馆中飘散着知识的味道，体育场上记录着我们挥洒的汗水，食堂中留下我们无数的脚印。校园是我们的舞台，霓虹闪烁的瞬间，我们尽情欢唱；青春是我们的剧本，悲剧、喜剧的背后，我们无怨无悔。

题材：电视专题片，通过同学们在校园里的生活片段，勾勒出一幅美好的画面，永远珍藏在大家内心最深处。

长度：每部分大约 20 分钟左右。

区域：计划在校园内，对全班同学进行拍摄。

内容：节目以“教室”、“校园小路”、“图书馆”、“体育场”、“食堂”五部分组成，以大学生活的美好、难忘为出发点，记录着大家在不同场景中的生活片段，如难忘的校园风光、永远珍藏的师生友情、记忆深刻的校园活动、最难对付的寝室卫生、时时不忘的恩师教导、载入史册的大学课表……年轻的学子们，让青春的阳光、笑容、友谊永远伴随着大家共同前进吧！

5.2 任务二 中期准备

5.2.1 摄像技巧

运动摄像是指利用摄像机的推、拉、摇、移、跟、甩等在运动中进行拍摄的方式，突破实际画面边缘框架的局限、扩展画面视野的一种方法。运动摄像符合人们观察事物的视觉习惯，以渐次扩展或者集中、逐一展示的形式表现被拍摄物体，其时空的转换均由不断运动的画面来体现，完全同客观的时空转换相吻合。在表现固定景物或人物的时候，运用运动镜头技巧还可以将固定景物改变为活动画面，增强画面的活力。以下我们就详细介绍这些镜头技巧的内容。

1. 镜头推、拉技巧

镜头推、拉技巧是一组在技术上相反的技巧，在非线性编辑中，往往可以使用其中的一个而实现另一个的技巧。推镜头相当于我们沿着物体的直线直接向物体不断走近观看，而拉镜头则是摄像机不断地离开拍摄物体。当然这两种技巧都可以通过变焦距的镜头来实现这种技巧效果。推镜头在拍摄中起的作用是，突出介绍在后面的影片中出现的重要人物或者物体，这是推镜头最普通的作用。它可以使观众的视线逐渐接近被拍摄对象，逐渐把观众的观察从整体引向局部。在推的过程中，画面所包含的内容逐渐减少，也就是说，镜头的运动摈弃了画面中多余的东西，突出重点，把观众的注意力引向某一个部分。

用变焦距镜头也可以实现这种效果，就是从短焦距逐渐向长焦距推动，使得观众看到物体的细微部分，可以突出要表现内容的关键。推镜头也可以展示巨大的空间。

拉镜头和推镜头正好相反，这时摄像机不断地远离被拍摄对象，也可以用变焦距镜头来拍摄(从长焦距逐渐调至短焦距部分)。其作用有两个方面：一是为了表现主体人物或者景物在环境中的位置，拍摄机器向后移动，逐渐扩大视野范围，可以在同一个镜头内反映局部与整体的关系；二是为了镜头之间的衔接需要，比如，前一个是一个场景中的特写镜头，而后一个是另一个场景中的镜头，这样两个镜头通过这种方法衔接起来就显得自然多了。

镜头的推拉和变焦距的推拉效果是不同的。比如，在推镜头技巧上，使用变焦距镜头的方法等于把原来的主体一部分放大了来看。在屏幕上的效果是景物的相对位置保持不变，场景无变化，只是原来的画面放大了。在拍摄场景无变化的主体、要求连续不摇晃以任意速度接近被拍摄物体的情况下，比较适合使用变焦距镜头来实现这一镜头效果；而移动镜头的推镜头，等于接近被拍摄物体来观察，在画面里的效果是场景中的物体向后移动，场景大小有变化，这在拍摄狭窄的走廊或者室内景物的时候效果十分明显。移动摄像机和使用变焦距镜头来实现镜头的推拉效果是有着明显区别的，因此我们在拍摄构思中需要有明确的意识，不能简单地将两者互相替换。

2. 摇镜头技巧

摇镜头分为好几类，可以左右摇，也可以上下摇，也可以斜摇或者与移镜头混合在一起。摇镜头的作用能为观众对所要表现的场景进行逐一的展示；缓慢地摇镜头技巧，也能造成拉长时间、空间的效果，并能给人表示一种印象的感觉。

摇镜头要把内容表现得有头有尾，一气呵成。因而要求开头和结尾的镜头画面目的很明确，从一定的被拍摄目标摇起，结束到一定的被拍摄目标上，并且两个镜头之间一系列的过程也应该是被表现的内容。用长焦距镜头远离被拍摄体遥拍，也可以造成横移或者升降的效果。

镜头的运动速度一定要均匀，起幅先停滞片刻，然后逐渐加速，匀速，减速，再停滞，落幅要缓慢。

3. 跟镜头技巧

跟镜头技巧是指摄像机跟随着运动的被拍摄物体拍摄，有推、拉、摇、移、升、降、旋转等形式。跟拍使处于动态中的主体在画面中保持不变，而前后景可能在不断的变换。这种拍摄技巧既可以突出运动中的主体，又可以交代物体的运动方向、速度、体态及其与环境的关系，使物体的运动保持连贯，有利于展示人物在动态中的精神面貌。

4. 升降镜头技巧

升降镜头技巧是指摄像机上下运动拍摄的画面，是一种从多视点表现场景的方法，其变化的技巧有垂直方向、斜向升降和不规则升降。在拍摄的过程中，不断改变摄像机的高度和仰俯角度，会给观众造成丰富的视觉感受，如能巧妙地利用，则能增强空间深度的幻觉，产生高度感。升降镜头在速度和节奏方面如果运动适当，则可以创造性地表达一个情节的情调。它常常用来展示事件的发展规律或处于场景中上下运动的主体运动的主观情绪。如果能在实际拍摄中与镜头表现的其他技巧结合运用的话，能够表现出变化多端的视觉效果。

5. 甩镜头技巧

甩镜头技巧对摄像师的要求比较高，是指一个画面结束后不停机，镜头急速“摇转”向另一个方向，从而将镜头的画面改变为另一个内容，而在摇转过程中所拍摄下来的中间内容变得模糊不清楚。这也与人们的视觉习惯是十分类似的，非常类似于我们观察事物时突然将头转向另一个事物，用以强调空间的转换和同一时间内在不同场景中所发生的并列情景。

甩镜头的另一种方法是，专门拍摄一段向所需方向甩出的流动影像镜头，再剪辑到前、后两个镜头之间。

甩镜头所产生的效果是极快速度的节奏，可以造成突然的过渡。剪辑的时候，对于甩的方向、速度以及过程的长度，应该与前后镜头的动作及其方向、速度相适应。

6. 旋转镜头技巧

被拍摄主体或背景呈旋转效果的画面，常用的拍摄方法有以下几种：一是沿着镜头光轴仰角旋转拍摄；二是摄像机超360°快速环摇拍摄；三是被拍摄主体与拍摄几乎处于一轴盘上作360°的旋转拍摄；四是摄像机在不动的条件下，将胶片或者磁带上的影像或照片旋转、倒置或转到360°圆的任意角度进行拍摄，可以顺时针或者逆时针运动。另外运用旋转的运载工具拍摄，也可以获得旋转的效果。

旋转镜头技巧往往被用来表现人物在旋转中的主观视线或者眩晕感，或者以此来烘托情绪、渲染气氛。

7. 晃动镜头技巧

晃动镜头技巧在实际拍摄中用的不是很多，但在合适的情况下使用这种技巧往往能产生强烈的震撼力和主观情绪。晃动镜头技巧是指拍摄过程中摄像机机身做上下、左右、前后摇摆的拍摄。常用作主观镜头，如在表现醉酒、精神恍惚、头晕或者造成乘船、乘车摇晃颠簸等效果，创造特定的艺术效果。

晃动镜头技巧在实际的拍摄中所需要多大的摇摆幅度与频率，要根据具体的情况而定，拍摄的时候手持摄像机或者肩扛效果比较好。

我们在上面讲述的这些镜头技巧在实际拍摄中不是孤立的，往往是千变万化的，并且可以相互结合，以构成丰富多彩的综合运动镜头效果。但我们要采用镜头表现技巧的时候，需要根据实际需要来确定。拍摄的时候，镜头的运动应该保持匀速、平稳、果断，切忌无目的的滥用镜头技巧，无故停顿或者上下、左右、前后晃动，这样不但影响内容的表达，而且使得观众眼花缭乱、摸不着头脑。对于镜头运动的方向、速度，还要考虑的就是前后镜头节奏和速度的一致性。

5.2.2 解说词

解说词是专题片的重要组成部分，它对于提高专题片的思想性和艺术性起着重要的作用。解说词一般有三个要求，即具体、形象、准确。

1. 具体

一方面，一切事物都是以自己的特殊形式存在的，人们认识事物的规律也是从具体到抽象的。直观可见的画面要有相应的具体解说，才能把一般性的意思和抽象的道理说得栩栩如生，给人以明晰的印象，使之便于理解和接受。另一方面，电视传播稍纵即逝，不容观众仔细琢磨，要引起人们的感情共鸣、使人看后留下深刻的印象，就要具体描绘现实生活中的人物、事件，使声画有机地融于一体，造成生活的立体感，从具体到抽象。

2. 形象

画面形象应该能够造成一种如临其境，且见其人、闻其声的效果。但是，有时也会不尽其然，如果画面的形象还不完整、比较单薄，就要借助于解说词，采用一些修辞手段，比如用比喻、拟人、象征等手法的解说词，把要表达的意思写得生动、活泼、热情奔放。

3. 准确

没有准确的语言，解说词就无法反映客观事物。但准确不是重复图解画面，而是画面的补充延伸和提高。准确既要内容准确、表达意思准确，又要声画默契、结合准确。

下面以“校园小路”部分为例，介绍一下本项目中的部分解说词。

场景：校园小路。

解说词：如表 5.2 所示。

表 5.2　解说词

镜头	镜位	画面内容	音响	长度	解说词
6	全	多位男生把一穿着轮滑鞋的男生推向前方		5″16	下课了，我们轻松自由了。
7	全	男生们集体向前走		8″18	但即将要毕业的我们可不想浪费宝贵的时光，大家约好了一起去图书馆，再给自己充充电、加加油。
8	中—全	女生们说说笑笑向前走		6″19	
9	全—中	女生们在石像前合影		3″11	现在的我们总是喜欢走走停停，与身边的同学合影留念，有你、有我、还有他。
10	中—全	女生们在石头校训前合影后前行		10″16	
11	全—中	女生们后退，回到石头校训前合影		4″8	如果时间还能倒退、如果机会还能重新把握，我依旧选择这个集体。
12	中	校训前合影照片		3″15	
13	特	一名女生头带一朵小花并做“胜利”手势		3″7	我依旧戴上那朵小花，逗得老师、同学们哈哈大笑。
14	特	女生头带小花并做“胜利”手势的照片		2″1	
15	特—近	女生摘掉头上的小花		3″2	
16	全	男生向远处滑去		10″1	我还会为大家展示我的轮滑技能。因为，我们深深爱着这个集体。即将毕业，离开美丽的校园，我们多想把这一刻的温暖分享给更多的人，让青春、笑容、友谊永远伴随着我们共同前进。
17	全	男生从远处向摄像机滑过来		0″23	
18	全	男生轮滑起步的照片	相机的“咔嚓”声	1″	

续表

镜头	镜位	画面内容	音响	长度	解说词
19	全	男生从远处向摄像机滑过来		0″23	
20	全	男生轮滑照片	相机的“咔嚓”声	1″	
21	全	男生从远处向摄像机滑过来		1″3	
22	全	男生轮滑照片	相机的“咔嚓”声	1″	
23	全	男生从远处向摄像机滑过来		1″16	
24	全	男生轮滑照片	相机的“咔嚓”声	1″	
25	近	男生从远处向摄像机滑过来		0″15	
26	近	男生轮滑照片	相机的“咔嚓”声	1″	
27	近	男生从远处向摄像机滑过来		1″15	
28	全	男生展示轮滑技能		7″14	
29	全	男生展示轮滑技能		3″15	

5.2.3 片头制作

高尔基在谈到文学创作时曾说过:“开头第一句话是最难起笔的,好像音乐里的定调一样,往往要花费很长的时间才能找到。”我国传统文学习惯于把富有文采、精巧华丽的文章开头比喻为“凤头”,起笔惊人,宛如凤冠,必定会使读者产生浓厚的欣赏兴趣。文章的开头如此重要,一部专题片片头创作的重要性也毋庸置疑。

专题片片头是整个片子的精华部分,是吸引观众眼球并留下印象的关键所在。片头制作是一项复杂的工程,要确立基调、表达主题,以最精彩、最有感染力的画面,在很短的时间里,抓住观众的心灵。

本任务中的片头设计效果如图 5.4 所示。

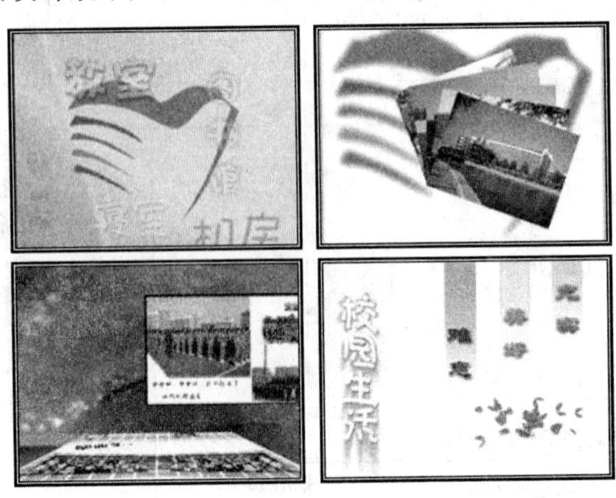

图 5.4　片头效果

制作方法提示：

(1) 创建项目和“序列 01”。

(2) 创建“文件夹 01”，将此序列中所有素材导入其中。

(3) 导入背景动画，调整参数以达到缓慢上移的效果。

(4) 导入校标图片，如图 5.5 所示，添加键控特效，以显示出背景视频，如图 5.6 所示。

图 5.5　导入校标

图 5.6　与背景视频叠加的效果

(5) 创建不同效果的文字，字体、字号、颜色、样式各不相同，叠加在一起的效果如图 5.7 所示。

(6) 为每个文字创建不同的运动路径。

(7) 创建序列 02、文件夹 02，将此序列中的所有素材导入其中。

(8) 导入背景图片，并做模糊处理。

(9) 调整素材的定位点，制作旋转运动效果，像卡片的展开一样，如图 5.8 所示。

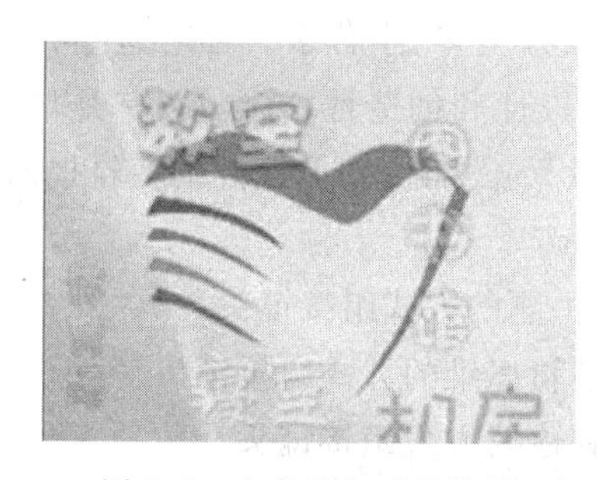

图 5.7　文字叠加后的效果

图 5.8　旋转后的卡片效果

(10) 为每个素材制作放大离开场景效果。

(11) 创建“序列 03”、“文件夹 03”，将此序列中的所有素材导入其中。

(12) 导入背景动画和图片素材，为素材添加“网格”、“基本 3D”等特效，并制作动画效果，如图 5.9 所示。

(13) 导入 5 张相册效果图片，制作“运动”和“透明度”动画效果，像电影一样，深深留在脑海里。

(14) 创建“序列 04”、“文件夹 04”，将此序列中的所有素材导入其中。

(15) 制作彩色蒙板做底纹效果。

(16) 设计 4 个不同的直角矩形,渐变效果,形成彩条,并为每个彩条设计一组文字。

(17) 制作彩条和文字的进场效果,如图 5.10 所示。

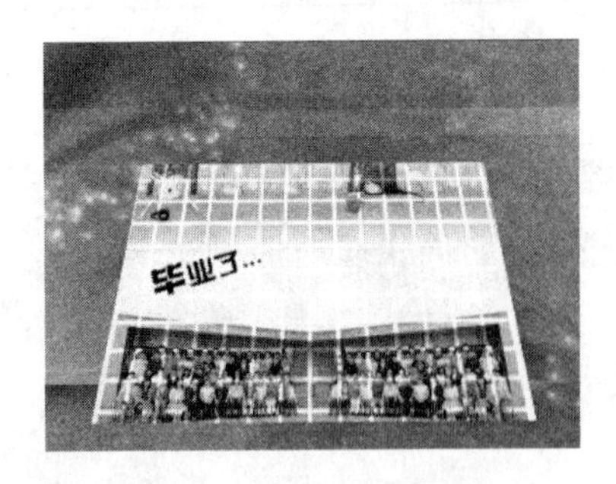

图 5.9 图片添加特效后效果

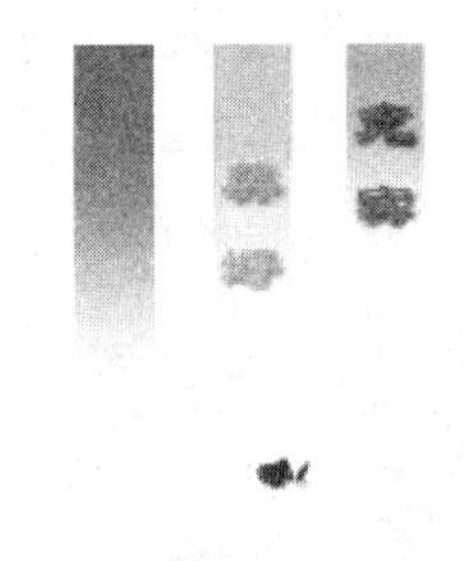

图 5.10 彩条与进场效果

(18) 导入序列帧"蝴蝶"动画,并添加"亮度键"以达到叠加效果。

(19) 为标题添加发光变化效果。

(20) 创建序列"片头",合成 4 个序列,并添加过渡效果。

(21) 为片头匹配合适的背景音乐。

5.3 任务三 后期合成

5.3.1 影片剪辑

专题片的剪辑与其他片子的剪辑是大同小异的,只是专题片更强调结构、语言、节奏。专题片的特点是一短四多:时间短、镜头多、语言多、技巧多、字幕多。针对这些特点,在专题片的剪辑处理上就更要充分发挥剪辑人员的积极性和创造性,有创新、有升华,在较短的篇幅里完成较高的任务,以期达到完美的艺术效果。为此,对专题片的剪辑提出以下 8 点要求。

(1) 根据不同的专题片、不同的内容,要以突出主题的方式组接镜头。

(2) 根据不同专题片所展示的事物规律,要以逻辑思维的方式组接镜头。

(3) 根据画面的造型因素和镜头造型语言,以叙述的方式组接镜头。

(4) 根据资料镜头、景物镜头的内容,以描写、象征、说明、交代的方式组接镜头。

(5) 根据人物动作、景物活动、镜头运动,要以动态的方式组接镜头。

(6) 画面技巧的样式及专题片的内容与形式,要以和谐统一的方式组接镜头。

(7) 按字幕的编排及专题片的立意,要以有机结合的方式组接镜头。

(8) 根据语言(解说)、音乐、音响,要以专题片虚实结合的表现方式组接镜头。

以上 8 点,如果在剪辑过程中能根据专题片特殊的表现形式以及要表现的内容,巧妙地运用各种技巧,就能使片子达到一定的质量。

在本项目的"校园生活"设计中,第一遍粗剪见剪辑分配表 5.3 所示。

表 5.3　粗剪视频剪辑分配表

序号	视频素材	入　点	出　点	速度
1	机房.avi	00:00:09:20	00:05:08:06	100%
2	小路.avi	00:00:31:00	00:00:35:22	100%
3	小路.avi	00:00:36:10	00:00:49:10	100%
4	小路.avi	00:00:57:15	00:01:24:10	100%
5	小路.avi	00:01:27:11	00:01:48:16	100%
6	小路.avi	00:01:55:10	00:02:21:12	100%
7	小路.avi	00:02:33:16	00:02:40:05	100%
8	小路.avi	00:02:49:01	00:03:06:20	100%
9	小路.avi	00:04:20:06	00:04:48:06	100%
10	图书馆.avi	00:00:00:00	00:00:25:20	100%
11	图书馆.avi	00:00:32:21	00:00:33:22	100%
12	图书馆.avi	00:01:23:04	00:01:27:19	100%
13	图书馆.avi	00:00:38:11	00:00:56:15	100%
14	图书馆.avi	00:01:02:00	00:01:14:21	100%
15	图书馆.avi	00:01:43:12	00:03:17:17	100%
16	图书馆.avi	00:03:50:22	00:03:52:07	100%
17	体育场.avi	00:00:00:00	00:00:46:13	100%
18	体育场.avi	00:00:51:19	00:03:10:21	100%
19	体育场.avi	00:03:31:13	00:04:05:10	100%
20	体育场.avi	00:04:10:16	00:04:18:19	100%
21	体育场.avi	00:05:14:08	00:05:19:07	100%
22	体育场.avi	00:05:26:03	00:05:32:14	100%
23	体育场.avi	00:05:38:01	00:05:44:00	100%
24	体育场.avi	00:06:01:14	00:09:31:18	100%
25	食堂.avi	00:00:00:00	00:01:15:05	100%
26	食堂.avi	00:01:14:247	00:02:18:07	100%

经过不断的浏览与修改，最后的剪辑如表 5.4 所示。

表 5.4　最后的视频剪辑分配表

序号	视频素材	入　点	出　点	速　度
1	小路.avi	00:01:55:10	00:02:21:12	100%
2	小路.avi	00:00:39:09	00:00:50:24	100%
3	机房.avi	00:00:09:20	00:02:47:07	100%
4	机房.avi	00:02:49:07	00:03:36:14	100%
5	机房.avi	00:03:42:02	00:05:08:06	100%
6	小路.avi	00:00:29:24	00:00:35:15	100%
7	小路.avi	00:01:38:13	00:03:26:21	100%

续表

序号	视频素材	入　点	出　点	速　度
8	小路.avi	00:01:17:24	00:01:24:18	100%
9	小路.avi	00:02:17:00	00:02:20:11	100%
10	小路.avi	00:05:42:07	00:05:52:23	100%
11	小路.avi	00:05:52:23	00:05:42:07	100%
12	小路.avi	00:04:42:16	00:04:48:21	100%
13	小路.avi	00:02:49:01	00:03:06:20	100%
14	体育场.avi	00:00:01:08	00:00:08:12	100%
15	体育场.avi	00:00:11:02	00:00:11:03	100%
16	体育场.avi	00:00:16:22	00:00:20:13	100%
17	体育场.avi	00:00:26:18	00:00:36:04	100%
18	图书馆.avi	00:00:00:00	00:00:07:24	30.2%
19	图书馆.avi	00:01:23:04	00:01:27:19	100%
20	图书馆.avi	00:02:02:15	00:02:18:17	100%
21	图书馆.avi	00:00:12:17	00:00:27:17	100%
22	图书馆.avi	00:00:12:17	00:00:27:16	100%
23	图书馆.avi	00:00:30:23	00:00:34:02	100%
24	图书馆.avi	00:02:35:13	00:02:52:12	100%
25	图书馆.avi	00:00:38:01	00:01:25:00	100%
26	图书馆.avi	00:02:54:21	00:03:17:12	100%
27	图书馆.avi	00:03:50:22	00:03:52:07	39.04%
28	体育场.avi	00:01:06:12	00:01:32:18	100%
29	体育场.avi	00:02:59:13	00:03:10:20	100%
30	体育场.avi	00:03:31:11	00:04:06:17	100%
31	体育场.avi	00:05:37:03	00:05:43:15	100%
32	体育场.avi	00:06:01:04	00:06:13:06	100%
33	体育场.avi	00:01:37:15	00:02:10:13	100%
34	体育场.avi	00:04:10:14	00:04:19:17	100%
35	体育场.avi	00:05:14:08	00:05:19:07	100%
36	体育场.avi	00:05:38:01	00:05:44:00	100%
37	体育场.avi	00:08:16:22	00:09:28:08	100%
38	体育场.avi	00:09:28:09	00:09:29:12	34.56%
39	体育场.avi	00:09:29:12	00:09:46:06	100%
40	小路.avi	00:00:56:16	00:01:09:05	100%
41	食堂.avi	00:00:00:00	00:00:17:00	100%
42	食堂.avi	00:00:47:15	00:01:13:19	100%
43	食堂.avi	00:01:41:02	00:02:08:01	100%
44	食堂.avi	00:02:08:02	00:02:18:16	67.98%

5.3.2　音效编辑

专题片中的声音系统主要包括三方面的内容：一是语言(这里的语言主要指解说词)；二是音响；三是音乐。这里的音乐大致可分为主观音乐和客观音乐两类。主观音乐是指专题片创作者根据专题片的具体内容，根据专题片的主题表现，在后期制作时加入的音乐。客观音乐则主要指镜头画面内人物自身在特定情感支配下的自我表达的音乐，它完全是现实存在的，这种音乐是无法排除的现场声音，并没有明显主观情感的流露，也不影响专题片的纪实性、真实性。

我们在创作时，已经将客观音乐部分强行解除，所以只需要考虑后期加入的主观音乐、音响效果和解说词。

1. 主观音乐的设计

对于每一个场景，我们根据画面、表达内容等方面，为其设计安排了单独的一首音乐，剪辑分配表见表5.5所示；每两个场景过渡之处，声音实现淡入淡出效果，这样的连接更自然流畅，剪辑分配表见表5.6所示。

表5.5　场景音乐剪辑分配表

序号	音频素材	入　点	出　点	速度
1	珍惜.mp3	00:00:00:00	00:01:46:14	100%
2	珍惜.mp3	00:00:23:02	00:03:54:06	100%
3	我的歌声里.mp3	00:01:09:21	00:02:46:04	100%
4	飞得更高.mp3	00:00:39:09	00:02:52:01	100%
5	丢手绢.mp3	00:00:01:08	00:02:53:21	100%
6	丢手绢.mp3	00:01:11:22	00:02:38:06	100%
7	青春纪念册.mp3	00:00:00:00	00:02:30:08	100%

表5.6　过渡音乐剪辑分配表

序号	轨道	音频素材	时　间	音量
1	音频1	珍惜.mp3	00:00:00:00	−25
2	音频1	珍惜.mp3	00:00:26:23	−25
3	音频1	珍惜.mp3	00:00:26:24	−∞
4	音频1	珍惜.mp3	00:00:32:16	−∞
5	音频1	珍惜.mp3	00:00:32:16	−25
6	音频1	珍惜.mp3	00:05:15:14	−25
7	音频1	珍惜.mp3	00:05:17:18	−∞
8	音频1	我的歌声里.mp3	00:05:17:18	−35
9	音频1	我的歌声里.mp3	00:06:52:04	−35
10	音频1	我的歌声里.mp3	00:06:54:00	−∞

续表

序号	轨道	音频素材	时间	音量
11	音频 1	飞得更高.mp3	00:06:54:00	−∞
12	音频 1	飞得更高.mp3	00:06:56:07	−34
13	音频 1	飞得更高.mp3	00:09:03:09	−34
14	音频 1	飞得更高.mp3	00:09:06:16	−∞
15	音频 2	丢手绢.mp3	00:09:05:06	−35
16	音频 2	丢手绢.mp3	00:11:45:00	−35
17	音频 2	丢手绢.mp3	00:11:47:03	−25
18	音频 2	丢手绢.mp3	00:13:03:12	−25
19	音频 2	丢手绢.mp3	00:13:06:21	−∞
20	音频 1	青春纪念册.mp3	00:13:04:22	−∞
21	音频 1	青春纪念册.mp3	00:13:06:24	−35
22	音频 1	青春纪念册.mp3	00:15:33:01	−35
23	音频 1	青春纪念册.mp3	00:15:35:05	−∞

2. 音响

整个专题片中，用到的音响不多，只有两处，如表 5.7 所示。一处在机房上课初，用一个铃声过渡；另一处是模仿相机拍照，按下快门之时，“咔嚓咔嚓”的音响效果，让人很自然联想到照相效果。插入点如表 5.8 所示。

表 5.7 音响剪辑分配表

序号	音频素材	入点	出点	速度
1	铃声.mp3	00:00:00:00	00:00:08:28	144.51%
2	相机快门.mp3	00:00:00:11	00:00:01:05	100%

表 5.8 音响音量分配表

序号	轨道	音频素材	时间	音量
1	音频 4	铃声.mp3	00:00:26:11	−29.4
2	音频 4	铃声.mp3	00:00:31:18	−29.4
3	音频 4	铃声.mp3	00:00:32:16	−29.4
4	音频 4	相机快门.mp3	00:06:20:00	−40
5	音频 4	相机快门.mp3	00:06:22:07	−40
6	音频 4	相机快门.mp3	00:06:24:09	−40
7	音频 4	相机快门.mp3	00:06:27:00	−40
8	音频 4	相机快门.mp3	00:06:28:16	−40

3. 解说词

解说词的录制方法多种多样，可以使用 Premiere Pro CS4 中自带的录音功能完成，也可以使用手机、录音笔等设备录制。在录制过程中，可以按场景分开录制，后期合成；也可以把整个专题片一次性录制完成，最后导入音频轨道中即可。

5.3.3　字幕的设计与制作

每部专题片都一定会有字幕，它是符号式的片子内容说明，是专题片风格样式的具体表现，实际上也是一部片子的包装。

1. 字幕的种类

字幕的种类多种多样，有片名字幕、剧终字幕、集数字幕、演职员表字幕、介绍人物字幕、说明画面字幕、对白字幕、旁白字幕、交代时间字幕、交代地点字幕、交代事件字幕、解释字幕和唱词字幕，等等。

2. 片名字幕

片名字幕既要高度概括主题内容，又要赋予一定的哲理，要有很强的吸引力和感染力，使观众对此片产生浓厚的兴趣。片名字幕字数不要过多，要根据片子的体裁、风格、内容，以高度概括主题为原则来确定。

3. 字幕字体

字幕要根据专题片的题材、内容、风格样式来确定所要表现的字体。中国的字体在影视剧中常用的有隶书、楷书、行书、仿宋、魏体、黑体、姚体、综艺体、美术字，等等。儿童片一般多用美术字，它活泼、可爱，能表现出祖国花朵的天真烂漫；正剧片、悲剧片、史诗片、传记片、古装片等多用隶书、魏体、仿宋，它显得庄重、严肃，有一种凝聚力，显示有一定分量。

字体要为内容服务，不可随意性太大。除了片名字体外，其他字体都要同片名字体和谐统一，保持完整的风格。

4. 字幕的颜色

字体的颜色不但给人们一种视觉上的色彩印象，同时，也是反映内容的直接表现者。因为，颜色本身具有一定的象征意义和直观感受。例如，红色给人一种热烈、庄严的感觉，黄色给人一种古朴稳重的感觉，白色给人一种醒目、对比的感觉，蓝色、绿色给人一种幽灵、恐怖的感觉，紫色给人一种沉重、凝聚的感觉，黑色给人一种肃穆的感觉。

本项目中的片头字幕“校园生活”，为年轻人熟悉的华康溜溜字体，白色，如图 5.11 所示；片头中浮现的文字，则以学生们书写样式各不一样的规律出现，效果如图 5.12 所示；解说词字幕则以白色行楷为主，并带有红色阴影效果，如图 5.13 所示；片尾职员表也是白色行楷，如图 5.14 所示。

图 5.11　片头字幕

图 5.12　片头浮现的文字

图 5.13　解说词字幕

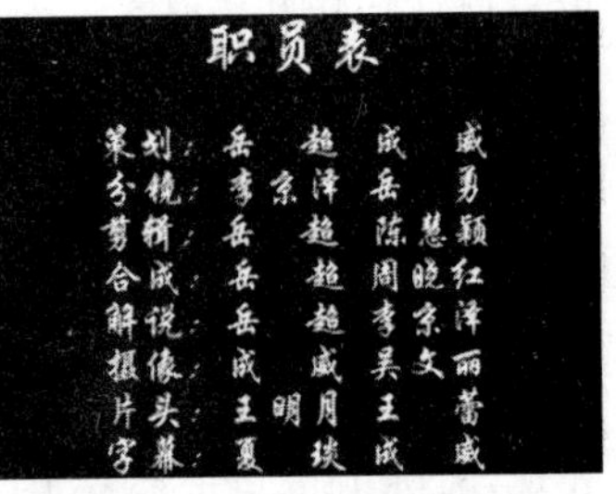

图 5.14　片尾字幕

5.3.4　影片的合成与输出

影片从制作前期的策划方案、分镜头脚本，到制作后期的剪辑、加工、修改，付出了无数的心血与汗水，最后一步，就是要将所有的剪辑合成、输出。影片合成时，要注意镜头的组接方式、视频特效、音效特效、转场过渡等方面的综合运用。为了便于操作，我们最好先把每个序列先渲染后导出，这样，会给最终合成带来极大的方便。具体的导出方法在前面几个项目中均有介绍，这里就不再赘述。

5.4　拓展提高　电视广告片

随着科学技术的发展，电视的突飞猛进，商品信息的传递也就越来越快，越来越新颖、别致。人们通过电视、电脑这一信息传播媒介，将最新的商品以最快、最简练、最吸引人的方法表现出来，为消费者服务，从而推进了社会的发展。广告已经不再仅仅局限于商品广告的范畴之内，它开拓了新的领域，出现了公益广告，完善了媒体自身的形象和作用。

5.4.1　电视广告概述

电视广告在表现形式上，融合了装潢、绘画、雕塑、音乐、舞蹈、电影、文学等艺术特点，运用影视艺术形象思维的方法，使商品形象更富于感染力、感召力。然而，电视广告的最终目的是求得社会效益和经济效益，因此，一则优秀的广告作品直接产生的社会效益是不可估量的。

5.4.2　创作要点

(1) 创意独特，主题鲜明(定位要准确，定向要清楚，定点要适中)，构思完美，新颖别致。

(2) 信息传达准确可信，易认易记，演示动作活泼感人。

(3) 画面语言简洁流畅(镜头排列、构图、方位、景别、角度、光景、色彩、镜头运动等)；声像组合和谐统一(人物语言、解说、旁白、歌唱、音乐、音响等)。

(4) 文字规范,技巧适宜,编排合理。

(5) 技术制作要严谨,声画综合处理要得体,视听形象要清晰。

5.4.3　结构形式

(1) 以商品形象为主,与解说、音乐相结合的结构形式。

(2) 以模特演示为主,与商品特点和解说、音乐相结合的结构形式。

(3) 以人物、情节为主,与商品特点、语言音乐相结合的结构形式。

(4) 以动画为主,与商品特点、音乐、解说相结合的结构形式。

(5) 以儿童为主,与歌唱、旁白、音乐相结合的结构形式。

5.4.4　剪辑技法

(1) 内容与形式的统一

① 演示动作与解说、旁白相结合的统一。

② 人物自述与歌唱、音乐相结合的统一。

③ 有情节与无情节和商品相结合的统一。

④ 有画面技巧与无画面技巧和字幕相结合的统一。

⑤ 动画与音乐、解说相结合的统一。

(2) 字幕与画面技巧

① 宣传字幕,包括产品功能字幕、产品作用字幕、产品特点字幕等。

② 广告字幕,包括产地名、厂名、公司名、品名、人名等字幕。

③ 电话、传真、邮编,以及其他产品数字号码字幕等。

④ 画面技巧的使用。

(3) 功能与作用

① 功能要多层次讲述,要与形象动作匹配。

② 作用要多侧面、多角度介绍,要与情节和主体动作相匹配。

③ 产品功能、作用要全面介绍,强调产品的特点与特性。

(4) 广告片的长度

① 商业广告片的长度,5 秒、10 秒、15 秒、20 秒、25 秒、30 秒、35 秒、40 秒、45 秒、50 秒。

② 公益广告片的长度,30 秒、40 秒、45 秒、50 秒、55 秒、60 秒。

由此可见,电视广告片在这样短的时间里,通过剪辑要使镜头、声音、字幕、画面技巧这四个方面达到完美的统一,实不是一件容易的事。真可谓:电视广告,学问深奥;传达信息,准确可靠;创意独特,料想不到;造型优美,音韵绝妙;声画组合,篇幅小巧;产品推销,简明扼要;商品采购,采购如潮;优质服务,家喻户晓;广告艺术,受众称好;倘若不信,一试便晓。

课后练习

一、选择题

1. Premiere Pro CS4 提供的导出视频类型有(　　)。
   A. MP3　B. DV　C. AVI　D. GIF
2. 构成动画的最小单位是(　　)。
   A. 秒　B. 画面　C. 时基　D. 帧
3. (　　)不能在字幕中使用图形工具直接画出。
   A. 矩形　B. 圆形　C. 三角形　D. 星形
4. Premiere Pro CS4 项目文件的扩展名是(　　)。
   A. .prproj　B. .premiere　C. .pro　D. .proj
5. 摇镜头分为好几类,以下属于摇镜头的是(　　)。
   A. 左右摇　B. 上下摇
   C. 斜摇　D. 与移镜头混合在一起
6. 专题片中的音乐大致可分为两类。(　　)是指创作者根据纪录片的具体内容,服从纪录片的主题表现,在后期制作时加入的音乐。
   A. 音响　B. 解说词　C. 客观音乐　D. 主观音乐

二、填空题

1. 分镜头脚本的形式大致分两种,一种是________形式的,一种是________形式的。
2. 专题片的分镜头脚本,通常采用表格的形式,栏目通常包括镜号、机号、镜位、技巧、________、________、________、________、音乐、备注等。
3. ________指摄像机跟随着运动的被拍摄物体拍摄,有推、拉、摇、移、升、降、旋转等形式。
4. 推镜头相当于我们沿着物体的直线直接向物体不断走近观看,而________则是摄像机不断地离开拍摄物体。
5. 解说词的三个基本要求,________、________和________。
6. 专题片里的音乐大致可分为________和________两类。
7. 每部专题片都一定会有________,它是符号式的片子内容说明,是专题片风格样式的具体表现,实际上也是一部片子的包装。

三、简答题

1. 简述专题片策划前期的创作要领。
2. 说出不少于五种的字幕种类。

四、操作题

1. 了解当地的旅游胜地,收集素材,制作一个专题片。
2. 以介绍你身边熟悉的人为题材,策划一个人物专题片。

参考文献

[1] 邬厚民. Premiere Pro CS3 实例教程[M]. 北京：人民邮电出版社，2009.
[2] 点智文化. Premiere Pro CS4 从入门到精通[M]. 北京：化学工业出版社，2010.
[3] 王兰芳，赵雪梅. Premiere Pro CS5 完全自学手册[M]. 北京：兵器工业出版社，2011.
[4] 万璞，王磊，时中奇，等. Premiere Pro CS5 DV 视频制作入门与实战[M]. 北京：清华大学出版社，2011.
[5] 傅正义. 电影电视剪辑学[M]. 北京：中国传媒大学出版社，2002.